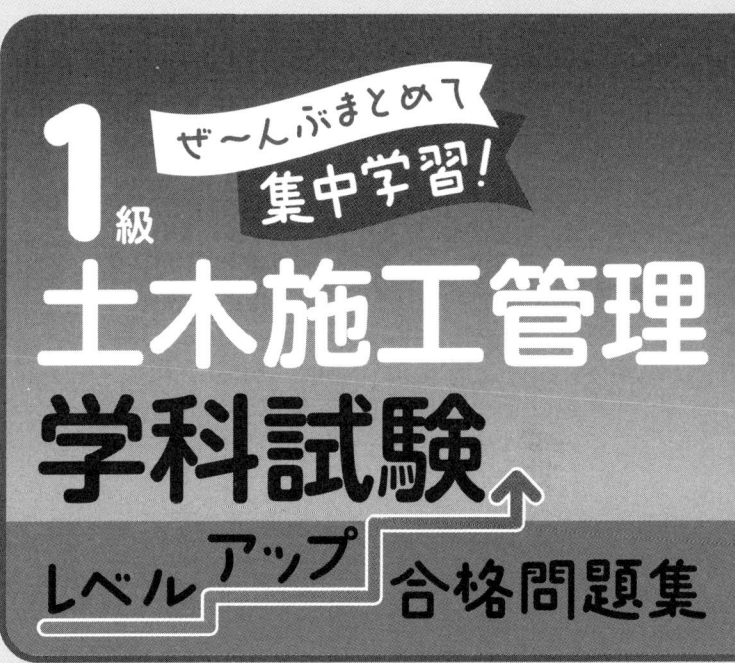

吉田勇人［著］

本書は「フルフラット製本」です．「フルフラット製本」は（株）三水舎の登録商標で，特許出願中です．

本書を発行するにあたって，内容に誤りのないようできる限りの注意を払いましたが，本書の内容を適用した結果生じたこと，また，適用できなかった結果について，著者，出版社とも一切の責任を負いませんのでご了承ください．

本書は，「著作権法」によって，著作権等の権利が保護されている著作物です．本書の複製権・翻訳権・上映権・譲渡権・公衆送信権（送信可能化権を含む）は著作権者が保有しています．本書の全部または一部につき，無断で転載，複写複製，電子的装置への入力等をされると，著作権等の権利侵害となる場合があります．また，代行業者等の第三者によるスキャンやデジタル化は，たとえ個人や家庭内での利用であっても著作権法上認められておりませんので，ご注意ください．

本書の無断複写は，著作権法上の制限事項を除き，禁じられています．本書の複写複製を希望される場合は，そのつど事前に下記へ連絡して許諾を得てください．

(社)出版者著作権管理機構
（電話 03-3513-6969，FAX 03-3513-6979，e-mail: info@jcopy.or.jp）

JCOPY ＜(社)出版者著作権管理機構 委託出版物＞

まえがき

　土木施工の技術は、21世紀の日本においてたいへん重要なものとして再認識されつつあります。高度成長期に整備された社会インフラの更新、2020年に開催される東京オリンピックの整備、2011年東日本大震災の復興事業など、各種の土木施工需要が今後さらに顕在化してきます。

　このような時代背景のなか、「1級土木施工管理技士」への注目度は高まっています。みなさんの健康・財産・国土の防災の保全を担うことのできる資格として高く評価されているのです。

　本書は、1級土木施工管理技術検定の学科試験対策用の問題集ですが、これまでの問題集にはない特長をふんだんに盛り込みました！

① 過去5年の出題問題の傾向を完全に分析したうえで、『難易度』別の3編構成にしました。
　　【基礎レベル編】【レベルアップ編】【チャレンジ編】を段階的に取り組んでいくことで、自然に学力アップできるよう工夫しています！
② 各ページとも、見開き2ページ構成としました。
　　● 左頁　→『問題＋関連知識アドバイス＋小テストで実力アップ』
　　● 右頁　→『左ページの問題のくわしい解説・解答＋小テストの解答』
　　パッと見て、わかりやすく読み進めやすい紙面デザインで、さくさくと学習が進められます！
③ 各章冒頭には『解答結果自己分析ノート』を掲載しています。
　　計画的な学習進行のためのチェックシートとして活用できます！
④ 受験のためのガイダンスとして『合格への道しるべ』を掲載しました。
　　日々多忙な受験者の皆さんが、最大限効率よく学習を進められるスケジュールを提案しています。受験カレンダーに学習計画案を掲載し、合格のための具体的な指針を示しています！

　受験当日まで、本書を繰り返し学習することで、確実に合格力はアップすることをお約束します。本書が、皆さんの試験合格の一助となれば、著者としてこれに勝る喜びはありません。

2015年1月

吉田　勇人

目次

学習指針

受験ガイダンス
1. 「1級土木施工管理技術検定試験」の概要 …………………… 002
2. 受験の手引き ……………………………………………………… 002
3. 学科検定試験科目と出題分類 …………………………………… 004
4. 本書の構成 ………………………………………………………… 005

合格への道しるべ
1. 受験対策スケジュール（申込み〜学科試験〜実地試験）…… 006
2. 受験勉強の準備・参考書籍など ………………………………… 012
3. 受験当日の準備 …………………………………………………… 013
4. 学科試験に合格したら …………………………………………… 014

基礎レベル

1章 土木一般
1. 土 工 ……………………………………………………………… 018
2. コンクリート ……………………………………………………… 028
3. 基礎工 ……………………………………………………………… 040

2章 専門土木
4. 構造物 ……………………………………………………………… 052
5. 河川砂防 …………………………………………………………… 062
6. 道 路 ……………………………………………………………… 074
7. ダム・トンネル …………………………………………………… 086
8. 海岸・港湾施設 …………………………………………………… 094
9. 鉄 道 ……………………………………………………………… 102
10. 地下構造物、鋼橋塗装 …………………………………………… 106
11. 上下水道 …………………………………………………………… 110

3章 法 規
12. 労働基準法 ………………………………………………………… 120
13. 労働安全衛生法 …………………………………………………… 122
14. 建設業法 …………………………………………………………… 124
15. 道路・河川関係法 ………………………………………………… 126
16. 建築基準法 ………………………………………………………… 128
17. 火薬類取締法 ……………………………………………………… 130
18. 騒音・振動規制法 ………………………………………………… 132

	19	港則法 ……………………………………………………	134

4章　共通工学
	20	共通工学 ……………………………………………………	138

5章　施工管理
	21	施工計画 ……………………………………………………	148
	22	工程管理 ……………………………………………………	154
	23	安全管理 ……………………………………………………	162
	24	品質管理 ……………………………………………………	176
	25	環境保全・建設リサイクル ………………………………	184

レベルアップ！

1章　土木一般
	1	土　工 ……………………………………………………	194
	2	コンクリート ……………………………………………	202
	3	基礎工 ……………………………………………………	210

2章　専門土木
	4	構造物 ……………………………………………………	216
	5	河川砂防 …………………………………………………	222
	6	道　路 ……………………………………………………	232
	7	ダム・トンネル …………………………………………	240
	8	海岸・港湾施設 …………………………………………	248
	9	鉄　道 ……………………………………………………	252
	10	地下構造物、鋼橋塗装 …………………………………	256
	11	上下水道 …………………………………………………	258

3章　法　規
	12	労働基準法 ………………………………………………	264
	13	労働安全衛生法 …………………………………………	266
	14	建設業法 …………………………………………………	268
	15	道路・河川関係法 ………………………………………	270
	16	建築基準法 ………………………………………………	272
	17	火薬類取締法 ……………………………………………	274
	18	騒音・振動規制法 ………………………………………	276
	19	港則法 ……………………………………………………	278

4章　共通工学
	20	共通工学 …………………………………………………	284

5章　施工管理
	21	施工計画 …………………………………………………	290

	22	工程管理	296
	23	安全管理	302
	24	品質管理	314
	25	環境保全・建設リサイクル	324

チャレンジ!!

1章　土木一般
- 1　土　工 　336
- 2　コンクリート 　344
- 3　基礎工 　352

2章　専門土木
- 4　構造物 　358
- 5　河川砂防 　366
- 6　道　路 　376
- 7　ダム・トンネル 　384
- 8　海岸・港湾施設 　388
- 9　鉄　道 　392
- 10　地下構造物、鋼橋塗装 　396
- 11　上下水道 　398

3章　法　規
- 12　労働基準法 　402
- 13　労働安全衛生法 　404
- 14　建設業法 　406
- 15　道路・河川関係法 　408
- 16　建築基準法 　410
- 17　火薬類取締法 　412
- 18　騒音・振動規制法 　414
- 19　港則法 　418

4章　共通工学
- 20　共通工学 　424

5章　施工管理
- 21　施工計画 　432
- 22　工程管理 　438
- 23　安全管理 　444
- 24　品質管理 　458
- 25　環境保全・建設リサイクル 　466

学習指針

受験ガイダンス

1. 「1級土木施工管理技術検定試験」の概要

(1) 1級土木施工管理技術検定試験とは

「国土交通大臣は、施工技術の向上を図るため、建設業者の施工する建設工事に従事し又はしようとする者について、政令の定めるところにより、技術検定を行うことができる」として建設業法第27条において定められている。

(2) 検定試験の構成

検定試験には「1級」と「2級」があり、それぞれについて試験が行われるが、「1級」の受験資格として「2級」の合格が条件とはなっていない（2級合格者は1級受験資格の実務経験期間が短縮される）。

検定試験は、**学科試験**と**実地試験**に分けて行われ、この「学科試験」合格者には、当該年度および次年度の「実地試験」の受験資格が与えられる。
この「実地試験」合格者には、所定の手続きにより国土交通大臣から「技術検定合格証明書」が交付され、**1級土木施工管理技士**を称することができる。

2. 受験の手引き

(1) 受験資格

学歴または資格により、下記の（イ）（ロ）（ハ）のいずれかに該当する者等に受験資格がある。詳細は「全国建設研修センター」のHP等で確認できる。

（イ）学 歴

学 歴	土木施工管理に関する必要な実務経験年数	
	指定学科卒業後	指定学科以外卒業後
大　　学	3年以上	4年6ケ月以上
短期大学・高等専門学校	5年以上	7年6ケ月以上
高等学校	10年以上	11年6ケ月以上
その他	15年以上	

※ 上記実務経験年数のうち、**1年以上の指導監督的実務経験年数**が必要である。
※ 「**指定学科**」とは、土木工学・都市工学・衛生工学・交通工学及び建築学に関する学科を指す。

(ロ) 2級土木施工管理技術検定試験合格者

区分	学歴	土木施工管理に関する必要な実務経験年数	
		指定学科卒業後	指定学科以外卒業後
2級合格者の実務経験	―	5年以上	
合格後5年未満の者	高等学校	9年以上	10年6ケ月以上
	その他	14年以上	

※ 上記実務経験年数のうち、**1年以上の指導監督的実務経験年数**が必要である。

(ハ) 専任の主任技術者の経験が1年（365日）以上ある者

区分	学歴	土木施工管理に関する必要な実務経験年数	
		指定学科卒業後	指定学科以外卒業後
2級合格後の実務経験	―	3年以上	
2級合格後3年未満の者	短期大学 高等専門学校	―	7年以上
	高等学校	7年以上	8年6ケ月以上
	その他	12年以上	
2級土木の資格のない者	高等学校	8年以上	11年以上
	その他	13年以上	

※「建設機械施工技術検定」に合格している者は、**実務経験年数は9年6ケ月以上に短縮**される。

> 詳細は、毎年発表される「全国建設研修センター」の「受験の手引き」を参考にすること

(2) 受験手続

- 試験日時：例年7月の第1日曜日
- 試 験 地：札幌・釧路・青森・仙台・東京・新潟・名古屋・大阪・岡山・広島・高松・福岡・沖縄（試験会場の確保等の都合により、やむを得ず近郊の都市で実施する場合がある）
- 申込受付期間：例年4月1日～15日
- 合格発表：例年8月中旬～下旬

土木施工管理技術検定試験に関する申込書類提出および問合せ先

- 一般財団法人 全国建設研修センター　試験業務局土木試験部土木試験課
  〒187-8540　東京都小平市喜平町2-1-2
  TEL 042-300-6860

受験ガイダンス

3. 学科検定試験科目と出題分類

学科検定試験は、「問題A」と「問題B」に分かれており、**すべて4肢択一**となっている。「**問題A**」は出題数に対し一定の問題数だけ選んで解答する「**選択問題**」で、「**問題B**」は出題に対してすべて解答する「**必須問題**」で構成されている。試験で出題される内容は下記のとおりである。

● 問題A（選択問題）

出題分類		出題数	試験問題番号	選択解答数
土木一般	土工	5	No.1～5	
	コンクリート	6	No.6～11	
	基礎工	4	No.12～15	
	小　計	15		12
専門土木	構造物	5	No.16～20	
	河川砂防	6	No.21～26	
	道路	6	No.27～32	
	ダム・トンネル	4	No.33～36	
	海岸・港湾施設	4	No.37～40	
	鉄道	3	No.41～43	
	地下構造物、鋼橋塗装	2	No.44～45	
	上下水道	4	No.46～49	
	小　計	34		10
法規	労働基準法	2	No.50～51	
	労働安全衛生法	2	No.52～53	
	建設業法	1	No.54	
	道路・河川関係法	2	No.55～56	
	建築基準法	1	No.57	
	火薬類取締法	1	No.58	
	騒音・振動規制法	2	No.59～60	
	港則法	1	No.61	
	小　計	12		8
合　計		61		30

● 問題B（必須問題）

出題分類		出題数	試験問題番号
共通工学		4	No.1～4
小　計		4	
施工管理	施工計画	5	No.5～9
	工程管理	4	No.10～13
	安全管理	11	No.14～24
	品質管理	7	No.25～31
	環境保全・建設リサイクル	4	No.32～35
小　計		31	
合　計		35	

※ 出題分類、出題数および試験問題番号はあくまでも目安であり、試験年度により変更されることがある。

4. 本書の構成

(1) 問題の構成

　本書は、過去約 5 年間に出題された学科試験問題を「難易度・内容」別に分類し、試験問題形式で「基礎レベル編」、「レベルアップ編」、「チャレンジ編」の 3 編に再構成している。問題数は実際出題される問題構成と同じ、問題 A（61 問）、問題 B（35 問）の計 96 問を 3 編分用意した。

- 「基礎レベル編」………広い範囲で一般的な内容を問われる問題で構成
- 「レベルアップ編」……設問が 1 工種工法について問われる問題や比較的専門的な問題で構成
- 「チャレンジ編」………より専門的な問題で構成

　出題分野ごとに解答結果自己分析ノートがあり、繰り返し学習した経緯がわかりやすいようにした。苦手分野の洗出しや学習成果のチェックに活用してもらいたい。

(2) ページの構成

　本書は、少しの時間でも問題に取り組みやすいよう、また設問について学習しやすいように見開きで、左頁に「問題＋情報＋アドバイス」を、右頁に「解答・解説」を掲載している。

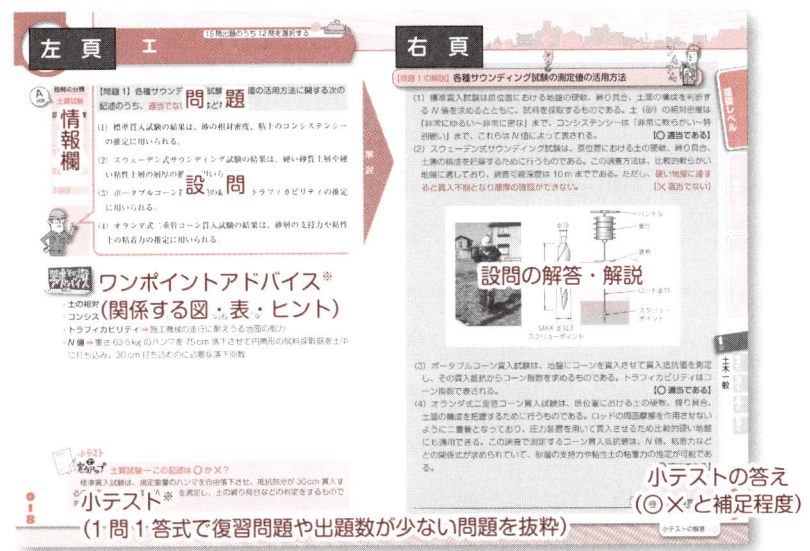

※ ワンポイントアドバイスと小テストの有無は設問の内容による

合格への道しるべ

1. 受験対策スケジュール （申込み～学科受験～実地受験）

受験申込みから**学科試験**、合格後の**実地試験受験**までのスケジュールを作成してみた。これを参考に、効率よい受験勉強で試験に臨んでほしい。

4月		スケジュール		本書問題集			科目学習
		イベント	予定	基礎レベル	レベルアップ	チャレンジ	
1日	(水)						
2日	(木)						
3日	(金)						
4日	(土)	受験準備	願書の作成、提出日のチェック				
5日	(日)		学習方針、スケジュールの確認				
6日	(月)	本書 基礎レベル編 学習開始		■			
7日	(火)			■			
8日	(水)		土木一般を学習する	■			
9日	(木)		1週間で15問 まだ選択問題は絞り込まない	■			
10日	(金)			■			
11日	(土)		今週の成果を確認し、土日で集中的に弱点				■
12日	(日)		科目の克服				■
13日	(月)			■			
14日	(火)		専門土木を学習する	■			
15日	(水)		1週間で34問	■			
16日	(木)		全問取り組んで、実力を把握すること	■			
17日	(金)			■			
18日	(土)		今週の成果を確認し、土日で集中的に弱点				■
19日	(日)		科目の克服				■
20日	(月)			■			
21日	(火)		法規、共通工学を学習	■			
22日	(水)		1週間で12問 ＋必須4問分の16問	■			
23日	(木)		全問取り組んで、実力を把握すること	■			
24日	(金)			■			
25日	(土)		今週の成果を確認し、土日で集中的に弱点				■
26日	(日)		科目の克服				■
27日	(月)			■			
28日	(火)		施工管理を学習する	■			
29日	(水)		1週間で必須31問	■			
30日	(木)			■			

受験勉強を始めてみるとわかると思うが、必ず平日の学習が厳しくなる。まとめて週末に学習するという手もあるので、無理はしないで1問でもよいから毎日続ける。

5月		スケジュール		本書問題集			科目学習
		イベント	予定	基礎レベル	レベルアップ	チャレンジ	
1日	(金)			■			
2日	(土)	成果のチェックと補習	基礎レベル編の採点、集計と総復習、苦手分野の補習				■
3日	(日)						■
4日	(月)	本書 レベルアップ編 学習開始			■		
5日	(火)				■		
6日	(水)		土木一般を学習する 1週間で15問 ここで、選択問題を絞り込んでおくこと		■		
7日	(木)				■		
8日	(金)				■		
9日	(土)		今週の成果を確認し、土日で集中的に弱点科目の克服				■
10日	(日)						■
11日	(月)				■		
12日	(火)		専門土木を学習する 1週間で34問 ここで、選択問題を絞り込んでおくこと		■		
13日	(水)				■		
14日	(木)				■		
15日	(金)				■		
16日	(土)		今週の成果を確認し、土日で集中的に弱点科目の克服				■
17日	(日)						■
18日	(月)				■		
19日	(火)		法規、共通工学を学習 1週間で12問 　+必須4問分の16問 ここで、選択問題を絞り込んでおくこと		■		
20日	(水)				■		
21日	(木)				■		
22日	(金)				■		
23日	(土)		今週の成果を確認し、土日で集中的に弱点科目の克服				■
24日	(日)						■
25日	(月)				■		
26日	(火)		施工管理を学習する 1週間で必須31問		■		
27日	(水)				■		
28日	(木)				■		
29日	(金)				■		
30日	(土)	成果のチェックと補習	レベルアップ編の採点、集計と補習と総復習、苦手分野の補習				■
31日	(日)						■

合格への道しるべ

全問 96 問中、選択解答するのは 65 問、学科試験まで残り 1 か月なので得意な選択科目を絞って学習を始める。

6月		スケジュール		本書問題集			科目学習
		イベント	予定	基礎レベル	レベルアップ	チャレンジ	
1日	(月)	本書　チャレンジ編　学習開始				■	
2日	(火)					■	
3日	(水)		土木一般を学習する 1 週間で 15 問中　選択の 12 問			■	
4日	(木)					■	
5日	(金)					■	
6日	(土)		今週の成果を確認し、土日で集中的に弱点科目の克服				■
7日	(日)						■
8日	(月)					■	
9日	(火)		専門土木を学習する 1 週間で 34 問中　選択の 10 問分+α できるだけ解答範囲を広げておくこと			■	
10日	(水)					■	
11日	(木)					■	
12日	(金)					■	
13日	(土)		今週の成果を確認し、土日で集中的に弱点科目の克服				■
14日	(日)						■
15日	(月)					■	
16日	(火)		法規、共通工学を学習 1 週間で 12 問中　選択の 8 問＋必須 4 問分の 12 問			■	
17日	(水)					■	
18日	(木)					■	
19日	(金)					■	
20日	(土)		今週の成果を確認し、土日で集中的に弱点科目の克服				■
21日	(日)						■
22日	(月)					■	
23日	(火)					■	
24日	(水)		施工管理を学習する 1 週間で必須 31 問			■	
25日	(木)					■	
26日	(金)					■	
27日	(土)	成果のチェックと補習	チャレンジ編の採点、集計と総復習、苦手分野の補習				■
28日	(日)						■
29日	(月)		この週は学科試験準備				
30日	(火)						

> 受験日前の週は、当日を想定して過去2～3年の問題を解いたり、苦手分野の学習にあてる。問題は絞らずいろいろな問題を見ておくのがよい。

7月		イベント	スケジュール 予定	本書問題集 基礎レベル	レベルアップ	チャレンジ	科目学習
1日	(水)						
2日	(木)	↓	この週は学科試験準備 2～3年前の過去問を入手し予行演習 後述「受験当日の準備」もチェックしておく				
3日	(金)						
4日	(土)						
5日	(日)	学科試験日					

【学科試験終了】
- インターネットで正解が発表されるので自己採点ができる
- 実地試験の受験準備に移るが、実地試験は経験記述文の対策が重要で、段取りよくスケジュールを管理しないと非常に厳しいことになる

【実地試験受験準備開始】

> 学科試験の発表は例年8月中旬～下旬。合格後、実地試験は経験記述があるので、それなりの準備期間が必要。できれば、すぐ実地受験対策を開始したほうがよい。7月末から開始するスケジュールを参考に示すが、意外と余裕はない。

7月		イベント	スケジュール 予定	実地試験 準備	経験記述	学科記述	科目学習
20日	(月)		実地試験、経験記述の学習を開始する	■			
21日	(火)	工事選び	経験記述文に書く工事を選ぶ	■			
22日	(水)		・会社の昼休みなどで、自分が担当した工事の仕様書、契約書等を確認する	■			
23日	(木)			■			
24日	(金)			■			
25日	(土)		・この土日で、参考書などを利用し1例を作成してみる。	■			
26日	(日)			■			
27日	(月)		・最終的には4記述文作成するので、選んだ工事でこのまま作り続けられるか判断する。	■			
28日	(火)			■			
29日	(水)			■			
30日	(木)		・作成した記述文を参考書などと見比べてみるとよい	■			
31日	(金)	↓		■			

合格への道しるべ

経験記述の添削は4記述文を依頼したいが、相手の都合もあるので1記述文だけ依頼して、それを参考にしてほかの3記述文を修正・調整作成する方法でもよい。

8月		スケジュール		準備	実地試験		科目学習
		イベント	予定		経験記述	学科記述	
1日	(土)	経験記述文の作成を始める			■		
2日	(日)		・まずは、1記述文の完成を優先させる。		■		
3日	(月)				■		
4日	(火)		・この1記述文をテンプレートにして、ほかの記述文を作成するので、じっくり作りあげる		■		
5日	(水)				■		
6日	(木)				■		
7日	(金)				■		
8日	(土)		・最低4管理項目の記述文を作成		■		
9日	(日)		① 品質管理		■		
10日	(月)		② 出来形管理		■		
11日	(火)		③ 工程管理		■		
12日	(水)		④ 安全管理		■		
13日	(木)		・できるだけ、同じ工事で記述文をつくるのがコツ		■		
14日	(金)				■		
15日	(土)		・この週で完成のめどをつけておく必要がある		■		
16日	(日)				■		
17日	(月)	平日に学科記述の学習開始				■	
18日	(火)		・平日に経験記述例文を作成し続けるのは結構難しいので、このあたりから平日は学科記述の学習に切り替える			■	
19日	(水)					■	
20日	(木)					■	
21日	(金)					■	
22日	(土)		この土日で四つの経験記述文を完成させる		■		
23日	(日)	記述文完成			■		
24日	(月)	記述文添削の依頼				■	
25日	(火)	学科記述の学習に専念する				■	
26日	(水)		・学科記述の学習要領も、過去問で自分の弱点を把握し、土日にまとめて学習する			■	
27日	(木)					■	
28日	(金)					■	
29日	(土)		・得意な分野から片付けておくのがよい				■
30日	(日)						■
31日	(月)	(学科試験の合格発表は8月中旬～下旬)				■	

9月		スケジュール			実地試験			
		イベント	予定	準備	経験記述	学科記述	科目学習
1日	(火)					■	
2日	(水)					■	
3日	(木)					■	
4日	(金)					■	
5日	(土)						■
6日	(日)						■
7日	(月)	経験記述文添削の受取り予定			■		
8日	(火)				■		
9日	(水)		・添削が返ってきたら修正点を見直して自分の言葉で経験記述文を仕上げる		■		
10日	(木)				■		
11日	(金)		・用意した記述文すべてを暗記して記述文の準備が終了する		■		
12日	(土)				■		
13日	(日)	経験記述文の準備終了			■		
14日	(月)	学科記述の学習に専念する				■	
15日	(火)		・学科試験に使った参考書も活用して学習するのがよい			■	
16日	(水)					■	
17日	(木)					■	
18日	(金)					■	
19日	(土)						■
20日	(日)						■
21日	(月)	経験記述文の暗記再確認			■		
22日	(火)				■		
23日	(水)		・この週で確実に暗記しておく。土壇場で、余裕がない状態で暗記するのは不可能		■		
24日	(木)				■		
25日	(金)		・記述文が満足に書けないと試験は非常に厳しいものになるのでコツコツやるしかない		■		
26日	(土)				■		
27日	(日)				■		
28日	(月)	受験1週間前、総まとめ＋暗記度のチェック		■			
29日	(火)			■			
30日	(水)			■			

10月第1週の日曜日が実地試験の受験日

後述「受験当日の準備」もチェックしておく

合格への道しるべ

2. 受験勉強の準備・参考書籍など

　本格的に受験勉強を始める前に、学科試験、実地試験の参考書、それら以外にも事前に用意しておいたほうがよい資料や、参考となる文献があるので会社の本棚などを探して有効に活用するのがよい（個人で買う必要はないでしょう）。

（1）学科記述問題の参考文献
　土工の設問で主に参考とする文献
- 道路土工 切土工・斜面安定工指針（日本道路協会）
- 道路土工 盛土工指針（日本道路協会）
- 道路土工 軟弱地盤対策工指針（日本道路協会）
- 道路土工 仮設構造物工指針（日本道路協会）
- 土質試験の方法と解説（地盤工学会）

　コンクリートの設問で参考にする文献
- コンクリート標準示方書（土木学会）

　専門土木で参考にする文献
- 道路橋示方書、河川砂防技術基準、舗装設計施工指針、アスファルト舗装要綱、コンクリート標準示方書「ダムコンクリート編」、トンネル標準示方書「山岳工法」「シールド工法」などの各種専門書

　法　規
- インターネットで各種法規を調べることができる

　施工計画・施工管理の設問で主に参考とする文献
- 道路土工要綱（日本道路協会）
- 土木工事共通仕様書（国土交通省ホームページからダウンロード）

（2）経験記述問題に必要な資料等
- 経験記述で書く工事の契約書
- 経験記述で書く工事の仕様書
- 経験記述で書く工事の設計書など

　経験記述文を添削してくれる人を早めに見つけて、添削をお願いしておく

（3）1級土木施工管理技術検定試験の過去問題について
　インターネットで手に入るので集めておいたほうがよい。学科試験は、試験日直前に模擬試験を行うなどイメージトレーニングに使える。ただし、実地試験の経験

記述の解答例は少ないので、早めに対策を講じる。

3. 受験当日の準備

(1) 受験当日の持ち物チェックなど

□ 受験票

ほかの物は忘れても何とかなるが、受験票だけは忘れないようにする。

□ 筆記用具と時計

机の上に置いてよい物はこれだけ

シャープペンシル又は鉛筆（3本程度）＊、消しゴム、時計

＊マークシート用、記述用、芯は太めのものが良い。

時計を持っていかない人もいるが、試験会場に時計がない場合が多く、問題数が多い学科試験の時間配分や、実地試験で記述式の解答を書くときの時間配分に使うので必ず持って行くこと。

□ 昼食の用意（学科試験のみ、実地試験は午後に行われる）

学科試験は午前、午後に分かれるので昼食の準備が必要。ただし、試験会場付近で飲食店を探すことはやめたほうがよい。昼休みを有効に使うために、弁当を作って持って行くか、朝、試験会場へ入る前にコンビニなどで買っておくのがよい。

□ 試験会場までの経路の確認

当日の出発時間、使用する鉄道などの路線、乗換え、最寄りの駅から試験会場までの地図を確認しておく。

(2) ワンポイントアドバイス

【試験会場について】

試験会場には余裕をもって到着するようにする。試験会場が学校だと、受験番号の教室を探すのに時間がかかる場合が多い。早く到着しすぎて、教室が開いていなくても周辺で参考書を読んでいればよい。

【参考書について】

試験会場までの電車の中、試験開始までの時間、学科試験の昼休みなど、当日多少の時間的余裕がある。受験勉強に使った参考書、暗記用の経験記述文のコピーを持っていく。ここで注意しなければならないことは、試験会場で参考書を読んでも新しい知識はほとんど頭に入らない。参考書は、頭に入れた知識をすぐ引き出すことができるように持っていくものである。

合格への道しるべ

【試験問題用紙について】

試験問題用紙は試験終了まで在席すると持帰りが許される。自己採点に使うので、答えを書き込んで持ち帰ること。

4. 学科試験に合格したら

学科試験に合格すると、約2か月後に実地試験が待っている。実地試験は主に記述が主体になっており、選択式の学科試験とは大きく異なる。実地試験は、受験者の経験を問うとともに、監理技術者にふさわしい文章力で、自身の経験を簡潔に表現する技術力が要求される。

受験者が最も苦労するのが経験記述文の作成から暗記である。しかし、経験記述文作成には一定のルールがあり、記述文の暗記もちょっとしたコツと時間をかければ何とかなる。経験記述の作成手順も下記のとおり単純である。ただし、先に示したスケジュールをもう一度確認してもらいたい。しっかり1か月半はかかる作業である。毎日、仕事をしながら効率よくスケジュール通り学習を進めるのがカギになる。

● 問題A（選択問題）

ステップ1
経験記述に書こうとする工事を選ぶ
工事名、工事の内容（工期、工種、施工量）を整理
一つの工事でいろいろな管理項目が書けるものを選ぶ

ステップ2
まず、最も得意な管理分野で記述文を作成する
記述文の作成後、最低でも4管理項目を用意する
① 品質管理、② 出来形管理、③ 工程管理、④ 安全管理

ステップ3
土木技術者（上司、先輩、同僚）に添削を依頼する
添削期間は2週間程度見込んでおいたほうがよい
添削された記述文を自分の言葉で最終案に仕上げる

ステップ4
学科記述勉強開始まで、記述文4案を暗記しておく
完全に暗記する

詳しい経験記述文の作成方法やヒント、各工事の経験記述例文は、姉妹書の「ぜ～んぶまとめて集中学習！ 1級土木施工管理 実地試験 レベルアップ合格ゼミ」（オーム社）を参考にしてもらいたい。

まずは基礎を！

しっかり！

基礎レベル

1章 土木一般

土木一般：解答結果自己分析ノート

出題 15 問のうち 12 問を選択できますが、実力アップのため全問取り組みましょう。苦手な問題は何度も取り組み、その経過を下表に記入し成果を確認しよう。

出題 No.	工事種別	設問の内容	重要度	学習マークシート 1回	2回	3回	チェック ✓
1	土工	土質試験	★★★	○	○	○	
2		土工量計算	★★	○	○	○	
3		土工作業	★★★	○	○	○	
4		法面施工	▲	○	○	○	
5		軟弱地盤対策	★	○	○	○	
6	コンクリート	配合設計	★★★	○	○	○	
7		耐久性と劣化	★★★	○	○	○	
8		コンクリートの材料	★★★	○	○	○	
9		打込み・締固め	★★★	○	○	○	
10		養生・型枠	★★★	○	○	○	
11		鉄筋加工・組立て	★★★	○	○	○	
12	基礎工	既製杭の施工	★★★	○	○	○	
13		鋼管杭の施工	★★★	○	○	○	
14		場所打ち杭の施工	★★★	○	○	○	
15		その他基礎工法の施工	★	○	○	○	
			正解数				/15

合格するには 60％ 以上の正解が必要です。
⇨ 全問対象として「9 問以上の正解」が目標
⇨ 選択 12 問で「8 問以上の正解」が目標

　15問中12問の選択なので、得手不得手に関係なく学習し確実に得点できるようにしておかなければならない。

➡ **土　工**：毎年約 5 問出題。出題率が高いのは「**土質試験**」と「**土工作業**」、その次に「**土工量計算**」である。
- 土質試験—土質試験の名称と利用方法、調査方法
- 土工作業—盛土の施工と品質管理
- 土工量計算—土量換算係数を理解し計算演習は必ず行う

➡ **コンクリート**：毎年約 6 問出題。施工手順ごとに学習するのがよい。手を抜ける工種はなく、すべて重要で十分理解しておく必要がある。
- 配合設計—水セメント比、単位水量、粗骨材、細骨材がキーワード
- コンクリートの材料—主に骨材の出題率が高く、ほかに混和剤、セメントがある
- 鉄筋の加工組立て—曲げ加工時の耐久性、重ね継手など
- 型枠・支保工の施工—型枠に作用する側圧など
- 打込み・締固め—打込み方法、ポンプ圧送、内部振動機の使用方法
- 養生—暑中、寒中時の養生、コンクリート種類による養生期間など
- 耐久性と劣化—ひび割れの発生原因（乾燥収縮、中性化、塩害、アルカリ骨材反応、沈みひび割れ）、ひび割れの防止方法

➡ **基　礎　工**：毎年約 4 問出題。**既製杭**、**鋼管杭**、**場所打ち杭**は出題率が高く、工法の特徴、施工方法、施工時の留意事項は必ず理解しておくのがよい。各工事の主なチェック項目は下記である。
- 既成杭—打込み杭工法、中掘り杭工法、プレボーリング工法、ジェット工法
- 鋼管杭—施工時の留意事項
- 場所打ち杭—オールケーシング工法、リバース工法、アースドリル工法、深礎工法
- その他基礎工法—ケーソン基礎、直接基礎、土留め工法、地中連続壁

1 土工

15問出題のうち12問を選択する

設問の分類
土質試験

設問の重要度
★★★

解答欄
1回目
2回目
3回目

【問題1】各種サウンディング試験の測定値の活用方法に関する次の記述のうち、適当でないものはどれか。

(1) 標準貫入試験の結果は、砂の相対密度、粘土のコンシステンシーの推定に用いられる。

(2) スウェーデン式サウンディング試験の結果は、硬い砂質土層や硬い粘性土層の層厚の推定に用いられる。

(3) ポータブルコーン貫入試験の結果は、トラフィカビリティの推定に用いられる。

(4) オランダ式二重管コーン貫入試験の結果は、砂層の支持力や粘性土の粘着力の推定に用いられる。

関連知識アドバイス 土質試験で使われる用語は必ず理解しておこう

- **土の相対密度** ➡ 締り程度を表す指標
- **コンシステンシー** ➡ 土の変形のしやすさの程度を表す
- **トラフィカビリティ** ➡ 施工機械の走行に耐えうる地面の能力
- **N値** ➡ 重さ63.5kgのハンマを75cm落下させて円筒形の試料採取器を土中に打ち込み、30cm打ち込むのに必要な落下回数

土質試験 ― この記述は〇か×？

　標準貫入試験は、規定重量のハンマを自由落下させ、抵抗部分が30cm貫入するのに要する打撃回数（N値）を測定し、土の締り具合などの判定をするものである。

【問題 1 の解説】各種サウンディング試験の測定値の活用方法

(1) 標準貫入試験は原位置における地盤の硬軟、締り具合、土層の構成を判断する N 値を求めるとともに、試料を採取するものである。土（砂）の相対密度は「非常にゆるい～非常に密な」まで、コンシステンシーは「非常に軟らかい～特別硬い」まで、これらは N 値によって表される。　　　　【○ 適当である】

(2) スウェーデン式サウンディング試験は、原位置における土の硬軟、締り具合、土層の構成を把握するために行うものである。この調査方法は、比較的軟らかい地盤に適しており、調査可能深度は 10 m までである。ただし、**硬い地盤に達すると貫入不能となり層厚の確認ができない。**　　　　【✗ 適当でない】

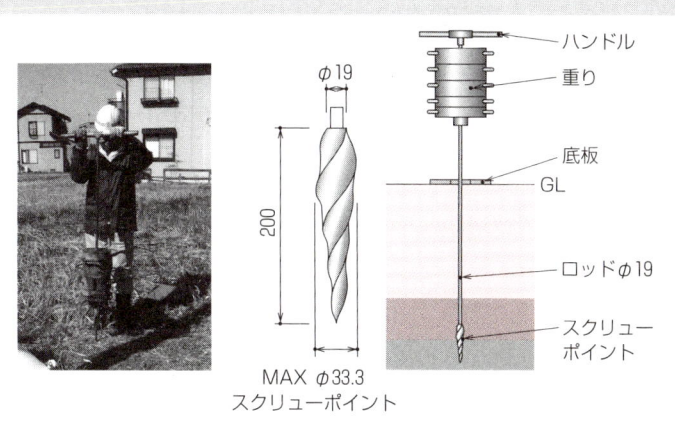

(3) ポータブルコーン貫入試験は、地盤にコーンを貫入させて貫入抵抗値を測定し、その貫入抵抗からコーン指数を求めるものである。トラフィカビリティはコーン指数で表される。　　　　【○ 適当である】

(4) オランダ式二重管コーン貫入試験は、原位置における土の硬軟、締り具合、土層の構成を把握するために行うものである。ロッドの周面摩擦を作用させないように二重管となっており、圧力装置を用いて貫入させるため比較的硬い地盤にも適用できる。この調査で測定するコーン貫入抵抗値は、N 値、粘着力などとの関係式が求められていて、砂層の支持力や粘性土の粘着力の推定が可能である。　　　　【○ 適当である】

問題 1 の解答…(2)

1 土 工

[15問出題のうち12問を選択する]

【問題2】 土工作業における土量の変化率に関する次の記述のうち、**適当でないもの**はどれか。

(1) 土量の変化率 L は、地山土量をほぐした土量で除したものであり、土の運搬計画を立てるときに用いられる。

(2) 土量の変化率 C は、締め固めた土量を地山の土量で除したものであり、土の配分計画を立てるときに必要である。

(3) 土量の変化率 C は、その工事に大きな影響を及ぼす場合、試験施工によってその値を求めることが望ましい。

(4) 岩石の変化率は、測定そのものが難しいために、施工実績を参考にして計画し、実態に応じて変更していくことが望ましい。

 土量は地山の掘削～締固めの過程で下図のように変化する

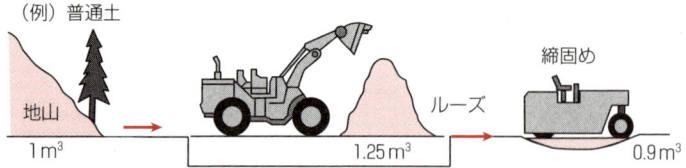

土工量の計算－ダンプトラックの運搬延べ台数は？

13,000 m^3（締固め土量）の盛土工事において、隣接する切土（砂質土）箇所から 10,000 m^3（地山土量）を流用し、不足分を土取場（礫質土）から採取し運搬する場合、土取場から採取土量を運搬するために要するダンプトラックの運搬延べ台数は次のうちどれか。

ただし、砂質土の変化率 $L=1.20$　　$C=0.85$
　　　　礫質土の変化率 $L=1.40$　　$C=0.90$
　　　　ダンプトラック1台の積載量（ほぐし土量）8.0 m^3 とする。

(1) 361 台　　(2) 506 台　　(3) 625 台　　(4) 875 台

【問題2の解説】土工作業における土量の変化率

(1) 土量の変化率 L は、ほぐした土量を地山土量で除したものである。ほぐし土量は土の運搬計画を立てるときに用いられる。

【✗ 適当でない】

(2) 土量の変化率 C は、$\dfrac{締固めた土量}{地山の土量}$ で求められ、砂質土や粘性土においては 0.9 程度が一般的である。このことから、土量の配分計画を立てる場合に用いられる。

【○ 適当である】

(3) 土量の変化率は、地山の土質、締り具合により変化する。変化率の決定にあたっては、標準値の採用、試験施工による結果からの推定などの方法がある。このことから、工事に大きな影響を及ぼす場合、試験施工によってその値を求めることが望ましい。

【○ 適当である】

(4) 岩石の変化率は、空隙などから測定そのものが難しい。一般的には変化率 C においても 1.0 以上となる。土質の区分によって大きく変化することから、施工実績を参考にして計画し、実態に応じて変更していくことが望ましい。

【○ 適当である】

● 一般的な土量の変化率

分類名称	L	C	1/C	L/C
礫質土	1.20	0.90	1.11	1.33
砂・砂質土	1.20	0.90	1.11	1.33
粘性土	1.25	0.90	1.11	1.39
岩塊・玉石混じり土	1.20	1.00	1.00	1.20
軟岩（Ⅰ）	1.30	1.15	0.87	1.13
軟岩（Ⅱ）	1.50	1.20	0.83	1.25
中硬岩	1.60	1.25	0.80	1.28
硬岩（Ⅰ）	1.65	1.40	0.71	1.18

 問題2の解答…(1)

小テストの解答…(4)

1 土　工　[15問出題のうち12問を選択する]

設問の分類
土工作業

設問の重要度
★★★

解答欄
1回目
2回目
3回目

【問題3】建設発生土を一般の河川堤防の盛土材として使用する場合の次の記述のうち、**適当でないもの**はどれか。

(1) セメントや石灰などによって安定処理された改良土を用いた築堤は、覆土を行うなど堤防植生の活着に配慮した対策が必要である。

(2) 安定処理が必要な発生土を用いた築堤は、堤体表面に乾燥収縮によるクラックが発生しないよう試験施工による検証を行い工法の決定を行うことが望ましい。

(3) 発生土がシルト分の多い粘性土を用いた築堤は、粗粒土を混合して乾燥収縮によるクラックを防止することが必要である。

(4) 細粒分がほとんど入っていない礫質の発生土は、十分締固めればすべての区域でそのまま利用できる。

粒度分布と適用範囲の例は下表のとおりである

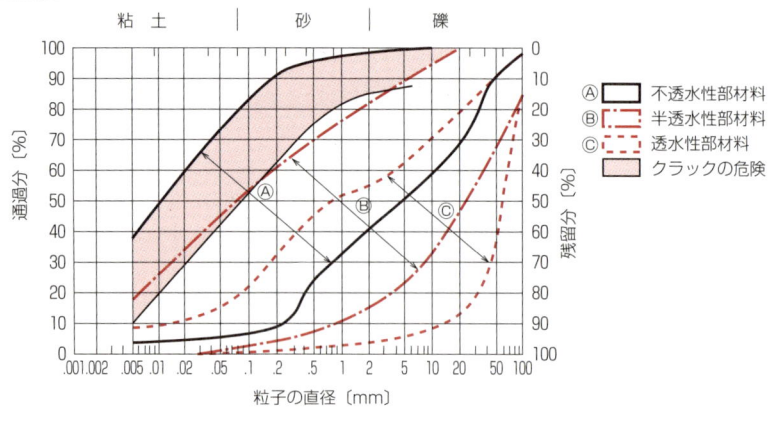

土工作業、盛土の締固め―この記述は〇か×？

　自然含水比が最適含水比より著しく高く、施工の制約から含水量調整が困難である土については、空気間隙率や飽和度の管理が適用される。

【問題3の解説】建設発生土を一般の河川堤防の盛土材として使用

(1) セメントや石灰などによって安定処理された改良土を用いた築堤は、植生の根の育成が困難なアルカリ性の影響から、覆土を行うなど堤防植生の活着に配慮した対策が必要である。

【○ 適当である】

(2) 安定処理が必要な発生土を用いた築堤は、土質、添加材、混合率、混合方法によっては、完成後の堤体の乾燥収縮でヘアークラックが発生することがある。よって、室内試験による基礎的な検討を行い、できれば試験施工による検証を行ったうえで安定処理工法を決定するのがよい。

【○ 適当である】

(3) 粒度分布の悪い発生土に対して、ほかの土との混合により粒度調整を行うには次の方法がある。「透水性の大きい砂質土に対し細粒土を混合して適切な透水性となるように粒度調整を行う」、「乾燥収縮でクラックの発生しやすい粘性土に、粗粒土を混合して粒度調整を行う」

【○ 適当である】

(4) 堤体材料として評価の低い土には、「細粒分がほとんどない土」、「施工機械のトラフィカビリティが得られない土」、「高有機質土」などがある。細粒分がほとんどない礫質の発生土は、十分締め固めれば粘性土より大きなせん断強度が得られるが、**単独で不透水性を確保することが困難**なためそのまま利用するのは適当ではない。

【✕ 適当でない】

● 堤体材料としての土の評価

土の区分		評価	留意事項	対策
粗粒土	礫（礫質土）	○	透水性が非常に大きい	透水性及び植生対策が必要になる
	砂（砂質土）	○	透水性が大きく、法のくずれが生じやすい	遮水性対策が必要である
細粒土	シルト・粘性土 火山灰質粘土	○	水を含んだ場合、締固めが十分できないことがある	乾燥による含水比の低下もしくは土質改良
	有機質度	△	高含水比のものが多く、そのままでは締め固めることが困難	土質改良、又は良質土と粒土調整を行う
高有機質土		✕	含水比が高く、締固めが困難	

問題3の解答…(4)

小テストの解答…○

1 土 工 [15問出題のうち12問を選択する]

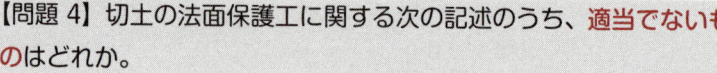

【問題4】 切土の法面保護工に関する次の記述のうち、**適当でないもの**はどれか。

(1) 湧水量が多い法面では、法面保護工として一般に植生工を採用する。
(2) 植物の生育に適した法面勾配は、一般に軟岩や粘性土では1：1.0～1.2より緩い場合、砂や砂質土では1：1.5より緩い場合である。
(3) 寒冷地のシルトの多い法面では、凍上や凍結融解作用によって植生がはく離したり滑落するおそれがある場合は、法面勾配を緩くすることや法面排水を行うことが望ましい。
(4) 土質や湧水の状況が一様でない法面については、排水工などの地山の処理を行ったうえで、景観に配慮してなるべく類似した工法を採用することが望ましい。

法面保護工における植生工の種類は以下のものがある。
工種とその目的を理解しておこう！

分類	工種	目的	一般的な適用性 切土	一般的な適用性 盛土
法面緑化工（植生工） 播種工	種子散布工	浸食防止、凍上崩落抑制、植生による早期全面被覆	○	○
	客土吹付工		○	○
	植生基材吹付工（厚層基材吹付工）		○	
	植生シート工		○	○
	植生マット工		○	○
	植生筋工	盛土で植生を筋状に成立させることによる浸食防止、植物の進入・定着の促進		○
	植生土のう工	植生基盤の設置による植物の早期生育厚い生育基盤の長期間安定を確保	○	○
	植生基材注入工		○	
植栽工	張芝工	芝の全面張付けによる浸食防止、凍上崩落抑制、早期全面被覆		○
	筋芝工	盛土での芝の筋状張付けによる浸食防止、植物の進入・定着の促進		○
	植栽工	樹木や草花による良好な景観の形成	○	○
	苗木設置吹付工	早期全面被覆と樹木などの生育による良好な景観の形成	○	○

【問題4の解説】切土の法面保護工

(1) 湧水量が多い法面では、地下排水工や水平排水孔などの地下排水施設を積極的に導入するとともに、法面保護工としては井桁組擁壁工、ふとんかご工、蛇かご工、中詰めにぐり石を用いた法枠工などの開放型の保護工を適用するのがよい。
【✕ 適当でない】

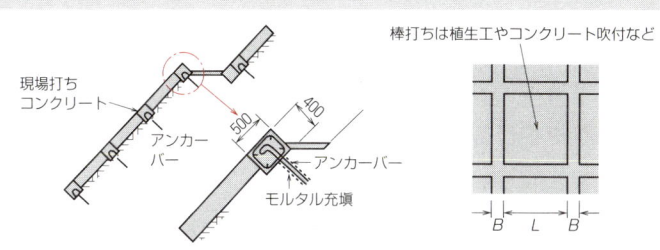

(2) 植物の生育に適した法面勾配は、一般に軟岩や粘性土では1：1.0〜1.2より緩い場合、砂や砂質土では1：1.5より緩い場合である。法面勾配がこれ以上になると植生工のみでは法面の安定を保つのが困難になり、法枠工などの併用が必要になる。さらに1：1.8より急になると植生工以外の法面保護工を検討する。
【〇 適当である】

(3) 寒冷地のシルトの多い法面で、凍上や凍結融解作用によって植生がはく離したり滑落するおそれがある場合は、法面勾配を緩くすることや法面排水を行うことが望ましい。法面を緩くできない場合、早期の安定のために、ネットなどで被覆しアンカーピンなどで固定しておく。
【〇 適当である】

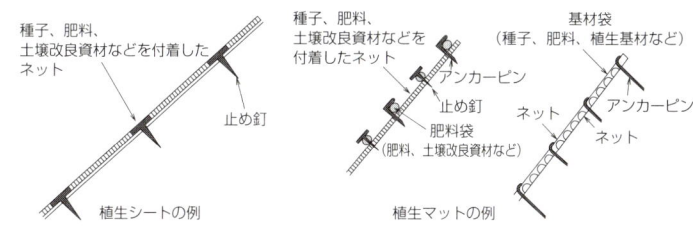

(4) 土質や湧水の状況が一様でない法面については、それぞれの条件に適合した工種を選択しなければならないが、小面積ごとに異なった工種を選択すると景観上見苦しいため、排水工などの地山の処理を行ったうえで、景観に配慮してなるべく類似した工法を採用することが望ましい。
【〇 適当である】

問題4の解答…(1)

1 土工 [15問出題のうち12問を選択する]

設問の分類
軟弱地盤対策

設問の重要度
★

解答欄
1回目
2回目
3回目

【問題5】軟弱地盤の対策工法に関する次の記述のうち、**適当でないもの**はどれか。

(1) 押え盛土工法は、施工中に生じる盛土のすべり破壊に対して所要の安全率が得られない場合、盛土本体の側方部を押さえて盛土の安定をはかるものである。

(2) 載荷重工法は、盛土本体の重量を軽減し、原地盤へ与える盛土の影響を少なくするものである。

(3) 緩速載荷工法は、盛土の施工にあたって地盤が破壊しない範囲で、時間をかけてゆっくり盛土するものである。

(4) 盛土補強工法は、盛土中に鋼製ネット、ジオテキスタイルなどを設置し、地盤の側方流動に伴う盛土底面の広がりを拘束し、さらには盛土のすべり破壊を抑制するものである。

盛土載荷工法の種類は3つある

盛土載荷工法(盛土補強工法以外)の3種類を下図に示す。右頁の解説も参照されたい。

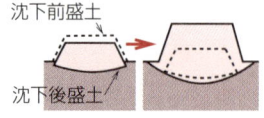
● 緩速載荷工法

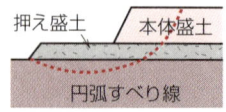
● 押え盛土工法

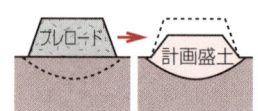
● 載荷重工法

軟弱地盤対策、軟弱地盤上の盛土―この記述は〇か×?

盛土構造は、盛土後の時間経過に応じて地盤強度が増し安定性が増すが、地震による液状化対策を要する基礎地盤では、密度や間隙水圧の増加をはかる必要がある。

〈参考〉間隙水圧は、飽和土において間隙水によって伝達される圧力

【問題5の解説】軟弱地盤の対策工法

(1) **押え盛土工法**は、盛土荷重により基礎地盤のすべり破壊の危険がある場合に、盛土本体の側方部に押さえのための盛土を行い、すべり破壊に対しての抵抗モーメントを増加させて盛土の安定をはかるものである。　【○ 適当である】

(2) **載荷重工法**は、計画されている構造物、盛土の予定地盤にそれと同等かそれ以上の先行荷重をかけて基礎地盤の圧密沈下を促進させ、地盤の強度を増加させた後に載荷重を除去して構造物を構築する工法である。原地盤へ与える影響を少なくする工法は「軽量盛土工法」で、盛土材料に発泡材（発泡スチロール）、軽石、スラグなどを使用することにより盛土の重量を軽減し、地盤へ与える影響を軽減させる。　【✕ 適当でない】

(3) **緩速載荷工法**は、軟弱地盤が破壊しない範囲で盛土荷重をかけ、圧密が進むことにより地盤の強度増加を期待しながらゆっくりと盛土を仕上げていく工法である。　【○ 適当である】

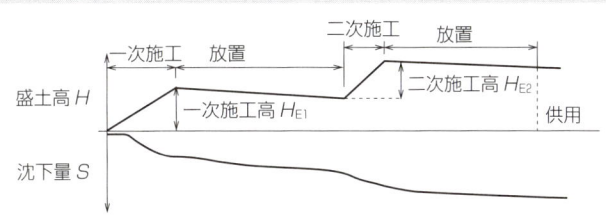

(4) **盛土補強工法**は、盛土中に鋼製ネット、ジオテキスタイル（ジオグリッド、ジオネット、織布、不織布）などの補強材（ストリップ）を用いて盛土の強化を図り、補強材の水平方向の引張力によって地盤の側方流動に伴う盛土底面の広がりを拘束し、盛土のすべり破壊を抑制するものである。　【○ 適当である】

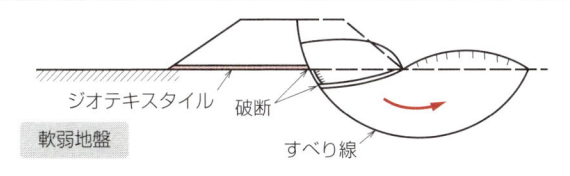

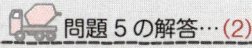

問題5の解答…(2)

小テストの解答…✕　（間隙水圧を抑制させる必要がある）

2 コンクリート

15問出題のうち12問を選択する

設問の分類	配合設計

設問の重要度 ★★★

解答欄
1回目
2回目
3回目

【問題6】コンクリートの配合設計に関する次の記述のうち、**適当でないもの**はどれか。

(1) 打込みの最小スランプは、打込み時に円滑かつ密実に型枠内に打ち込むために必要な最小のスランプで、鋼材量や鋼材の最小あきなどの配筋条件や施工条件などにより決定される。

(2) スランプ8cm程度のコンクリートを作る場合、粗骨材最大寸法が小さいほど細骨材率を小さくする。

(3) 単位水量は、その値が大きくなると材料分離抵抗性の低下、乾燥収縮の増加、コンクリートの品質低下につながるので、作業ができる範囲内でできるだけ小さくなるようにする。

(4) 水セメント比は、強度、耐久性、水密性、ひび割れ抵抗性、及び鋼材を保護する性能を考慮してこれらから定まる水セメント比のうちで最も小さい値とする。

 スランプ試験とスランプは下図のように測る

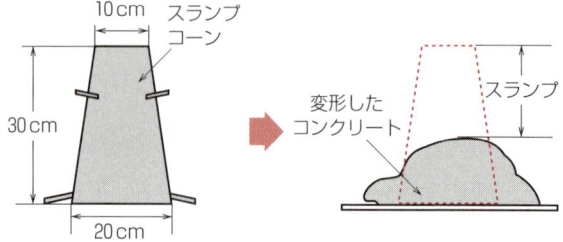

 コンクリートの配合設計―この記述は〇か✕？

エントレインドエアは、ワーカビリティの改善にも寄与し、空気量が増すほどコンクリート強度は大きくなるので、できるだけ大きく設定するとよい。

【問題 6 の解説】 コンクリートの配合設計

(1) 打込みの最小スランプは、鋼材量や鋼材の最小あきなどの配筋条件や締固め作業高などの施工条件に基づき、「スラブ部材」「柱部材」「はり部材」「壁部材」「PC 部材」など各部材ごとにこれらの条件を組み合わせたスランプの目安から選定する。

【〇 適当である】

(2) スランプ 8 cm 程度のコンクリートを作る場合、粗骨材最大寸法が小さいほど**細骨材率を大きくする。**

【× 適当でない】

● コンクリートの単位粗骨材容積、細骨材率及び単位水量の概略値

粗骨材の最大寸法 [m]	単位粗骨材容積 [%]	空気量 [%]	AEコンクリート			
^	^	^	AE剤を用いる場合		AE減水剤を用いる場合	
^	^	^	細骨材率 s/a [%]	単位水量 W [kg]	細骨材率 s/a [%]	単位水量 W [kg]
15	58	7.0	47	180	48	170
20	62	6.0	44	175	45	165
25	67	5.0	42	170	43	160
40	72	4.5	39	165	40	155

(3) 単位水量は、その値が大きくなると材料分離抵抗性の低下、乾燥収縮の増加、コンクリートの品質低下につながるので、作業ができる範囲内でできるだけ小さくなるようにする。なお所定のスランプを得るために必要なコンクリートの単位水量は、粗骨材の最大寸法、骨材の粒度や粒形、混和材料の種類、コンクリートの空気量などによって相違するので、実際の施工に用いる材料を用いた試し練りを行い、これを定める。

【〇 適当である】

(4) 水セメント比は、65％以下で、設計図書に記載された参考値に基づき、コンクリートに要求される強度、耐久性、水密性、ひび割れ抵抗性、及び鋼材を保護する性能を考慮してこれらから定まる水セメント比のうちで最も小さい値とする。

【〇 適当である】

問題 6 の解答…(2)

小テストの解答…× (空気量が増すと強度は小さくなる)

② コンクリート　[15問出題のうち12問を選択する]

設問の分類：耐久性と劣化
設問の重要度：★★★

【問題7】コンクリートの収縮及びひび割れ防止に関する次の記述のうち、**適当でないもの**はどれか。

(1) 温度ひび割れを防止するためには、単位セメント量をできるだけ少なくするのがよい。

(2) 沈下ひび割れを防止するためには、単位水量の少ない配合とすることが有効である。

(3) 自己収縮ひずみは、水セメント比の大きい範囲で大きくなるので、低強度コンクリートにおいて自己収縮ひずみによるひび割れに注意が必要である。

(4) ブリーディングの少ない高強度コンクリートでは、プラスティック収縮ひび割れを防止するため、打込み後の水分逸散防止に心がけるのがよい。

関連知識アドバイス　コンクリートひび割れの代表的な種類

- 外力により生じるひび割れ（曲げひび割れ、せん断ひび割れ）
- 変形の拘束により生じるひび割れ（収縮ひび割れ、温度ひび割れ）
- コンクリート内部の膨張圧により生じるひび割れ（塩害、アルカリ骨材反応、凍害）
- その他（プラスティック収縮ひび割れ、沈下ひび割れなど）

小テストで実力アップ　コンクリートの耐久性と劣化、混和材—この記述は○か×？

シリカヒュームは、通常のコンクリートと比べてブリーディングが小さく単位水量が減少するので強度の増加や乾燥収縮の減少に効果的である。

〈参考〉混和材シリカヒュームは、金属シリコンを製造する際に発生する廃ガスを集塵機で回収して得られる球形の超微粒子

【問題7の解説】コンクリートのひび割れ防止

(1) コンクリートの発熱量は単位セメント量にほぼ比例して上昇することから、できる限りセメント量を少なくするのがよい。よって、温度ひび割れを防止するためには、温度上昇を小さくし、温度降下速度を緩やかにすることが基本となる。

温度ひび割れ：打設後、コンクリート構造物のセメント水和熱による温度上昇は時間の経過とともに外気温度に近づき、熱膨張係数に従い伸縮する。この際に、温度変化が生じにくい部材などによる拘束があると、応力が発生する。このときひび割れが発生する。

【○ 適当である】

(2) 沈下ひび割れを防止するためには、単位水量の少ない配合にすることが有効である。よって、ブリーディングの少ない配合にし、沈下を抑制する打込み方法とすることが基本となる。

沈下ひび割れ：打設後ブリーディングが上昇し、それに伴いコンクリートは沈降する。このときに鉄筋や型枠形状などにより、沈降が拘束されるとひび割れが発生する。

【○ 適当である】

(3) 自己収縮によるひずみは、セメントの水和反応の進行によりコンクリートの体積が減少する現象である。水セメント比が小さい高強度コンクリートでは、セメント水和に起因した自己収縮が無視できなくなる場合があり、（高流動コンクリート、マスコンクリートに対しても）自己収縮ひずみによるひび割れに注意が必要である。ただし、低強度コンクリートでは自己収縮が小さく問題にはならない。

【× 適当でない】

(4) プラスティック収縮ひび割れを防止するためには、水分蒸発量を少なくする対策が基本となる。よって、直射日光や防風対策を行い、コンクリートの表面仕上げのあと早期に湿潤養生を開始するなどの対策が有効である。

プラスティック収縮ひび割れ：コンクリートが十分に硬化していないプラスティックな状態でコンクリートの表面が乾燥すると、セメント分が収縮して表面に不規則なひび割れが発生する。

【○ 適当である】

問題7の解答…(3)

小テストの解答…× （単位水量が増加し、AE減水剤を用いるなどの配慮が必要）

2 コンクリート [15問出題のうち12問を選択する]

設問の分類: コンクリートの材料
設問の重要度: ★★★

【問題 8】 コンクリート用骨材に関する次の記述のうち、**適当でないもの**はどれか。

(1) 砕石の粒形の良否を判定する粒形判定実積率の値は、最大寸法20 mmのコンクリート用砕石に対しては55％以上でなければならない。

(2) 異なる種類の細骨材を混合して用いる場合の塩化物量については、混合後の試料で塩化物量を測定し規定に適合すればよい。

(3) フェロニッケルスラグ細骨材は、密度が大きいことから消波ブロックや護岸ブロックへの利用に適している。

(4) 再生骨材Hは、骨材の表面にペーストやモルタル分が多く付着しているので、耐久性を必要としない無筋コンクリートには適用できる。

関連知識アドバイス

コンクリート骨材の種類を下表にまとめる

種類		規格	定義
砕砂		JIS A 5005	岩石をクラッシャなどで粉砕し、人工的に作った細骨材及び粗骨材
砕石			
高炉スラグ	細骨材	JIS A 5011-1	溶鉱炉で銑鉄と同時に生成する溶融スラグを水、空気などによって急冷し、粒度調整した細骨材及び粗骨材
	粗骨材		
フェロニッケルスラグ細骨材		JIS A 5011-2	炉でフェロニッケルと同時に生成する溶融スラグを除冷し、又は水、空気などによって急冷し、粒度調整した細骨材
銅スラグ細骨材		JIS A 5011-3	炉で銅と同時に生成する溶融スラグを水によって急冷し、粒度調整した細骨材
砂（海、山、川、陸）		JIS A 5308 付属書1	自然作用によって岩石からできた細骨材及び粗骨材
砂利			
加工砂			風化花崗岩を砕いて砂にしたもの（中国地方のみ適応されている）

再生骨材には構造物の解体以外にレディーミクストコンクリートの戻りコンクリートを硬化させたものも含まれる。

● 再生骨材H

種類	記号	摘要
再生粗骨材H	RHG	原コンクリートに対し、破砕、磨砕など高度な処理を行い、必要に応じて粒度調整した粗骨材
再生細骨材H	RHS	原コンクリートに対し、破砕、磨砕などの高度な処理を行い、必要に応じて粒度調整した細骨材

【問題8の解説】 コンクリート用骨材

(1) JIS「コンクリート用砕石および砕砂」では、粒形の良否の判定に実績率を用いることを規定している。砕石の粒形の良否を判定する粒形判定実積率の値は、コンクリート用砕石に対しては **56％以上でなければならない**。また、石粉などの微粒分量の最大値は 3.0％ 以下と規定されている。ただし、粒形実積判定率 58％ 以上の場合は微粒分量の最大値を 5.0％ としてよい。砕砂の場合の粒形判定実積率は 54％ 以上でなければならない。　　　　　　　　　　【✕ 適当でない】

試験項目	砕石	砕砂
絶乾密度〔g/cm³〕	2.5 以上	2.5 以上
吸水率〔％〕	3.0 以下	3.0 以下
安定性試験における損失百分率〔％〕	12 以下	10 以下
すりへり減量〔％〕	40 以下	―
粒形判定実積率〔％〕	56 以上	54 以上
微粒分量〔％〕	購入者と協議して決定（最大値 3.0 以下） 許容差　協議値 ±1.0	購入者と協議して決定（最大値 9.0 以下） 許容差　協議値 ±2.0

(2) 異なる種類の細骨材を混合して用いる場合、「砂」「砕石」「高炉スラグ細骨材」「フェロニッケルスラグ細骨材」「銅スラグ細骨材」「電気炉酸化スラグ細骨材」「再生細骨材」については混合前の品質がそれぞれの品質規定に適合すればよく、塩化物量については、混合後の試料で塩化物量を測定し規定に適合すればよい。
　　　　　　　　　　　　　　　　　　　　　　　　　　　　　　　【〇 適当である】

(3) フェロニッケルスラグ細骨材は、JIS に適合したものでなければならない。フェロニッケルスラグ細骨材は密度が大きいことから、消波ブロックや護岸ブロックへの利用に適している。　　　　　　　　　　　　　　　　　　【〇 適当である】

(4) 再生骨材は、その品質によって再生骨材 H（高品質）、再生骨材 M（中品質）、再生骨材 L（低品質）に分類される。**再生骨材 H は、その品質から普通コンクリートに使用できる**。再生骨材 M は、杭、耐圧版、基礎梁、鋼管充填コンクリートなどが主な用途で、再生骨材 L は、高い強度や高い耐久性が要求されないものに使用される。よって、設問の「表面にペーストやモルタル分が多く付着しているので、耐久性を必要としない無筋コンクリートなどに適用できる」とは再生骨材 M である。　　　　　　　　　　　　　　　　　　　　　　　【✕ 適当でない】

問題8の解答…(1) と (4)

2 コンクリート [15問出題のうち12問を選択する]

設問の分類: 打込み・締固め
設問の重要度: ★★★

【問題9】コンクリートの打込みに関する次の記述のうち、**適当なもの**はどれか。

(1) 締固めに内部振動機を用いる場合、コンクリートの1層の打込み厚は、一般に40～50 cm以下とする。

(2) コンクリートを練り混ぜてから打ち終わるまでの時間は、原則として、外気温が25℃を超えるときは1.5時間以内とし、25℃以下のときは3時間以内を標準とする。

(3) コンクリートの打込み中、表面にブリーディング水がある場合は、この水が自然にコンクリートに吸収されるのを待って、次のコンクリートを打ち込まなければならない。

(4) コンクリートの打込みには、原則として、斜めシュートを使用する。

関連知識アドバイス: 内部振動機は下図のように使う。**使用方法**については、よく出題される！

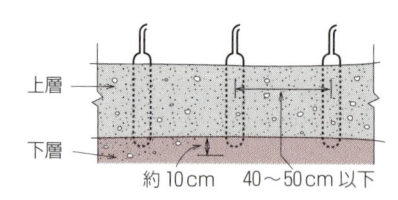

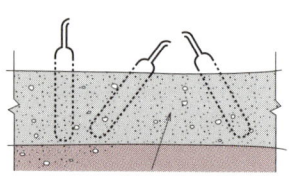

上層 / 下層
約10cm　40～50cm以下　可
この部分の締固めが不十分となるおそれがある　不可

小テストで実力アップ: コンクリートの打込み・締固め―この記述は○か×？
許容打重ね時間間隔とは、下層のコンクリートの打込みと締固めが完了した後、静置時間をはさんで上層コンクリートが打ち込まれるまでの時間のことをいう。

【問題9の解説】コンクリートの打込み

(1) 締固めに内部振動機を用い、コンクリートを2層に分けて打ち込む場合、上層と下層のコンクリートが一体となるように施工しなければならない。1層の高さは、内部振動機の性能などを考慮して40〜50 cm以下を標準とする。

コンクリートを2層に分けて打ち込む場合、コールドジョイントが発生しないようにする。重ね時間間隔の標準は下表のとおりである。

外気温	許容打重ね時間間隔
25℃以下	2.5時間
25℃を超える	2.0時間

【○ 適当である】

(2) コンクリートは、速やかに運搬し、ただちに打込み、十分に締め固めなければならない。コンクリートを練り混ぜてから打ち終わるまでの時間は、原則として、外気温が25℃を超えるときは1.5時間以内とし、**25℃以下のときは2時間以内を標準**とする。　【× 適当でない】

(3) コンクリートの打込み中、表面にブリーディング水がある場合は、**スポンジやひしゃくなどを用いてブリーディング水を取り除き**、次のコンクリートを打ち込まなければならない。　【× 適当でない】

(4) 高いところからシュートを用いてコンクリートを打ち込む場合、**縦シュートを用いなければならない**。斜めシュートを用いると、コンクリートが材料分離を起こしやすくなるので斜めシュートの使用はできるだけ避ける。

斜めシュートの使用と材料分離のイメージ
シュートを流した力で、モルタルがシュートの下に落ち、粗骨材がシュートの先方に集まる。

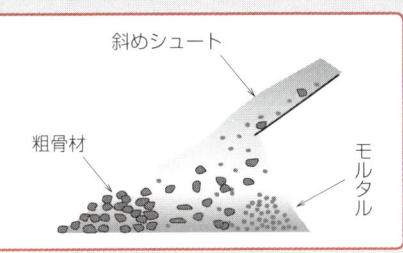

【× 適当でない】

問題9の解答…(1)

小テストの解答…○　（許容打重ね時間は主にコールドジョイントの発生防止）

2 コンクリート　[15問出題のうち12問を選択する]

設問の分類: 養生・型枠
設問の重要度: ★★★

【問題10】 コンクリートの養生に関する次の記述のうち、適当でないものはどれか。

(1) 日平均気温が15℃以上の場合、普通ポルトランドセメントを用いたコンクリートの湿潤養生期間は5日を標準とする。

(2) 日平均気温が4℃以下の寒中コンクリートにおいては、構造物の露出状態が連続、あるいはしばしば水で飽和される場合には、普通の露出状態の場合よりも養生期間は短く設定できる。

(3) 混合セメントB種を用いたコンクリートの湿潤養生期間は、普通ポルトランドセメントを用いた場合よりも長く設定するのが標準である。

(4) コンクリートの表面が海水、アルカリや酸性の土又は水などの侵食作用を受ける場合には、通常の場合よりも養生期間を延ばすことが望ましい。

関連知識アドバイス

養生の目的と方法、具体的な手段について理解しておこう

目的	対象	対策	具体的な手段
湿潤状態に保つ	コンクリート全般	給水	湛水、散水、湿布、養生マットなど
		水分逸散抑制	せき板存置、シート・フィルム被覆、膜養生剤など
温度を制御する	暑中コンクリート	昇温抑制	散水、日覆いなど
	寒中コンクリート	給熱	電熱マット、ジェットヒータなど
		保温	断熱性の高いせき板、断熱材など
	マスコンクリート	冷却	パイプクーリングなど
		保温	断熱性の高いせき板、断熱材など
	工場製品	給熱	蒸気、オートクレーブなど
有害な作用に対して保護する	コンクリート全般	防護	防護シート、せき板存置など
	海洋コンクリート	遮断	せき板存置など

小テストで実力アップ

コンクリートの養生―この記述は ○ か × ？

マスコンクリート構造物において、打込み後に実施するパイプクーリング通水用の水は、0℃をめどにできるだけ低温にする。

【問題10の解説】コンクリートの養生

(1) 湿潤養生期間の標準は下表である。
平均気温15℃以上で普通ポルトランドセメントを用いた場合、養生期間は5日である。

日平均気温	普通ポルトランドセメント	混合セメントB	早強ポルトランドセメント
15℃以上	5日	7日	3日
10℃以上	7日	9日	4日
5℃以上	9日	12日	5日

【〇 適当である】

(2) 日平均気温が4℃以下の寒中コンクリートにおいては、構造物の露出状態が連続、あるいはしばしば水で飽和される場合には、それ以外の場合に比べ必要強度が高く、**普通の露出状態の場合よりも養生期間は長くなる。**

構造物の露出状態	薄い断面	普通の断面	厚い断面
連続してあるいはしばしば水で飽和される部分	15N/mm²	12N/mm²	10N/mm²
普通の露出状態にあり、上記に属さない	5N/mm²	5N/mm²	5N/mm²

【✕ 適当でない】

(3) 混合セメントBを用いたコンクリートは、普通ポルトランドセメントを用いた場合より養生期間は長くする。
平均気温15℃以上で普通ポルトランドセメントより2日長くする。

日平均気温	普通ポルトランドセメント	混合セメントB	早強ポルトランドセメント
15℃以上	5日	7日	3日
10℃以上	7日	9日	4日
5℃以上	9日	12日	5日

【〇 適当である】

(4) 海水、アルカリや酸性の土又は水などの侵食作用を受ける場合には、通常の場合よりも養生期間を延ばす。

【〇 適当である】

問題10の解答…(2)

小テストの解答…✕ （コンクリートと通水との温度差は20℃以下）

2 コンクリート [15問出題のうち12問を選択する]

設問の分類：鉄筋加工・組立て
設問の重要度：★★★

【問題11】鉄筋の曲げ加工、組立てに関する次の記述のうち、**適当でないもの**はどれか。

(1) いったん曲げ加工した鉄筋を曲げ戻すのは避けたほうがよい。

(2) 鉄筋の点溶接は、局部的な加熱によって鉄筋の材質を害し、疲労強度が低下するおそれがある。

(3) 組立用鋼材は、耐久性の観点からかぶりを確保しておく。

(4) 鉄筋は常温加工するのが原則であるが、やむを得ず加熱加工した場合は、できるだけ急な冷却をしたほうがよい。

関連知識アドバイス

各種鉄筋の名称は下図のとおりである。覚えておこう

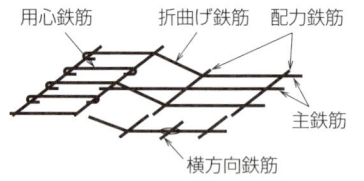

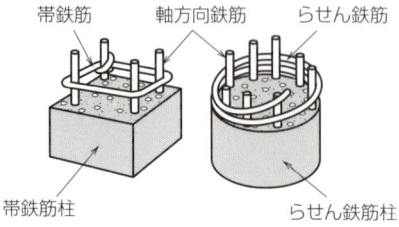

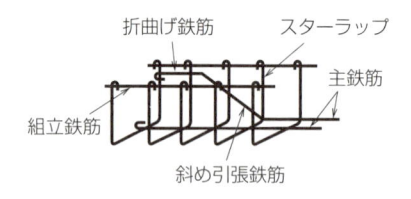

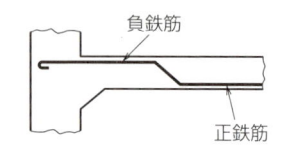

（図：用心鉄筋、折曲げ鉄筋、配力鉄筋、主鉄筋、横方向鉄筋／折曲げ鉄筋、スターラップ、組立鉄筋、主鉄筋、斜め引張鉄筋／帯鉄筋、軸方向鉄筋、らせん鉄筋、帯鉄筋柱、らせん鉄筋柱／負鉄筋、正鉄筋）

小テストで実力アップ

鉄筋の加工・組立て―この記述は〇か✕？

重ね継手部分において、焼きなまし鉄線で巻く長さが長すぎるとコンクリートと鉄筋との付着強度が低下するおそれがあるのでできるだけ短くするほうがよい。

【問題 11 の解説】鉄筋の曲げ加工、組立て

(1) いったん曲げ加工した鉄筋の曲戻しは一般的に行わない。ただし、できるだけ大きな半径で行うか、加熱温度範囲を 900〜1,000 ℃ 程度で加熱して加工するなどの方法がある。

【〇 適当である】

(2) 鉄筋の点溶接は、局部的な加熱によって鉄筋の材質を害するおそれがあり、特に疲労強度を著しく低下させるので原則として溶接してはならない。

【〇 適当である】

(3) 組立用鋼材は、鉄筋の位置を固定し、組立てを容易にするもので、耐久性の観点からかぶりを確保することが重要である。

【〇 適当である】

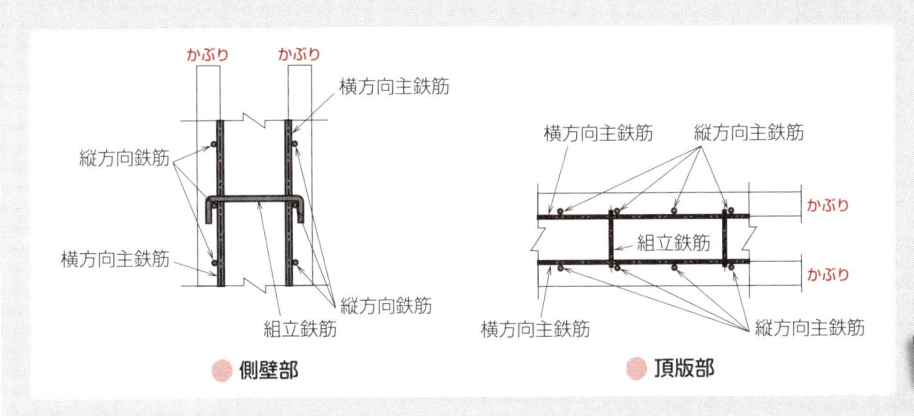

(4) 鉄筋は常温加熱するのが原則である。やむを得ず鉄筋の曲戻しなどで加熱加工した場合は（加熱温度範囲は 900〜1,000 ℃ 程度）、**急速に冷却しないほうがよい**。

【✕ 適当でない】

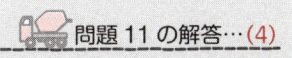

問題 11 の解答…(4)

小テストの解答…〇 （付着強度が低下し、継手の強度が低下する）

3 基礎工

15問出題のうち12問を選択する

設問の分類: 既製杭の施工
設問の重要度: ★★★

【問題12】 中掘り杭工法及びプレボーリング杭工法に関する次の記述のうち、**適当でないもの**はどれか。

(1) プレボーリング杭工法において、杭を沈設する際は、孔壁を削ることのないよう確実に行い、注入した杭周固定液が杭頭部からあふれ出ることを確認しなければならない。

(2) 中掘り杭工法における根固め球根築造後のオーガの引上げ時は、吸引現象防止のため貧配合の安定液を噴出しながらゆっくりと引き上げることが必要である。

(3) 中掘り杭工法におけるセメントミルク噴出撹拌方式では、過掘り防止のため、先端処理部の根固め球根の径は杭径以上としてはならない。

(4) プレボーリング杭工法において、プラントより採取した根固め液の圧縮強度は $\sigma 28 \geqq 20 \, N/mm^2$ とするのが望ましい。

関連知識アドバイス

中掘り杭工法は以下のように分類される。**セメントミルク噴出撹拌方式**からの出題が多い！

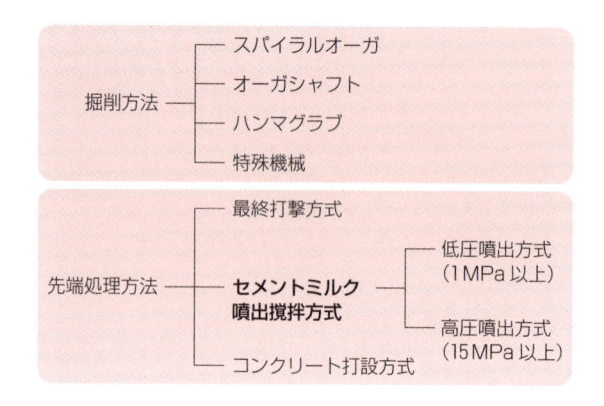

掘削方法
- スパイラルオーガ
- オーガシャフト
- ハンマグラブ
- 特殊機械

先端処理方法
- 最終打撃方式
- セメントミルク噴出撹拌方式
  - 低圧噴出方式（1MPa以上）
  - 高圧噴出方式（15MPa以上）
- コンクリート打設方式

【問題 12 の解説】中掘り杭、プレボーリング杭工法の施工

(1) プレボーリング杭工法は、地盤をオーガなどで所定の深さまで掘削し、既製杭を挿入してハンマ（ディーゼルハンマ、ドロップハンマ、油圧ハンマなど）を使用し、打撃を加えて施工する工法である。杭の沈設は、傾斜に注意しながら孔壁を削ったり杭体を損傷させることのないように確実に行い、注入した杭周固定液が杭頭部からあふれることを確認しなければならない。　【〇 適当である】

(2) 中掘り杭工法は、先端開放既成杭の内部にスパイラルオーガなどを用い、既製杭の中空部を掘削しながら杭自重、圧入または打撃を加え杭を沈設させる。杭の沈設後、スパイラルオーガや掘削用ヘッドなどを急激に引き上げると負圧が生じボイリングを引き起こすことがあるので、必要に応じて杭中空部の水位を地下水より高くし、貧配合の安定液を噴出しながらゆっくりと引き上げるのが良い。
　【〇 適当である】

(3) 中掘り杭工法におけるセメントミルク噴出攪拌方式では、拡大根固め球根を築造する工法があり、先端処理部の根固め球根の径は杭径以上とする。
　【✕ 適当でない】

(4) プレボーリング杭工法の根固め液は、所定の支持力を得るために確実に注入する必要がある。根固め液に用いるセメントミルクの水セメント比 W/C は 60〜70％程度とし、プラントより採取した根固め液の圧縮強度は $\sigma 28 \geq 20 \, N/mm^2$ とする。　【〇 適当である】

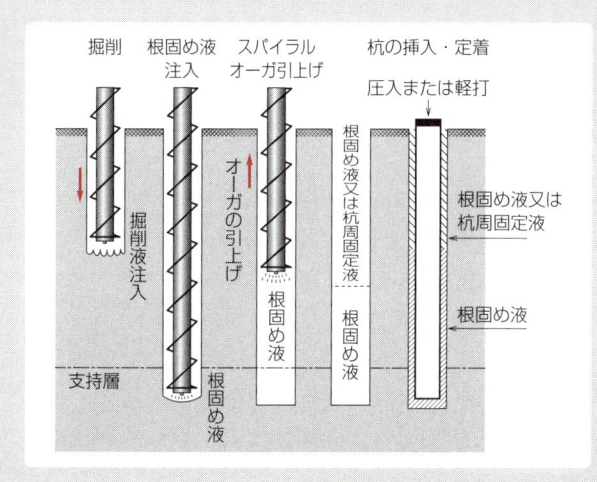

問題 12 の解答… (3)

3 基礎工 [15問出題のうち12問を選択する]

設問の分類：鋼管杭の施工
設問の重要度：★★★

【問題13】鋼管杭を打ち込む場合に、施工が困難となる「現象」が発生し、以下に記述する「原因」が想定された。その場合の「対策」として、次のうち適当なものはどれか。

	［現象］	［原因］	［対策］
(1)	杭先端部の破損	転石など障害物がある	アースオーガなどを利用して転石を除去又は押しのける
(2)	杭頭部の座屈	杭が傾斜しているため	ハンマの落下高さを低くする
(3)	杭体の貫入不能	機械の故障で中断したため周面摩擦力が回復し一時貫入不能となる	打ち止める
(4)	設計長まで根入れしたが打ち止まらない	支持層に高低差がある	杭を引き抜いて長尺の杭で打ち直す

関連知識アドバイス

鋼管杭を破損させないための留意事項

- 杭の鉛直精度を管理、杭打ち機の姿勢安定に注意し、偏心打撃を防止する。
- 適正なハンマの選択と杭体の補強、油圧ハンマのラムの落下高さを調整し、過大な打撃力を避け、適正な鋼管の板厚を確保する。

小テストで実力アップ

鋼管杭の施工―この記述は○か×？

打撃力によって杭頭部に座屈が生じる場合は、原則として杭頭部に補強バンドを使用する。

〈参考〉座屈とは、打撃による圧縮力を繰り返し作用させているうち、ある時点で急激に変形する現象

【問題13の解説】鋼管杭の施工

(1) 鋼管杭の施工で、杭先端部が破損している場合は、転石など障害物があることが原因と考えられる。その対策としては、アースオーガなどを利用して転石を除去したり、押しのけたりする。　　　　　　　　　　【○ 適当である】

● 杭先端の破損

(2) 鋼管杭の杭頭部に座屈が生じている場合は、杭の板厚が薄すぎることや杭や杭打ち機が傾斜して偏心打撃を行っていることが原因と考えられる。その対策としては、傾斜の原因となる施工地盤の強化などを行い、ハンマの落下方向を修正する。　　　　　　　　　　　　　　　　　　　　　　　【× 適当でない】

● 杭頭部の座屈　　● 対策として補強する場合　　アングル

(3) 杭体の貫入不能が起こった場合は、ラム重量が小さすぎることや、杭打ちによる地盤の締固めや、機械の故障などで中断したために周面摩擦力が回復し貫入不能となるなどが原因と考えられる。その対策としては、適正なハンマを使用する、施工手順を再検討する、中掘り、プレボーリング工法などを併用するなどがある。　　　　　　　　　　　　　　　　　　　　　　【× 適当でない】

(4) 設計長まで根入れしたが打ち止まらない場合は、先端地盤が予想より軟らかい、支持層に高低差があるなどが原因と考えられる。その対策としては、継ぎ杭をして継続して打ち込む、事前の調査で、ボーリング地点を密にするなどがある。　　　　　　　　　　　　　　　　　　　　　　　　　　　【× 適当でない】

問題13の解答…(1)

小テストの解答…×　（座屈を目的として補強バンドは使用しない）

3 基礎工 [15問出題のうち12問を選択する]

設問の分類：場所打ち杭の施工

設問の重要度：★★★

【問題14】場所打ち杭工法における支持層の確認、掘削深度の確認方法などに関する次の記述のうち、**適当でないもの**はどれか。

(1) アースドリル工法においては、掘削土の土質と深度を設計図書に記載されているものと対比し、また、掘削速度や掘削抵抗の状況も参考にして支持層の確認を行う。

(2) オールケーシング工法における掘削深度の確認は、杭の中心部に近い位置で検測することによって行う。

(3) リバースサーキュレーションドリル工法においては、一般にデリバリホースから排水される循環水に含まれた土砂を採取し、設計図書に記載されているものと対比して支持層の確認を行う。

(4) 深礎工法においては、土質と深度を設計図書に記載されているものと対比し、目視で支持層の確認を行い、また、必要に応じて平板載荷試験を実施する。

関連知識アドバイス

場所打ち工法の種類は下表のとおりである

工法	内容
オールケーシング工法	杭の全長にわたり鋼製ケーシングチューブを揺動圧入または回転圧入し、地盤の崩壊を防ぐ。ボイリングやパイピングは、孔内水位を地下水位と均衡させることにより防止する。ハンマグラブで掘削排土することにより掘削を行う。掘削完了後、鉄筋かごを建て込み、コンクリートの打込みに伴いケーシングチューブを引き抜く。
リバースサーキュレーションドリル工法	スタンドパイプを建て込み、孔内水位は地下水位より2m以上高く保持し、孔壁に水圧をかけて崩壊を防ぐ。ビットで掘削した土砂を、ドリルパイプを介して泥水とともに吸い上げ排出する。掘削完了後、鉄筋かごを建て込み、コンクリートを打ち込み後、スタンドパイプを引き抜く。
アースドリル工法	表層ケーシングを建て込み、孔内に安定液を注入する。安定液水位を地下水位以上に保ち、孔壁に水圧をかけて崩壊を防ぐ。ドリリングバケットにより掘削排土する。掘削完了後の工程はリバース工法と同様。
深礎工法	ライナープレート、波形鉄板とリング枠、モルタルライニングによる方法などによって、孔壁の土留めをしながら内部の土砂を掘削排土する。掘削完了後、鉄筋かごを建て込みあるいは孔内で組み立てる。その後、コンクリートを打ち込む。

【問題 14 の解説】場所打ち杭工法の施工

(1) アースドリル工法における支持層の確認は、バケットにより掘削した試料の土質と深度を設計図書および土質調査資料と対比するとともに、掘削速度、掘削抵抗の状況も参考にして行う。

【○ 適当である】

(2) オールケーシング工法における掘削深度の確認は、**検査器具を用いて孔底の 2 か所以上で検測する。**

【✕ 適当でない】

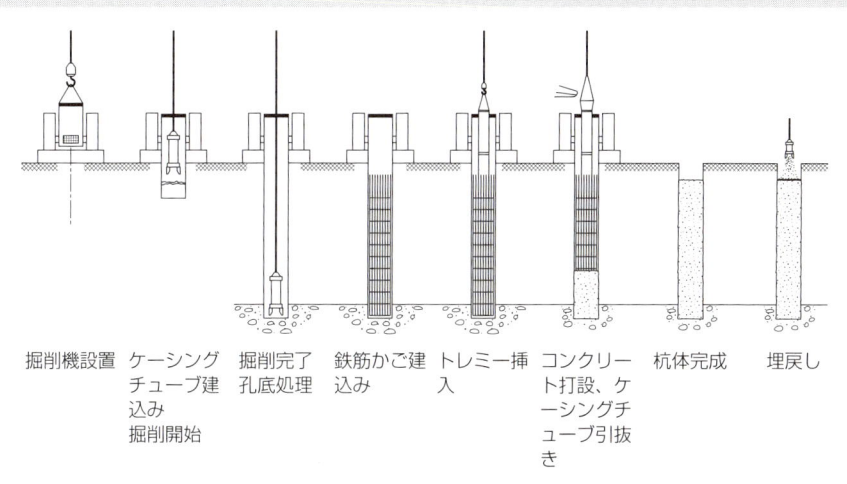

| 掘削機設置 | ケーシングチューブ建込み 掘削開始 | 掘削完了 孔底処理 | 鉄筋かご建込み | トレミー挿入 | コンクリート打設、ケーシングチューブ引抜き | 杭体完成 | 埋戻し |

● オールケーシングの施行順序

(3) リバースサーキュレーションドリル工法における支持層の確認は、デリバリホースから排出される循環水に含まれる砂を採取し、設計図書および土質調査のサンプルと対比する。

【○ 適当である】

(4) 深礎工法における支持層の確認は、排出した土を設計図書に記載されている土質柱状図や土質試験のサンプルと目視で比較し、必要に応じて平板載荷試験を行う。

【○ 適当である】

問題 14 の解答…(2)

3 基礎工 [15問出題のうち12問を選択する]

設問の分類
その他基礎工法の施工

設問の重要度
★

【問題15】土留め壁及び土留め支保工の施工に関する次の記述のうち、適当でないものはどれか。

(1) 数段の切りばりがある場合には、掘削に伴って設置済みの切りばりに軸力が増加しボルトに緩みが生じることがあるため、必要に応じ増締めを行う。

(2) 腹起しと切りばりの遊間は、土留め壁の変形原因となるので、あらかじめパッキング材などにより埋め、また、ジャッキの取付け位置は腹起しあるいは中間杭付近とし、千鳥配置をさけ同一線上に配置する。

(3) 遮水性土留め壁であっても、鋼矢板壁の継手部のかみ合わせ不良などから地下水や土砂の流出が生じ、背面地盤の沈下や陥没の原因となることがあるので、鋼矢板打設時の鉛直精度管理が必要となる。

(4) 鋼矢板の打設にアースオーガを併用した場合、鋼矢板周辺の地盤は乱れた状態であり、水みちにより過大な変形を引き起こすことも考えられ、貧配合モルタルを注入するなどの空隙処理が必要である。

関連知識アドバイス

土留め支保工の各部名称

U型矢板は幅600mm、500mm、400mmの種類があり、一般的には400mmが多く使用されている

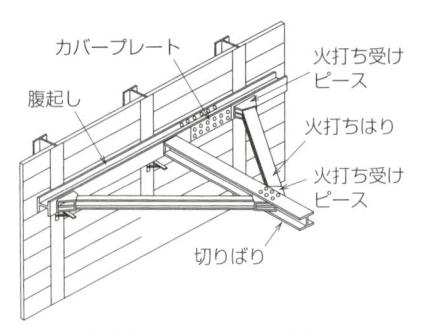

カバープレート
腹起し
火打ち受けピース
火打ちはり
火打ち受けピース
切りばり

広幅鋼矢板
600 600 600

U形鋼矢板(従来品)
400 400 400 400 400

● 腹起し、切りばり、火打ち

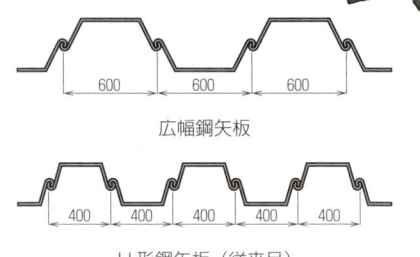

● 鋼矢板の種類と継手部

【問題15の解説】土留め支保工の施工

(1) 数段の切りばりがある場合には、掘削に伴って設置済みの切りばりに軸力が増加しボルトに緩みが生じることがあるため、必要に応じ増締めを行う

【〇 適当である】

(2) 腹起しと切りばりの遊間は、土留め壁の変形原因となるので、あらかじめパッキング材などにより埋め、また、ジャッキの取付け部分は弱点となるためジャッキカバーやジャッキボックスなどにより十分補強する。また、ジャッキの取付け位置は腹起しあるいは中間杭付近とし、同一線上に並ばないよう千鳥配置に配置する。

【✕ 適当でない】

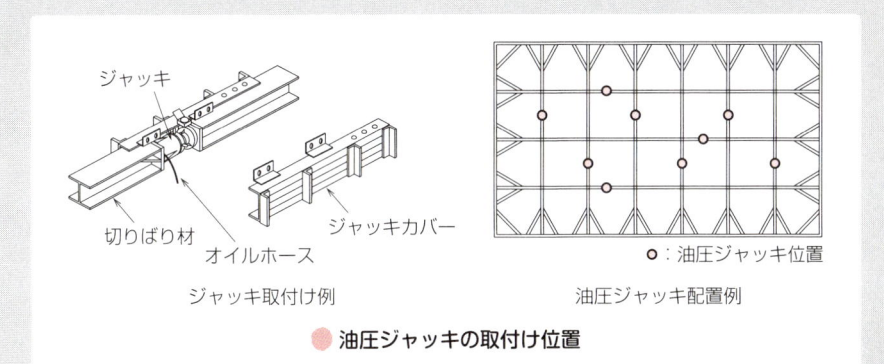

○：油圧ジャッキ位置

ジャッキ取付け例　　油圧ジャッキ配置例

● 油圧ジャッキの取付け位置

(3) 遮水性土留め壁であっても、鋼矢板壁の継手部のかみ合わせ不良や柱列式連続壁のラップの不良など、土留め欠損部などから地下水や土砂の流出が生じ、背面地盤の沈下や陥没の原因となることがあるので、鋼矢板打設時の鉛直精度管理を十分に行い、掘削中にこのような現象が見られた場合には直ちに対策を講じて土砂の流出を防止する。

【〇 適当である】

(4) 鋼矢板の打設にアースオーガを併用した場合、鋼矢板周辺の地盤は乱れた状態であり、水みちにより過大な変形を引き起こすことも考えられ、地盤によってはボイリングの原因にもなる。よって、貧配合モルタルを注入するなどの空隙処理が必要である。

【〇 適当である】

問題15の解答…(2)

2章 専門土木

問題A 専門土木：解答結果自己分析ノート

出題 34 問のうち 10 問を選択できます。苦手な問題は何度も取り組み、その経過を下表に記入し成果を確認しよう。

出題No.	工事種別	設問の内容	重要度	学習マークシート 1回	2回	3回	チェック ✓
16	構造物	鉄筋、鋼材	★★	○	○	○	
17		高力ボルト	▲	○	○	○	
18		プレストレストコンクリート	▲	○	○	○	
19		コンクリート構造物	★★★	○	○	○	
20		コンクリート構造物	★★★	○	○	○	
21	河川砂防	河川堤防	★★	○	○	○	
22		河川護岸	★★★	○	○	○	
23		河川構造物	★	○	○	○	
24		砂防えん堤	★★★	○	○	○	
25		砂防施設	★★★	○	○	○	
26		地すべり防止工	★	○	○	○	
27	道路	表層、基層	★★★	○	○	○	
28		表層、基層	★★★	○	○	○	
29		上下層路盤	★★★	○	○	○	
30		路床、路体	★★★	○	○	○	
31		舗装の補修・維持	★★	○	○	○	
32		コンクリート舗装	★★★	○	○	○	
33	ダム・トンネル	ダム基礎	★	○	○	○	
34		ダム本体	★	○	○	○	
35		トンネル掘削	★★★	○	○	○	
36		トンネル覆工	★	○	○	○	
37	海岸・港湾施設	海岸堤防	★★★	○	○	○	

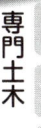

（つづき）

出題 No.	工事種別	設問の内容	重要度	学習マークシート 1回	2回	3回	チェック ✓
38	海岸・港湾施設	海岸侵食対策工	★★★	○	○	○	
39		防波堤	★★★	○	○	○	
40		係留施設・浚渫	★★★	○	○	○	
41	鉄道	軌道工事	★★★	○	○	○	
42		土工事	★★★	○	○	○	
43		営業線近接工事	★★★	○	○	○	
44	地下構造物、鋼橋塗装	シールド工法	★★★	○	○	○	
45		塗装工事	★	○	○	○	
46	上下水道	上水道管	★★★	○	○	○	
47		下水道管	★★	○	○	○	
48		小口径管推進工法	★★★	○	○	○	
49		薬液注入工法	★★★	○	○	○	
			正解数				/34

合格ライン　合格するには60％以上の正解が必要です。
⇨ 全問対象として「21問以上の正解」が目標
⇨ 選択10問で「6問以上の正解」が目標

問題 自己分析ノート

出題傾向と対策

　専門土木のなかから 10 問選択なので、解答結果から得意な工事を絞るのが現実的な対応である。★★以上の重要度の高い問題は毎年コンスタントに出題されている問題なので工事を絞る参考にしてほしい。

➡ **構　造　物**：毎年約 5 問出題。**コンクリート構造物**は出題率が高く必ず押さえておく必要がある。

➡ **河川砂防**：毎年約 6 問出題。**河川構造物の河川堤防**を中心に勉強するのがよい。

➡ **道　　路**：毎年約 6 問出題。**アスファルト舗装の施工**は出題率が高く、表層、基層、上下層路盤など範囲が狭く類似問題も多いので要チェック。

➡ **ダム・トンネル**：毎年約 4 問出題。**ダムは基礎処理**、**トンネルは施工から支保工**がほぼ必ず出題されている。

➡ **海岸・港湾施設**：毎年約 4 問出題。出題項目はほぼ変わらないが、内容にばらつきがあり、まんべんなく学習する必要がある。

➡ **鉄　　道**：毎年約 3 問出題。出題は、ほぼ**路盤路床の施工**と**営業近接工事の保安対策**に絞られる。

➡ **地下構造物、鋼橋塗装**：毎年約 2 問出題。**シールド工**、**維持管理**や**劣化**、その要因などからの出題が多い。

➡ **上下水道**：毎年約 4 問出題。**上・下水、小口径管推進、薬液注入の施工時留意点**などを中心に学習する。

Memo

4 構 造 物

34問出題のうち10問を選択する

設問の分類: 鉄筋、鋼材
設問の重要度: ★★

【問題16】鉄筋の手動ガス圧接継手の外観検査の合否の判定基準（SD490は除く）に関する次の記述のうち、**適当でないもの**はどれか。

(1) 圧接部のふくらみの直径は、鉄筋径（径が異なる場合は細いほうの鉄筋径）の1.4倍以上とする。

(2) 圧接部における鉄筋中心軸の偏心量は、鉄筋径（径が異なる場合は細いほうの鉄筋径）の1/2以下とする。

(3) 圧接部のふくらみの頂部からの圧接面のずれは、鉄筋径（径が異なる場合は細いほうの鉄筋径）の1/4以下とする。

(4) 圧接部のふくらみの長さは、鉄筋径（径が異なる場合は細いほうの鉄筋径）の1.1倍以上とする。

関連知識アドバイス

ガス圧接継手の合否判定の各要素を下図に示す

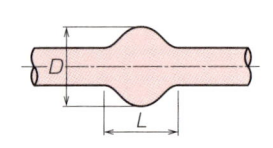

- 圧接部のふくらみの直径（D）とふくらみの長さ（L）
- 圧接部のずれ（$δ$）
- 偏心量（e）

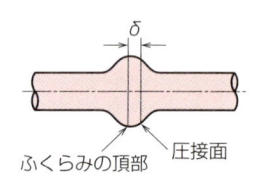

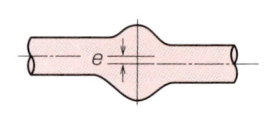

小テストで実力アップ

耐候性鋼材―この記述は〇か×？

現地に架設後床版コンクリート打設までの期間が長期に及ぶ場合には、耐候性鋼材の雨水のかかりによる「さびむら」を避けるため、あらかじめ耐候性鋼材用表面処理剤を塗布する。

〈参考〉耐候性鋼材とは、保護性さび（安定さびとも呼ぶ）を形成するように設計された低鉄合金鋼である。

【問題 16 の解説】鉄筋の手動ガス圧接継手の外観検査

(1) 圧接部のふくらみの直径 D は、鉄筋径（径が異なる場合は細いほうの鉄筋径）の 1.4 倍以上であることと「鉄筋のガス圧接工事標準仕様書」に規定されている（ただし、SD490 の場合は 1.5 倍以上）。

【〇 適当である】

(2) 圧接部における鉄筋中心軸の偏心量 e は、鉄筋径（径が異なる場合は細いほうの鉄筋径）の **1/5 以下** とすることと「鉄筋のガス圧接工事標準仕様書」に規定されている。

【✕ 適当でない】

(3) 圧接部のふくらみの頂部からの圧接面のずれ δ は、鉄筋径（径が異なる場合は細いほうの鉄筋径）の 1/4 以下であることと「鉄筋のガス圧接工事標準仕様書」に規定されている。

【〇 適当である】

(4) 圧接部のふくらみの長さ L は、鉄筋径（径が異なる場合は細いほうの鉄筋径）の 1.1 倍以上とし、その形状がなだらかであることと「鉄筋のガス圧接工事標準仕様書」に規定されている。

【〇 適当である】

● 圧接部分の形状規定

問題 16 の解答…(2)

小テストの解答…〇　（処理材は工場で塗布し塗重ねも可能）

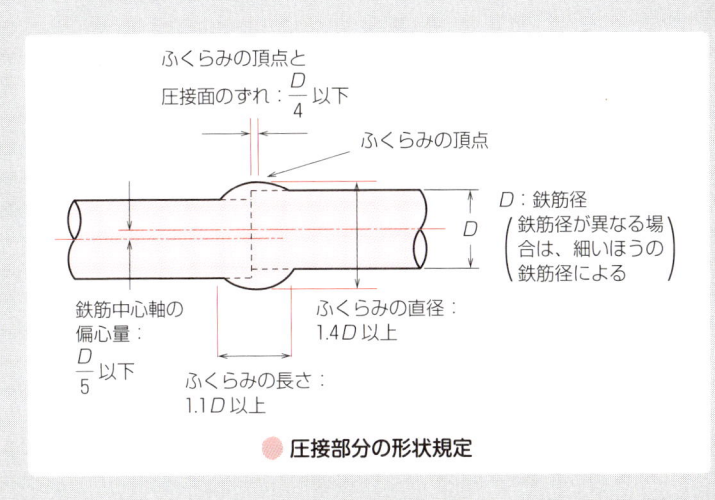

4 構造物 [34問出題のうち10問を選択する]

設問の分類 高力ボルト

【問題17】鋼橋架設における高力ボルト継手施工に関する次の記述のうち、**適当でないもの**はどれか。

(1) 継手材の接触面を塗装しない場合は、接触面の黒皮を除去して粗面とする。

(2) ボルトを継手の外側端から中央に向かって締め付けた場合は、連結板が浮き上がり、部材と連結板の密着性が悪くなる傾向がある。

(3) 継手部の母材に板厚差がある場合には、フィラーを2枚まで重ねて用いることができる。

(4) ボルト軸力の導入は、原則としてナットを回して行う。

関連知識アドバイス

高力ボルトの接合方法（摩擦・引張・支圧）の模式図

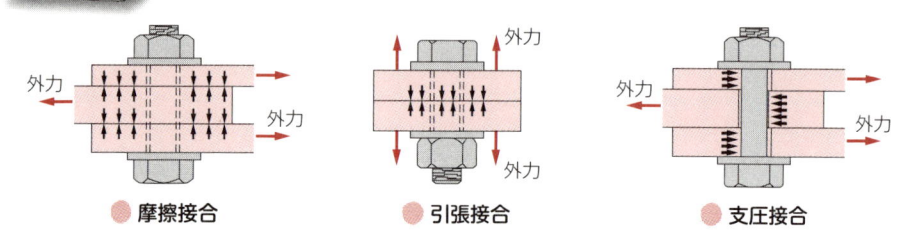

● 摩擦接合　　● 引張接合　　● 支圧接合

小テストで実力アップ

高力ボルトの検査―この記述は○か×？

トルク法によって締め付けたトルシア形高力ボルトの検査は、各ボルト群の50％についてピンテールの切断の確認とマーキングによる外観検査を行うものとする。

〈参考〉トルシア形高力ボルトは、頭が丸く先端のピンテールと呼ばれる部分が必要な締め付けトルクが得られると破断するようになっている

【問題 17 の解説】高力ボルト継手施工

(1) 高力ボルトの継手施工の方法には、摩擦接合、支圧接合、引張接合がある。摩擦接合における材片の接触面については、すべり係数が 0.4 以上得られるように適切な処理を施す必要がある。継手の接触面を塗装しない場合は、接触面の黒皮を除去して粗面とし、0.4 以上のすべり係数を確保する。また、材片の締付けにあたっては、接触面の浮きさび、油、泥などを十分に清掃し除去する。接触面を塗装する場合は、条件に従って厚膜型無機ジンクリッチペイントを塗布する。

【○ 適当である】

(2) ボルトの締付けにあたっては、各材片間の密着を確保し、応力伝達が十分になされることが必要である。ボルトの締付けは、連結板中央部のボルトから順次端部のボルトに向かって行い、二度締めによる締付けを原則とする。ボルトを継手の外側端から中央に向かって締め付けた場合は、連結板が浮き上がり、部材と連結板の密着性が悪くなる傾向がある。

【○ 適当である】

(3) 継手部の母材に板厚差があるような場合には、フィラー（隙間を埋める鋼材）を設けて板厚差をなくすなどの対処が必要になる。フィラーを重ねて用いると不確実な連結や腐食などの原因となりやすいので、**フィラーを 2 枚以上重ねて用いることはできない**。また、厚さが 2 mm 以下のフィラーも同様の理由により用いないことが望ましい。

【✕ 適当でない】

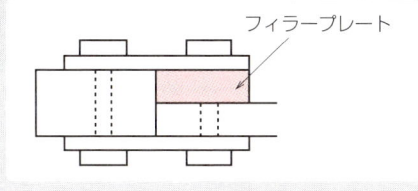

フィラープレート

(4) ボルト軸力の導入は、原則としてナットを回して行う。トルク法によるボルト締付け管理では、セットのトルク係数値はナットを回転させた場合について定められている。やむを得ずボルト頭を回転させて締め付ける場合は、あらためてトルク係数値を確認する必要がある。

【○ 適当である】

問題 17 の解答…(3)

小テストの解答…✕　(50 % ではなく全数行う)

4 構造物 [34問出題のうち10問を選択する]

【問題18】プレストレストコンクリート（PC）橋施工の留意点に関する次の記述のうち、**適当でないもの**はどれか。

(1) PC鋼材定着部や施工用金具撤去跡などの後埋め部は、コンクリートの表面を粗にし膨張コンクリート又はセメント系無収縮モルタルを用いて行うものとする。

(2) プレキャスト部材を用いた構造物の施工にあたっては、所定の品質、精度を確保できるようプレキャスト部材の製作、運搬、保管、接合について、あらかじめ計画を立て、安全に施工しなければならない。

(3) 支保工は、プレストレッシング時のプレストレス力による変形及び反力の移動を防止する堅固な構造としなければならない。

(4) 暑中におけるグラウト施工は、注入時のグラウトの温度をなるべく低く抑え、グラウトの急激な硬化が生じないようにする。

設問の分類
プレストレストコンクリート

設問の重要度
▲

解答欄
1回目
2回目
3回目

関連知識アドバイス

プレストレストコンクリート橋におけるプレストレスの与え方

分類
- プレテンション方式
- ポストテンション方式

プレテンション方式の特徴
- コンクリート打設前に緊張力を与える方式
- 一般に、PC工場で製作

ポストテンション方式の特徴
- コンクリート打設後に緊張力を与える方式
- 緊張力は定着具により保持
- 現場での施工に最適

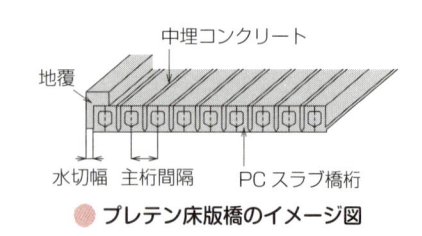

● プレテン床版橋のイメージ図
（中埋コンクリート、地覆、水切幅、主桁間隔、PCスラブ橋桁）

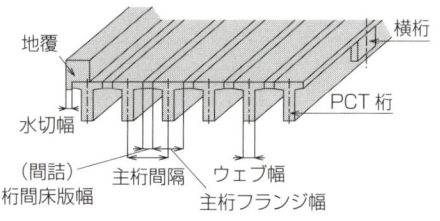

● プレテンT桁橋のイメージ図
（地覆、横桁、水切幅、PCT桁、(間詰)桁間床版幅、主桁間隔、ウェブ幅、主桁フランジ幅）

コンクリート打設前と打設後で方式が変わることを覚えておこう！

【問題18の解説】プレストレストコンクリート（PC）橋施工

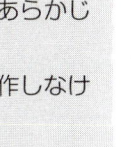

(1) PC鋼材定着部や施工用金具撤去跡などの後埋め部は、本体との密着性が低く、一体化しにくい。よって、コンクリートの表面を粗にして乾燥収縮を抑える膨張コンクリート又はセメント系無収縮モルタルを用いて施工する。

【〇 適当である】

(2) プレキャスト部材を用いた構造物の施工にあたっては、所定の品質、精度を確保できるようプレキャスト部材の製作、運搬・保管、接合について、あらかじめ計画を立て、安全に施工しなければならない。
- 部材の製作：プレキャスト部材は、所定の施工精度を満足するよう製作しなければならない。
- 運搬・保管：プレキャスト部材の運搬、保管にあたっては、部材に過大な応力が生じないよう支持するとともに、衝撃およびねじりを与えないよう行わなければならない。
- 接　合：プレキャスト部材の接合は、使用する接合材料に最も適する施工方法を検討し、強度、耐久性、水密性など所定の品質が得られるように入念に行わなければならない。

【〇 適当である】

(3) 支保工の構造は、接合作業中の荷重、プレストレッシング時のプレストレス力による部材の変形を考慮する構造としなければならない。プレストレッシングにより部材に弾性変形が生じるが、この変形を型枠あるいは支保工で拘束すると、所定のプレストレス力を部材に与えられなくなるとともに、支保工がこの影響により崩壊するおそれがある。

【✕ 適当でない】

(4) 一般に、夏季日中にはグラウト施工は行わないのがよく、早朝などの比較的温度の低い時間を選んで行うのがよい。暑中におけるグラウト施工は、注入時のグラウトの温度をなるべく低く（35℃以下）抑え、グラウトの急激な硬化が生じないようにする。注入前にダクトに水を通して濡らしておくことは、ダクト周辺の温度を下げること、グラウト中の水分が注入作業中に失われることを防ぐために必要である。

【〇 適当である】

問題18の解答…(3)

4 構造物 [34問出題のうち10問を選択する]

設問の分類
コンクリート構造物

設問の重要度 ★★★

【問題19】 鉄筋コンクリート構造物の「外観目視調査による変状」とその「推定される劣化機構」の組合せとして、次のうち適当なものはどれか。

[外観目視調査による変状]　　　　　[推定される劣化機構]

(1) 鉄筋軸方向のひび割れ、さび汁、……… 凍害
　　コンクリートや鉄筋の断面欠損

(2) 鉄筋軸方向のひび割れ、……………… 中性化
　　コンクリートはく離

(3) 亀甲状の膨張ひび割れ、ゲル、……… 塩害
　　変色

(4) 微細ひび割れ、スケーリング、……… アルカリシリカ骨材反応
　　ポップアウト

関連知識アドバイス

コンクリートに生じる劣化機構（要因）の説明

- **凍害**：コンクリート中の水分が凍結と融解を繰り返すことによって生じる劣化現象
- **中性化**：大気中の二酸化炭素がコンクリート内に浸入し、炭酸化反応を起こすことによってアルカリ性が低下する現象
- **塩害**：塩化物イオンがコンクリート製造時に混入するか、構造物の使用中に浸入し、コンクリート中の鋼材の腐食が促進されて劣化する現象
- **アルカリシリカ骨材反応**：骨材中の特定の鉱物とコンクリート中のアルカリ性細孔溶液との間の化学反応によって、コンクリート内部で局部的な容積膨張が生じ、ひび割れを生じさせる現象

小テストで実力アップ　コンクリート構造物の補強工法―この記述は○か×？

床版の上面増厚工法として鋼繊維補強コンクリートを用いる場合、既設コンクリート面に、打込み直前に散水し、多少水分が残るようにするのがよい。

【問題 19 の解説】鉄筋コンクリート構造物の外観検査と劣化機構

　鉄筋コンクリート構造物のひび割れ形状などの変状と劣化要因の組合せは、おおむね下表のとおりである。

●鉄筋コンクリートのひび割れ形状などの変状と劣化要因の関係

変状ほか＼要因	摩耗・風化	中性化	塩害	ASR	凍害	化学的腐食	疲労	乾燥収縮	外力
亀甲状					○	○		○	
細かい不規則なひび割れ					○	○		○	
鉄筋に関係しない軸方向のひび割れ				○					
軸力に対して直角のひび割れ（注1）							○	○	○
軸力に対して斜めのひび割れ（注1）							○	○	○
鉄筋に沿ったひび割れ		○	○					(注2)	
スケーリング					○	○			
コンクリート表層の軟化						○			

注1) 軸力に対して直角および斜めひび割れは、水路壁では水平ひび割れとして現れる。
注2) 被りの薄い部材では、乾燥収縮の場合でも鉄筋に沿ってひび割れが発生する。

(1) 鉄筋軸方向のひび割れ、さび汁、コンクリートや鉄筋の断面欠損は「塩害」が推定される。

【✕ 適当でない】

(2) 鉄筋軸方向のひび割れ、コンクリートはく離は、「中性化」が推定される。

【○ 適当である】

(3) 亀甲状の膨張ひび割れ、ゲル、変色は、「アルカリシリカ骨材反応」が推定される。

【✕ 適当でない】

(4) 微細ひび割れ、スケーリング、ポップアウトは、「凍害」が推定される。

【✕ 適当でない】

問題 19 の解答…(2)

小テストの解答…✕　（表乾燥状態が望ましいが乾燥状態とする）

4 構造物 [34問出題のうち10問を選択する]

A 設問の分類：コンクリート構造物
設問の重要度：★★★

【問題20】 コンクリート構造物の劣化機構に対する補修工法の組合せとして次のうち、**適当でないもの**はどれか。

　　　　［劣化機構］　　　　　　　　［補修工法］

(1) 塩害……………………………電気防食工法

(2) アルカリシリカ反応…………再アルカリ化工法

(3) 凍害……………………………断面修復工法

(4) 化学的侵食……………………表面被覆工法

関連知識アドバイス　補修工法と補強工法の種類

補修工法
- ひび割れ補修工法（漏水対策を含む）
  - 表面塗布工法
  - 注入工法
  - 充填工法
- 断面修復工法
  - 左官工法
  - 吹付工法
  - グラウト工法
- 表面被覆工法
- 電気化学的修復工法
  - 電気防食工法
  - 脱塩工法
  - 再アルカリ化工法
- その他補修工法
  - 含浸剤塗布工法
  - 薄利防止工法

補強工法
- コンクリート部材の交換 … 打換え・取替え工法
- コンクリート断面の増加
  - 増厚工法
  - コンクリート巻立て工法
- 部材の追加 … 縦桁増設工法
- 支持点の追加 … 支持工法
- 補強材の追加
  - 鋼板接着工法
  - FRP接着工法
  - 鋼板巻立て工法
  - FRP巻立て工法
- プレストレスの導入 … 外ケーブル工法

小テストで実力アップ　コンクリート構造物の補強工法―この記述は○か×？

コンクリート構造物に塩害とアルカリ骨材反応の複合劣化の兆候が認められたので、双方の劣化機構に効果的な電気防食工法を適用した。

【問題 20 の解説】劣化機構に対する補修工法

(1) 塩害は、コンクリートに塩化物イオン（水に溶けた塩）が浸透し、内部の鉄筋が腐食することによって膨張が生じ、コンクリートにひび割れを生じさせる現象である。よって、補修工法には、劣化状態、耐用年数に合わせて「表面被覆工法」「断面補修工法」「電気化学的工法」などがある。

【○ 適当である】

(2) アルカリ骨材反応は、アルカリシリカ反応、アルカリ炭酸塩反応、アルカリシリケート反応に分けられる。これらは、骨材中の特定の鉱物とコンクリート中のアルカリ性細孔溶液との間の化学反応のことで、コンクリート内部で局部的な容積膨張が生じ、コンクリートにひび割れを生じさせるとともに強度低下あるいは弾性の低下が生じる。よって、補修工法は、**劣化の生じたコンクリート部分を除去し、新しいコンクリートに打ち代えたり、鋼板や FRP などにより断面の補強を行う必要がある**。再アルカリ化工法とは、中性化したコンクリートのアルカリ度を回復させる工法である。

【× 適当でない】

(3) 凍害は、コンクリート中の水分が凍結、融解を繰り返すことによって、表層に近い部分から破壊し徐々に劣化する現象である。よって、補修工法は、劣化したコンクリートを除去し断面修復を行うものとする。

【○ 適当である】

(4) 化学的浸食は、各種化学的浸食を及ぼす要因（酸類、アルカリ類、塩類、油類、腐食性ガスなど）により、セメント硬化体を構成する水和生成物が変質又は分解して劣化する現象をいう。よって、補修工法は、劣化要因に応じた表面被覆を行うことが基本となる。

【○ 適当である】

電気防食工法
構造物の表面に電極（陽極）を設置し、内部の鉄筋を陰極として電流を流すことで腐蝕電流を消滅させ、鉄筋の腐食を防ぐ方法。電源装置を設置する外部電源方式と、亜鉛などの金属と鉄筋との電位差を利用して防食電流を流す流電陽極方式がある。

問題 20 の解答…(2)

小テストの解答…×　（電気防食工法にはアルカリ骨材反応の防止は期待できない）

5 河川砂防

34問出題のうち10問を選択する

設問の分類：河川堤防
設問の重要度：★★

【問題21】河川堤防の盛土施工に関する次の記述のうち、適当でないものはどれか。

(1) 築堤盛土は、施工中の降雨による法面侵食が生じないように堤体の横断方向に勾配を設けながら施工する。

(2) 築堤盛土の締固めは、河川堤防法線と平行に行い締固め幅が重複して施工されるようにする。

(3) 盛土の施工開始にあたっては、基礎地盤と盛土の一体性を確保する目的で地盤の表面をかき起こし、盛土材料とともに締固めを行う。

(4) 築堤材料として土質が異なる材料を使用するときは、川表側に透水性の大きいものを川裏側に透水性の小さいものを用いるようにする。

関連知識アドバイス

堤防各部の名称を確認しておこう！

（川表側：計画高水位、余裕高、天端、表法、表法肩、堤防高、裏法肩、裏法、裏小段、犬走り：川裏側）
（堤外地、表法、表小段、表法先、堤防敷、裏法先、堤内地）

小テストで実力アップ

河川堤防の耐震対策─この記述は○か×？

液状化被害を軽減する対策としては、既河川堤防に対して押え盛土を施工する事により、堤体の変形を抑制させる方法がある。

【問題21の解説】河川堤防の盛土施工

(1) 築堤盛土は、施工中の降雨による法面侵食が生じないように堤体の横断方向に3～5％の勾配を設け、施工中の表面排水に注意して施工する。

【〇 適当である】

(2) 築堤盛土の締固めは、河川堤防法線と平行に行い締固め幅が重複して施工されるようにする。また、一般的な締固め機械の選定に対する目安は下表のとおりである。

【〇 適当である】

● 土質と締固め機械の一般的な適応

締固め機械 土質区分	普通ブルドーザ	タイヤローラ	振動ローラ	振動コンパクタ	タンパ	備考
砂 礫混じり砂	〇	〇	〇	●	●	単粒度の砂、細粒分の欠けた切込み砂利、砂丘の砂など
砂、砂質土 礫混じり砂質土	◎	◎	〇	●	●	細粒分を適度に含んだ粒度配合の良い締固め容易な土、マサ、山砂利など
粘性土 礫混じり粘性土	〇	〇	〇	×	●	細粒分は多いが鋭敏性の低い土、低含水比の関東ローム、くだきやすい土丹など
高含水比の砂質土 高含水比の粘性土	〇	×	×	×	×	含水比調節が困難でトラフィカビリティが容易に得られない土、シルト質の土など

◎：有効なもの
〇：使用できるもの
●：施工現場の規模の関係で、ほかの機械が使用できない場所などで使用するもの
×：不適当なもの

(3) 盛土の施工開始にあたっては、基礎地盤と盛土の一体性を確保する目的で地盤の表面を、盛土における一層仕上り厚の1/2厚さ程度までかき起こす。その後、かき起こした土砂は、盛土材料とともに締固めを行う。また、堤体の一部に搬入路などで砕石などが敷きこまれた層がある場合は、これを除去した後に盛土を行わなければならない。

【〇 適当である】

(4) 築堤材料として土質が異なる材料を使用するときは、川表側に透水性の小さいものを川裏側に透水性の大きなものを採用する。

【× 適当でない】

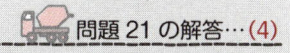

問題21の解答…(4)

小テストの解答…〇 （押え盛土により抵抗力が増大する）

5 河川砂防 [34問出題のうち10問を選択する]

A問題 設問の分類：河川護岸
設問の重要度：★★★

【問題22】河川護岸に関する次の記述のうち、**適当でないもの**はどれか。

(1) 河川護岸として蛇かごを施工する場合の詰石は、常に蛇かごの編み目より大きい玉石又は割石を用い、法先より逐次天端へ詰め込む。

(2) 法覆工に連節ブロックなどの構造を採用する場合は、裏込め材の設置は不要となるが背面土砂の吸出しを防ぐため吸出し防止材の敷設が代わりに必要である。

(3) 法覆工が平板ブロックの場合は、法面の不同沈下が生じないよう十分締め固めた強固な法面をつくり、ブロックの目地にモルタルを完全に充てんするなど入念に施工する。

(4) 掘込み河道などで残留水圧が大きくなる場合の護岸には、必要に応じて水抜きを設けるが、その場合に堤体材料などの細粒土が排出されるよう考慮する。

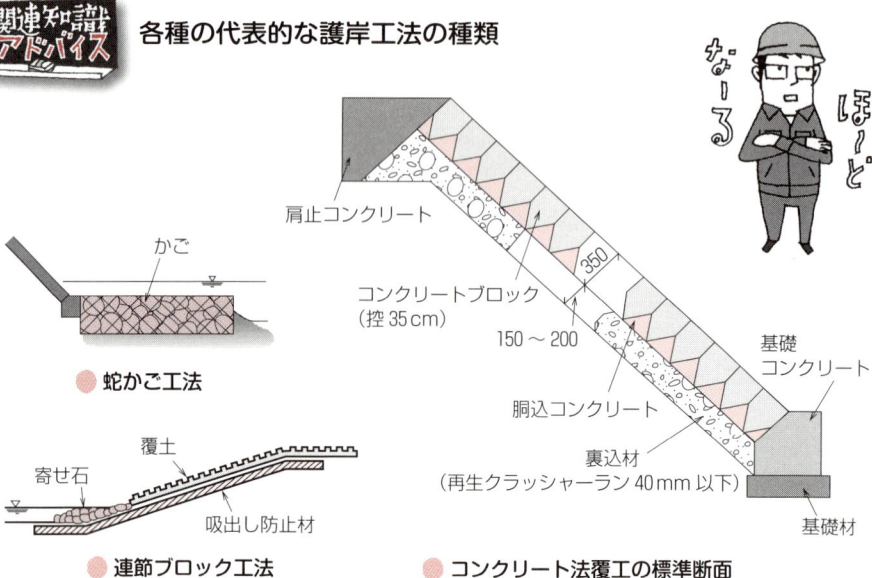

関連知識アドバイス

各種の代表的な護岸工法の種類

● 蛇かご工法
かご

● 連節ブロック工法
寄せ石／覆土／吸出し防止材

● コンクリート法覆工の標準断面
肩止コンクリート
コンクリートブロック（控35cm）
150〜200
350
胴込コンクリート
裏込材（再生クラッシャーラン40mm以下）
基礎コンクリート
基礎材

【問題22の解説】各種河川護岸工法の施工方法

(1) 河川護岸として蛇かごを施工する場合の詰石は、常に蛇かごの編み目より大きい玉石又は割石を用い、法先より逐次天端へ詰め込む。編み目の大きさが15cmの場合、詰石の大きさは20〜50cm程度とする。
【○ 適当である】

(2) 法覆工に連節ブロックなどの構造を採用する場合は、裏込め材の設置は不要となるが、背面土砂の吸出しを防ぐため吸出し防止材の敷設が代わりに必要である。
連節ブロック工法は、河床の低下や背後地盤の変形に対して追随することができる一般的な護岸工法である。従来より複断面河道の低水護岸や、あるいは堀込み河川の単断面河道の護岸に用いられる。また、近年、恒久護岸として施工される事例が多くなってきている。
【○ 適当である】

(3) 平板ブロック工法は、工場で製作されたブロックを間詰コンクリートで相互に結合しコンクリートブロックが一体となって河岸などの法面を保護する工法である。法覆工が平板ブロックの場合は、法面の不同沈下が生じないよう十分締め固めた強固な法面をつくり、ブロックの目地にモルタルを完全に充填するなど入念に施工する。
【○ 適当である】

(4) 掘込み河道（高水位が地盤より低く、堤防高60cm未満）などで残留水圧が大きくなる場合の護岸には、必要に応じて水抜きを設けるが、その場合に堤体材料などの細粒土が排出されないよう考慮する。護岸背面に地下水などによる湧水や浸透水がある場合、法覆工が水の吐口を遮断することから背面土砂が飽和状態となり、残留水圧が働いて法覆工の破壊につながる場合がある。このため水抜孔には、背面土砂が流出しないよう配慮するとともに、水抜孔から外水が侵入しないよう逆水防止弁を設けることの検討も必要である。
【× 適当でない】

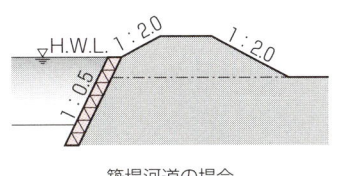

河道は高水位（H.W.L.）と地盤高で区分する

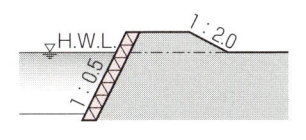

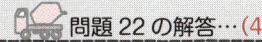

築堤河道の場合　　掘込み河道の場合

問題22の解答…(4)

5 河川砂防 [34問出題のうち10問を選択する]

設問の分類：河川構造物
設問の重要度：★

【問題23】堤防を開削して工事を行う場合における次の記述のうち、**適当でないもの**はどれか。

(1) 非出水期間中に施工する場合、不時の出水に備えて仮締切り天端高は、施工期間の既往最高水位か過去10年程度の最高水位を対象に余裕を取って施工する。

(2) 掘削法面勾配は、砂質地盤の場合は1：1.5、粘性土地盤で1：1.0を標準とし、安定計算により照査して決定する。

(3) 鋼矢板の二重締切りに使用する中埋め土については、壁体の剛性を増す目的と鋼矢板の壁体に作用する土圧を低減するという目的のため、原則として粘性土を用いる。

(4) 樋門工事を行う場合の床付け面は、堤防開削による荷重の除去に伴って緩むことが多いので、乱さないで施工するとともに転圧によって締め固めることが望ましい。

関連知識アドバイス

河川工事の各種施工工法

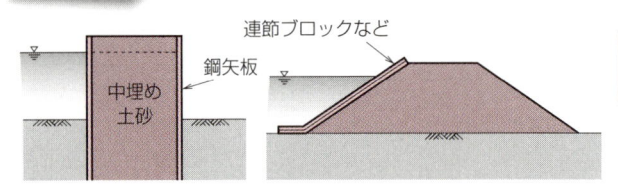

仮締切堤の種類
- 鋼矢板二重式工法（連節ブロックなど、鋼矢板、中埋め土砂）
- 土堤工法

> 締切水位が低く矢板が打ち込めない場合に土堤工法が用いられる

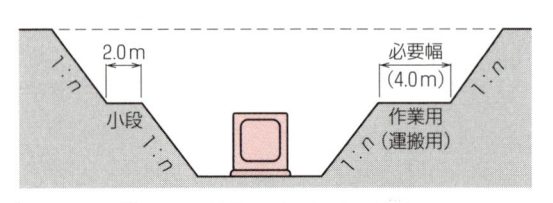

樋門樋管施工時の堤防開削断面
- 小段 2.0m
- 必要幅 (4.0m) 作業用（運搬用）
- 勾配 1：n

【問題 23 の解説】堤防開削工事

(1) 堤防を開削して工事を行う場合、既設堤防と同等以上の治水の安全度を有する構造でなければならない。仮締切の高さは、非出水期においては設計対象水位相当流量に余裕高（河川管理施設等構造令第 20 条に定める値）を加えた高さ以上とし、背後地の状況、出水時の応急対策などを考慮して決定するものとする。ただし、既設堤防高がこれより低くなる場合は既設堤防高とすることができる。また、出水期においては既設堤防高以上とする。【○ 適当である】

(2) 掘削による標準法勾配は、道路土工−法面工・斜面安定工指針などを参考に、砂質地盤の場合は 1：1.5、粘性土地盤で 1：1.0 を標準とし、安定計算により照査して決定する。【○ 適当である】

地山の土質及び地質		土工指針	
		切土高（m）	勾配（割）
硬岩	硬岩		1：0.3〜1：0.8
	中硬岩		
軟岩	軟岩 II		1：0.5〜1：1.2
	軟岩 I		
砂			1：1.5〜
砂質土	密実なもの	5 以下	1：0.8〜1：1.0
		5〜10	1：1.0〜1：1.2
	密実でないもの	5 以下	1：1.0〜1：1.2
		5〜10	1：1.2〜1：1.5
砂利又は岩塊混じり砂質土	密実なもの又は粒度分布の良いもの	10 以下	1：0.8〜1：1.0
		10〜15	1：1.0〜1：1.2
	密実でないもの又は粒度分布の悪いもの	10 以下	1：1.0〜1：1.2
		10〜15	1：1.2〜1：1.5
粘性土など		10 以下	1：0.8〜1：1.2
岩塊又は玉石混じりの粘性土		5 以下	1：1.0〜1：1.2
		5〜10	1：1.2〜1：1.5

(3) 鋼矢板の二重締切りに使用する中埋め土については、壁体の剛性を増す目的と鋼矢板の壁体に作用する土圧を低減するという目的のため、**良質な砂質土を中埋め土として使用すること**を原則としている。【× 適当でない】

(4) 樋門工事を行う場合の床付け面は、堤防開削による荷重の除去に伴って緩むことが多いので、乱さないで施工するとともに転圧によって締め固めることが望ましく、地下水の管理、床付け面の継続的な変位の管理を行う。【○ 適当である】

問題 23 の解答…(3)

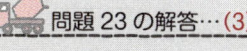

5 河川砂防 【34問出題のうち10問を選択する】

設問の分類
砂防えん堤

設問の重要度 ★★★

【問題24】砂防えん堤の機能、構造に関する次の記述のうち、**適当でないもの**はどれか。

(1) 砂防えん堤は、型式からは透過型、不透過型、土砂の制御形態からは調節形態、捕捉形態、構造からは重力式、アーチ式などに分類される。

(2) 砂防えん堤は、主に渓岸・渓床の侵食を防止する機能、流下土砂を調節する機能、土石流の捕捉及び減勢する機能、流木を速やかに流下させる機能を有する。

(3) 砂防えん堤の水抜きは、施工中の流水の切替えと堆砂後の浸透水圧の減殺を主目的とし、さらに後年の補修時の施工をも容易にする。

(4) 砂防えん堤の前庭保護工には、流量、流送石礫ともに大きく、えん堤位置の河床を構成する石礫が小さい場合、副えん堤と水叩き工を設ける。

関連知識アドバイス
砂防えん堤の構造、各部名称を確認しておこう！

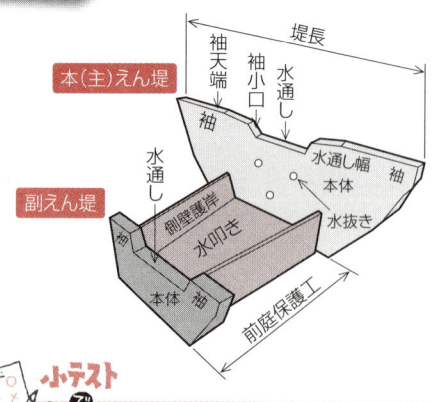

前庭保護工として、砂防えん堤の下流の横工として設置するものには副堤と垂直壁がある

小テストで実力アップ
砂防えん堤の基礎―この記述は○か×？
基礎部にパイピング対策が必要な場合は、止水壁、えん堤底幅の拡幅を行う。

【問題24の解説】砂防えん堤の機能、構造

(1) 砂防えん堤の分類は下記である。
- 目的：「土砂生産抑制施設」「土砂流送制御施設」
- 形式：「透過型」「不透過型」
- 築堤材料：「コンクリート（ブロック）」「鋼製」「石積」「木製」「ソイルセメント」
- 土砂制御：「調整形態」「補足形態」
- 構造形式：「重力式」「アーチ式」「ロックフィル」「スリット」

【○ 適当である】

(2) 砂防えん堤は、主に渓岸・渓床の侵食を防止する機能、流下土砂を調節する機能、土石流の捕捉及び減勢する機能、**流木を捕捉する**機能を有する。

【✗ 適当でない】

(3) 砂防えん堤には必要に応じ水抜き暗渠を設け、次に示す目的によって、その効果を十分発揮するような大きさ、数、形、及び配置を定めるものとする。
① 流出土砂量の調節
② 堆砂後浸透水を抜き、水圧を軽減
③ 施工中の流水の切替え

【○ 適当である】

(4) 砂防えん堤の計画地点で、流量に比較して流送石礫が大きい場所には副えん堤が適し、流量に比較して河床を構成する材料、流送石礫が小さい場合は水叩き工法が適している。また、流量、流送石礫が大きく、河床を構成する材料が小さい場合には、副えん堤と水叩きを併用する。

【○ 適当である】

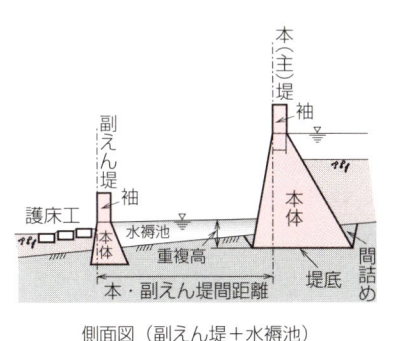

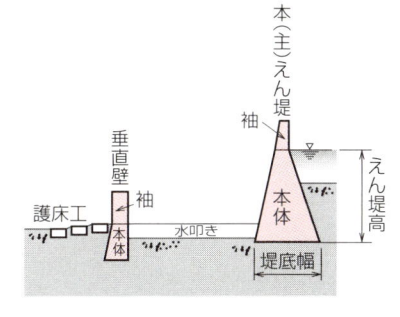

側面図（副えん堤＋水褥池）

側面図（垂直壁＋水叩き方式）

問題24の解答…(2)

小テストの解答…○ （浸透路長の増加により浸透量を抑制する）

5 河川砂防 [34問出題のうち10問を選択する]

A 問題

設問の分類：砂防施設
設問の重要度：★★★

【問題25】渓流保全工に関する次の記述のうち、**適当なもの**はどれか。

(1) 帯工は、渓床の過度の洗掘を防止するために設けるものであり、原則として、天端高は計画渓床高と同一として落差をつけない。

(2) 水制工は、流水や流送土砂をはねて渓岸侵食を防止するとともに、流水や流送土砂の流速を増加させて渓床低下を促進するために設けるものであり、瀬、淵の創出効果も期待できる。

(3) 護岸工は、主に渓岸の横侵食を防止するために施工するものであり、渓岸崩壊のおそれのある床固工の袖部には設置しない。

(4) 床固工は、渓床堆積物の流出を抑制し、渓床の著しい変動を防止するために設けるものであり、原則として、渓床の連続性を確保するための斜路や魚道などは設置しない。

関連知識アドバイス

床固工・護岸工の機能

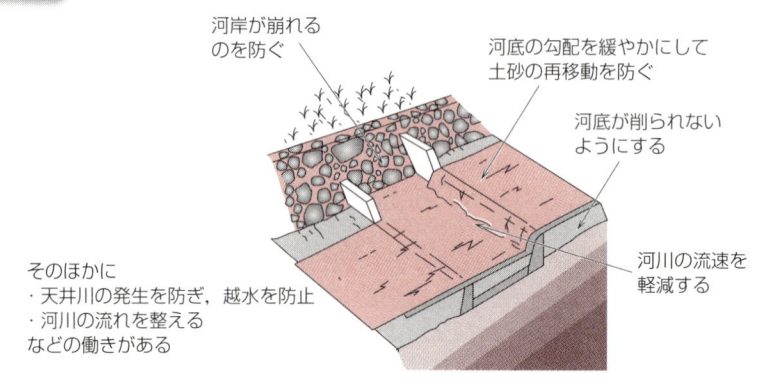

- 河岸が崩れるのを防ぐ
- 河底の勾配を緩やかにして土砂の再移動を防ぐ
- 河底が削られないようにする
- 河川の流速を軽減する

そのほかに
・天井川の発生を防ぎ、越水を防止
・河川の流れを整える
などの働きがある

【問題 25 の解説】渓流保全工

(1) 帯工は、落差のない床固工で単独床固工の下流、及び階段状床固工群の間隔が大きく、なお縦侵食のおそれがある場合に計画するもので、原則として、天端高は計画渓床高と同一として落差をつけない。　【〇 適当である】

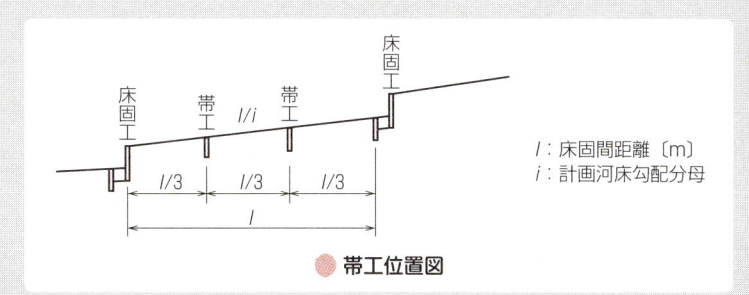

帯工位置図

l：床固間距離〔m〕
i：計画河床勾配分母

(2) 水制工は、流水や流送土砂をはねて渓岸侵食を防止するとともに、流水や流送土砂の流速を減少させて縦浸食の防止を図るために設けるものであり、瀬、淵の創出効果も期待できる。　【✕ 適当でない】

(3) 護岸工は、主に渓岸の横侵食を防止するために施工するものであり、渓岸崩壊のおそれのある床固工の袖部を保護するために設置する。　【✕ 適当でない】

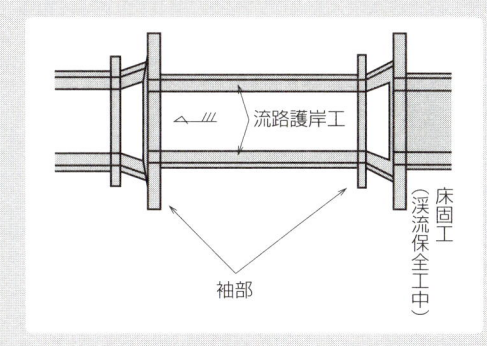

(4) 床固工は、渓床堆積物の流出を抑制し、渓床の著しい変動を防止するために設けるものであり、床固工を設置することによって、渓床の連続性に障害をきたす場合は、魚類などの遡上を確保するために、必要に応じて斜路や魚道などを設置する。　【✕ 適当でない】

問題 25 の解答…(1)

5 河川砂防 [34問出題のうち10問を選択する]

A 設問の分類：地すべり防止工
設問の重要度：★

【問題26】地すべり防止工に関する次の記述のうち、**適当でないもの**はどれか。

(1) 排土工は、地すべり頭部の土塊を排除し、地すべりの滑動力を低減させるための工法で、その上方斜面の潜在的な地すべりを誘発することのないことを事前に確認したうえで施工する。

(2) 杭工は、鋼管杭などですべり面を貫いて基盤まで挿入することによって、地すべり滑動力に対して直接抵抗する工法で、杭の根入れ部となる基盤が弱く、地盤反力の小さい場所に適している。

(3) 押え盛土工は、地すべり末端部に排水性のよい土を盛土し、地すべり滑動力に抵抗する力を増加させるための工法で、一般に排土工と併用すると効果的である。

(4) アンカー工は、斜面から基盤に鋼材などを挿入し、基盤内に定着させた鋼材などの引張強さを利用して斜面を安定化させる工法で、特に緊急性が高く早期に効果を発揮させる必要がある場合などに用いられる。

関連知識アドバイス

地すべり対策工の分類

抑制工
- 地表水排除工（水路工、浸透防止工）
- 地下水排除工
  - 浅層地下水排除工（暗渠工、明暗渠工、横ボーリング工）
  - 深層地下水排除工（集水井工、排水トンネル工、横ボーリング工）
- 地下水遮断工（薬液注入工、地下遮水壁工）
- 排土工
- 押え盛土工
- 河川構造物（えん堤工、床固め工、水制工、護岸工）

抑止工
- 杭　工
  - （鋼管工など）
  - シャフト工（深礎工など）
- アンカー工

【問題 26 の解説】地すべり防止工

(1) 排土工は、地すべり頭部の土塊を排除し、地すべりの滑動力を低減させるための工法で、その上方斜面の潜在的な地すべりを誘発することのないことを事前に確認したうえで施工する。複数の地すべりブロックが連鎖的に関連している場合には最上部のブロックを無視して計画してはならない。

【〇 適当である】

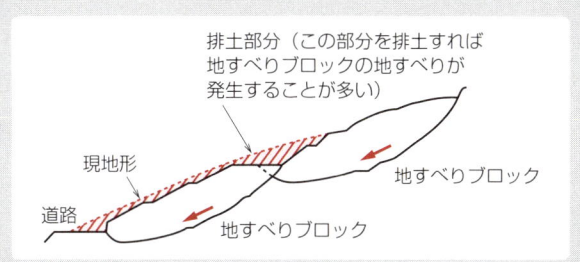

(2) 杭工は、鋼管杭などですべり面を貫いて基盤まで挿入することによって、地すべり滑動力に対して直接抵抗する工法で、杭の根入れ部となる**基盤が強固**で、**地盤反力が期待できる**場所に適している。　　　　　　　　　　　【✕ 適当でない】

(3) 押え盛土工は、地すべり末端部に排水性のよい土を盛土し、地すべり滑動力に抵抗する力を増加させるための工法で、地すべり末端部に空地のある場合に計画するものとする。一般に排土工と併用すると効果的である。

【〇 適当である】

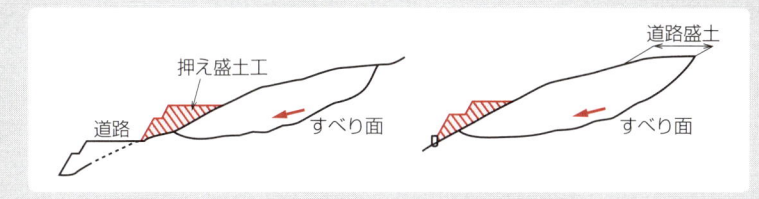

(4) アンカー工は、斜面から基盤に鋼材などを挿入し、基盤内に定着させた鋼材などの引張強さを利用して斜面を安定化させる工法で、特に緊急性が高く早期に効果を発揮させる必要がある場合などに用いられるもので、引張効果、締付け効果が効率的に発揮される地点に計画する。　　　　　　　　【〇 適当である】

問題 26 の解答…(2)

6 道路

34問出題のうち10問を選択する

設問の分類：表層、基層
設問の重要度：★★★

【問題27】アスファルト舗装道路の混合物の敷均し、締固めに関する次の記述のうち、**適当でないもの**はどれか。

(1) 仕上げ転圧は、締め固めた舗装表面の不陸修正、ローラマークの消去のため行うものであり、タイヤローラやマカダムローラを用いて行う。

(2) 敷均し中の混合物に降雨による水が残った場合は、アスファルト混合物のはく離を発生させる原因となることから、敷均し作業を直ちに中止し、敷き均した混合物を速やかに締め固める。

(3) アスファルト混合物層の均一な敷均しは、アスファルト舗装の所定の平坦性を確保するうえで重要である。

(4) アスファルト混合物の敷均しにあたっては、使用アスファルトの温度粘度曲線に示された最適締固め温度を上回らないよう温度管理に注意する。

関連知識アドバイス

アスファルト混合物の施工方法

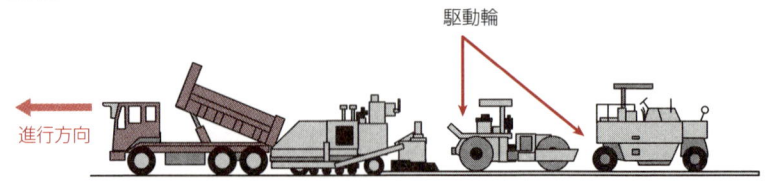

進行方向 ← ダンプトラック　アスファルトフィニッシャ　ロードローラ　タイヤローラ（駆動輪）

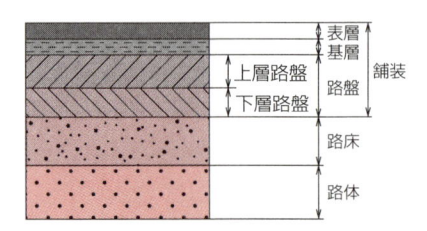

標準的なアスファルト舗装：表層／基層／上層路盤／下層路盤／路床／路体（舗装＝表層・基層＋路盤）

【問題27の解説】アスファルト舗装道路

(1) 仕上げ転圧は、締め固めた舗装表面の不陸修正、ローラマークの消去のため行うものであり、タイヤローラやマカダムローラで2回（1往復）程度行うとよい。二次転圧に振動ローラを用いた場合には、仕上げ転圧にタイヤローラを用いることが望ましい。
【○ 適当である】

タイヤローラ　　マカダムローラ

(2) 敷均し中の混合物に降雨による水が残った場合は、アスファルト混合物のはく離を発生させる原因となることから、敷均し作業を直ちに中止し、敷き均した混合物を速やかに締め固める。雨が降り始めた場合も作業を中止し、同様の作業を行う。
【○ 適当である】

(3) アスファルト混合物層の均一な敷均しは、アスファルト舗装の所定の平坦性を確保するうえで重要である。アスファルト混合物の敷均しは機械によって連続して行うことを原則とし、アスファルトフィニッシャを用いて所定の厚さ、形状が得られるように均一に敷き均す。
【○ 適当である】

(4) アスファルト混合物の敷均しにあたっては、使用アスファルトの温度粘度曲線（右図は温度粘度曲線の例）に示された**最適締固め温度を下回らないよう**温度管理に注意する。
【✕ 適当でない】

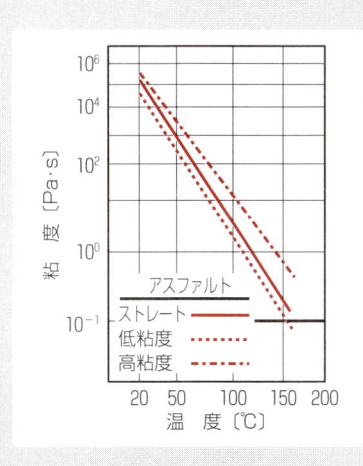

問題27の解答…(4)

6 道路 [34問出題のうち10問を選択する]

【問題28】排水性舗装の施工に関する次の記述のうち、適当でないものはどれか。

(1) 仕上げ転圧は、空隙つぶれを防ぐため、主としてマカダムローラによって施工する。

(2) 高粘度改質アスファルトを用いた場合の初期転圧温度は、一般的な舗装よりやや高い140〜160℃である。

(3) 初転圧及び二次転圧は、一般に、10〜12tのロードローラにより行う。

(4) 転圧終了後の交通開放を急ぐためには、散水により、舗装表面の温度を強制的に下げてもよい。

設問の分類：表層、基層
設問の重要度：★★★

排水性舗装の構造

排水性舗装は、空隙率の多い多孔質なアスファルト混合物を表層と基層に用いて排水機能層とした構造である

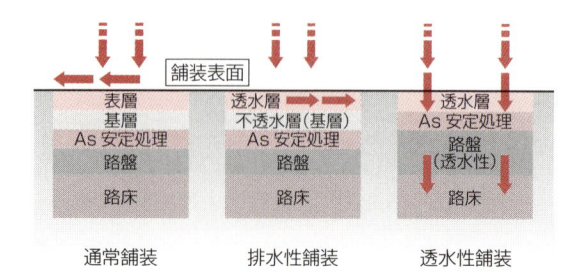

通常舗装	排水性舗装	透水性舗装
表層／基層／As安定処理／路盤／路床	透水層／不透水層(基層)／As安定処理／路盤／路床	透水層／As安定処理／路盤(透水性)／路床

排水機能を有するアスファルト舗装—この記述は○か×？

タイヤローラによる仕上げ転圧は、転圧温度が高すぎるとタイヤにポーラスアスファルト混合物が付着しやすく、空隙つぶれの生じる懸念もあることから、ポーラスアスファルト混合物の表面温度が100〜110℃程度になってから行うのが望ましい。

【問題 28 の解説】排水性舗装の施工

(1) 一般的に、仕上げ転圧は締め固めた舗装表面の不陸修正、ローラマークの消去のため行うものであり、タイヤローラやマカダムローラで 2 回（1 往復）程度行うが、空隙つぶれを防ぐためには、**6～10 t のタンデムローラ、タイヤローラを使用する。**

【✗ 適当でない】

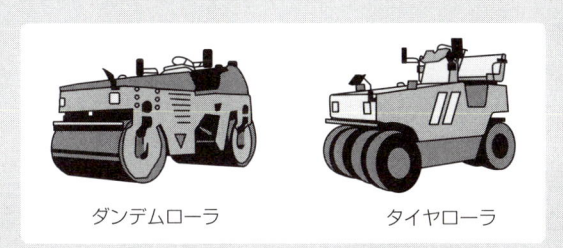

ダンデムローラ　　　タイヤローラ

(2) 高粘度改質アスファルトを用いた場合の初期転圧温度は、一般的な舗装の 110～140 ℃よりやや高い 140～160 ℃である。

> 改質アスファルト（高粘度改質アスファルト）は、舗装設計施工指針において「ポリマー改質アスファルト H 型」として記載されている。ポーラスアスファルト混合物に用いられる。ポリマーの添加量が多い。

【○ 適当である】

(3) 初転圧及び二次転圧は、一般に、10～12 t のロードローラを用い、二次転圧は初転圧に使用したローラによって行うが、6～10 t の振動ローラを無振動で使用する場合もある。

【○ 適当である】

(4) 転圧終了後、交通開放直後のわだち掘れなどの舗装の初期変形を抑制するため、一般的には舗装表面の温度がおおむね 50 ℃以下となってから交通開放する。交通開放を急ぐためには、散水や舗装冷却機械などにより、舗装表面の温度を強制的に下げてもよい。

【○ 適当である】

問題 28 の解答…(1)

小テストの解答…✗　（付着しにくい温度は 70 ℃程度）

6 道路 [34問出題のうち10問を選択する]

設問の分類：上下層路盤
設問の重要度：★★★

【問題29】アスファルト舗装道路の上層路盤の施工に関する次の記述のうち、**適当でないもの**はどれか。

(1) 上層路盤は、材料分離が起こらないように注意しながら所定の仕上り厚さとなるよう、所要の余盛を考慮して均一な厚さに敷き均す。

(2) セメントや石灰による安定処理路盤材料の場合は、セメントや石灰と骨材との混合が不十分であったり不均一であったりすると、適切な締固めを行っても均等質な路盤を構築することができない。

(3) 路盤の締固めは、路盤材料の性質や締固め厚さなどに応じて、締固め機械の種類や質量、締固め回数などを選定し、石灰による安定処理路盤材料の場合には締固め時の温度計測を行い密度を管理する。

(4) 粒度調整路盤の場合には、施工終了後の降雨による洗掘や雨水の浸透によって路盤が損傷しないように、上層路盤面はアスファルト乳剤などでプライムコートを施すとよい。

関連知識アドバイス

アスファルト舗装の舗装構成を確認しておこう！

- アスファルト乳剤の散布（タックコート）
- アスファルト乳剤の散布（プライムコート）
- 表層の施工（アスファルト混合物）
- 基層の施工（アスファルト混合物）
- 上層路盤の施工（粒度調整砕石、セメント・石灰・アスファルト安定処理）
- 下層路盤の施工（クラッシャラン）
- 路床の構築

【問題29の解説】アスファルト舗装上層路盤の施工

(1) 上層路盤は、材料分離が起こらないように注意しながら所定の仕上り厚さとなるよう、所要の余盛を考慮して均一な厚さに敷き均す。上層路盤に用いられる工法により下記厚さを標準とする。
- セメント安定処理、石灰安定処理の1層の仕上り厚さ 10〜20 cm
- 瀝青安定処理工法の1層の仕上り厚さ 10 cm 以下

【○ 適当である】

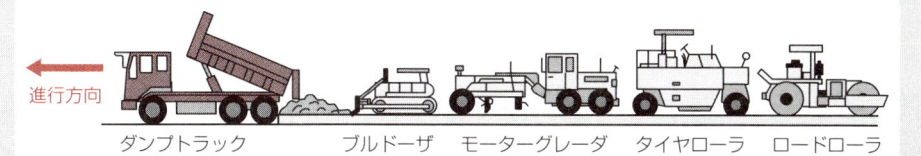

進行方向 ← ダンプトラック　ブルドーザ　モーターグレーダ　タイヤローラ　ロードローラ

● 一般的な路盤の施工体制

(2) セメント安定処理路盤の仕上り厚さは、12 cm 以上とし、1層で仕上げなければならない。混合および締固めの方法は、路上方法、プラント混合などがあるが、セメントや石灰による安定処理路盤材料の場合は、セメントや石灰と骨材との混合が不十分であったり不均一であったりすると、適切な締固めを行っても均等質な路盤を構築することができない。

【○ 適当である】

(3) 路盤の締固めは、路盤材料の性質や締固め厚さなどに応じて、締固め機械の種類や質量、締固め回数などを選定し、**アスファルト安定処理路盤材料**による場合には締固め時の温度計測を行い密度を管理する。石灰安定処理路盤材料の締固めは、最適含水比よりやや湿潤状態で行い、品質は現場密度により管理する。

【✕ 適当でない】

(4) 粒度調整路盤は、敷均しや締固めが容易になるように粒度調整した良好な骨材を用いる。ただし、水を含むと泥濘化することがあるので締固めが可能な範囲でできるだけ少ないほうがよく、施工終了後の降雨による洗掘や雨水の浸透によって路盤が損傷しないように、上層路盤面はアスファルト乳剤などでプライムコートを施すとよい。

【○ 適当である】

問題29の解答…(3)

6 道 路 [34問出題のうち10問を選択する]

設問の分類: 路床、路体
設問の重要度: ★★★

【問題30】アスファルト舗装道路の路体・路床の施工に関する次の記述のうち、**適当なもの**はどれか。

(1) 路体に用いる破砕岩や岩塊、玉石などの多く混じった土砂は、敷均し・締固め作業は容易であるが、盛土としての安定性は低い。

(2) セメントを使用した安定処理土は、六価クロムの溶出量が土壌の汚染に係る環境基準に適合していることを確認する。

(3) 路床の安定処理に使用される安定材としては、一般に、砂質土には石灰が、粘性土にはセメントが有効である。

(4) 路床の安定処理に粒状の生石灰を使用する場合は、1回の混合が終了した後仮転圧し、生石灰が消化する前に混合し再び転圧する。

関連知識アドバイス 六価クロム溶出試験について

セメントまたはセメント系固化材を用いた地盤改良工事では、改良した土（改良土）について環境庁告示46号に定める六価クロム溶出試験を下表に示す方法で実施する必要がある。

試験方法	試験の実施時間	試験材料
試験方法1（事前試験）	室内配合試験時	現場添加量に最も近い配合の供試体 材齢7日が基本 各土層又は各土質ごとに実施
試験方法2（事後試験）	地盤改良施行後	改良された地盤から採取した試料 材齢28日が基本
試験方法3（タンクリーチング試験）	試験方法2の結果判明後	試験方法2で六価クロム濃度が最も高かった箇所

小テストで実力アップ　路盤のプルーフローリング試験 — この記述は○か×？

ベンケルマンビームにより測定されたたわみ量が、仕上り後の路床及び路盤の許容量を超過する場所については、密度効果を上げるため散水し、再転圧を行う。

【問題30の解説】アスファルト舗装路体・路床の施工

(1) 路体に用いる破砕岩や岩塊、玉石などの多く混じった土砂は、**敷均し・締固め作業は非常に困難で取り扱いにくい材料**であるが、盛土としての**安定性は高い**。

【✗ 適当でない】

(2) セメントおよびセメント系安定材を使用した安定処理土は、「セメントおよびセメント系固化材を使用した改良土の六価クロム溶出試験要領（案）」に基づき、六価クロムの溶出量が土壌の汚染に係る環境基準に適合していることを確認する。

【○ 適当である】

(3) 路床の安定処理に使用される安定材としては、一般に、**砂質土にはセメント**が、**粘性土には石灰**が有効である。

【✗ 適当でない】

(4) 路床の安定処理に粒状の生石灰を使用する場合は、1回の混合が終了した後仮転圧し、**生石灰が消化するのを待ってから再び混合し転圧する**。ただし、粉状の生石灰（0〜5mm）を使用する場合は1回の混合ですませてよい。

【✗ 適当でない】

● **路床改良**とは、路床CBRの改良のため、置換工法及び安定処理工法を行う。盛土と切土の場合で改良範囲が下図のように変わる。

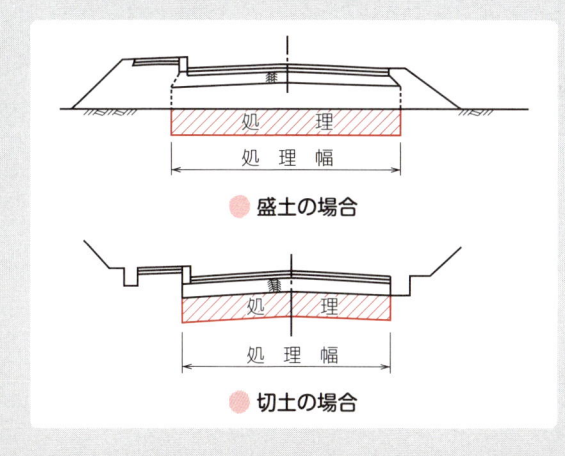

● 盛土の場合

● 切土の場合

問題30の解答…(2)

小テストの解答…✗　（不良部を置き換えるか、掘削し乾燥後締め固める）

6 道路 [34問出題のうち10問を選択する]

設問の分類：舗装の補修・維持
設問の重要度：★★

【問題31】アスファルト舗装道路の一般的な補修工法の選定に関する次の記述のうち、**適当でないもの**はどれか。

(1) 破損の面的な規模については、局部的な破損か広範囲な破損かを見極めて工法を選定し、局部的な破損の場合は広範囲な破損に進展する可能性について検討する。

(2) 補修工法の選定においては、舗装発生材を極力少なくする工法の選定や補修などの断面の設計を考慮する。

(3) 流動によるわだち掘れが大きい場合は、その原因となっている層を除去する表層から路盤までの打換え工法を選定する。

(4) ひび割れの程度が大きい場合は、路床・路盤の破損の可能性が高いので、オーバーレイ工法より打換え工法を選定する。

アスファルト補修工法の種類

舗装の種類	破損の種類	修繕工法の例
アスファルト舗装	ひび割れ	打換え工法、表層・基層打換え工法、切削オーバーレイ工法、オーバーレイ工法、路上再生路盤工法
	わだち掘れ	表層・基層打換え工法、切削オーバーレイ工法、オーバーレイ工法、路上再生路盤工法
	平たん性の低下	
	すべり抵抗値の低下	表層打換え工法、切削オーバーレイ工法、オーバーレイ工法、路上再生路盤工法

小テストで実力アップ　打換え工法—この記述は〇か×？

加熱アスファルト混合物を1日のうち2層以上舗設する場合は、舗設混合物の温度が下がらず交通開放後早期にわだち掘れを生じることがあるが、舗装を冷却してはならない。

【問題 31 の解説】アスファルト舗装の補修工法

(1) 補修工法の選定においては、破損状況は設計条件に応じて適切な工法を採用する。破損の面的な規模については、局部的な破損か広範囲な破損かを見極めて工法を選定し、局部的な破損の場合は広範囲な破損に進展する可能性について検討する。

【〇 適当である】

(2) 補修工法の選定においては、舗装発生材を極力少なくする工法の選定や補修などの断面の設計を考慮する。再生材を利用する工法としては「路上再生路盤工法」「路上再生表層工法」などがある。

【〇 適当である】

(3) 流動によるわだち掘れが大きい場合は、その原因となっている層を除去する**表層・基層**の打換え工法を選定する。

【✕ 適当でない】

(4) ひび割れの程度が大きい場合は、路床、路盤の破損の可能性が高いので、オーバーレイ工法より打換え工法が望ましい。打換え工法は、既設舗装の路盤もしくは路盤の一部までを打ち換える工法で、状況により路床の入換え、路床または路盤の安定処理を行うこともある。

オーバーレイ工法
- 既設舗装の上に、厚さ 3 cm 以上の加熱アスファルト混合物層を舗設する工法。
- 局部的な不良箇所が含まれる場合、事前に局部打換えなどを行う。
- 施工後の建築限界や路上施設、沿道高低差に配慮する。

打換え工法
- 既設舗装の路盤もしくは路盤の一部までを打ち換える工法。
- 状況により路床の入換え、路床または路盤の安定処理を行うこともある。

【〇 適当である】

問題 31 の解答…(3)

小テストの解答…✕ （舗装を冷却し、わだち掘れを防止する）

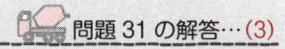

道路 [34問出題のうち10問を選択する]

A 問題

設問の分類：コンクリート舗装
設問の重要度：★★★

【問題32】コンクリート舗装などの分類と、その特徴に関する次の記述のうち、**適当でないもの**はどれか。

(1) ポーラスコンクリート舗装は、高い空隙率を確保したポーラスコンクリート版を使用することにより排水性や透水性などの機能を持たせた舗装である。

(2) 薄層コンクリート舗装は、既設コンクリート版を必要に応じて切削しコンクリートでオーバーレイする舗装であり、一般に既設コンクリート版の底面に達するひび割れが数多く発生している箇所などの補強工法として用いられる。

(3) コンポジット舗装は、表層又は表層及び基層にアスファルト混合物を用い、直下の層にセメント系の版を用いた舗装であり、良好な走行性を備え、通常のアスファルト舗装より長い寿命が期待できる。

(4) プレキャストコンクリート舗装は、あらかじめ工場で製作しておいたコンクリート版を路盤上に敷設し、必要に応じて相互の版をバーなどで結合して築造する舗装であり、施工後早期に交通開放ができるため修繕工事に適している。

関連知識アドバイス その他のコンクリート舗装の分類と特徴

- **コンクリート舗装**：適切な間隔に目地を入れ、目地にはダウエルバー、タイバーを入れて版と版とをつなぐ
- **連続鉄筋コンクリート舗装**：横目地を入れる代わりに、縦方向に配置した鉄筋によってひび割れを分散させ、舗装としての連続性を持たせる
- **インターロッキングブロック舗装**：ブロック側面の噛み合わせ効果を利用して連続性を持たせたもの

【問題32の解説】アスファルト舗装上層路盤の施工

(1) ポーラスコンクリート舗装は、高い空隙率を確保したポーラスコンクリート版を使用することにより排水性や透水性、車両騒音低減機能などの機能を持たせた舗装である。ポーラスコンクリート舗装の施工は、砕石と砂および特殊混和剤を添加したセメントペーストからなるポーラスコンクリートを敷き均し、特殊振動プレートやゴム巻きタンデムローラなどで締め固める。　　【○ 適当である】

(2) 薄層コンクリート舗装は、摩耗やスケーリングなどにより供用性が低下した既設コンクリート版を必要に応じて切削し薄層のコンクリートでオーバーレイする舗装であり、一般に既設コンクリート版の底面に達するひび割れが数多く発生している箇所など、**既設コンクリート版が構造的に破損していると判断される場合には使用しない。**　　【✕ 適当でない】

(3) コンポジット舗装は、表層又は表層及び基層にアスファルト混合物を用い、直下の層にセメント系の版を用いた舗装である。セメント系舗装（普通コンクリート版、連続鉄筋コンクリート版、転圧コンクリート版、半たわみ性舗装など）の持つ構造的な耐久性とアスファルト舗装の持つ良好な走行性を備え、通常のアスファルト舗装より長い寿命が期待できる。　　【○ 適当である】

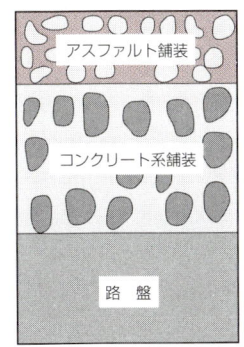

アスファルト舗装	表層又は表層・基層
コンクリート系舗装	コンクリート舗装　連続鉄筋コンクリート舗装　転圧コンクリート舗装　半たわみ性舗装
路盤	

(4) プレキャストコンクリート舗装は、あらかじめ工場で製作しておいたプレストレストコンクリート版を路盤上に敷設し、必要に応じて相互の版をバーなどで結合して築造するコンクリート舗装である。施工後、早期に交通開放ができるため修繕工事に適しており、トンネル内や交通量の多い交差点などの打換えに使用される場合が多い。　　【○ 適当である】

問題32の解答…(2)

7 ダム・トンネル

34問出題のうち10問を選択する

設問の分類：ダム基礎
設問の重要度：★

【問題33】 ダム堤体の基礎掘削に関する次の記述のうち、**適当でないもの**はどれか。

(1) 仕上げ掘削は、一般に掘削計画面から50cm程度残した部分を、火薬を使用せずに小型ブレーカや人力で基礎岩盤に損傷を与えないようにていねいに粗掘削と一連で速やかに施工する。

(2) ベンチカット工法の発破掘削には、一般にAN-FO爆薬（硝安油剤爆薬）が用いられるが、AN-FO爆薬はほかの爆薬に比べて安価かつ安全であり、また低比重で長装薬に有利で流込み装填ができる利点がある。

(3) 掘削計画面から3.0m付近の掘削は、小ベンチ発破工法やプレスプリッティング工法などにより基礎岩盤への損傷を少なくするよう配慮する。

(4) 堤体掘削は、掘削計画面より早く所要の地盤が現れた場合には掘削を終了し、逆に予期しない断層や弱層などが出現した場合には、掘削線の変更や基礎処理で対応する。

関連知識アドバイス

基礎掘削工法には以下の3種類がある

- **仕上げ掘削**：基礎の保護のため堤敷面から0.5～1.0m程度の範囲では、火薬を使用せず手堀りで行う。
- **粗掘削**：仕上げ掘削までの爆破工法による掘削が粗掘削である。ただし、堤敷面に近いところでは火薬の使用量を制限する必要がある。
- **ベンチカット工法**：ブルドーザやパワーショベルで平坦なベンチ盤を造成し、ベンチから穿孔機械を用いて発破作業を行う

【問題 33 の解説】ダム堤体の基礎掘削

(1) 仕上げ掘削は、一般に掘削計画面から 50 cm 程度残した部分を、火薬を使用せずに小型ブレーカや人力で基礎岩盤に損傷を与えないようていねいに行う掘削で、**粗掘削とは切り離して施工する。**

【✗ 適当でない】

(2) ベンチカット工法はブルドーザやパワーショベルで平坦なベンチ盤を造成し、ベンチから穿孔機械を用いて発破作業を行う。このベンチカット工法の発破掘削には、一般に AN-FO 爆薬（硝安油剤爆薬）が用いられる。AN-FO 爆薬はほかの爆薬に比べて安価かつ安全であり、また低比重で長装薬に有利で流込み装填ができる利点がある。

【○ 適当である】

(3) 粗掘削は爆破工法による掘削であるが、この場合でも基礎に近いところでは火薬の量を制限して基礎岩盤へ損傷を与えないようにする。そのため、掘削計画面から 3.0 m 付近からの掘削は、高さ 1 m 程度の小ベンチ発破工法やプレスプリッティング工法などにより基礎岩盤への損傷を少なくするよう配慮する。

【○ 適当である】

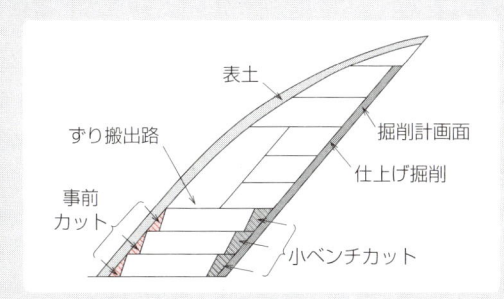

(4) 堤体掘削は、掘削計画面より早く所要の地盤が現れた場合には掘削を終了し、逆に予期しない断層や弱層などが出現した場合には、掘削線の変更や基礎処理で対応する。ほかに注意するべき事項は、「最終掘削面にできるだけ損傷を与えないよう施工する必要がある」などがあげられる。

【○ 適当である】

問題 33 の解答…(1)

7 ダム・トンネル　[34問出題のうち10問を選択する]

設問の分類：ダム本体
設問の重要度：★

【問題34】ダムの工法に関する次の記述のうち、**適当でないもの**はどれか。

(1) CSG工法は、基本的には手近で得られる岩石質材料を分級し、粒度調整及び洗浄は行わず、水とセメントを添加して簡単な施設を用いて混合し、ブルドーザで敷き均し振動ローラで転圧する。

(2) ELCM（拡張レヤー工法）は、単位セメント量の少ない有スランプコンクリートを一度に複数ブロック打設し、横継目は打設後又は打設中に設け堤体を面状に打ち上げる。

(3) RCD工法は、単位結合材料の少ない超硬練りコンクリートをブルドーザで敷き均し、振動ローラで締め固め、1リフト0.75mから1.0m程度に仕上げ、簡単な水洗い程度の打継目処理を行ってコンクリートを連続施工する。

(4) 柱状ブロック工法は、水和熱によって外部拘束によるクラックを制御するため、一般的に横継目を15m間隔に縦継目を30～50m程度の間隔に設け、それにより分割されたブロックごとに打設する。

コンクリートダム施工方法の分類

コンクリート施工方法
- 柱状工法 ─ 柱状ブロック工法／柱状レヤー工法
- 面状工法 ─ RCD工法／拡張レヤー工法（ELCM）

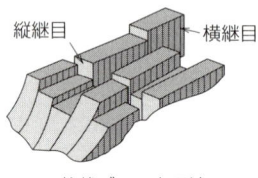

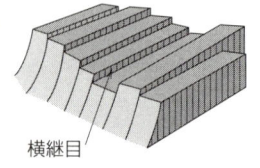

柱状ブロック工法（縦継目・横継目）　レヤー工法（横継目）

● 柱状工法の概要図

【問題34の解説】ダムの工法

(1) CSG（セメント砂礫混合物）は、基本的には手近で得られる岩石質材料を分級し、粒度調整及び洗浄は行わず、水とセメントを添加して簡単な施設を用いて混合したものである。CGS工法はこのCGS（セメント砂礫混合物）をブルドーザで敷き均し振動ローラで転圧して施工する。　【〇 適当である】

(2) ELCM（拡張レヤー工法）は、単位セメント量の少ない有スランプコンクリートを一度に複数ブロック打設し、横継目は打設後又は打設中に設け堤体を面状に打ち上げる。横継目の型枠が省略できること、施工ヤードが広くなり大型機械を使用できることなどにより、施工の効率化・省力化が可能である。　【〇 適当である】

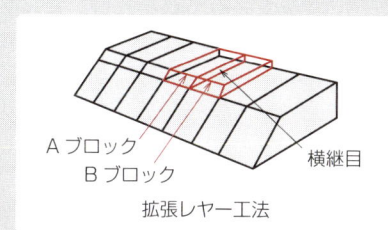

(3) RCD工法は、単位結合材料の少ない超硬練りコンクリートをブルドーザで敷き均し、振動ローラで締め固め、1リフト0.75mから1.0m程度に仕上げる。このときの水平打継目は、ブリーティングによって生じるレイタンスにより弱点となりやすいのでグリーンカットを実施し確実に処理する。グリーンカットは「ダムコンクリートが完全に硬化する前に、圧力水あるいは圧縮空気との混合水の吹付けによってレイタンスを除去」することである。　【✕ 適当でない】

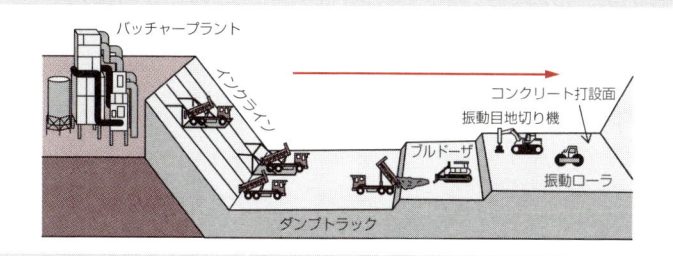

(4) 柱状ブロック工法は、水和熱によって外部拘束によるクラックを制御するため、一般的に横継目を15m間隔に、縦継目を30～50m程度の間隔に設け、それにより分割されたブロックごとに打設する。ブロックが安定温度に達した段階で、継目をグラウトすることにより堤体の一体化と水密性を確保する。　【〇 適当である】

問題34の解答…(3)

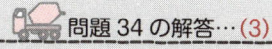

7 ダム・トンネル　[34問出題のうち10問を選択する]

設問の分類：トンネル掘削
設問の重要度：★★★

【問題35】山岳工法のトンネル施工に関する次の記述のうち、**適当なもの**はどれか。

(1) 都市部山岳工法のトンネル工事においては、切羽通過前に地表面沈下や近接構造物の挙動などを把握することが、その後の最終変位の予測などのために重要である。

(2) 鏡面の安定対策としては、一般に、長尺フォアパイリング工法、パイプルーフ工法を適用する。

(3) 注入式フォアポーリング工法は、天端の簡易な安定対策としては比較的信頼性が低く、施工実績が少ない。

(4) 山岳工法によるトンネルの施工では、掘削後、地山の変形が収束する前に覆工を施工する。

関連知識アドバイス

トンネル掘削の代表的な補助工法の種類

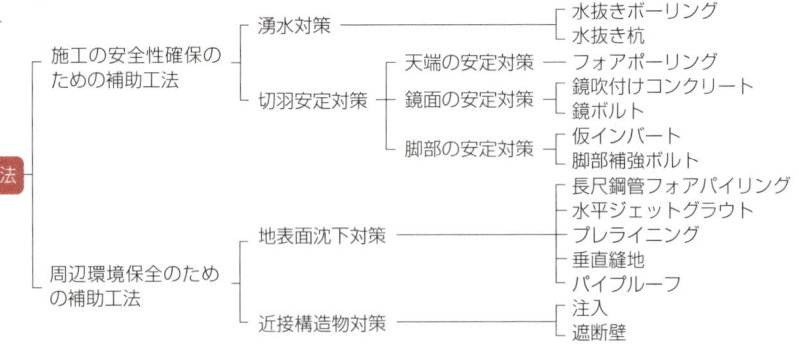

- 補助工法
  - 施工の安全性確保のための補助工法
    - 湧水対策
      - 水抜きボーリング
      - 水抜き杭
    - 切羽安定対策
      - 天端の安定対策 ─ フォアポーリング
      - 鏡面の安定対策
        - 鏡吹付けコンクリート
        - 鏡ボルト
      - 脚部の安定対策
        - 仮インバート
        - 脚部補強ボルト
  - 周辺環境保全のための補助工法
    - 地表面沈下対策
      - 長尺鋼管フォアパイリング
      - 水平ジェットグラウト
      - プレライニング
      - 垂直縫地
      - パイプルーフ
    - 近接構造物対策
      - 注入
      - 遮断壁

小テストで実力アップ　打換え工法—この記述は○か×？

掘削に伴うトンネル周辺地山の挙動は、一般に掘削直前から直後にかけて変化が大きく、切羽が離れるに従って変化が小さくなるため、計測の頻度を掘削前後は密に、切羽から離れるに従って疎になるように設定することができる。

【問題 35 の解説】山岳工法のトンネル施工

(1) 都市部山岳工法によるトンネル施工に際しては、都市部の特有の条件を考慮した観察・計測を行わなければならない。主な観察・計測事項は下記である。
① 地表面沈下、② 近接構造物の挙動（構造物の沈下、水平変位、傾斜など）
　上記は、切羽通過前の先行変位を把握することが、その後の最終変位の予測や支保工、補助工法の対策効果を確認するうえで重要である。
③ 近接構造物の損傷状況（ひび割れなど）、④ 周辺の地下水
　近接構造物の損傷状況は、度合いによって管理基準値を個別に設定する必要があるため、工事着工前に対象構造物の損傷状態を把握しておかなければならない。
　　地下水は工事前から工事後の長期にわたって計測を行う必要がある。

【〇 適当である】

(2) 鏡面の安定対策としては、**核残し、鏡吹付けコンクリート、鏡ボルトおよび注入工法**などがある。天端部の安定対策として長尺フォアパイリング工法が用いられ、周辺環境の保全を目的とした地表面沈下対策のための補助工法としては長尺フォアパイリング工法、パイプルーフ工法が用いられる。

【✕ 適当でない】

(3) 注入式フォアポーリング工法は、天端の簡易な安定対策としては**比較的信頼性が高く、施工実績が多い**。

【✕ 適当でない】

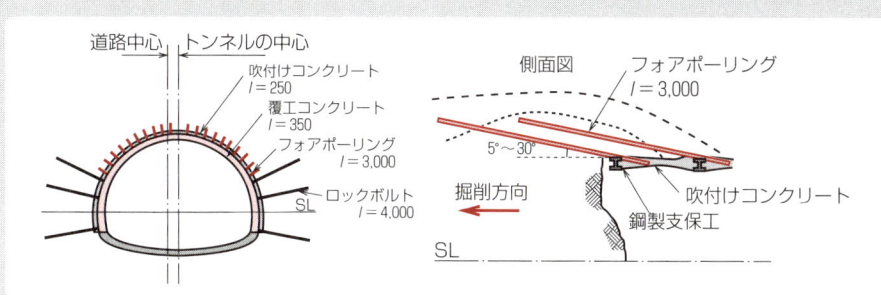

(4) 山岳工法によるトンネルの施工では、掘削後、地山の変形が**収束したことを確認した後に覆工を施工すること**を原則とする。

【✕ 適当でない】

問題 35 の解答…(1)

小テストの解答…〇　（切羽の進行速度、地山・支保工の挙動などを考慮する）

7 ダム・トンネル [34問出題のうち10問を選択する]

設問の分類: トンネル 覆工
設問の重要度: ★

【問題36】トンネルの山岳工法における覆工の施工に関する次の記述のうち、**適当でないもの**はどれか。

(1) 型枠の据付け時には、既設の覆工コンクリートとの重合せ部に過度な荷重がかかるとひび割れなどが発生するため、特に天端部や平面線形で曲線半径の大きいカーブの側壁部は注意が必要である。

(2) 側壁部のコンクリート打込みでは、落下高さが高い場合や長い距離を横移動させた場合に材料が分離するので、適切な高さの複数の作業窓を投入口として用いる。

(3) 型枠面に使用するはく離剤は、覆工コンクリートのできばえを考慮し適量塗布しなければならない。

(4) つま型枠は、コンクリート打込み時の圧力で変形しないよう十分な剛性を有し、モルタル漏れがないように取り付ける必要がある。

関連知識アドバイス 覆工コンクリートとインバートの施工

覆工コンクリートとインバートの打継目を図に示す。覆工コンクリートとの打継目は、インバートに軸力が円滑に伝達できるように施工する。

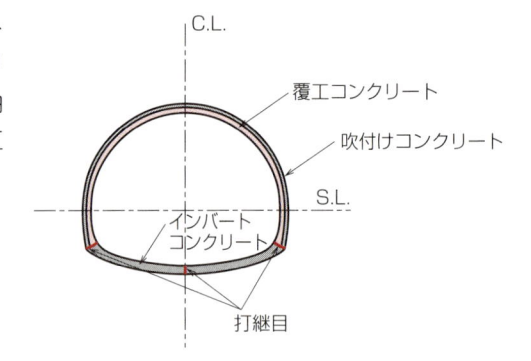

【問題 36 の解説】 トンネルの覆工施工

(1) 型枠の据付け時には、既設の覆工コンクリートとの重合せ部に過度な荷重がかかるとひび割れなどが発生するため、特に天端部や平面線形で**曲線半径の小さいカーブ**の側壁部は注意が必要である。

【✗ 適当でない】

(2) 側壁部のコンクリート打込みでは、落下高さが高い場合や長い距離を横移動させた場合に材料が分離するので、適切な高さの複数の作業窓を投入口として用いる。また天端部の打込み時の落下高さが高くならないように、できるだけ高い位置まで打ち上げておくことが望ましい。コンクリートの打込みにシュート、ベルトコンベアなどを使用するときは、材料分離を生じさせないよう注意しなければならない。

【○ 適当である】

● 型枠作業窓（検査窓）の設置例

(3) 型枠面に使用するはく離剤は、覆工コンクリートのできばえを考慮し適量塗布しなければならない。ただし、はく離剤の過度の塗布は、覆工コンクリートに色むら、縞模様を生じ、できばえなどに影響するため注意しなければならない。

【○ 適当である】

(4) つま型枠は、コンクリート打込み時の圧力で変形しないよう十分な剛性を有し、モルタル漏れがないように取り付ける必要がある。つま型枠は、凹凸のある吹付けコンクリート面に合わせて木製矢板やエアチューブなどを使用し、現場合わせで施工しているのが一般的である。

【○ 適当である】

問題 36 の解答 …(1)

8 海岸・港湾施設

34問出題のうち10問を選択する

設問の分類：海岸堤防
設問の重要度：★★★

【問題37】海岸防波堤に関する次の記述のうち、適当でないものはどれか。

(1) 堤防型式の分類は、堤防前面勾配が1:1よりも緩いものを傾斜型、1:1よりも急な勾配のものを直立型という。

(2) 混成型堤防は、基礎地盤が強固で、水深が小さい場所に適する。

(3) 直立型堤防は、基礎地盤が比較的堅固な場合や、堤防用地が容易に得られない場合に適する。

(4) 傾斜型堤防は、基礎地盤が比較的軟弱な場合や、堤体土砂が容易に得られる場合に適する。

関連知識アドバイス

海岸堤防形式の種類、形状の特徴を覚えておく

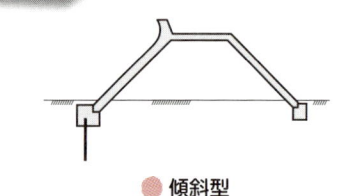

● 傾斜型
● 緩傾斜（階段）型 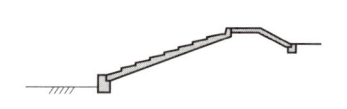
● 混成型 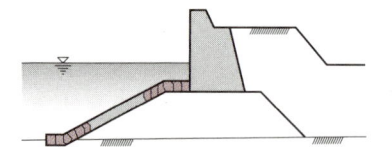
● 直立型 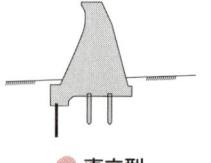

小テストで実力アップ

緩傾斜の海岸堤防の施工—この記述は○か×？

堤体盛土は、十分締め固めても収縮及び圧密によって沈下するので、天端高、堤体の土質、基礎地盤の良否などを考慮して必要な余盛りを行う。

【問題 37 の解説】海岸堤防

(1) 代表的な堤防型式は、傾斜型（緩傾斜型）、直立型、混成型の 3 種類に分類される。堤防の表法勾配による分類は、堤防前面勾配が 1：1 よりも緩いものを傾斜型、1：1 よりも急な勾配のものを直立型という。

【〇 適当である】

型式	種類	勾配比
傾斜堤	石張式、コンクリートブロック張式、コンクリート被覆式など	1：1 以上
緩傾斜堤	コンクリートブロック張式、コンクリート被覆式など	1：3 以上
直立堤	石積式、重力式、扶壁式など	1：1 未満
混成堤	上記の組合せ	—
傾斜護岸	捨石式、捨ブロック式など	—
直立護岸	突型式（L 型式を含む）、ケーソン式、コンクリートブロック積式、セル式、矢板式、石枠式など	—
混成護岸	上記の組合せ	—

(2) 混成型堤防は、捨石マウンドなどの基礎を築造した上にケーソンやブロックなどの直立型構造物（躯体）を設置した構造形式をいう。**基礎地盤が比較的軟弱な場所、水深の大きな場所**に適する。

【✕ 適当でない】

(3) 直立型堤防は、基礎地盤が比較的堅固な場合や、堤防用地が容易に得られない場合、水理条件、既設堤防との接続の関係などから判断して直立型が望ましい場合に適する。

【〇 適当である】

(4) 傾斜型堤防は、基礎地盤が比較的軟弱な場合や、堤体土砂が容易に得られる場合、堤防用地が容易に得られる場合、水理条件、既設堤防との接続の関係などから判断して傾斜型が望ましい場合、海浜利用上、望ましい場合や親水性の要請が高い場合に適する。

【〇 適当である】

問題 37 の解答…(2)

小テストの解答…〇 （盛土材は十分締固めが可能な粘土を含む砂質土である）

8 海岸・港湾施設 [34問出題のうち10問を選択する]

A問題

設問の分類：海岸侵食対策工
設問の重要度：★★★
解答欄：1回目 / 2回目 / 3回目

【問題38】海岸の潜堤・人工リーフの機能や特徴に関する次の記述のうち、**適当なもの**はどれか。

(1) 潜堤・人工リーフは、離岸堤に比較して堤背後の堆砂機能が大きい。

(2) 潜堤・人工リーフは、一般に離岸堤や消波堤に比較して波の反射が大きい。

(3) 潜堤・人工リーフは、天端が海面下となるため、構造物が見えず、景観を損なわない。

(4) 潜堤・人工リーフでは、天端水深や天端幅にかかわらず堤背後への透過波は変化しない。

関連知識アドバイス　離岸堤の形状と機能

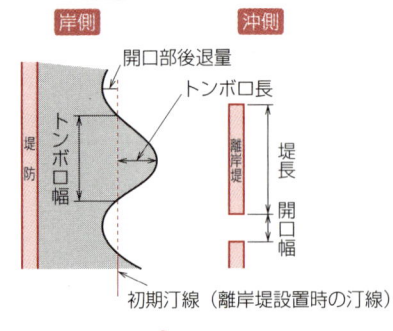

●平面諸元

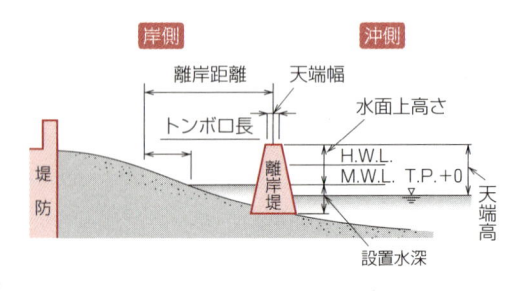

岸側／沖側／開口部後退量／トンボロ長／トンボロ幅／堤防／離岸堤／堤長／開口幅／初期汀線（離岸堤設置時の汀線）

●断面諸元

岸側／沖側／離岸距離／天端幅／トンボロ長／水面上高さ／堤防／離岸堤／H.W.L.／M.W.L. T.P.+0／天端高／設置水深

小テストで実力アップ　消波工に異形ブロックを用いる場合―この記述は〇か×？

ブロックの空隙率と消波効果の関係については、空隙率が25〜30%までは空隙率の増加に伴う消波効果の増加は微弱であるが、それ以上の空隙率の増加に伴い消波効果は急増する。

【問題 38 の解説】海岸の潜堤・人工リーフの機能や特徴

(1) 潜堤・人工リーフは、越波の軽減や海浜の安定化を図る消波構造物で、天端幅が広い潜堤であり、離岸堤に比較して堤背後の**堆砂機能が小さい**。

【✗ 適当でない】

(2) 潜堤・人工リーフは、一般に離岸堤や消波堤に比較して**波の反射が小さい**。

【✗ 適当でない】

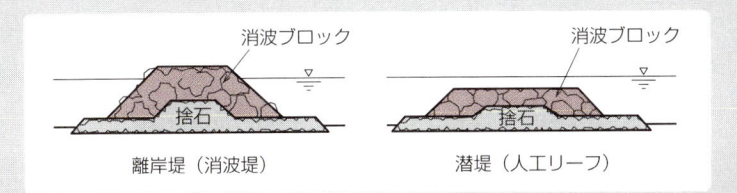

離岸堤（消波堤）／潜堤（人工リーフ）（消波ブロック・捨石）

(3) 潜堤・人工リーフは、天端が海面下となるため、海上から構造物が見えず、景観を損なわないが、船舶の航行など安全には配慮する必要がある。

【〇 適当である】

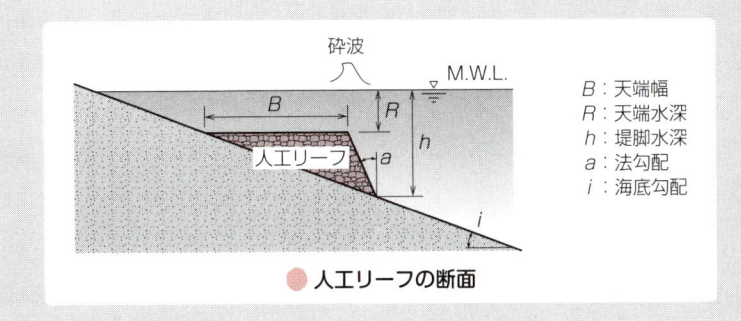

人工リーフの断面
B：天端幅
R：天端水深
h：堤脚水深
a：法勾配
i：海底勾配

(4) 潜堤・人工リーフでは、天端が海面下となるため、**天端水深や天端幅により堤背後への透過波は変化する**。

【✗ 適当でない】

問題 38 の解答…(3)

小テストの解答…✗ （消波効果を得るように空隙率は 50～60％ になるように積む）

8 海岸・港湾施設 [34問出題のうち10問を選択する]

設問の分類：防波堤
設問の重要度：★★★

【問題39】港湾の防波堤の施工に関する次の記述のうち、**適当でないもの**はどれか。

(1) 捨石式の傾斜堤は、捨石の大きさに限度があることから一般に波力の弱いところに用いられるが、やむを得ず波力の強い箇所に用いる場合には法面をブロックで被覆することがある。

(2) ケーソン式の直立堤は、ケーソンの製作設備や施工設備に相当な工費を要するとともに、荒天日数の多い場所では海上施工日数に著しい制限を受ける。

(3) ブロック式の直立堤は、施工が確実で容易であり、施工設備も簡単であるなどの長所を有するとともに、各ブロック間の結合も十分でケーソン式と同様な一体性が確保される。

(4) 混成堤は、水深の大きい箇所や比較的軟弱な地盤にも適するが、施工法及び施工設備が多様となる。

関連知識アドバイス

直立堤の種類

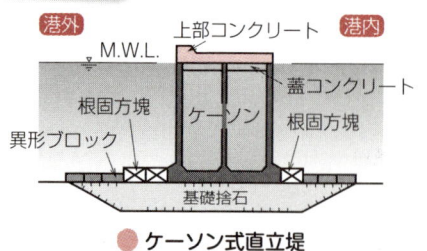

● ケーソン式直立堤 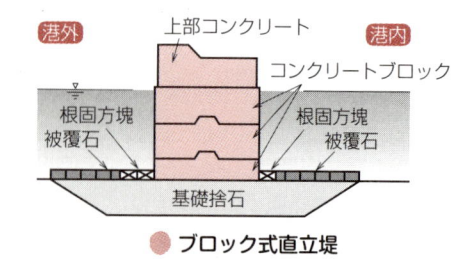 / ● ブロック式直立堤

小テストで実力アップ　混成堤の施工―この記述は○か×？

混成堤は、一般に、基礎工、根固工、本体工、上部工の順に施工する。

【問題 39 の解説】防波堤の施工

(1) 捨石式の傾斜堤は、捨石やコンクリートブロックを台形に捨てこんだもので、軟弱な海底地盤にも適用しやすく、施工、維持管理が容易である。ただし、捨石の大きさに限度があることから一般に波力の弱いところに用いられるが、やむを得ず波力の強い箇所に用いる場合には法面をブロックで被覆することがある。
【〇 適当である】

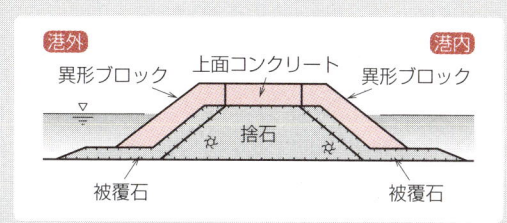

(2) ケーソン式の直立堤は、本体にケーソンを用いるため波力に強く、本体製作をドライワークで行えるため施工が確実で海上での施工日数が短縮できる。しかし、ケーソンの製作設備や施工設備に相当な工費を要するとともに、荒天日数の多い場所では海上施工日数に著しい制限を受ける。【〇 適当である】

(3) ブロック式の直立堤は、施工が確実で容易であり、施工設備も簡単であるなどの長所を有するが、**各ブロック間の結合が十分でなく、ケーソン式に比べて一体性に欠ける。**【✕ 適当でない】

(4) 混成堤は、捨石の上に直立堤を設けたもので、水深の大きい箇所や比較的軟弱な地盤にも適するが、施工法及び施工設備が多様となる。
【〇 適当である】

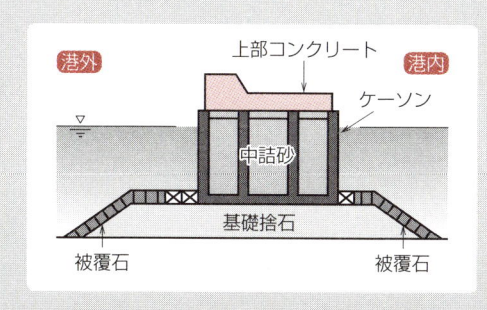

問題 39 の解答…(3)

小テストの解答…〇 （本体のケーソンは曳航して据え付け、中詰材を投入する）

8 海岸・港湾施設　[34問出題のうち10問を選択する]

設問の分類
係留施設・浚渫

設問の重要度
★★★

解答欄
1回目
2回目
3回目

【問題40】浚渫船に関する次の記述のうち、**適当なもの**はどれか。

(1) 非航式グラブ浚渫船は、中規模の浚渫に適しているが、適用範囲は狭く、岸壁など構造物の前面や狭い場所の浚渫には適さない。

(2) ディッパ浚渫船は、比較的軟らかな地盤の浚渫に適する。

(3) バケット浚渫船は、浚渫作業船のうち、比較的能力が小さく、小規模の浚渫に適する。

(4) カッタ付非航式ポンプ浚渫船は、一般に、軟らかい地盤から硬い地盤に至る広範囲の浚渫が可能である。

関連知識アドバイス

浚渫船の主な種類

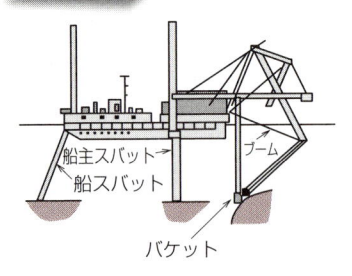

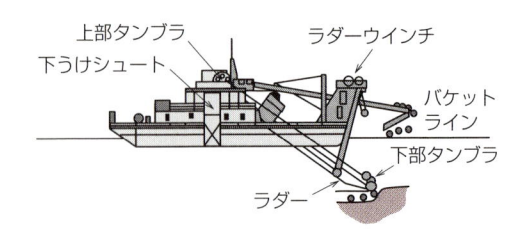

● ディッパ浚渫船（船主スパット／船スパット／ブーム／バケット）

● バケット浚渫船（上部タンブラ／下うけシュート／ラダーウインチ／バケットライン／下部タンブラ／ラダー）

小テストで実力アップ

非自航式のグラブ浚渫船—この記述は〇か×？

潮の流れが強い場合の浚渫は、流れと同じ方向に向かって行い、グラブバケットや土運船からこぼれた土砂で、すでに浚渫した場所が再び埋まらないようにする。

【問題40の解説】浚渫船

(1) 非航式グラブ浚渫船は、中規模の浚渫に適しており、**浚渫深度や土質の制限も少なく適用範囲は広く、岸壁など構造物の前面や狭い場所の浚渫も可能である。** グラブバケットで土砂を浚渫する。 【✗ 適当でない】

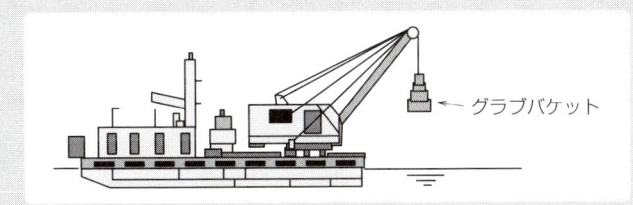

グラブバケット

(2) ディッパ浚渫船は、陸上工事で使用するパワーショベルを台船上に搭載した浚渫船である。パワーショベルのバケットで浚渫するので、**土丹岩、礫層など硬質地盤に適している。** 【✗ 適当でない】

(3) バケット浚渫船は、多数のバケットを連結したバケットラインを回転することによって連続的に水底土砂を掘削・揚土するもので、浚渫作業船のうち、**比較的能力が大きく、大規模で広範囲の浚渫に適する。** 【✗ 適当でない】

(4) カッタ付非航式ポンプ浚渫船は、カッタで掘削した海底などの土砂をポンプによって吸い上げ、排砂管により排送する浚渫船であり、一般に、軟らかい地盤から硬い地盤に至る広範囲の浚渫が可能である。 【〇 適当である】

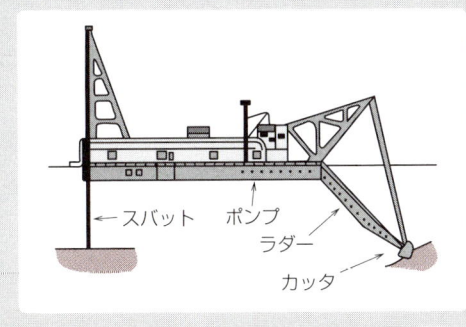

スパット　ポンプ　ラダー　カッタ

問題40の解答…(4)

小テストの解答…〇

9 鉄道

34問出題のうち10問を選択する

設問の分類：軌道工事
設問の重要度：★★★

【問題41】鉄道の軌道施工に関する次の記述のうち、**適当なもの**はどれか。

(1) 軌道の平面急曲線部はレール摩耗が著しいので、保守周期延伸のためには、硬頭レールの使用や外軌へのレール塗油を実施することが望ましい。

(2) 有道床軌道は、道床バラストの変形による軌道の変形が生じにくい構造である。

(3) 軌道スラブと路盤コンクリートの空隙に注入されるてん充材には、施工の際の高さ調整する機能や適切な弾性を付加する機能が求められるため、セメントモルタルが使用される。

(4) スラブ軌道の施工では、レールや軌道スラブを現場へ運搬後、軌道スラブ上に基準器を設置し、軌道スラブを所定位置に据え付けて、レールを敷設し、調整パッキンで最終調整を行う。

関連知識アドバイス

軌道スラブの構造と各部名称を確認しておこう！

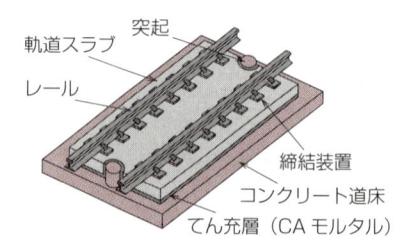

（図：軌道スラブ、突起、レール、締結装置、コンクリート道床、てん充層（CAモルタル））

小テストで実力アップ

鉄道線路のカントについて — この記述は ○ か × ？

円曲線には、車両の転覆の危険が生じないよう、軌間、曲線半径、運転速度などに応じたカントをつけなければならない。

《問題41の解説》鉄道の軌道施工

(1) 軌道の平面急曲線部はレール摩耗が著しいので、保守周期延伸のためには、耐摩耗性が向上している硬頭レールの使用や、側摩耗を防止するために外軌へのレール塗油を実施することが望ましい。

【〇 適当である】

(2) 有道床軌道は、道床にバラストと呼ばれる単粒度の砕石を用いていることから、道床の強度が低く変形が生じやすい。よって、この道床バラストの変形による軌道の変形が生じやすい構造である。

【✕ 適当でない】

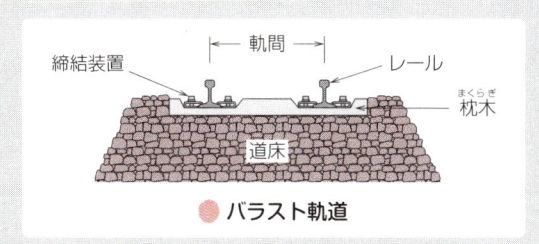

バラスト軌道
(締結装置、軌間、レール、枕木、道床)

(3) 軌道スラブと路盤コンクリートの空隙に注入されるてん充材には、施工の際の高さ調整する機能や適切な弾性を付加する機能が求められるため、セメントとアスファルトを混合させたセメントアスファルトモルタル（CAモルタル）が使用される。

【✕ 適当でない】

(4) スラブ軌道の施工では、レールや軌道スラブを現場へ運搬後、軌道スラブ上に基準器を設置し、軌道スラブを所定位置に据え付けて、レールを敷設し、セメントアスファルトモルタル（CAモルタル）で最終調整を行う。

【✕ 適当でない】

問題41の解答…(1)

小テストの解答…〇 （カントは内軌と外軌の高低差で曲線外側を高くする）

鉄　道　[34問出題のうち10問を選択する]

設問の分類：土工事
設問の重要度：★★★

【問題42】鉄道工事における土路盤の施工に関する次の記述のうち、**適当なもの**はどれか。

(1) 路盤材は、路盤噴泥を生じにくく振動や流水に対して安定していることを考慮して、クラッシャラン以外のものを用いてはならない。

(2) 敷き均した路盤材は、数日間放置して安定させ、なじませた後に排水勾配をつけ、平滑に締め固めなければならない。

(3) 路盤表面は、不陸がないように仕上げ、3％程度の横断排水勾配をつける。

(4) 構造物の取付部や路肩付近での施工は、路盤材の敷均しに十分注意し、転圧は大型機械を用い、一気に締め固めなければならない。

設問の分類：営業線近接工事
設問の重要度：★★★

【問題43】営業線近接工事の保安対策に関する次の記述のうち、**適当でないもの**はどれか。

(1) 列車の振動、風圧などによって不安定、危険な状態になるおそれのある工事は、列車の接近時から通過するまでの間、施工を一時中止する。

(2) 線閉責任者などによる跡確認は、作業終了時に直線部と曲線部を同一寸法の建築限界で建築限界内の支障物の確認をする。

(3) 線閉責任者は、作業時間帯設定区間内の線路閉鎖工事が作業時間帯に終了できないと判断した場合は施設指令員にその旨を連絡し、施設指令員の指示を受ける。

(4) 既設構造物などに影響を与えるおそれのある工事の施工にあたっては、異常の有無を検測しこれを監督員などに報告する。

【問題42の解説】鉄道工事の土路盤

(1) 路盤材は、路盤噴泥を生じにくく振動や流水に対して安定していることを考慮して、**クラッシャランだけではなく良質土、クラッシャラン鉄鋼スラグなどの砕石を用いる。**
【✗ 適当でない】

(2) 敷き均した路盤材は、**速やかに締め固め**、なじませた後に排水勾配をつけ、平滑に締め固めなければならない。数日間放置することにより、含水比などが変化し品質管理が難しくなる。
【✗ 適当でない】

(3) 路盤表面は、レベルで仕上げると路盤面に不陸が生じやすく、雨水がたまり路盤の強度に悪影響を与えるので、3％程度の横断排水勾配をつける。
【○ 適当である】

(4) 構造物の取付部や路肩付近での施工は、路盤材の敷均しに十分注意し、**転圧は小型機械を用い、入念に締め固めなければならない。**
【✗ 適当でない】

問題42の解答…(3)

【問題43の解説】営業線近接工事の保安対策

(1) 営業線工事保安関係標準仕様書により、列車の振動、風圧などにより不安定、危険な状態になるおそれのある工事は、列車の接近時から通過するまでの間、施工を一時中止する。
【○ 適当である】

(2) 線閉責任者などによる跡確認は、作業終了時に**直線部と曲線部それぞれに定められた建築限界により**、建築限界内の支障物の確認をする。
【✗ 適当でない】

(3) 営業線工事保安関係標準仕様書により、線閉責任者は、作業時間帯設定区間内の線路閉鎖工事が作業時間帯に終了できないと判断した場合は施設指令員にその旨を連絡し、施設指令員の指示を受ける。
【○ 適当である】

(4) 営業線工事保安関係標準仕様書により、既設構造物などに影響を与えるおそれのある工事の施工は、異常の有無を検測しこれを監督員などに報告する。
【○ 適当である】

問題43の解答…(2)

10 地下構造物、鋼橋塗装

34問出題のうち10問を選択する

設問の分類：シールド工法
設問の重要度：★★★

【問題44】土圧式シールド工法の施工に関する次の記述のうち、**適当でないもの**はどれか。

(1) 切羽の安定状態の把握は、泥土圧を隔壁などに設置した土圧計で確認し管理する間接的な方法が一般的である。

(2) 排土量管理は、掘削土砂を切羽と隔壁間に充満させないようにカッタチャンバ内の圧力や排土量を計測し、スクリューコンベヤの回転数や掘進速度を制御する。

(3) 添加材は、掘削土砂のシールドへの付着防止や掘削土砂をかくはん混練りして止水性を高めるなどの目的で、切羽面やカッタチャンバ内に注入する。

(4) 砂層、礫層からなる土層の掘削土砂は、流動性が乏しく透水性が高いため止水性の確保が必要となるので、添加材を注入して強制的にかくはんし塑性流動性を高める。

関連知識アドバイス

シールド工法の種類、土圧式の「土圧」「泥土圧」からよく出題される

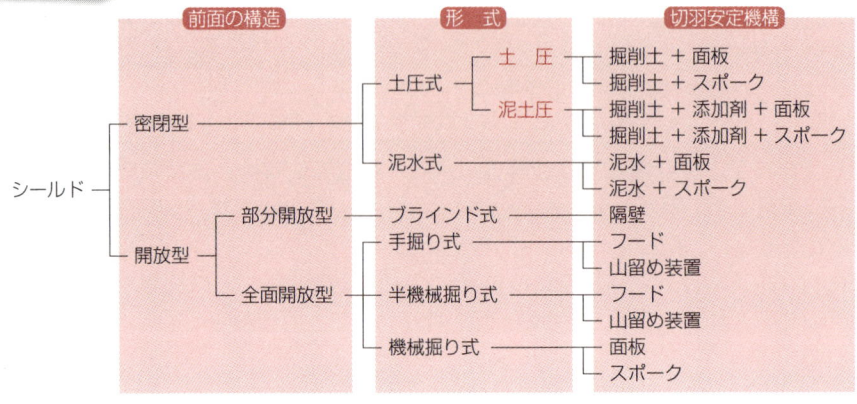

前面の構造		形式		切羽安定機構
密閉型		土圧式	土圧	掘削土＋面板
				掘削土＋スポーク
			泥土圧	掘削土＋添加剤＋面板
				掘削土＋添加剤＋スポーク
		泥水式		泥水＋面板
				泥水＋スポーク
開放型	部分開放型	ブラインド式		隔壁
	全面開放型	手掘り式		フード
				山留め装置
		半機械掘り式		フード
				山留め装置
		機械掘り式		面板
				スポーク

【問題44の解説】土圧式シールド工法の施工

(1) 切羽の安定を得るには、① 泥土圧により土圧及び水圧に対抗する、② スクリューコンベヤなどの排土機構により排土量を調整する、③ 泥土の流動性などを適正に保つため必要により添加材の注入量を調整する。このことから、切羽の安定状態の把握は、泥土圧を隔壁などに設置した土圧計で確認し管理する間接的な方法が一般的である。

【〇 適当である】

(2) 排土量管理は、**掘削土砂を切羽と隔壁間に充満させ**、カッタチャンバ内の圧力や排土量を計測し、スクリューコンベヤの回転数や掘進速度を制御する。

【✕ 適当でない】

(3) 添加材は、① 掘削土砂の塑性流動性を高める、② 掘削土砂とかくはん混練して止水性を高める、③ 掘削土砂とシールドの付着を防止するなどの目的で切羽面やカッタチャンバ内に注入する。

【〇 適当である】

(4) 砂層、礫層からなる土層の掘削土砂は、流動性が乏しく透水性が高いため、地下水がある場合止水性の確保が必要となるので、添加材を注入して強制的にかくはんし塑性流動性（自由に変形・移動できる性質）を高め、止水性を有する泥土に改良することが必要である。

【〇 適当である】

● 泥土加圧シールドの構成例

問題44の解答…(2)

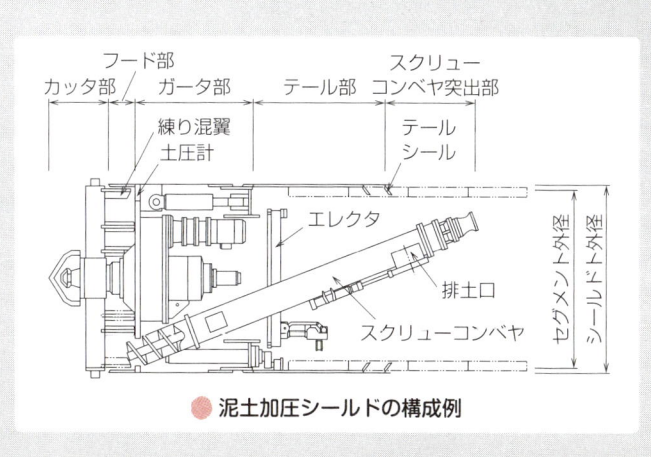

10 地下構造物、鋼橋塗装 [34問出題のうち10問を選択する]

設問の分類：塗装工事
設問の重要度：★

【問題45】鋼橋の防食に関する次の記述のうち、**適当でないもの**はどれか。

(1) 塗装は、金属の表面に塗装することにより塗膜を形成し、腐食因子である水、酸素、酸類、塩類などの遮断を目的としており塗装仕様に適合した塗料を使用する。

(2) 耐候性鋼材面に補修塗装する場合は、鋼材面に生成された保護性さびをできるだけ残し、一般的には有機ジンクリッチペイントなどを用いて塗装を行う。

(3) 溶融亜鉛めっき面に補修塗装する場合は、溶融亜鉛めっきが残存して防食機能を保持している必要があり、亜鉛が消耗して鋼材が腐食し始めた場合にはめっきで補修する。

(4) 電気防食は、腐食環境下に設置した電極から鋼材に直流電流を通電することにより、腐食電位より低い電位とし腐食を抑制する方法である。

関連知識アドバイス

代表的な防食方法と種類

鋼道路橋の防食法
- 被膜による防食
  - 非金属被膜 ── 塗装防せいキャップなど
  - 金属被膜 ── 亜鉛めっき、金属溶射、クラッドなど
- 耐食性材料の使用による防食 ── 耐候性鋼材、ステンレス鋼材など
- 環境改善による防食 ── 構造の改善、除湿など
- 電気防食 ── 流電陽極方式、外部電源方式

● 鋼道路橋の防食法

【問題 45 の解説】鋼橋の防食

(1) 塗装は、金属の表面に塗装することにより塗膜を形成し、腐食因子である水、酸素、酸類、塩類などの遮断を目的としており、塗装仕様に適合した塗料を使用する。実際の腐食の発生や促進の要因は架設地点によって異なり、雨水や結露水による濡れ時間や腐食の原因となる物質の付着量も異なる。したがって、環境条件や維持管理計画、経済性を考慮して防食法を選定しなければならない。

【〇 適当である】

(2) 耐候性鋼材面に補修塗装する場合は、**鋼材面に生成されたさびや旧塗膜を除去し**、一般的には有機ジンクリッチペイントなどを用いて塗装を行う。

【✕ 適当でない】

(3) 溶融亜鉛めっき面に補修塗装する場合、溶融亜鉛めっきが残存して防食機能を保持している必要があり、塗装または金属溶射を行うことを原則とする。

【〇 適当である】

(4) 電気防食は、腐食環境下に設置した電極から鋼材に直流電流を通電することにより、腐食電位より低い電位とし腐食を抑制する方法であり、流電陽極方式と外部電源様式がある。

【〇 適当である】

● 代表的な鋼道路橋の防食方法

防食法	塗装 一般塗装	塗装 重防食塗装	耐候性塗装	溶融亜鉛めっき	金属溶射
防食原理	塗膜による環境遮断	塗膜による環境遮断とジンクリッチペイントによる防食	緻密なさび層による腐食速度の低下	亜鉛皮膜による環境遮断と亜鉛による防食	溶射皮膜による環境遮断と亜鉛による防食
劣化因子	紫外線、塩分、水分（湿潤状態の継続）	紫外線、塩分、水分（湿潤状態の継続）	塩分、水分（湿潤状態の継続）	塩分、水分（湿潤状態の継続）	塩分、水分（湿潤状態の継続）
防食材料	塗料	塗料	腐食速度を低下する合金元素の添加	亜鉛	亜鉛、亜鉛・アルミニウム
施工方法	スプレーやはけ、ローラによる塗布	スプレーやはけ、ローラによる塗布	製鋼時に合金元素を添加	めっき処理槽への浸漬（めっき工場）	溶射ガンによる溶射

問題 45 の解答…(2)

11 上下水道

34問出題のうち10問を選択する

設問の分類 上水道管
設問の重要度 ★★★

【問題46】上水道管の施工に関する次の記述のうち、**適当なもの**はどれか。

(1) ダクタイル鋳鉄管は、受口部分に鋳出してある表示記号のうち、管径、年号の記号を横に向けて据え付ける。

(2) 管を掘削溝内に吊り下ろす場合は、溝内の吊り下し場所に作業員を待機させ管を誘導しながら、所定の位置に吊り下ろす。

(3) 管の布設は、原則として高所から低所に向け行い、受口のある管は受口を高所に向け配管する。

(4) 直管と直管の継手箇所で角度をとる曲げ配管は、行ってはならない。

関連知識アドバイス

管路施工のイメージをつかんでおこう！

● 管路の施工方法

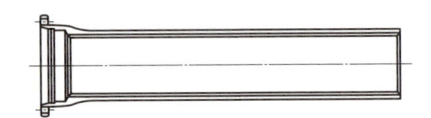

● K型ダクタイル鋳鉄管の外形図、左が受け口

【問題 46 の解説】上下水道の施工

(1) ダクタイル鋳鉄管は、受口部分に鋳出してある表示記号のうち、**管径、年号の記号を上に向けて据え付ける。**

【✕ 適当でない】

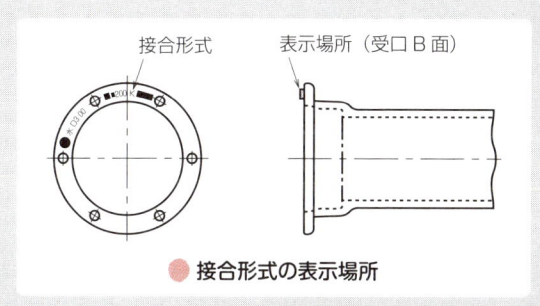

● 接合形式の表示場所

(2) 管を掘削溝内に吊り下ろす場合は、溝内の吊り下し場所に**作業員を立ち入らせないで**管を誘導しながら、所定の位置に吊り下ろす。

【✕ 適当でない】

(3) 管の布設は、**原則として低所から高所に向け行い**、受口のある管は受口を高所に向け配管する。

【✕ 適当でない】

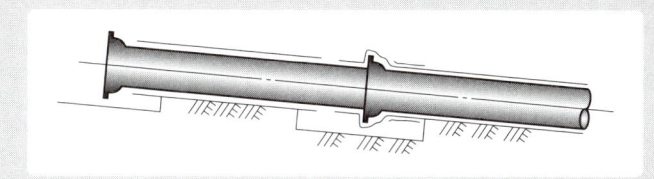

(4) 直管と直管の継手箇所で角度をとる曲げ配管は、継手部から漏水の原因になるので行ってはならない。

【〇 適当である】

問題 46 の解答…(4)

11 上下水道 [34問出題のうち10問を選択する]

設問の分類: 下水道管
設問の重要度: ★★

【問題47】下水道管渠の接合に関する次の記述のうち、**適当なもの**はどれか。

(1) 管頂接合は、流水が円滑となり、管渠の埋設深さが減じて建設費が小さくなる。

(2) 管底接合は、掘削深さが増して建設費が大きくなり、特にポンプ排水の場合は不利となる。

(3) 段差接合は、地表勾配に応じて適当な間隔にマンホールを設け、1か所当たりの段差は1.5m以内とすることが望ましい。

(4) 階段接合は、通常、小口径管渠に設け、階段の高さは1段当たり0.3m以内とすることが望ましい。

関連知識アドバイス

管渠の接合方法

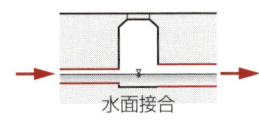

水面接合
水面接合は上下流管の水面が同じになるように接合する

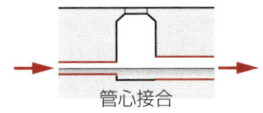

管心接合
管心接合は管の中心をあわせる接合方法

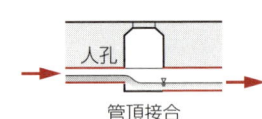

管頂接合
管頂接合は上下流管の管頂、管の内面をあわせて接合する

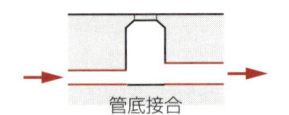

管底接合
管底接合は上下流管の管底をあわせる接合方法

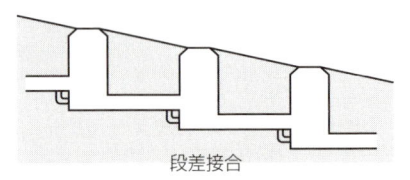

段差接合
段差接合は地表面が急勾配であり過ぎて、その勾配に沿ったままで埋設すると、流速が大きくなりすぎる場合に用いる

【問題 47 の解説】**下水道管渠の接合**

(1) 管頂接合は、流水が円滑となるが、**管渠の埋設深さが増して建設費が大きくなる。** 　　　　　　　　　　　　　　　　　　　　　　　　【✗ 適当でない】

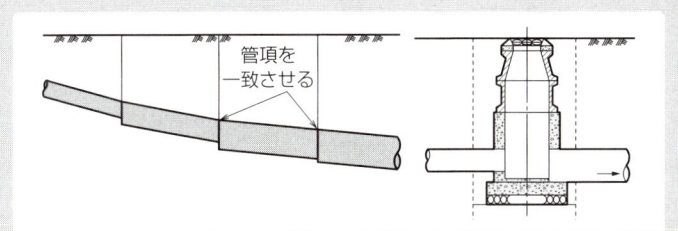

(2) 管底接合は、**掘削深さが減じて建設費が小さくなる。特にポンプ排水の場合は有利となる。** 　　　　　　　　　　　　　　　　　　　　　【✗ 適当でない】

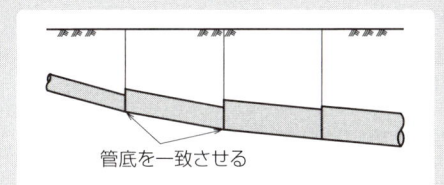

(3) 段差接合は、地表勾配に応じて適当な間隔にマンホールを設け、1 か所当たりの段差は 1.5 m 以内とすることが望ましい。なお、段差接合で設計水位差が 0.6 m を超える場合には、維持管理を考慮して副管を用いる。【○ 適当である】

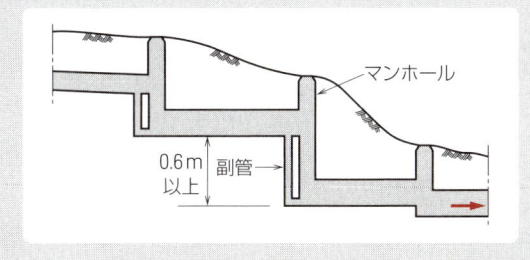

(4) 階段接合は、通常、**大口径管渠、現場打ち管渠**に設け、階段の高さは 1 段当たり 0.3 m 以内とすることが望ましい。　　　　　　　　　　【✗ 適当でない】

問題 47 の解答…(3)

11 上下水道 [34問出題のうち10問を選択する]

設問の分類: 小口径管推進工法
設問の重要度: ★★★

【問題48】 小口径管推進工法の施工に関する次の記述のうち、**適当でないもの**はどれか。

(1) 圧入方式は、誘導管推進時の推進途中で時間をおくと土質によっては推進が不可能となる場合があるので、推進の中途では中断せずに一気に到達させなければならない。

(2) オーガ方式は、粘性土地盤の推進中に先導体ヘッド部に土が付着し先端抵抗力が急増する場合があるので、注水などにより切羽部の土を軟弱にするなどの対策が必要である。

(3) 泥水方式は、透水性の高い緩い地盤に適用する場合、泥水圧が有効に切羽に作用しない場合があるので、切羽の安定をはかるために送泥水の粘性を低くするなどの対策が必要である。

(4) ボーリング方式は、先導体前面が開放しているので地下水位以下の砂質土地盤に適用する場合は補助工法の使用を前提とし、取込み土量の管理は特に注意しなければならない。

関連知識アドバイス

小口径管推進工法の分類

推進管の種類	掘削及び排土方式	管の布設方法
高耐荷力方式（高耐荷力管）	圧入方式	二工程式
	オーガ方式	一工程式
	泥水方式	一工程式／二工程式
低耐荷力方式（低耐荷力管）	泥土圧方式	一工程式
	圧入方式	二工程式
	オーガ方式	一工程式／二工程式
	泥水方式	一工程式／二工程式
	泥土圧方式	一工程式
鋼製さや管方式（鋼製管）	圧入方式	一工程式
	オーガ方式	一工程式
	泥水方式	一工程式
	ボーリング方式	一重ケーシング式／二重ケーシング式

- 高耐荷力管には、**鉄筋コンクリート管**、**ダクタイル管**、**陶管**などを用いる
- 低耐荷力管には、**硬質塩化ビニル管**などを用いる
- 鋼製さや管方式は、鋼製管を直接推進しこれをさや管として塩ビ管などを敷設

【問題 48 の解説】小口径管推進工法

(1) 圧入方式は、誘導管推進時の推進途中で時間をおくと土質によっては周囲から締め付けられ、推進が不可能となる場合がある。推進の途中では中断せずに一気に到達させなければならない。

【○ 適当である】

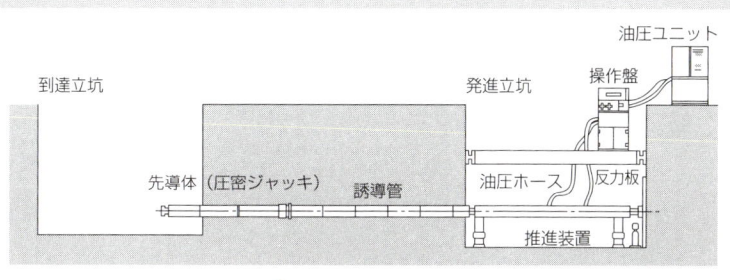

● 圧入方式の概要図

(2) オーガ方式は、粘性土地盤の推進中に先導体ヘッド部に土が付着し先端抵抗力が急増する場合があるので、注水などにより切羽部の土を軟弱にすることや、カッタヘッド部の開口率の調整などの対策が必要である。

【○ 適当である】

(3) 泥水方式は、透水性の高い緩い地盤に適用する場合、泥水圧が有効に切羽に作用しない場合があるので、切羽の安定をはかるために**送泥水の粘性を高くするなどの対策が必要である。**

【✕ 適当でない】

(4) ボーリング方式は、先導体前面が開放しているので地下水位以下の砂質土地盤に適用する場合は補助工法の使用を前提とし、補助工法の効果によっては取り込み土砂が多くなる場合があり、取込み土量の管理は特に注意しなければならない。

【○ 適当である】

問題 48 の解答…(3)

11 上下水道 [34問出題のうち10問を選択する]

設問の分類：薬液注入工法
設問の重要度：★★★

【問題49】薬液注入の注入材の選定に関する次の記述のうち、**適当でないもの**はどれか。

(1) 砂質土の止水を目的とする場合は、通常、浸透性に優れた溶液型を用いるが、砂礫で細粒分が少ない場合は、懸濁液型の注入材を用いることも可能である。

(2) 粘性土の割れ目や土層の境界からの漏水防止を目的とする場合は、溶液型の注入材が有効な場合が多い。

(3) 地盤中の空隙の充填を目的とする場合は、ホモゲル強度が大きく安価な、セメント・ベントナイト系の注入材や懸濁液型の注入材を用いる。

(4) 砂質土の地盤強化を目的とする場合は、地盤の全体的強化が期待できるよう、浸透性に優れた溶液型の注入材を用いる。

関連知識アドバイス：薬液注入工法で覚えておきたい事項

注入材の種類
水ガラス系薬液は、液態の違いにより「溶液型」と「懸濁型」に分類され、ゲル強度的性質により「無機系反応剤」と「有機系反応剤」とに分類される。

薬液注入工法で用いられる用語
- ゲルタイム：注入材が流動性を失い、粘性が急激に増加するまでの時間
- ゲル強度：注入材を砂に浸透させて硬化させた固結物（サンドゲル）や注入材だけを硬化させた固結物（ホモゲル）の強度

注入工法の分類

注入方式		ゲルタイム	混合方法
二重管ストレーナ	単相式	瞬結	2ショット
	複相式	瞬結、中〜緩結	2+1.5ショット 2+1ショット
二重管ダブルパッカ		緩結	1、1.5ショット

【問題 49 の解説】薬液注入工法

(1) 砂質土の止水を目的とする場合など、砂質地盤を対象に注入する場合は、浸透注入が基本となるため、通常、浸透性に優れた溶液型を用いるが、砂礫で細粒分が少ない場合は、懸濁液型の注入材を用いることも可能である。

【〇 適当である】

(2) 粘性土の割れ目や土層の境界からの漏水防止を目的とする場合は、**懸濁型の注入材が有効な場合が多い**。

【✕ 適当でない】

(3) 地盤中の空隙の充てんを目的とする場合は、注入材だけを硬化させた固結物の強度（ホモゲル強度）が大きく安価な、セメント・ベントナイト系の注入材や懸濁液型の注入材を用いる。浸透性が高い溶液型を用いると不経済である。

【〇 適当である】

(4) 砂質土の地盤強化を目的とする場合は、間隙が薬液によって埋められ固化することで地盤の全体的強化が期待できるよう、浸透性に優れた溶液型の注入材を用いる。

【〇 適当である】

● 懸濁型と溶液型の比較

注入材料	適応土質	注入形態
溶液型	砂質土（砂及び砂礫）	浸透注入
懸濁型	粘性土（シルト及び粘土）	割裂注入
	礫層	一部充填注入及び浸透注入

- 砂質地盤を対象に注入する場合は、浸透注入が基本となるため、浸透性の優れた溶液型の注入材料を使用するものとする。
- 粘性土地盤を対象に注入する場合は、割裂注入が基本となるため、主として懸濁型の注入材料を使用するものとするが、状況に応じて溶液型の注入材料も使用することができる。

問題 49 の解答…(2)

3章 法規

問題A 法規：解答結果自己分析ノート

出題12問のうち8問を選択できますが、実力アップのため全問取り組みましょう。苦手な問題は何度も取り組み、その経過を下表に記入し成果を確認しよう。

出題No.	工事種別	設問の内容	重要度	学習マークシート 1回	2回	3回	チェック ✓
50	労働基準法	労働契約	★★★	○	○	○	
51		年少者等	★★★	○	○	○	
52	労働安全衛生法	安全管理体制	★★★	○	○	○	
53		届出等	★★★	○	○	○	
54	建設業法	請負契約等	★★	○	○	○	
55	道路・河川関係法	道路関係法	★★★	○	○	○	
56		河川関係法	★★★	○	○	○	
57	建築基準法	仮設建築物等	★★★	○	○	○	
58	火薬類取締法	火薬の取扱い	★★★	○	○	○	
59	騒音・振動規制法	騒音規制法	★★★	○	○	○	
60		騒音規制法	★★★	○	○	○	
61	港則法	港則法	★★★	○	○	○	
			正解数				/12

合格ライン

合格するには60%以上の正解が必要です。
➡ 全問対象として「8問以上の正解」が目標
➡ 選択8問で「5問以上の正解」が目標

出題傾向と対策

12問中8問の選択なので、得手不得手に関係なく学習し確実に得点できるようにしておかなければならない。

➡ **労働基準法**：毎年約 **2問** 出題。出題率が高いのは「**労働契約**」と「**年少者の就労制限**」である。
- 労働契約 ― 労働期間、労働条件、解雇の予告と制限
- 年少者 ― 年少者、女性の就業制限

➡ **労働安全衛生法**：毎年約 **2問** 出題。出題率が高いのは「**安全管理体制**」と「**届出**」である。
- 安全管理体制 ― 総括安全衛生管理者、安全衛生管理者、安全管理者
- 届出 ― 足場、型枠支保工、クレーン

➡ **建設業法**：毎年約 **1問** 出題。出題率が高いのは「**請負契約**」である。
- 請負契約 ― 主任技術者、監理技術者の設置

➡ **道路・河川関係法**：毎年約 **2問** 出題。出題率が高いのは「**道路関係法**」と「**河川関係法**」である。
- 道路関係法 ― 道路の占用、車両制限、乗車積載の制限
- 河川関係法 ― 河川区域の使用、占用

➡ **建築基準法**：毎年約 **1問** 出題。出題率が高いのは「**仮設建築物**」である。
- 仮設建築物 ― 仮設構造物に対する規則

➡ **火薬類取締法**：毎年約 **1問** 出題。出題率が高いのは「**火薬の取扱い**」である。
- 火薬の取扱い ― 取扱い規定

➡ **騒音・振動規制法**：毎年約 **2問** 出題。出題率が高いのは「**騒音規制法**」と「**振動規制法**」である。
- 騒音規制法 ― 特定施設、規制基準
- 振動規制法 ― 特定建設作業

➡ **港則法**：毎年約 **1問** 出題。出題率が高いのは「**港則法**」である。
- 港則法 ― 港内、港内付近の航法

12 労働基準法

12問出題のうち8問を選択する

【問題50】 労働基準法に定められている労働契約等に関する次の記述のうち、**誤っているもの**はどれか。

(1) 使用者は、労働契約の不履行について違約金を定め、又は損害賠償額を予定する契約をしてはならない。

(2) 使用者は、前借金その他労働することを条件とする前貸の債権と賃金を相殺することができる。

(3) 使用者は、各事業場ごとに労働者名簿を、日日雇い入れられる者を除く各労働者について調製し、労働者の氏名、生年月日、履歴その他省令で定める事項を記入しなければならない。

(4) 賃金とは、賃金、給料、手当、賞与その他名称の如何を問わず、労働の対償として使用者が労働者に支払うすべてのものをいう。

【問題51】 労働基準法に関する次の記述のうち、**誤っているもの**はどれか。

(1) 使用者は、土木工作物の建設事業において、児童が満15歳に達した日以後の最初の3月31日が終了するまで、この児童を使用してはならない。

(2) 使用者は、妊娠中や産後1年を経過しない女性が請求した場合は、時間外労働、休日労働、深夜業をさせてはならない。

(3) 使用者は、満18歳に満たない者及び交替制によって使用する満16歳以上の男性を、午後10時から午前5時までの時間において使用してはならない。

(4) 使用者は、生後満1年に達しない生児を育てる女性が請求して取得した育児時間中は、その女性を使用してはならない。

【問題50の解説】労働基準法に定められている労働契約等

(1) 「**労働基準法第16条**」より、使用者は、労働契約の不履行について違約金を定め、又は損害賠償額を予定する契約をしてはならない。 【〇 正しい】
(2) 「**労働基準法第17条**」より、使用者は、前借金その他労働することを条件とする前貸の債権と賃金を相殺してはならない。 【✕ 誤っている】
(3) 「**労働基準法第107条第1項**」より、使用者は、各事業場ごとに労働者名簿を、日日雇い入れられる者を除く各労働者について調製し、労働者の氏名、生年月日、履歴その他厚生労働省令で定める事項を記入しなければならない。 【〇 正しい】
(4) 「**労働基準法第11条**」より、賃金とは、賃金、給料、手当、賞与その他名称の如何を問わず、労働の対償として使用者が労働者に支払うすべてのものをいう。 【〇 正しい】

問題50の解答…(2)

【問題51の解説】労働基準法に関する事項

(1) 「**労働基準法第56条第1項**」より、使用者は、土木工作物の建設事業において、児童が満15歳に達した日以後の最初の3月31日が終了するまで、この児童を使用してはならない。 【〇 正しい】
(2) 「**労働基準法第66条第2項、第3項**」より、使用者は、妊娠中や産後1年を経過しない女性が請求した場合は、時間外労働、休日労働、深夜業をさせてはならない。 【〇 正しい】
(3) 「**労働基準法第61条第1項**」より、使用者は、満18歳に満たない者を**午後10時から午前5時までの時間において使用してはならない**。ただし、交替制によって使用する満16歳以上の男性についてはその限りではない。 【✕ 誤っている】
(4) 「**労働基準法第67条第1項、第2項**」より、使用者は、生後満1年に達しない生児を育てる女性が請求して取得した育児時間中は、その女性を使用してはならない。 【〇 正しい】

問題51の解答…(3)

13 労働安全衛生法

12問出題のうち8問を選択する

【問題52】 労働安全衛生法上、作業主任者の選任を必要としない作業は次のうちどれか。

(1) 高さが4m、支間が25mのコンクリート製橋梁上部構造の架設の作業
(2) 掘削面の高さが3mの地山の掘削（ずい道及びたて坑以外の坑の掘削を除く）の作業
(3) 高さが8mのコンクリート構造物の解体、破壊の作業
(4) 高さが9mの足場の組立て、解体の作業

【問題53】 労働安全衛生法上、工事の開始の日の30日前までに、厚生労働大臣に計画を届け出なければならない工事が定められているが、次のうちこれに該当するものはどれか。

(1) 長さが800mのずい道の建設工事
(2) 最大支間1,200mのつり橋の建設工事
(3) 堤高が130mのダムの建設工事
(4) ゲージ圧力が0.2MPaの圧気工法による作業

【問題 52 の解説】労働安全衛生法における作業主任者の選任

　作業主任者の選任を必要とする作業は**労働安全衛生法第 14 条、同施行令第 6 条**で規定されている。
(1) 橋梁の上部構造にあって、コンクリート造のもの（その高さが 5 m 以上あるもの又は当該上部構造のうち橋梁の支間が 30 m 以上のものに限る）の架設又は変更の作業が規定されており、設問は作業主任者の選任は必要としない。
　　　　　　　　　　　　　　　　　　　　　　　　　　【〇 該当する】
(2) 掘削面の高さが 2 m の地山の掘削（ずい道及びたて坑以外の坑の掘削を除く）の作業が規定されており、作業主任者の選任は必要である。　【✕ 該当しない】
(3) コンクリート造の構造物（高さが 5 m 以上であるものに限る）の解体又は破壊の作業が規定されており、作業主任者の選任は必要である。　【✕ 該当しない】
(4) つり足場（ゴンドラのつり足場を除く）、張出し足場又は高さが 5 m 以上の構造の足場の組立て、解体作業が規定されており、作業主任者の選任は必要である。
　　　　　　　　　　　　　　　　　　　　　　　　　　【✕ 該当しない】

　　　　　　　　　　　　　　　　　　　　　　問題 52 の解答…(1)

【問題 53 の解説】労働安全衛生法における計画の届出

　厚生労働大臣に工事の開始の日の 30 日前までに計画を届け出なければならない工事は、**労働安全衛生法第 88 条第 2 項、同規則第 89 条**で規定されている。
(1) 長さが 3,000 m 以上のずい道等の建設の仕事と規定されており、届出は不要である。　　　　　　　　　　　　　　　　　　　　　【✕ 該当しない】
(2) 最大支間 500 m（つり橋にあっては 1,000 m）以上の橋梁の建設の仕事と規定されており、届出が必要である。　　　　　　　　　　【〇 該当する】
(3) 堤高（基礎地盤から堤頂までの高さをいう）が 150 m 以上のダムの建設の仕事と規定されており、届出は不要である。　　　　　　　　【✕ 該当しない】
(4) ゲージ圧力が 0.3 MPa 以上の圧気工法により作業を行う仕事と規定されており、届出は不要である。　　　　　　　　　　　　　　　【✕ 該当しない】

　　　　　　　　　　　　　　　　　　　　　　問題 53 の解答…(2)

14 建設業法

12問出題のうち8問を選択する

設問の分類：請負契約等
設問の重要度：★★

【問題54】 建設業法上、元請負人の下請負人に対して果たすべき義務に関する次の記述のうち、誤っているものはどれか。

(1) 元請負人が下請負人に追加工事を行わせる場合は、その追加作業の着手後、速やかに書面により契約変更を行わなければならない。

(2) 元請負人は、前払金の支払を受けたときは下請負人に対して、資材の購入、労働者の募集その他建設工事の着手に必要な費用を前払金として支払うよう適切な配慮をしなければならない。

(3) 元請負人の主任技術者及び監理技術者は、工事現場における建設工事を適正に実施するため、下請負人に対し、技術上の管理及び指導監督を行わなければならない。

(4) 元請負人が工事の一部を下請けに出す場合には、工事内容に応じ、工事の種別ごとに材料費、労務費その他の経費の内訳を明らかにして、建設工事の見積りを行うよう努めなければならない。

関連知識アドバイス

元請負人の下請負人に対して果たすべき義務

建設業法条項	内容
第24条の2	下請負人の意見の聴取
第24条の3	下請代金の支払
第24条の4	検査及び引渡し
第24条の5	特定建設業者の下請代金の支払期日等
第24条の6	下請負人に対する特定建設業者の指導等
第24条の7	施工体制台帳及び施工体系図の作成等

【問題 54 の解説】建設業法における元請負人の下請負人に対して果たすべき義務

(1)「建設業法第 19 条第 2 項」より、元請負人が下請負人に追加工事を行わせる場合は、その追加作業の着手前にその内容を書面に記載し、署名又は記名押印をして相互に交付しなければならない。

【✗ 誤っている】

(2)「建設業法第 24 条の 3 第 2 項」より、元請負人は、前払金の支払を受けたときは下請負人に対して、資材の購入、労働者の募集その他建設工事の着手に必要な費用を前払金として支払うよう適切な配慮をしなければならない。

【○ 正しい】

(3)「建設業法第 26 条の 3 第 1 項」より、主任技術者及び監理技術者は、工事現場における建設工事を適正に実施するため、当該建設工事の施工計画の作成、工程管理、品質管理その他の技術上の管理及び当該建設工事の施工に従事する者の技術上の指導監督の職務を誠実に行わなければならない。

【○ 正しい】

(4)「建設業法第 20 条第 1 項」より、建設工事の請負契約を締結するに際して、工事内容に応じ、工事の種別ごとに材料費、労務費その他の経費の内訳を明らかにして、建設工事の見積りを行うよう努めなければならない。

【○ 正しい】

問題 54 の解答…(1)

15 道路・河川関係法

12問出題のうち8問を選択する

【問題55】 道路法上、道路の占用許可に関する次の記述のうち、**誤っているもの**はどれか。

(1) 占用許可を受けようとする者は、道路の占用の目的、工作物の構造、工事実施方法などを記載した占用許可の申請書を道路管理者に提出しなければならない。

(2) 水道法の規定に基づき水管を道路に設けようとする者は、道路占用許可を受けようとする場合には、災害復旧工事などを除き、あらかじめ当該工事の計画書を道路管理者に提出しておかなければならない。

(3) 車道上の工事に伴う占用許可申請書の提出は、当該地域を管轄する警察署長を経由して行うことができる。

(4) 道路の敷地内に工事用の現場事務所を設ける場合は、交通に支障を及ぼすおそれがなければ占用許可は免除される。

【問題56】 河川法上、河川管理者の許可に関する次の記述のうち、**誤っているもの**はどれか。

(1) つり橋、電線などを河川区域内の上空を通過して設置する場合は、河川管理者の許可を受ける必要がある。

(2) 河川区域内の地下に埋設される農業用水のサイホンの新築にあたっては、河川管理者の許可を受ける必要がある。

(3) 河川区域内で仮設の材料置き場を設置する場合は、河川管理者の許可を受ける必要がない。

(4) 河川管理者の許可を受けて設置された排水施設の機能を維持するために行う排水口付近に積もった土砂の排除については、河川管理者の許可を受ける必要がない。

【問題 55 の解説】道路法における道路の占用許可

(1) 「**道路法第 32 条第 2 項**」より、道路を占用するときは、占用の目的、占用の期間、占用の場所、工作物・物件または施設の構造、工事実施の方法、工事の期間、道路の復旧方法を記載した申請書をあらかじめ道路管理者に提出しなければならない。　　　　　　　　　　　　　　　　　　　　　　　　【○ 正しい】

(2) 「**道路法第 36 条**」より、水管、下水道、鉄道、ガス管、電柱または電線を道路に設けようとする場合における道路の占用の許可は、これらの工事を実施しようとする日の 1 月前までに、災害による復旧工事その他緊急を要する工事等を除き、あらかじめ当該工事の計画書を道路管理者に提出しておかなければならない。　　　　　　　　　　　　　　　　　　　　　　　　　　　　　【○ 正しい】

(3) 「**道路法第 32 条第 4 項**」より、車道上の工事に伴う占用許可申請書の提出は、当該地域を管轄する警察署長を経由して行うことができる。　　【○ 正しい】

(4) 「**道路法第 32 条第 1 項、同施行令第 7 条**」より、工事用の現場事務所は、**交通に支障を及ぼすおそれがない場合であっても**、占用物件に該当するため道路管理者の許可が必要である。　　　　　　　　　　　　　　　【✕ 誤っている】

問題 55 の解答…(4)

【問題 56 の解説】河川法における河川管理者の許可

(1) (2) 「**河川法第 26 条第 1 項**」より、河川区域内の土地において工作物を新築し、改築し、又は除去しようとする者は河川管理者の許可を受けなければならないと規定されており、地上、地下、上空にも適用される。よって、「つり橋、電線など、埋設されるサイホン」は河川管理者の許可が必要である。　【○ 正しい】

(3) 「**河川法第 26 条第 1 項**」「**河川法第 24 条**」より、河川区域内の土地を占用しようとする者は、河川管理者の許可を受けなければならない。よって**仮設の材料置き場は河川管理者の許可が必要**である。　　　　　　　　　　【✕ 誤っている】

(4) 「**河川法第 27 条第 1 項**」より、河川区域内の土地において土地の掘削、盛土もしくは切土その他土地の形状を変更する行為又は竹木の栽植若しくは伐採をしようとする者は、河川管理者の許可を受けなければならない。ただし、政令で定める軽易な行為については、この限りでない。「**同施行令第 15 条の 4 第 1 項第二号**」より、「取水口、排水口付近に積もった土砂の排除」は軽易な行為と定められている。よって、河川管理者の許可は必要がない。　　　　　　　　【○ 正しい】

問題 56 の解答…(3)

16 建築基準法

12問出題のうち8問を選択する

設問の分類：仮設建築物等
設問の重要度：★★★

【問題57】次に示す建築物（工作物等を含む）を新設する場合に建築基準法上、確認申請を**必要としないもの**はどれか。

(1) 都市計画区域内における延べ面積が50m²の小規模な建築物

(2) 高さ5mの広告塔

(3) 観光用のエレベータ設備

(4) 道路工事を施工するために工事期間中現場に設ける事務所

関連知識アドバイス

仮設建築物に対して適用されない規定

● 工事をするために現場に設ける仮設建築物に適用されない規定（建築基準法第85条第2項）

条文	内容
第6条	建築物の建築等に関する申請及び確認
第7条	建築物に関する完了検査・中間検査
第12条	定期的な調査・点検・検査の報告
第15条	建築・除却の届出及び統計
第18条	建築主が自治体である場合の手続きの特例
第19条	敷地の衛生及び安全
第21条	大規模の建築物の主要構造部
第22条	指定区域の屋根の不燃化
第23条	指定区域の外壁
第26条	防火壁
第31条	便所

【問題 57 の解説】建設基準法における確認申請

(1)「建築基準法第 6 条第 1 項」より、都市計画区域内において建築物を建築しようとする場合には、確認申請書を提出して確認を受け、確認済証の交付を受けることと規定されている。　　　　　　　　　　　　　　【○ 必要である】

(2)「建築基準法第 88 条第 1 項、同施行令第 138 条第 1 項第三号」より、高さが 4m を超える広告塔、広告板、装飾塔、記念塔その他これらに類するものとあり、これらは確認申請書を提出して確認を受け、確認済証の交付を受けることと規定されている。　　　　　　　　　　　　　　　　　　　　　【○ 必要である】

(3)「建築基準法第 88 条第 1 項、同施行令第 138 条第 2 項」より、乗用エレベータ又はエスカレータで観光のためのものとあり、これらは確認申請書を提出して確認を受け、確認済証の交付を受けることと規定されている。
　　　　　　　　　　　　　　　　　　　　　　　　　　　【○ 必要である】

(4)「建築基準法第 85 条第 2 項」より、工事を施工するために現場に設ける事務所、下小屋、材料置場その他これらに類する仮設建築物については適用されない。　　　　　　　　　　　　　　　　　　　　　　　【✕ 必要としない】

問題 57 の解答…(4)

(つづき)

条　文	内　容
第 33 条	避雷設備
第 34 条 2 項	非常用の昇降機
第 35 条	特殊建築物等の避難及び消火に関する技術的基準
第 36 条	この章の規定を実施し、又は補足するため必要な技術的基準
第 37 条	建築材料の品質
第 39 条	災害危険区域
第 40 条	地方公共団体の条例による制限の附加
第 3 章　集団規定 第 41 条の 2 ～第 68 条の 9	敷地等と道路との関係、建ぺい率、容積率、建築物の高さ、防火地域・準防火地域内の建築物等
第 63 条	防火地域又は準防火地域内の建築物の屋根の構造（延べ面積 50 m² 以内）

17 火薬類取締法

12問出題のうち8問を選択する

設問の分類: 火薬の取扱い
設問の重要度: ★★★

【問題58】火薬類取締法上、火薬の取扱いに関する次の記述のうち、**誤っているもの**はどれか。

(1) 不発火薬類を回収する方法としては、雷管に達しないように少しずつ静かに込物の大部分を掘り出した後、新たに薬包に雷管を取り付けたものを装てんし、再点火する方法がある。

(2) 発破母線の使用にあたっては、600Ｖゴム絶縁電線以上の絶縁効力のあるもので、機械的に強力なものであって、使用する長さは30ｍ以上あるものについて使用前に断線の有無を検査する。

(3) 電気発破を行う場合の電流回路は、点火する前に導通試験又は抵抗試験を行わなければならないが、この場合の試験は火薬類の装てん箇所から30ｍ以上離れた安全な場所で行う。

(4) 火工所に火薬類を存置する場合は、見張り人を定期的に巡回させる。

関連知識アドバイス

火薬庫、火薬類取扱所、火工所は下表のように説明される

項目	内容
火薬庫 (火薬類取締法第11条～第14条)	・火薬類の貯蔵施設 ・製造業者・販売業者が所有又は占有 ・設置・移転・変更には都同府県知事の許可が必要
火薬類取扱所 (火薬類取締法施行規則第52条)	・消費場所における火薬類の管理及び発破の準備施設 （薬包に各種雷管を取り付ける作業を除く） ・在置することのできる火薬類の数量は、1日の消費見込量以下とする
火工所 (火薬類取締法施行規則第52条の2)	・消費場所における薬包への各種雷管取り付け及びこれらを取り扱う作業施設 ・火薬類を存置する場合には、見張人を常時配置する

【問題 58 の解説】火薬類取締法における火薬の取扱い

(1)「**火薬類取締法施行規則第 55 条第 2 項第三号**」より、工業雷管、電気雷管若しくは導火管付き雷管に達しないように少しずつ静かに込物の大部分を掘り出した後、新たに薬包に工業雷管、電気雷管又は導火管付き雷管を取り付けたものを装てんし、再点火することと規定されている。

【〇 正しい】

(2)「**火薬類取締法施行規則第 54 条第三号**」より、発破母線は、600Ｖゴム絶縁電線以上の絶縁効力のあるもので、機械的に強力なものであって 30m 以上のものを使用し、使用前に断線の有無を検査することと規定されている。

【〇 正しい】

(3)「**火薬類取締法施行規則第 54 条第九号**」より、電流回路は、点火する前に導通又は抵抗を試験し、かつ、試験は作業者が安全な場所に退避したことを確認した後、火薬類の装てん箇所から 30m 以上離れた安全な場所で実施することと規定されている。

【〇 正しい】

(4)「**火薬類取締法施行規則第 52 条の 2 の第 3 項第三号**」より、火工所に火薬類を存置する場合は、**見張人を常時配置する**ことと規定されている。

【✕ 誤っている】

問題 58 の解答…(4)

18 騒音・振動規制法

【問題59】騒音規制法に基づき、指定地域内で特定建設作業を伴う建設工事を行う場合、市町村長に届け出る事項として、**該当しないもの**は次のうちどれか。

(1) 特定建設作業の開始及び終了の時刻
(2) 特定建設作業にかかる工事規模及び概算工事費
(3) 騒音の防止の方法
(4) 特定建設作業の場所及び実施の期間

【問題60】騒音規制法上、特定建設作業に関する次の記述のうち、**正しいもの**はどれか。

(1) 特定建設作業には、建設工事として行われる作業のうち、作業場所の敷地の境界線で85dBを超える騒音を発生する場合のすべての作業が該当する。
(2) 特定建設作業を行う場合は、いずれの地域で行う場合でも、市町村長への届出が必要である。
(3) 特定建設作業の実施の届出は、当該特定建設作業の開始の5日前までに市町村長に届け出なければならない。
(4) ディーゼルハンマによる杭打ち作業であっても、その作業を開始した日に終わるものであれば特定建設作業には該当しない。

【問題 59 の解説】騒音規制法における届出事項

「**騒音規制法第 14 条、同施行規則第 10 条**」より、次の事項を市町村長に届け出なければならない。

① 建設工事の名称並びに発注者の氏名又は名称及び住所並びに法人にあっては、その代表者の氏名、② 建設工事の目的に係る施設又は工作物の種類、③ **特定建設作業の場所及び実施の期間**、④ **騒音の防止の方法**、⑤ 特定建設作業に使用される機械の名称、型式及び仕様、⑥ **特定建設作業の開始及び終了の時刻**、⑦ 下請負人が特定建設作業を実施する場合は、当該下請負人の氏名又は名称及び住所並びに法人にあってはその代表者の氏名、⑧ 届出をする者の現場責任者の氏名及び連絡場所並びに下請負人が特定建設作業を実施する場合は、当該下請負人の現場責任者の氏名及び連絡場所

以上より、「(2) 特定建設作業にかかる工事規模及び概算工事費」は**該当しない**。

問題 59 の解答…(2)

【問題 60 の解説】騒音規制法における特定建設作業

(1) 「**騒音規制法第 2 条第 3 項、同施行令第 2 条別表 2**」に特定建設作業が規定されており、作業場所の敷地の境界線で 85 dB を超える騒音を発生する場合の**すべての作業が該当するわけではない**。【✗ 誤っている】
(2) 「**騒音規制法第 3 条第 1 項**」より、都道府県知事は、住居が集合している地域、病院又は学校の周辺の地域その他の騒音を防止することにより住民の生活環境を保全する必要があると認める地域を、特定工場等において発生する騒音及び特定建設作業に伴って発生する騒音について規制する地域として指定しなければならない。よって、**規制された地域で届出が必要**である。【✗ 誤っている】
(3) 「**騒音規制法第 14 条**」より、指定地域内において特定建設作業を伴う建設工事を施工しようとする者は、**当該特定建設作業の開始の日の 7 日前までに**、市町村長に届け出なければならない。【✗ 誤っている】
(4) 特定建設作業の時間帯は、1 日で終わる場合や災害などの非常事態により緊急に行う場合などにおいては規制されない。【〇 正しい】

問題 60 の解答…(4)

19 港則法

12問出題のうち8問を選択する

設問の分類：港則法
設問の重要度：★★★

【問題61】 港則法上、特定港内において港長の許可を必要とするものは次のうちどれか。

(1) 船舶を修繕する場合
(2) 船舶が出港しようとする場合
(3) 工事又は作業をする場合
(4) 船舶が、国土交通省令で定める水路を航行する場合

関連知識アドバイス

港則法で港長の許可と届出を要するもの

●港長の許可を要するもの	
移動の制限（法第7条）	特定港内での一定の区域外への移動、指定されたびょう地からの移動
航路（法第13条）	航路内に投びょうして行う工事又は作業
危険物（法第23条）	特定港での危険物積込、積替又は荷卸 特定港内又は特定港の境界附近での危険物の運搬
灯火等（法第29条）	特定港内での私設信号の使用
工事等の許可等（法第31条） 　　　　　　　（法第32条） 　　　　　　　（法第34条）	特定港内又は特定港の境界附近での工事又は作業
	特定港内での端艇競争その他の行事
	特定港内での竹木材の荷卸、いかだのけい留・運行
●港長への届け出を要するもの	
入出港の届出（法第4条）	特定港への入出港
びょう地（法第5条）	特定港のけい留施設へのけい留
修繕及びけい船（法第8条）	特定港内での雑種船以外の船舶の修繕又はけい船
進水等の届出（法第33条）	特定港内での一定の長さ以上の船舶の進水、ドックへの出入

【問題 61 の解説】港湾法における港長の許可

「港則法第 31 条第 1 項」より、特定港内又は特定港の境界附近で工事又は作業をしようとする者は、港長の許可を受けなければならないとある。

(1) 船舶を修繕する場合

【✕ 必要としない】

(2) 船舶が出港しようとする場合

【✕ 必要としない】

(3) 工事又は作業をする場合

【〇 必要である】

(4) 船舶が、国土交通省令で定める水路を航行する場合

【✕ 必要としない】

問題 61 の解答…(3)

Memo

4章 共通工学

問題 B 共通工学：解答結果自己分析ノート

4問はすべて必須問題ですので全問解答してください。苦手な問題は何度も取り組み、その経過を下表に記入し成果を確認しよう。

出題No.	工事種別	設問の内容	重要度	学習マークシート 1回	2回	3回	チェック ✓
1	共通工学	測量	★★★	○	○	○	
2		契約	★★★	○	○	○	
3		設計	★★	○	○	○	
4		施工機械	★★★	○	○	○	
			正解数				/4

合格ライン

合格するには60％以上の正解が必要です。
⇒ 必須全問対象として「3問以上の正解」が目標

出題傾向と対策

共通工学は必須問題で、出題数が少ない。また、設問の内容が偏って（測量2問、契約2問の計4問など）出題される。このことから、苦手分野をつくってしまうと全く答えられなくなるので注意が必要である。

➡ **測　　量**：毎年約2問出題。**トータルステーション**など、**各測量機器の種類と特徴**を理解し、整理しておくこと。
➡ **契　　約**：毎年約1問出題。**公共工事標準請負契約約款**に関する出題が多い。
➡ **設　　計**：毎年約1問出題。**土木製図**、**配筋図の見方**などから出題される。
➡ **施工機械**：毎年約1問出題。**建設機械全般**、**工事用電力設備**などから出題される。

20 共通工学

4問すべて解答する

B問題

設問の分類：測量
設問の重要度：★★★

解答欄
1回目
2回目
3回目

【問題1】高さを求める測量に関する次の記述のうち、**適当でないもの**はどれか。

(1) 公共測量の高さ（標高）は、平均海面からの高さを基準として表示する。

(2) 一般に、トータルステーションは、電子レベルよりも正確に高さ（標高）を求めることができる。

(3) トータルステーションは、観測した斜距離と鉛直角により、観測点と視準点の高低差を算出できる。

(4) 電子レベルは、2つの測点上に設置されたバーコード標尺を読み取り、2つの測点間の高低差を自動的に算出できる。

関連知識アドバイス

トータルステーションの機能

EDM（光波距離計）　＋　セオドライト　→　トータルステーション

距離を測る　　角度を測る　　距離と角度を測る

距離と角度が同時に測ることができる。利用用途としては、工事計画、施工や、面積、地図作成などに用いられる。

小テストで実力アップ

TSによる1級基準点測量—この記述は〇か✕？

TS（トータルステーション）による観測では、気温、気圧などの気象測定は距離測定の観測開始直前か終了直後に行う必要がある。

【問題1の解説】高さを求める測量に関する事項

(1) 公共測量の高さ（標高）は、平均海面からの高さを基準として表示する。平均海面は東京湾の平均海面を基準とした TP（Tokyo Peil）を用い、日本水準原点との関係は下図である。

【○ 適当である】

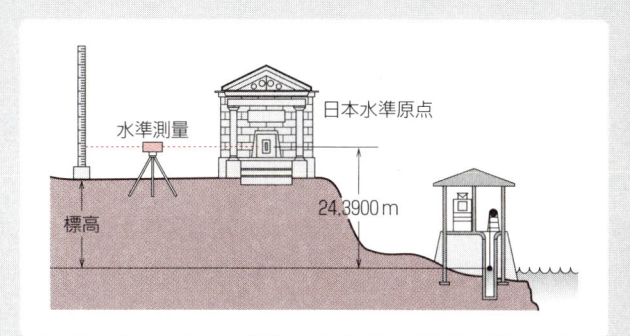

(2) トータルステーション（TS）は、光波測距儀の距離を測る機能とセオドライトの角度を測る機能を一体にしたものである。一般にトータルステーションの水平精度は電子レベルに比べて精度が低いため、電子レベルよりも正確に高さ（標高）を求めることはできない。

【× 適当でない】

(3) トータルステーション（TS）は、光波測距儀の距離を測る機能とセオドライトの角度を測る機能を一体にしたものである。観測した斜距離と鉛直角により、観測点と視準点の高低差を算出できる。

【○ 適当である】

(4) 電子レベルは、2つの測点上に設置された専用のバーコード目盛標尺を画像処理により標尺の高さの測定値として読み取り、2つの測点間の高低差を自動的に算出できる。

【○ 適当である】

問題1の解答…(2)

20 共通工学 [4問すべて解答する]

B 問題

設問の分類：契約
設問の重要度：★★★

【問題2】公共工事標準請負契約約款上、工事の施工にあたり受注者が監督員に通知し、その確認を請求しなければならない事項に該当しないものは次のうちどれか。

(1) 設計図書に特別の定めのない工事の仮設方法が明示されていないこと。

(2) 設計図書の表示が明確でないこと。

(3) 設計図書で明示されていない施工条件について予期することのできない特別な状態が生じたこと。

(4) 図面、仕様書、現場説明書及び現場説明に対する質問回答書が一致しないこと。

関連知識アドバイス　公共工事標準請負契約約款第18条第1項（条件変更等）

公共工事標準請負契約約款第18条第1項（条件変更等）では、5つの事項について説明されている。
① 図面、仕様書、現場説明書及び現場説明に関すること
②③⑤ 設計図書に関すること
④ 工事現場の条件と設計図書の相違に関すること

小テストで実力アップ　総合評価落札方式―この記述は〇か✕？

総合評価落札方式は、公共工事の品質確保を目的として実施されているものであり、技術的能力が最も優れていれば、入札価格が予定価格を上回っても落札することができる。

【問題2の解説】公共工事標準請負契約約款で定める事項

公共工事標準請負契約約款第18条第1項（条件変更等）より、工事の施工にあたり、下記に該当する事実を発見したときは、その旨を直ちに監督員に通知し、その確認を請求しなければならない。とある。

> 一　図面、仕様書、現場説明書及び現場説明に対する質問回答書が一致しないこと
> 二　設計図書に誤謬又は脱漏があること
> 三　設計図書の表示が明確でないこと
> 四　工事現場の形状、地質、湧水等の状態、施工上の制約等設計図書に示された自然的又は人為的な施工条件と実際の工事現場が一致しないこと
> 五　設計図書で明示されていない施工条件について予期することのできない特別な状態が生じたこと

(1) 設計図書に特別の定めのない工事の仮設方法は、一般的に**任意仮設として明示されていない。**

【✕ 該当しない】

(2) **公共工事標準請負契約約款第18条第1項三番**より、設計図書の表示が明確でないこと。

【〇 該当する】

(3) **公共工事標準請負契約約款第18条第1項五番**より、設計図書で明示されていない施工条件について予期することのできない特別な状態が生じたこと。

【〇 該当する】

(4) **公共工事標準請負契約約款第18条第1項一番**より、図面、仕様書、現場説明書及び現場説明に対する質問回答書が一致しないこと。

【〇 該当する】

問題2の解答…(1)

小テストの解答…✕　（予定価格を上回ると落札できない）

20 共通工学 [4問すべて解答する]

設問の分類：設計
設問の重要度：★★

【問題3】下図-1は、参考図に示す鉄筋コンクリート床版橋の支間中央部の鉄筋配筋図を表したものである。図中のA～Dのうち、主桁の主鉄筋を示すものはどれか。

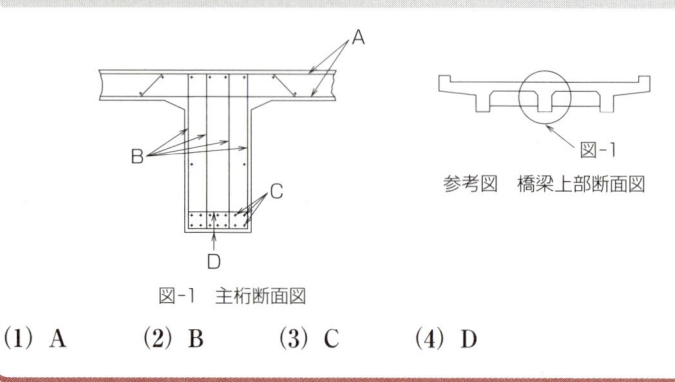

図-1 主桁断面図
参考図 橋梁上部断面図

(1) A　　(2) B　　(3) C　　(4) D

関連知識アドバイス

鉄筋の種類は主に4つあるので覚えておこう！

- **主鉄筋**：設計荷重により算定された応力により、所要の鉄筋量が算定された鉄筋で、引張主鉄筋と圧縮主鉄筋がある
- **スターラップ**：正鉄筋または負鉄筋を取り囲み、これに直角または直角に近い角度をなす横方向鉄筋。橋台の底版、橋脚の底版及びはりに配置される
- **配力鉄筋**：応力を分布させる目的で、正鉄筋または負鉄筋と、通常の場合主鉄筋に対し直角に配置される鉄筋
- **用心鉄筋**：コンクリートの乾燥収縮、温度変化、応力集中等により生じる可能性のあるひび割れを有害でない程度に抑える鉄筋

【問題 3 の解説】配筋図の見方

床版橋の主桁に発生する応力は、主桁の下側に引張力が働くのでこれを主鉄筋で抵抗させる。設問の各鉄筋の種類は下図のようになり、**主鉄筋は（3）C** である。

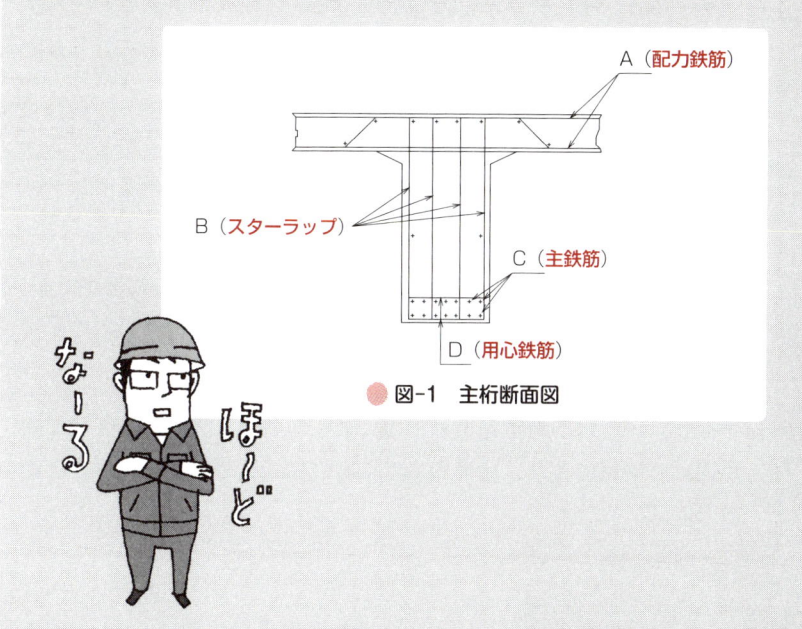

A（配力鉄筋）
B（スターラップ）
C（主鉄筋）
D（用心鉄筋）

● 図-1　主桁断面図

問題 3 の解答…(3)

20 共通工学 [4問すべて解答する]

B問題
設問の分類：施工機械
設問の重要度：★★★
解答欄：1回目／2回目／3回目

【問題4】締固め機械に関する次の記述のうち、**適当でないもの**はどれか。

(1) タイヤローラは、タイヤの空気圧を変えて輪荷重を調整し、バラストを付加して接地圧を増加させ締固め効果を大きくすることができ、路床、路盤の施工に使用される。

(2) ロードローラは、鉄輪を用いた締固め機械でマカダム型とタンデム型があり、アスファルト混合物や路盤の締固め及び路床の仕上げ転圧など道路工事に使用される。

(3) タンピングローラは、突起の先端に荷重を集中させることができ、土塊や岩塊などの破砕や締固めに効果があり、厚層の土の転圧に適している。

(4) 振動ローラは、自重による重力に加え、鉄輪を強制振動させて締め固める機械であり、比較的小型でも高い締固め効果を得ることができる。

関連知識アドバイス　建設機械の名称を覚えよう

本問で扱う機械を挙げたので、それぞれ対応させて確認しておきたい。

小テストで実力アップ　建設機械の最近の動向―この記述は〇か✕？

建設機械のリサイクル率は、鉄鋼部品のほか、大型タイヤやゴムクローラを含めほぼ100％に達している。

【問題4の解説】締固め機械に関する事項

(1) タイヤローラは、タイヤの空気圧を変えて輪荷重を調整するが、**バラストを付加して接地圧を増加させて締固めは行わない**。路床、路盤の施工に使用される。

【✗ 適当でない】

タイヤローラ 　　ロードローラ

(2) ロードローラは、鉄輪を用いた締固め機械でマカダム型（三輪車形に配置）とタンデム型（前後に一輪ずつ配置）があり、アスファルト混合物や路盤の締固め及び路床の仕上げ転圧など道路工事に使用される。

【○ 適当である】

(3) タンピングローラは、突起の先端に荷重を集中させることができ、土塊や岩塊などの破砕や締固めに効果があり、硬粘度の土、厚層の土の転圧に適している。

【○ 適当である】

タンピングローラ 　　振動ローラ（ハンドガイド式）

(4) 振動ローラは、自重による重力に加え、鉄輪を強制振動させて締め固める機械であり、比較的小型でも高い締固め効果を得ることができる。粘性に乏しい砂利、砂質土に適する。

【○ 適当である】

問題4の解答…(1)

小テストの解答…✗　（建設機械のリサイクル率は90%弱）

5章 施工管理

問題B 施工管理：解答結果自己分析ノート

31問はすべて必須問題ですので全問解答してください。苦手な問題は何度も取り組み、その経過を下表に記入し成果を確認しよう。

出題No.	工事種別	設問の内容	重要度	学習マークシート 1回	2回	3回	チェック ✓
5	施工計画	施工計画作成	★★★	○	○	○	
6		施工体制台帳、体系図	★★★	○	○	○	
7		仮設計画	★★	○	○	○	
8		原価管理	★	○	○	○	
9		建設機械計画	★★★	○	○	○	
10	工程管理	工程管理	★★★	○	○	○	
11		工程表の特徴	★★★	○	○	○	
12		ネットワーク工程表	★★★	○	○	○	
13		その他工程表	★	○	○	○	
14	安全管理	安全衛生管理	★★★	○	○	○	
15		労働災害等	★★	○	○	○	
16		その他安全衛生管理	★★	○	○	○	
17		公衆災害防止対策	★★	○	○	○	
18		足場の安全対策	★★★	○	○	○	
19		型枠支保工の安全対策	★★★	○	○	○	
20		移動式クレーンの安全対策	★★★	○	○	○	
21		建設機械の安全対策	★★★	○	○	○	
22		掘削工事の安全対策	★★	○	○	○	
23		管路等工事の安全対策	★★	○	○	○	
24		その他工事の安全対策	★	○	○	○	
25	品質管理	品質管理の基本事項	★★★	○	○	○	
26		国際規格 ISO	★★★	○	○	○	
27		構造物の品質管理	★★★	○	○	○	

(つづき)

出題No.	工事種別	設問の内容	重要度	学習マークシート 1回	2回	3回	チェック ✓
28	品質管理	コンクリートの品質管理	★★★	○	○	○	
29		コンクリートの非破壊検査	★★★	○	○	○	
30		鉄筋工事の品質管理	★	○	○	○	
31		道路・土工の品質管理	★	○	○	○	
32	環境保全・建設リサイクル	騒音・振動対策	★★★	○	○	○	
33		その他環境保全対策	★	○	○	○	
34		資材の再資源化	★★★	○	○	○	
35		廃棄物の処理	★★★	○	○	○	
			正解数			/31	

合格ライン

合格するには60％以上の正解が必要です。
⇨ 必須全問対象として**「19問以上の正解」**が目標

出題傾向と対策

施工計画は必須問題で、出題数が多い。ただし、類似問題がくり返して出題されるので、しっかりとパターンをマスターしておきたい。

➡ **施工計画**：毎年約5問出題。**施工計画作成**、**施工体制台帳**、**体系図**などの施工計画一般からの出題が多い。
➡ **工程管理**：毎年約4問出題。**工程管理**、**各種工程表の特徴**、特に**ネットワーク工程表**からの出題が多く、比較的出題範囲が狭いので、確実に正解しておきたい。
➡ **安全管理**：毎年約11問出題。出題数が多く、設問の範囲も広い。**安全衛生管理体制の基本事項**と**各工事の安全対策**を中心に学習するのがよい。
➡ **品質管理**：毎年約7問出題。**国際規格ISO**、**コンクリート**、**構造物の品質管理**からの出題が多い。
➡ **環境保全、建設リサイクル等**：毎年約4問出題。**建設リサイクル法**、**廃棄物の処理**からの出題が多い。

21 施工計画

【問題 5】建設工事の着手に際し施工者が関係法令に基づき提出する「届出等書類」と、その「提出先」との組合せとして、次のうち誤っているものはどれか。

　　　　　　　　　　［届出等書類］　　　　　　　　　　　［提出先］
(1) 道路交通法に基づく道路使用許可申請書……………道路管理者
(2) 消防法に基づく電気設備設置届……………………消防署長
(3) 労働保険の保険料の徴収等に関する法律
　　に基づく労働保険・保険関係成立届　　　　………労働基準監督署長
(4) 騒音規制法に基づく特定建設作業実施届出書………市町村長

【問題 6】施工体制台帳の作成等に関する次の記述のうち、適当でないものはどれか。

(1) 発注者から直接建設工事を請け負った場合は、下請契約の請負代金の額にかかわらず施工体制台帳を作成し、工事現場ごとに備え置かなければならない。

(2) 施工体制台帳の作成を義務づけられた建設工事においては、その工事の下請負人は、請け負った工事を他の建設業を営む者に請け負わせたときは、元請負人に対して、その者の商号又は名称、請け負わせた建設工事の内容、工期などを通知しなければならない。

(3) 施工体制台帳の作成を義務づけられた者は、発注者から請求があったときは、その施工体制台帳を発注者の閲覧に供しなければならない。

(4) 施工体制台帳の作成を義務づけられた者は、再下請負通知書に記載されている事項に変更が生じた場合には施工体制台帳の修正、追加を行わなければならない。

【問題5の解説】建設工事の着手に際し施工者が提出する届出等書類

(1) 道路交通法に基づく道路使用許可申請書は、建設工事を行う場所を所管する**警察署長の許可**を受けなければならない。　　　　　　　　【✗ 誤っている】
(2) 「消防法第17条3の2」より、設備等設置維持計画に従って設置しなければならない消防用設備等又は特殊消防用設備等を設置したときは、総務省令で定めるところにより、その旨を消防長又は消防署長に届け出て、検査を受けなければならない。　　　　　　　　　　　　　　　　　　　　　　　　　　【○ 正しい】
(3) 労働保険の保険料の徴収等に関する法律に基づく労働保険・保険関係成立届は、所轄の労働基準監督署長または公共職業安定所に提出する。
　　　　　　　　　　　　　　　　　　　　　　　　　　　　　　【○ 正しい】
(4) 「**騒音規制法第14条**」より、指定地域内において特定建設作業を伴う建設工事を施工しようとする者は、当該特定建設作業の開始の日の7日前までに、市町村長に届け出なければならない。　　　　　　　　　　　　　　　【○ 正しい】

問題5の解答…(1)

【問題6の解説】施工体制台帳に関する事項

(1) 「建設業法第24条の7、同施行令」より、発注者から直接建設工事を請け負った場合は、**下請契約の請負代金の額が3,000万円以上になるとき**は、施工体制台帳を作成し、工事現場ごとに備え置かなければならない。【✗ 適当でない】
(2) 「建設業法施行規則第14条の4」より、再下請負通知人に該当することとなった建設業を営む者は、その請け負った建設工事を他の建設業を営む者に請け負わせる都度、遅滞なく、再下請負通知を行うとともに、当該他の建設業を営む者に対し通知しなければならない　　　　　　　　　　　　　【○ 適当である】
(3) 「建設業法第24条の7第3項」より、発注者から請求があったときは、備え置かれた施工体制台帳を、その発注者の閲覧に供しなければならない。
　　　　　　　　　　　　　　　　　　　　　　　　　　　　　【○ 適当である】
(4) 「建設業法施行規則第14条の5第5項」より、再下請負通知書に記載されている事項に変更が生じた場合には施工体制台帳の修正、追加を行わなければならない。　　　　　　　　　　　　　　　　　　　　　　　　　　【○ 適当である】

問題6の解答…(1)

21 施工計画 [31問すべて解答する]

設問の分類：仮設計画
設問の重要度：★★

【問題7】仮設工事に関する次の記述のうち、適当なものはどれか。

(1) 指定仮設は、重要な仮設物について構造、形状寸法、品質及び価格の指定を受けて施工するため、設計変更の対象とはならない。

(2) 任意仮設は、請負者が任意にその計画立案を行い実施されるもので、そのすべての責任は請負者が有するものである。

(3) 仮設構造物の安全率は、一般に、本体構造物と同じ安全率で計画される。

(4) 仮設工事に使用する材料の計画にあたっては、一般の市販品はできる限り使用を避ける。

設問の分類：原価管理
設問の重要度：★

【問題8】工事の原価管理に関する次の記述のうち、適当でないものはどれか。

(1) 実行予算は、工事管理の方針、施工計画の内容を費用の面で裏付けて施工担当者が施工する基準を設定するものであり、実行予算の粗利計画は企業の利益計画と直結するものである。

(2) 施工担当者は、実行予算に対してコスト縮減目標や実行予算目標などを設定し、その目標に対して実績がどのようになっているかを追求し、目標達成に努めることが重要である。

(3) 原価管理では、実際原価と実行予算を比較してその差異を見いだし、これを分析・検討して適時適切な処置をとり、実際原価を実行予算以内とする。

(4) 原価管理体制は、工事の規模・内容によって担当する工事内容ならびに責任と権限を明確にするため、工事現場と本社の各部門を切り離して独立させることがたいせつである。

【問題7の解説】仮設工事に関する事項

(1) 指定仮設は、重要な仮設物について構造、形状寸法、品質及び価格の指定を受けて施工するため、**設計変更の対象となる**。　　　　　　【✗ 適当でない】
(2) 任意仮設は、設計図書などに、仮設の構造、規格、寸法、施工方法などを決定するために必要な条件のみを明示している。よって、請負者が任意にその計画立案を行い実施されるもので、そのすべての責任は請負者が有するものである。
　　　　　　　　　　　　　　　　　　　　　　　　　　　【〇 適当である】
(3) 仮設構造物の安全率は、一般に、本体構造物よりも**安全率を多少割り引いて計画される**。　　　　　　　　　　　　　　　　　　　【✗ 適当でない】
(4) 仮設工事に使用する材料の計画にあたっては、工事完成後撤去されることを考慮して、**一般の市販品をできる限り使用し、規格を統一してほかの工事に転用可能で無駄のない計画をたてる**必要がある。　　　　　　【✗ 適当でない】

問題7の解答…(2)

【問題8の解説】工事の原価管理に関する事項

(1) 実行予算は、入札時に作成した見積りを再検討し作成する。実行予算の目的は、工事管理の方針、施工計画の内容を費用の面で裏付けて施工担当者が施工する基準を設定するものであり、実行予算の粗利計画は企業の利益計画と直結するものである。　　　　　　　　　　　　　　　　　　　　【〇 適当である】
(2) 施工担当者は、実行予算に対してコスト縮減目標や実行予算目標などを設定し、その目標に対して実績がどのようになっているかを実行予算と工事原価管理台帳を比較して、目標達成に努めることが重要である。　　【〇 適当である】
(3) 原価管理では、実際原価と実行予算を比較してその差異を見いだし、これを分析・検討して、原価引下げの処置など適時適切な処置をとり、実際原価を実行予算以内とする。　　　　　　　　　　　　　　　　　　【〇 適当である】
(4) 原価管理とは、受注者が工事原価の低減を目的として、算定した予定原価と、すでに発生した実際原価を対比し、工事が予定原価を超えることなく進むように管理することである。原価管理体制は、**工事現場と本社の各部門が一体となって協力し管理することがたいせつである**。　　　　　　　　【✗ 適当でない】

問題8の解答…(4)

21 施工計画 [31問すべて解答する]

設問の分類: 建設機械計画
設問の重要度: ★★★

【問題9】施工計画の作成における施工機械の選定に関する次の記述のうち、**適当でないもの**はどれか。

(1) 建設機械の作業能力の決定は、土工作業で何種類かの機械を組み合わせて使用する場合、構成する機械の中で最大の作業能力を有する機械で決められる。

(2) 建設機械の選定は、作業の種類、工事規模、土質条件、運搬距離などの現場条件のほか、建設機械の普及度や作業中の安全性を確保できる機械であることなども考慮する必要がある。

(3) 建設機械の合理的な組合せを計画するためには、組合せ作業のうちの主作業を明確に選定し、主作業を中心に、各分割工程の施工速度を検討することが必要である。

(4) 建設機械で締固め作業を行う場合は、土質によって適応性が異なるので、選定にあたって試験施工などによって機械を選定することが望ましい。

関連知識アドバイス

建設機械の選択・組合せと施工速度

● 建設機械の選択・組合せ

項目	内容
主機械	土工作業における掘削、積込機械などのように主作業を行うための中心となる機械のことで、最小の施工能力を設定する
従機械	土工作業における運搬、敷均し、締固め機械などのように主作業を補助するための機械のことで、主機械の能力を最大限に活かすため、主機械の能力より高めの能力を設定する

● 施工速度

項目	数式	内容
平均施工速度 Q_A [m³/h]	$Q_A = E_A \cdot Q_P$	正常損失時間及び偶発損失時間を考慮した施工速度で、工程計画及び工事費見積りの基礎となる。数式中の E_A は、作業時間効率
最大施工速度 Q_P [m³/h]	$Q_P = E_q \cdot Q_R$	理想的な状態で処理できる最大の施工量で、製造業者が示す公称能力に相当する。数式中の E_q は、作業時間効率
正常施工速度 Q_N [m³/h]	$Q_N = E_W \cdot Q_P$	最大施工速度から正常損失時間を引いて求めた実際に作業できる施工速度のことである。数式中の E_W は、作業時間効率
標準施工速度 [m³/h]	Q_R	1時間当たり処理可能な、理論的最大施工量のことである

問題 9 の解説】施工計画の作成における施工機械の選定

(1) 建設機械の作業能力の決定は、土工作業で何種類かの機械を組み合わせて使用する場合、構成する機械の中で**最小の作業能力を有する機械**で決められる。

【✗ 適当でない】

(2) 建設機械の選定は、工事計画全体を展望し、各種の制約条件を満たす最適な機種、規格、組合せを選定する。具体的には、作業の種類、工事規模、土質条件、運搬距離などの現場条件のほか、建設機械の普及度や作業中の安全性を確保できる機械であることなども考慮する必要がある。

【〇 適当である】

(3) 建設機械の合理的な組合せを計画するためには、組合せ作業のうちの主作業を明確に選定し、主作業を中心に各分割工程の施工速度を検討することが必要である。

【〇 適当である】

(4) 建設機械で締固め作業を行う場合は、盛土材料の土質、工種、工事規模などの施工条件などによって適応性が異なるので、選定にあたって試験施工などによって機械を選定することが望ましい。

【〇 適当である】

問題 9 の解答…(1)

工程管理

【問題10】工程計画における下記に示す内容の一般的な作成手順として、次のうち**適当なもの**はどれか。

(イ) 全工期を通じて、労務、資材、機械の必要数を平準化した工程になるように調整する。

(ロ) 工種分類に基づき、基本管理項目である工事項目（部分工事）について施工手順を決める。

(ハ) 各工種別工事項目の適切な施工期間を決める。

(ニ) 全工事が工期内に完了するように、各工種別工程の相互調整を行う。

(1) (ロ) → (イ) → (ハ) → (ニ)

(2) (ロ) → (ハ) → (ニ) → (イ)

(3) (ハ) → (ニ) → (ロ) → (イ)

(4) (ハ) → (ロ) → (イ) → (ニ)

【問題 10 の解説】工程計画の一般的な作成手順

(1) (ロ) → (イ) → (ハ) → (ニ)
　「施工手順を決める」→「各工種間の工程を調整する」→「各工種の施工期間を決める」→「工期内に完了するように相互調整を行う」

【✗ 適当でない】

(2) (ロ) → (ハ) → (ニ) → (イ)
　「施工手順を決める」→「各工種の施工期間を決める」→「工期内に完了するように相互調整を行う」→「各工種間の工程を調整する」

【〇 適当である】

(3) (ハ) → (ニ) → (ロ) → (イ)
　「各工種の施工期間を決める」→「工期内に完了するように相互調整を行う」→「施工手順を決める」→「各工種間の工程を調整する」

【✗ 適当でない】

(4) (ハ) → (ロ) → (イ) → (ニ)
　「各工種の施工期間を決める」→「施工手順を決める」→「各工種間の工程を調整する」→「工期内に完了するように相互調整を行う」

【✗ 適当でない】

問題 10 の解答…(2)

工程管理 [31問すべて解答する]

設問の分類 B問題 工程表の特徴
設問の重要度 ★★★

【問題11】工事の各種工程表とその特徴を表す事項に関して次のうち、**適当でないもの**はどれか。

工程表＼事項	作業の手順	作業に必要な日数	作業の進行の度合い	工期に影響する作業
バーチャート	判明	判明	不明	判明
ガントチャート	不明	不明	判明	不明
曲線式	不明	不明	判明	不明
ネットワーク	判明	判明	判明	判明

(1) バーチャート
(2) ガントチャート
(3) 曲線式
(4) ネットワーク

関連知識アドバイス

ネットワークと曲線式の工程表

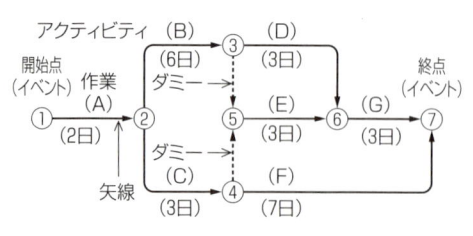

矢印 → の上に作業名、の下に作業日数を示すことをアクティビティという

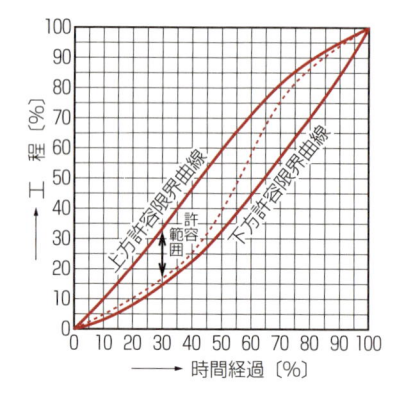

小テストで実力アップ

工程表の特徴―この記述は〇か×？

座標式工程表（斜線式工程表）は、トンネル工事のように工事区間が線上に長く、しかも工事の進行方向が一定の方向に進捗するような工事によく用いられる。

【問題 11 の解説】工事の各種工程表とその特徴

(1) バーチャートは、下図のように「**作業手順**」と「**作業の進行の度合い**」が漠然としており、「**工期に影響する作業**」が不明である。　　　【✕ 適当でない】

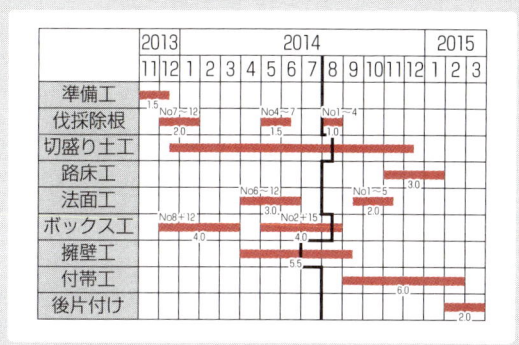

(2) ガントチャートは、下図のように各作業の完了時点を 100％として作成する。よって「作業の進行の度合い」はよくわかるが、手順、必要な日数、工期に影響する作業などはよくわからない。　　　【○ 適当である】

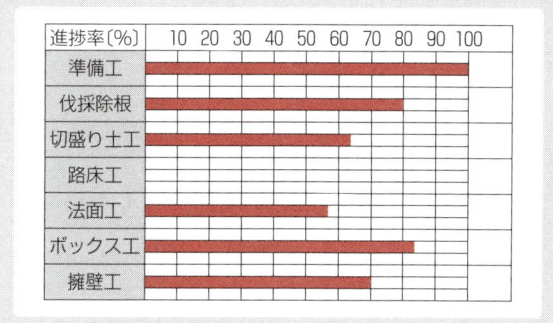

(3) 曲線式は、左頁の図のように縦軸に出来高（工程）の累計、横軸に工期などの時間経過をとり、出来高の進捗状況をグラフ化したものである。「作業の進行の度合い」以外は不明である。　　　【○ 適当である】

(4) ネットワークは、左頁の図のようにイベント（開始点）とアクティビティで工程を表現しているので、問題の表の 4 つの事項はすべてわかる。

【○ 適当である】

問題 11 の解答…(1)

小テストの解答…○　（一本の斜線で作業期間、作業量を表現する）

工程管理 [31問すべて解答する]

設問の分類: ネットワーク工程表
設問の重要度: ★★★

【問題12】 下図のネットワークで示される工事において、作業A、Bはすべて予定どおり完了したので、工事を開始して5日目の工事が終了した段階で実施中の作業の見直しを行った。その結果、今後、必要な日数としてCは3日、Dは4日、Eは3日それぞれ必要であることがわかった。次の記述のうち、**適当なもの**はどれか。

ただし、図中のA～Iは作業内容を、数字は当初の作業日数を表す。

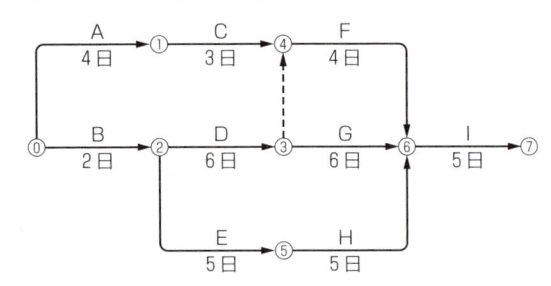

```
      A       C       F
      4日  ①  3日  ④  4日
  ┌──→──→──→──→──→──┐
  │           ┊       │    I
  0   B    ② D    ③ G    ⑥──→⑦
      2日     6日     6日      5日
              │               │
              └──→──→──→──→──┘
                 E       H
                 5日  ⑤  5日
```

(1) 工事は、当初の工期より1日遅れる。
(2) 工事は、当初の工期どおり完了する。
(3) 工事は、当初の工期より1日早く完了する。
(4) 工事は、当初の工期より2日遅れる。

関連知識アドバイス

当初の工程のクリティカルパスを考える

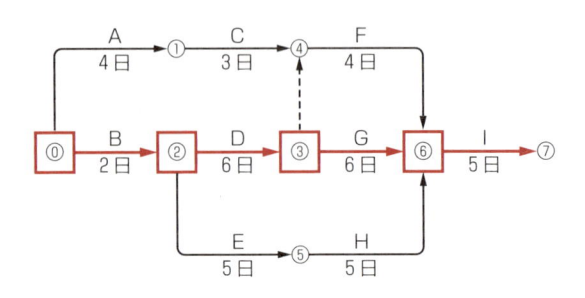

```
      A       C       F
      4日  ①  3日  ④  4日
  ┌──→──→──→──→──→──┐
  │           ┊       │    I
 [0]  B   [②] D   [③] G  [⑥]──→⑦
      2日     6日     6日      5日
              │               │
              └──→──→──→──→──┘
                 E       H
                 5日  ⑤  5日
```

⓪→②→③→⑥→⑦ ＝ 2＋6＋6＋5 ＝ 19日
当初の所要日数は19日である。

【問題12の解説】ネットワーク工程表、作業日数の算定

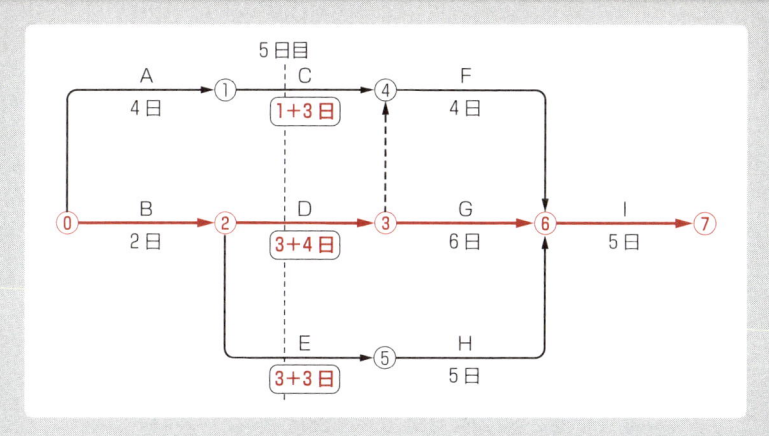

当初のクリティカルパス
　⓪→②→③→⑥→⑦＝2＋6＋6＋5＝19日
見直し後のクリティカルパス
　⓪→②→③→⑥→⑦＝2＋7＋6＋5＝20日
ほかのルート
　⎧ ⓪→②→③→④→⑥→⑦＝2＋7＋4＋5＝18日
　⎨ ⓪→①→④→⑥→⑦＝4＋4＋4＋5＝17日
　⎩ ⓪→②→⑤→⑥→⑦＝2＋6＋5＋5＝18日

以上より、見直し後のクリティカルパスは変わらないが、工期は当初より1日遅れる。

(1) 工事は、当初の工期より1日遅れる。　　　　　　　【○ 適当である】
(2) 工事は、当初の工期どおり完了する。　　　　　　　【✕ 適当でない】
(3) 工事は、当初の工期より1日早く完了する。　　　　【✕ 適当でない】
(4) 工事は、当初の工期より2日遅れる。　　　　　　　【✕ 適当でない】

問題12の解答…(1)

工程管理 [31問すべて解答する]

【問題13】 工程管理曲線（バナナ曲線）に関する次の記述のうち、**適当でない**ものはどれか。

(1) 実施工程曲線が管理曲線の上方限界を超えたときは、工程が進み過ぎているので、必要以上に大型機械を入れるなど不経済になっていないかを検討する。

(2) 実施工程曲線が管理曲線の下方限界を超えたときは、工程遅延により突貫工事が不可避となるおそれがあるので根本的な施工計画の再検討が必要である。

(3) 工期短縮には、実施工程曲線が管理曲線の許容限界内に入っているときでも、S型の実施工程曲線を管理点で曲線勾配をできるだけ緩やかな勾配になるように調整する。

(4) 予定工程曲線は、横線式工程表（バーチャート）に基づいて作成し、それが管理曲線の許容限界内に入らない場合は、資機材、人員計画の再検討が必要である。

関連知識アドバイス

バナナ曲線（曲線式工程表）を理解しよう！

曲線式工程表は、右図のように縦軸に出来高（工程）の累計、横軸に工期などの時間経過をとり、出来高の進捗状況をグラフ化したものである。

図中の管理曲線とは**上方許容限界**と**下方許容限界**の曲線であり、**予定工程曲線**を点線で示す。施工工程の管理は、実施工程曲線（赤で示す）を随時記入して行う。

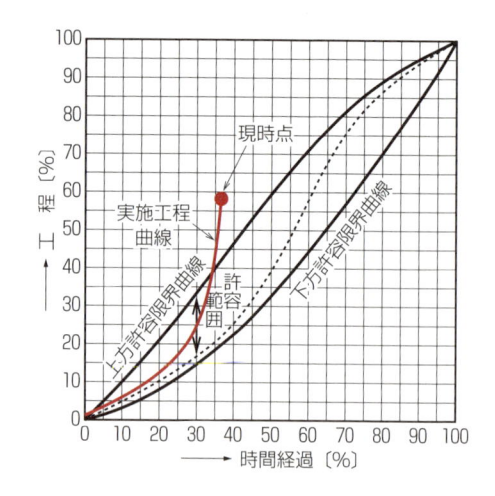

【問題13の解説】**工程管理曲線(バナナ曲線)に関する事項**

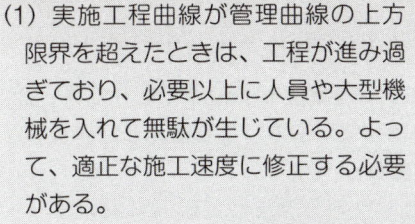

(1) 実施工程曲線が管理曲線の上方限界を超えたときは、工程が進み過ぎており、必要以上に人員や大型機械を入れて無駄が生じている。よって、適正な施工速度に修正する必要がある。

【〇 適当である】

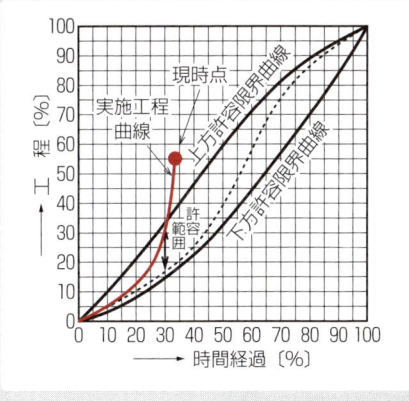

(2) 実施工程曲線が管理曲線の下方許容限界曲線を超えたときは、工程遅延により突貫工事が不可避となるおそれがあるので根本的な施工計画の再検討が必要である。

【〇 適当である】

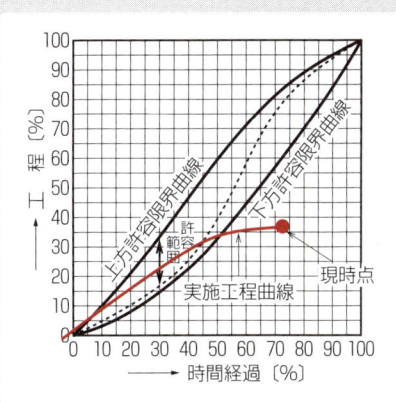

(3) 工期短縮には、実施工程曲線が管理曲線の許容限界内に入っているときでも、S型の実施工程曲線を管理点で曲線勾配をできるだけ**きつい勾配**になるように調整する。

【✕ 適当でない】

(4) 予定工程曲線は、横線式工程表(バーチャート)に基づいて作成し、それが管理曲線の許容限界内に入るかどうかを検討する。許容限界曲線内に入らない場合は、資機材、人員計画の再検討が必要である。

【〇 適当である】

問題13の解答…(3)

23 安全管理

設問の分類
安全衛生管理

設問の重要度
★★★

【問題14】安全作業の確保のために事業者が行う措置に関する次の記述のうち、労働安全衛生法令上、**誤っているもの**はどれか。

(1) リース会社から移動式クレーン等を運転者付きで借りた場合は、派遣された運転者の資格または技能があることを確認し、派遣された運転者に指揮系統等を通知する。
(2) 作業主任者の指名を必要としない作業を行う場合においても橋梁、足場等の作業で労働者が墜落する危険性のあるときは、作業を指揮する者を指名し、その者に直接作業を指揮させる。
(3) ドラグ・ショベルにクレーン機能を備え付けた機械で吊り上げ作業をさせる場合は、建設機械の主たる用途以外の使用には該当しないので、車両系建設機械の運転資格がある者に作業させる。
(4) 携帯できる研削といし（グラインダ）の取替え又は取替え時の試運転の業務を行う者に対しては、安全のための特別教育を行う。

関連知識アドバイス

ドラグ・ショベル（バックホウ）にクレーン機能を備え付けた機械の特徴

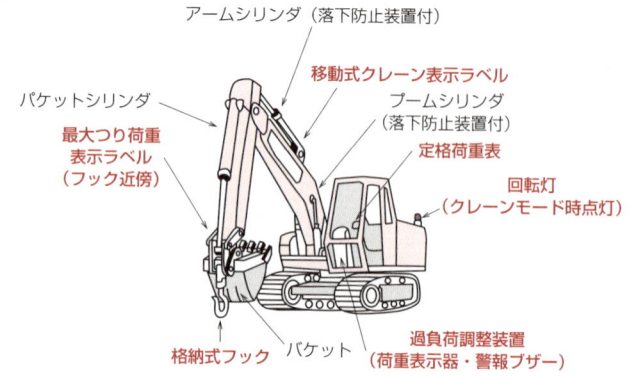

- アームシリンダ（落下防止装置付）
- バケットシリンダ
- 移動式クレーン表示ラベル
- ブームシリンダ（落下防止装置付）
- 最大つり荷重表示ラベル（フック近傍）
- 定格荷重表
- 回転灯（クレーンモード時点灯）
- 格納式フック
- バケット
- 過負荷調整装置（荷重表示器・警報ブザー）

小テストで実力アップ

建設機械の最近の動向―この記述は ○ か × ?

事業者はボール盤などの回転する刃物に作業中の労働者の手を巻き込まれるおそれがある作業においては、労働者に皮製等の厚手の手袋を使用させなければならない。

【問題14の解説】安全作業の確保のために事業者が行う措置

(1)「**労働安全衛生規則第667条**」より、機械等貸与者から機械等の貸与を受けた者は、当該機械等を操作する者がその使用する労働者でないときは、次の措置を講じなければならない。
- 機械等を操作する者が、当該機械等の操作について法令に基づき必要とされる資格又は技能を有する者であることを確認すること
- 機械等を操作する者に対し、次の事項を通知すること
 作業の内容
 指揮系統
 運行の経路、制限速度その他当該機械等の運行に関する事項
 その他当該機械等の操作による労働災害を防止するため必要な事項

【〇 正しい】

(2) 作業主任者の選任は、足場については「**労働安全衛生規則第565条**」より、高さが5m以上の構造の足場、また、橋梁の上部構造については、高さが5m以上又は支間が30m以上の架設、解体とあるが、作業主任者の指名を必要としない作業を行う場合においても橋梁、足場等の作業で労働者が墜落する危険性のあるときは、作業を指揮する者を指名し、その者に直接作業を指揮させるのは誤りではない。

【〇 正しい】

(3)「**労働安全衛生規則第164条**」より、ドラグ・ショベルにクレーン機能を備え付けた機械で吊上げ作業をさせる場合は、**移動式クレーンの運転資格がある者に作業をさせる**。これは、ドラグ・ショベルにクレーン機能を備え付けた機械が、車両系建設機械の用途外使用に該当せず、移動式クレーンの扱いとなるからである。

【✕ 誤っている】

(4)「**労働安全衛生規則第36条**」より、厚生労働省令で定める危険又は有害で特別教育を必要とする業務の一つとして、研削といしの取替え又は取替え時の試運転の業務がある。携帯できる研削といし（グラインダ）の取替え又は取替え時の試運転の業務を行う者に対しては、安全のための特別教育を行う。

【〇 正しい】

問題14の解答…(3)

小テストの解答…✕ （「労働安全衛生規則第101条」より手袋は使用させてはならない）

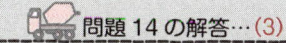

23 安全管理 [31問すべて解答する]

設問の分類：労働災害等
設問の重要度：★★

【問題15】墜落・飛来落下等による労働者の災害防止のため、事業者が現場で行う措置に関する次の記述のうち、**適当でないもの**はどれか。

(1) ホッパー等の内部における作業の際は、労働者の墜落や土砂に埋没すること等のおそれがあると予想されるので、親綱の設置と安全帯の着用等の危険防止措置を講じている。
(2) 資機材の落下が予想される作業でも短時間で終了する場合には、立入禁止の措置及び防網の設置は省略できる。
(3) 建物の2階（約3.5m）から不要材料を投下する際は、適当なスロープ設備を設けるとともに、他作業との競合を避けるため昼休み等を利用し、さらに監視人を配置している。
(4) 飛来落下災害防止の現場巡視では、まず、手すり・幅木・防網等や開口部養生等の設備を点検し、次に、労働者が装具すべき保護帽等を点検するような措置を講じている。

設問の分類：その他安全衛生管理
設問の重要度：★★

【問題16】特定元方事業者が、その労働者や関係請負人の労働者が同一の場所で行う作業に伴う労働災害を防止するために講じた措置について、次の記述のうち労働安全衛生法上、**誤っているもの**はどれか。

(1) 特定元方事業者は、作業間の連絡及び調整や安全対策を講ずるため、特定元方事業者及びすべての関係請負人の参加による協議会を組織し運営した。
(2) 特定元方事業者は、作業場所の毎作業日の巡視に際しては現場設備、現場状況及び災害防止のための措置に欠陥がないか下請負人に点検をまかせていた。
(3) 特定元方事業者は、関係請負人との間及び関係請負人相互間の連絡を密にするため、毎日の安全打合せ、工程の打合せ会議により作業間の連絡及び調整を行った。
(4) 特定元方事業者は、当該工事の工程に関する計画や作業に必要な機械、設備等の配置計画を作り、下請負人がこれらの機械設備等を使用する場合は関係法令に基づく安全措置をとるよう指導した。

【問題15の解説】墜落・飛来落下等による労働者の災害防止

(1)「労働安全衛生規則第532条の2」より、ホッパー又はずりびんの内部その他土砂に埋没すること等により労働者に危険を及ぼすおそれがある場所で作業を行わせてはならない。ただし、労働者に安全帯を使用させる等当該危険を防止するための措置を講じたときは、この限りでない。　　　　　　　【○ 適当である】
(2)「労働安全衛生規則第537条」より、作業のため物体が落下することにより、労働者に危険を及ぼすおそれのあるときは、防網の設備を設け、立入区域を設定する等の措置を講じるとあり、短時間の緩和はない。　　　　【× 適当でない】
(3)「労働安全衛生規則第536条」より、3m以上の高所から物体を投下するときは、適当な投下設備を設け、監視人を置く。　　　　　　　【○ 適当である】
(4)「労働安全衛生規則第537〜359条」より、飛来落下災害防止について「防網の設備を設け」「立入区域を設定」「保護帽の着用」などの処置が義務づけられている。　　　　　　　　　　　　　　　　　　　　　　　　　【○ 適当である】

問題15の解答…(2)

【問題16の解説】労働災害を防止するために講じた措置

(1)「労働安全衛生法第30条第一号」より、労働者及び関係請負人の労働者の作業が同一の場所で行われることによって生ずる労働災害を防止するため、「協議組織の設置及び運営」など、必要な措置を講じなければならない。　【○ 正しい】
(2)「労働安全衛生法第30条第三号」より、労働者及び関係請負人の労働者の作業が同一の場所で行われることによって生ずる労働災害を防止するため、「作業場所を巡視」など、必要な措置を講じなければならない。　　【× 誤っている】
(3)「労働安全衛生法第30条第二号」より、労働者及び関係請負人の労働者の作業が同一の場所で行われることによって生ずる労働災害を防止するため、「作業間の連絡及び調整」など、必要な措置を講じなければならない。　【○ 正しい】
(4)「労働安全衛生法第30条第五号」より、仕事の工程に関する計画及び作業場所における機械、設備等の配置に関する計画を作成するとともに、当該機械、設備等を使用する作業に関し、関係請負人がこの法律又はこれに基づく命令の規定に基づき講ずべき措置についての指導を行うこと。　　　　　　　【○ 正しい】

問題16の解答…(2)

安全管理 [31問すべて解答する]

【問題17】 移動さくの設置及び撤去方法に関する次の記述のうち、建設工事公衆災害防止対策要綱上、**誤っているもの**はどれか。

(1) 歩行者及び自転車が移動さくに沿って通行する部分の移動さくの設置にあたっては、移動さくの設置間隔を大きくし歩行者の利便性を高めるため安全ロープを外さなければならない。

(2) 交通の流れに対面する部分に移動さくを設置する場合には、原則としてすりつけ区間を設け間隔をあけないようにしなければならない。

(3) 移動さくを連続して設置する場合には、移動さく間には保安灯又はセイフティコーンを置き、作業場の範囲を明確にしなければならない。

(4) 移動さくの設置は、交通の流れの上流から下流に向けて、撤去は交通の流れの下流から上流に向けて行うのが原則である。

【問題18】 建設現場で行った足場、作業床などに関する記述のうち、**適当でないもの**はどれか。

(1) 高さ2m以上の作業床の作業では、墜落防止対策として高さ85cm以上の手すり及び中さん、幅木を設置した。

(2) 高さ2m以上で墜落の危険のおそれがあったので、作業床を設置した。

(3) 移動はしごを使用した作業では、すべり止め装置の取付けその他転位の防止を行った。

(4) 移動式足場上に作業員を乗せて移動を行うときは、移動式足場上にいる作業員と合図を決め慎重に移動させた。

【問題 17 の解説】移動さくの設置及び撤去方法

(1)「建設工事公衆災害防止対策要綱土木工事編第 13 第 3 項」より、歩行者及び自転車が移動さくに沿って通行する部分の移動さくの設置にあたっては、移動さくの設置間隔をあけないようにして、又は移動さくの間に安全ロープを張ってすき間のないように措置しなければならない。　　　　　　　【✕ 誤っている】

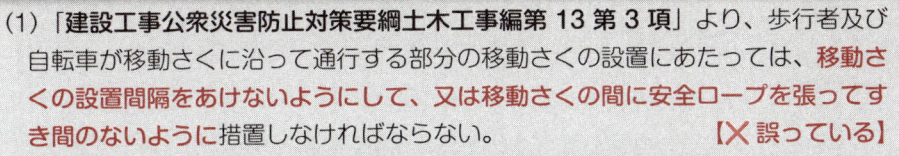

(2)「建設工事公衆災害防止対策要綱土木工事編第 13 第 2 項」より、交通流に対面する部分に移動さくを設置する場合は、原則としてすりつけ区間を設け、かつ間隔をあけないようにしなければならない。　　　　　　　　　　【〇 正しい】

(3)「建設工事公衆災害防止対策要綱土木工事編第 13 第 1 項」より、移動さくを連続して設置する場合には、原則として移動さくの長さを超えるような間隔をあけてはならず、かつ、移動さく間には保安灯又はセーフティコーンを置き、作業場の範囲を明確にしなければならない。　　　　　　　　　　　【〇 正しい】

(4)「建設工事公衆災害防止対策要綱土木工事編第 13 第 4 項」より、移動さくの設置及び撤去にあたっては、交通の流れを妨げないよう行わなければならないとある。設問の方法は交通の流れを妨げにくい。　　　　　　　　【〇 正しい】

問題 17 の解答…(1)

【問題 18 の解説】建設現場で行う足場、作業床

(1)「労働安全衛生規則第 552 条第四号」より、墜落の危険のある箇所には、高さ 85 cm 以上の手すり、高さ 35 cm 以上 50 cm 以下のさん又はこれと同等以上の機能を有する設備（中さん）を設ける。　　　　　　　　　　　【〇 適当である】

(2)「労働安全衛生規則第 518 条第 1 項」より、高さが 2 m 以上の箇所（作業床の端、開口部等を除く）で墜落により労働者に危険を及ぼすおそれのあるときは、足場を組み立てる等の方法により作業床を設けなければならない。
　　　　　　　　　　　　　　　　　　　　　　　　　　　　【〇 適当である】

(3)「労働安全衛生規則第 527 条」より、移動はしごについては、次に定めるところに適合したものでなければ使用してはならない。「丈夫な構造」「材料は著しい損傷、腐食等がないもの」「幅 30 cm 以上」「すべり止め装置の取付けその他転位を防止するために必要な措置を講じる」　　　　　　　　　【〇 適当である】

(4)「労働安全衛生法第 28 条第 1 項の規定に基づく、移動式足場の安全基準に関する技術上の指針」より、労働者を乗せて移動してはならない。【✕ 適当でない】

問題 18 の解答…(4)

安全管理 [31問すべて解答する]

【問題 19】
型枠支保工の設置に関する次の記述のうち、労働安全衛生法上、**誤っているもの**はどれか。

(1) 型枠支保工の組立て等作業主任者は、作業方法を決定し、材料の欠点の有無や器具及び工具の点検、不良品の排除等を行うとともに、安全帯等や保護帽の使用状況を監視する。

(2) 鋼材と鋼材との接合部や交差部は、ボルト、クランプ等の金具により確実に緊結しなければならない。

(3) 組立図作成時には、支柱・はり・つなぎ・筋かい等の部材配置や接合方法を明示し、組立寸法は現地での組立完了後に明示する。

(4) 支保工には、垂直荷重に加え水平荷重を考慮することとし、水平荷重の作用位置は支保工の上端とする。

【問題 20】
移動式クレーンの安全確保に関する次の記述のうち、**適当なもの**はどれか。

(1) 定格荷重とは、つり上げ荷重にフック等のつり具の重量を加えた値のことをいい、つり上げや旋回等の際の定格速度とも関係がある。

(2) 鉄塔脇で荷をつってブームを旋回中は、架空線との離隔がわかりにくいので、荷つり状態のまま運転席から降りて近場から位置関係を再確認する。

(3) つり上げ荷重2.9ｔのクレーン仕様バックホウでクレーン作業を行うとき、機体重量3ｔ以上の基礎工事用機械の技能講習の修了者であれば運転操作に従事できる。

(4) アウトリガーは、過負荷防止装置や性能曲線で確実に定格荷重を下回る場合を除き、最大限に張出しする。

【問題 19 の解説】型枠支保工の設置

(1) 「**労働安全衛規則第 247 条**」より、型枠支保工の組立て等作業主任者の職務は「作業の方法を決定し、作業を直接指揮する」「材料の欠点の有無並びに器具及び工具を点検し、不良品を取り除く」「作業中、安全帯等及び保護帽の使用状況を監視する」がある。　　　　　　　　　　　　　　　　　　　【〇 正しい】

(2) 「**労働安全衛規則第 242 条第四号**」より、鋼材と鋼材との接続部及び交差部は、ボルト、クランプ等の金具を用いて緊結することとある。　【〇 正しい】

(3) 「**労働安全衛規則第 240 条**」より、型枠支保工を組み立てるときは、組立図を作成し、かつ、当該組立図により組み立てなければならない。組立図は、支柱、はり、つなぎ、筋かい等の部材の配置、接合の方法及び寸法が示されているものでなければならないとある。　　　　　　　　　　　　　　【✕ 誤っている】

(4) 「**労働安全衛規則第 240 条第 3 項第三号**」より、鋼管枠を支柱として用いるものであるときは、当該型枠支保工の上端に、設計荷重の 2.5/100 に相当する水平方向の荷重が作用しても安全な構造のものとすること。　　【〇 正しい】

問題 19 の解答…(3)

【問題 20 の解説】移動式クレーンの安全確保

(1) 「**クレーン等安全規則第 1 条**」より、定格荷重はつり上げ荷重から、フック、グラブバケツト等のつり具の重量に相当する荷重を控除した荷重をいう。
　　　　　　　　　　　　　　　　　　　　　　　　　　　　【✕ 適当でない】

(2) 「**クレーン等安全規則第 75 条**」より、移動式クレーンの運転者を、荷をつったままで、運転位置から離れさせてはならない。　　　　【✕ 適当でない】

(3) 「**クレーン等安全規則第 68 条**」より、つり上げ荷重が 1t 以上の移動式クレーンの運転の業務については、移動式クレーン運転士免許を受けた者でなければ、当該業務につかせてはならない。ただし、つり上げ荷重が 1t 以上 5t 未満の移動式クレーンの運転の業務については、小型移動式クレーン運転技能講習を修了した者を当該業務に就かせることができる。　　　　　【✕ 適当でない】

(4) 「**クレーン等安全規則第 70 条の 5**」より、アウトリガーを有する移動式クレーンは、アウトリガーを最大限に張り出して作業を行う。ただし、アウトリガーを最大限に張り出せない場合で、移動式クレーンに掛ける荷重がアウトリガーの張出し幅に応じた定格荷重を下回ることが確実に見込まれるときは、この限りでない。　　　　　　　　　　　　　　　　　　　　　　　　　【〇 適当である】

問題 20 の解答…(4)

23 安全管理 [31問すべて解答する]

設問の分類 建設機械の安全対策
設問の重要度 ★★★

【問題21】ブルドーザ、バックホウ等の車両系建設機械を用いて作業を行う場合の安全作業に関する次の記述のうち、**適当でないもの**はどれか。

(1) 作業を行う機械走行の制限速度は、作業箇所の地形、地質の状態によらず、使用する機械の能力に基づいて定め、それにより作業を行わなければならない。

(2) 地形、地質の状態等の調査により判明した現場条件に適応する作業計画を定め、それに従って作業を行わなければならない。

(3) 建設機械の転倒、転落防止を図るため、あらかじめ当該作業に係る場所について、地形、地質の状態等を調査し、その結果を記録しておかなければならない。

(4) 路肩、傾斜地等で建設機械を使用する場合には、必要に応じて誘導員を配置し、その者に機械の誘導を行わせなければならない。

設問の分類 掘削工事の安全対策
設問の重要度 ★★

【問題22】事業者が掘削作業を行うときの安全作業に関する次の記述のうち、労働安全衛生法令上、**誤っているもの**はどれか。

(1) 明り掘削の作業により露出したガス導管の損壊により労働者に危険を及ぼすおそれがある場合は、つり防護や受け防護等による当該ガス導管の防護を行う。

(2) 電気発破の作業を行うときは、発破の業務につくことができる者のうちから作業の指揮者を定め、当該作業に従事する労働者に対し、退避の場所及び経路を指示させなければならない。

(3) 発破等により崩壊しやすい状態になっている地山を手掘りにより掘削の作業を行うときは、掘削面の勾配を60°以下とし、又は掘削面の高さ3m未満としなければならない。

(4) 砂からなる地山を手掘りにより掘削の作業を行うときは、掘削面の勾配を35°以下とし、又は掘削面の高5m未満としなければならない。

【問題 21 の解説】車両系建設機械を用いて作業を行う場合の安全作業

(1)「**労働安全衛規則第 156 条第 1 項**」より、車両系建設機械（最高速度が毎時 10 km 以下のものを除く）を用いて作業を行うときは、**作業に係る場所の地形、地質の状態等に応じた車両系建設機械の適正な制限速度**を定め、それにより作業を行なわなければならない。　　　　　　　　　　　　　　【✗ 適当でない】
(2)(3)「**労働安全衛規則第 155、154 条**」より、車両系建設機械を用いて作業を行うときは、転落、地山の崩壊等による労働者の危険を防止するため地形、地質の状態等を調査し、適応する作業計画を定めて作業を行う。　【○ 適当である】
(4)「**労働安全衛規則第 157 条第 2 項**」より、路肩、傾斜地等で車両系建設機械を用いて作業を行う場合において、当該車両系建設機械の転倒又は転落により労働者に危険が生ずるおそれのあるときは、誘導者を配置し、その者に当該車両系建設機械を誘導させなければならない。　　　　　　　　　　　【○ 適当である】

問題 21 の解答…(1)

【問題 22 の解説】掘削作業を行うときの安全作業

(1)「**労働安全衛規則第 362 条第 2 項**」より、明り掘削の作業により露出したガス導管の損壊により労働者に危険を及ぼすおそれのある場合、つり防護、受け防護等による当該ガス導管についての防護を行い、又は当該ガス導管を移設する等の措置でなければならない。　　　　　　　　　　　　　　　　　　【○ 正しい】
(2)「**労働安全衛規則第 319 条第 1 項**」より、発破の業務につくことができる者のうちから作業の指揮者を定め、その者に、点火作業に従事する労働者に対して、退避の場所及び経路を指示すること。　　　　　　　　　　【○ 正しい】
(3)「**労働安全衛規則第 357 条第 1 項第二号**」より、手掘りにより砂からなる地山又は発破等により崩壊しやすい状態になっている地山の掘削の作業を行うときは、**掘削面の勾配を 45°以下とし、又は掘削面の高さを 2 m 未満とすること。**
　　　　　　　　　　　　　　　　　　　　　　　　　　　　【✗ 誤っている】
(4)「**労働安全衛規則第 357 条第 1 項第一号**」より、手掘りにより砂からなる地山の掘削の作業を行うときは、掘削面の勾配を 35°以下とし、又は掘削面の高さを 5 m 未満とすること。　　　　　　　　　　　　　　　　　　　【○ 正しい】

問題 22 の解答…(3)

安全管理 [31問すべて解答する]

設問の分類：管路等工事の安全対策
設問の重要度：★★

【問題23】水道管、下水道管、ガス管等の地下埋設物が予想される場所での掘削作業に関する次の記述のうち、**適当なもの**はどれか。

(1) 施工者は、埋設物のないことが明確でない車道部の掘削では、深さ1mまでの試掘により埋設物の確認を行う。

(2) 露出した埋設物がすでに破損していた場合は、掘削工事の施工者の責任において、直ちに修理を行う。

(3) 施工者は、露出した埋設物には、埋設物の名称、保安上の必要事項、管理者の連絡先等を記載した標示板を取り付け、工事関係者に注意を喚起する。

(4) 施工者は、ガス管が埋設されている近くを掘削する場合、ガス管に触れるおそれのないときには、溶接機等火気を伴う機械器具類を使用することができる。

関連知識アドバイス：露出した埋設物の保安維持について

建設工事公衆災害防止対策要綱土木工事編第38より

> 施工者は、工事中埋設物が露出した場合においては、第35（保安上の措置）の規定に基づく協議により定められた方法によって、これらの埋設物を維持し、工事中の損傷及びこれによる公衆災害を防止するために万全を期するとともに、協議によって定められた保安上の措置の実施区分に従って、常に点検等を行わなければならない。

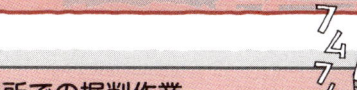

【問題 23 の解説】地下埋設物が予想される場所での掘削作業

(1)「建設工事公衆災害防止対策要綱土木工事編第 37」より、道路上において土木工事のために杭、矢板等を打設し、又は穿孔等を行う必要がある場合においては、埋設物のないことがあらかじめ明確である場合を除き、埋没物の予想される位置を深さ **2 m 程度まで試掘**を行い、埋設物の存在が確認されたときは、布掘り又はつぼ掘りを行ってこれを露出させなければならない。

【✕ 適当でない】

(2)「建設工事公衆災害防止対策要綱土木工事編第 38」より、露出した埋設物がすでに破損していた場合においては、施工者は、**直ちに起業者及びその埋設物の管理者に連絡し、修理等の措置を求めなければならない**。露出した埋設物が埋め戻した後において破損するおそれのある場合には、起業者及び埋設物の管理者と協議のうえ、適切な措置を行うことを求め、工事終了後の事故防止について十分注意しなければならない。

【✕ 適当でない】

(3)「建設工事公衆災害防止対策要綱土木工事編第 38」より、露出した埋設物には、物件の名称、保安上の必要事項、管理者の連絡先等を記載した標示板を取り付ける等により、工事関係者等に対し注意を喚起しなければならない。

施工者が点検等の措置を行う場合において、埋設物の位置が掘削床付け面より高い等通常の作業位置からの点検等が困難な場合には、あらかじめ起業者及びその埋設物管理者と協議のうえ、点検等のための通路を設置しなければならない。ただし、作業のための通路が点検のための通路として十分利用可能な場合にはこの限りではない。

【〇 適当である】

(4)「建設工事公衆災害防止対策要綱土木工事編第 40」より、可燃性物質の輸送管等の**埋設物の付近において、溶接機、切断機等火気を伴う機械器具を使用してはならない**。ただし、やむを得ない場合において、その埋設物の管理者と協議のうえ、周囲に可燃性ガス等の存在しないことを検知器等によって確認し、熱遮へい装置など埋設物の保安上必要な措置を講じたときにはこの限りではない。

【✕ 適当でない】

問題 23 の解答…(3)

安全管理 [31問すべて解答する]

【問題24】 事業者がずい道等の建設工事を行うときの安全作業に関する次の記述のうち、労働安全衛生法令上、**正しいもの**はどれか。

(1) ずい道等の建設の作業を行うときには、点検者を指名して、内部の地山について毎週1回及び中震以上の地震後、浮石及びき裂の有無及び状態並びに含水及び湧水の状態の変化を点検させなければならない。

(2) 落盤、出水、ガス爆発などの非常の場合に関係労働者にこれを知らせるため、出入口から切羽までの距離が100mに達したとき、サイレン、非常ベル等の警報用の設備を設け、関係労働者に対し、その設置場所を周知させなければならない。

(3) ずい道等の内部における可燃性ガスの濃度が爆発下限界の値の50％以上である場合は、直ちに労働者を安全な場所に退避させ関係者以外の坑内への立入りを禁止し、通風、換気等の措置を講じなければならない。

(4) 落盤、出水等による労働災害発生の急迫した危険が迫ったときには、作業中止の有無の判断や労働者の安全な場所への退避を直ちに検討しなければならない。

関連知識アドバイス

ずい道の建設作業を行うときの安全作業（労働安全衛生規則（下記衛生規則）より）

- 衛生規則「落盤、地山の崩壊等による危険の防止」には以下の条項がある
 （落盤等による危険の防止）
 （出入口附近の地山の崩壊等による危険の防止）
 （立入禁止）（視界の保持）
- 衛生規則「爆発、火災等の防止」には以下の条項がある
 （発火具の携帯禁止等）（自動警報装置が作動した場合の措置）
 （ガス抜き等の措置）（ガス溶接等の作業を行う場合の火災防止措置）
 （防火担当者）（消火設備）
- 衛生規則「退避等」には以下の条項がある
 （退避）（警報設備等）（避難用器具）（避難等の訓練）

【問題 24 の解説】ずい道等の建設工事を行うときの安全作業

(1)「**労働安全衛規則第 382 条第 1 項**」より、ずい道等の建設の作業を行うときは、落盤又は肌落ちによる労働者の危険を防止するため、点検者を指名して、ずい道等の内部の地山について、**毎日**及び中震以上の地震の後、浮石及びき裂の有無及び状態並びに含水及び湧水の状態の変化を点検させる。又、点検者を指名して、発破を行った後、当該発破を行った箇所及びその周辺の浮石及びき裂の有無及び状態を点検させること。

【✗ 誤っている】

(2)「**労働安全衛規則第 389 条の 9 第 1 項第一号**」より、ずい道等の建設の作業を行うときは、落盤、出水、ガス爆発、火災その他非常の場合に関係労働者にこれを速やかに知らせるため、次の各区分に応じ、次の設備等を設け、関係労働者に対し、その設置場所を周知させなければならない。
- 出入口から切羽までの距離が 100 m に達したとき：サイレン、非常ベル等の警報用の設備
- 切羽までの距離が 500 m に達したとき：警報設備及び電話機等の通話装置

【〇 正しい】

(3)「**労働安全衛規則第 389 条の 8**」より、ずい道等の建設の作業を行う場合であって、ずい道等の内部における可燃性ガスの濃度が**爆発下限界の値の 30％以上**であることを認めたときは、直ちに、労働者を安全な場所に退避させ、及び火気その他点火源となるおそれのあるものの使用を停止し、かつ、通風、換気等の措置を講じなければならない。

【✗ 誤っている】

(4)「**労働安全衛規則第 389 条の 7**」より、ずい道等の建設の作業を行う場合において、落盤、出水等による労働災害発生の急迫した危険があるときは、**直ちに作業を中止し**、労働者を安全な場所に退避させなければならない。

【✗ 誤っている】

問題 24 の解答…(2)

24 品質管理

【問題25】品質管理に関する次の記述のうち、適当でないものはどれか。

(1) 「作業標準」とは、「品質標準」を守るための作業方法及び作業順序などを決めたものである。

(2) 「品質標準」とは、現場施工の際に実施しようとする品質の目標であり、ばらつきの度合いを考慮して余裕を持った品質を目標とする。

(3) 「品質特性」は、工程の状態を総合的に表すものであること、測定しやすい特性であることなどに留意する。

(4) 品質管理の手順は、一般に管理しようとする「品質標準」を決めてから「品質特性」を決め、「作業標準」に従って作業を行う。

【問題26】ISO 9000ファミリーの品質マネジメントシステムにおけるトップマネジメントの役割に関する次の記述のうち、適当でないものはどれか。

(1) 品質方針は、品質マネジメントシステムの有効性の継続的な改善に対するコミットメントをする。

(2) 品質目標は、効果的で効率のよい品質マネジメントシステムが確立され実施し維持されることを確実にする。

(3) 品質方針や品質目標は、顧客要求事項を満たし適切なプロセスを実施することを確実にする。

(4) 品質方針や品質目標の周知方法は、認識や動機付けを高めるために専門部門の組織に限定して周知徹底する。

【問題 25 の解説】品質管理に関する事項

(1)「作業標準」とは、「品質標準」を守るための作業方法及び作業順序などを決めたものである。作業標準の作成は、過去の実績や事前の実験結果などにより決められる。 【〇 適当である】
(2)「品質標準」とは、選定した「品質特性」について、現場施工の際に実施しようとする品質の目標であり、ばらつきの度合いを考慮して余裕を持った品質を目標とする。 【〇 適当である】
(3)「品質特性」を決める場合には、工程の状態を総合的に表すものであること、設計品質に重要な影響を及ぼすものであること、測定しやすい特性であること、工程に対して処置のとりやすい特性であることなどに留意する。【〇 適当である】
(4) 品質管理の手順は、「**品質特性**」を選定し、その品質特性について「**品質標準**」を設定する。品質標準を守るための「**作業標準**」を決定し、**作業を実施する**。
【✕ 適当でない】

問題 25 の解答…(4)

【問題 26 の解説】ISO 9000 ファミリーの品質マネジメントシステム

(1) 品質方針は、「要求事項への適合及び品質マネジメントシステムの有効性の継続的な改善に対するコミットメントを含む。」と規定されている。
【〇 適当である】
(2) 品質目標とは、品質方針にもとづく品質に対する指標であり、効果的で効率のよい品質マネジメントシステムが確立され実施し維持されることを確実にする。 【〇 適当である】
(3) 品質方針(要求事項への適合及び品質マネジメントシステムの有効性の継続的な改善に対するコミットメントをする)や品質目標(品質方針にもとづく品質に対する指標)は、顧客要求事項を満たし適切なプロセスを実施することを確実にする。 【〇 適当である】
(4) 品質方針や品質目標の周知方法は、認識や動機付けを高めるために**組織全体に周知徹底する**。 【✕ 適当でない】

問題 26 の解答…(4)

品質管理 [31問すべて解答する]

設問の分類：構造物の品質管理
設問の重要度：★★★

【問題27】 コンクリート構造物の品質管理方法に関する次の記述のうち、**適当でないもの**はどれか。

(1) フレッシュコンクリートの単位水量を推定するための試験方法としてエアメータ法を用いた。

(2) 熱間押抜法以外の鉄筋のガス圧接継手の検査として超音波探傷法を用いた。

(3) 鉄筋のかぶりを推定するための非破壊試験法として電磁誘導法を用いた。

(4) コンクリートのひび割れ深さを推定するための非破壊試験法として電磁波反射法を用いた。

設問の分類：コンクリートの品質管理
設問の重要度：★★★

【問題28】 コンクリートの品質管理に関する次の記述のうち、**適当でないもの**はどれか。

(1) コンクリートの強度試験は、硬化コンクリートの品質を確かめるために必要であるが、結果が出るのに長時間を要するため、品質管理に用いるのは一般的に不向きである。

(2) フレッシュコンクリートの品質管理は、打込み時に行うのがよいが、荷卸しから打込み終了までの品質変化が把握できている場合には、荷卸し地点で確認してもよい。

(3) スランプは、試験値のみならず、スランプコーン引抜き後に振動を与えるなどして変形したコンクリートの形状に着目することで、品質の変化が明確になる場合がある。

(4) フレッシュコンクリートのワーカビリティーの良否の判定は、配合計画書（配合表）によって行う。

【問題 27 の解説】コンクリート構造物の品質管理方法

(1) コンクリート材料の中で、水はほかの材料に比較して密度が小さいので、単位水量が変化するとコンクリートの単位容積質量も変化する。エアメータ法はコンクリートの単位容積質量の違いから単位水量を推定する。
【〇 適当である】

(2) 熱間押抜法以外の鉄筋のガス圧接継手の検査として、外観検査（全数検査）と超音波探傷法（抜取り検査）がある。
【〇 適当である】

(3) 鉄筋のかぶりを推定するための非破壊試験法としては、電磁反射法（かぶりが厚く鉄筋径が小さい場合）、電磁誘導法（かぶりが比較的浅い場所で非常に有効な手段）を用いて測定することができる。
【〇 適当である】

(4) コンクリートのひび割れ深さを推定するための非破壊試験法として、**超音波法、衝撃弾性波法を用いる**。設問の電磁波反射法は配筋の状態や鉄筋のかぶり厚さを計測するものである。
【✕ 適当でない】

問題 27 の解答…(4)

【問題 28 の解説】コンクリートの品質管理に関する事項

(1) コンクリートの圧縮強度試験は、硬化コンクリートの品質を確かめるために必要であるが、供試体を作成してから材齢 28 日が必要で、結果が出るのに長時間を要するため、品質管理に用いるのは一般的に不向きである。
【〇 適当である】

(2) フレッシュコンクリートの品質管理は、打込み時に行うのがよいが、レディーミクストコンクリートの受入れ検査は、荷卸し時に行う。
【〇 適当である】

(3) スランプは、試験値のみならず、スランプコーン引抜き後に振動を与えるなどして変形したコンクリートの形状に着目することで、流動性などの品質の変化が明確になる場合がある。
【〇 適当である】

(4) フレッシュコンクリートのワーカビリティーの良否の判定は、配合計画書（配合表）も参考にするが、**スランプ試験などで判断する。**
【✕ 適当でない】

問題 28 の解答…(4)

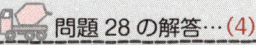

品質管理 [31問すべて解答する]

【問題29】 コンクリート構造物の非破壊検査のうち、電磁波を利用する方法（X線法、電磁波レーダ法、赤外線法）で得ることのできない情報は、次のうちどれか。

(1) コンクリートの圧縮強度

(2) コンクリート中の浮き、はく離、空隙

(3) コンクリートのひび割れの分布状況

(4) コンクリート中の鋼材の位置、径、かぶり

設問の分類：コンクリートの非破壊検査
設問の重要度：★★★

【問題30】 コンクリート構造物の鉄筋継手に用いられるガス圧接継手に関する次の記述のうち、適当なものはどれか。

(1) 鉄筋の種類がSD345のものとSD490のものを圧接してよい。

(2) 熱間押抜ガス圧接部の検査では、外観検査は適用できない。

(3) 手動ガス圧接継手の外観検査で、圧接面のずれが規定値を超える場合は、不合格となった圧接部を再加熱し、圧力を加えて修正する。

(4) 手動ガス圧接継手の超音波探傷検査では、送信探触子と受信探触子をリブにセットし、受信子で受信した反射エコー高さを測定して圧接部の合否を判定する。

設問の分類：鉄筋工事の品質管理
設問の重要度：★

【問題29の解説】コンクリート構造物の非破壊検査に関する事項

(1) コンクリートの圧縮強度試験の目的は、コンクリートの圧縮強度を測定するとともに、供試体のひずみを計測して静弾性係数を求めるものである。試験方法は、供試体を作成し、**圧縮試験機で供試体に衝撃を与えないように一様な速度で荷重を加えて破壊、計測する**。よって、電磁波は利用しない。
【✕ 適当でない】

(2) コンクリート中の浮き、はく離、空隙は、電磁波レーダ法を利用する。
【〇 適当である】

(3) コンクリートのひび割れの分布状況は、赤外線法を利用する。
【〇 適当である】

(4) コンクリート中の鋼材の位置、径、かぶりは、X線法を利用する。
【〇 適当である】

問題29の解答…(1)

【問題30の解説】鉄筋継手に用いられるガス圧接継手に関する事項

(1) 鉄筋の種類がSD 345のものとSD 490のものは**圧接してはならない**。圧接できるのは、SD 295 A、SD 295 B、SD 345、SD 390である。
【✕ 適当でない】

(2) 熱間押抜法は、手動ガス圧接の圧接直後のふくらみをせん断除去する工法で、施工と検査が同時に行える。熱間押抜ガス圧接部は、**外観検査による目視検査を行い、目視による判定が困難な場合、測定器具によって再度測定を行う**。
【✕ 適当でない】

(3) 手動ガス圧接継手の外観検査で、圧接面のずれが規定値を超える場合は、不合格となった**圧接部を切り取って再圧接する**。
【✕ 適当でない】

(4) 手動ガス圧接継手の超音波探傷検査では、JIS Z 3062（鉄筋コンクリート用異形棒鋼ガス圧接部の超音波探傷検査方法及び判定基準）に準拠して行い、送信探触子と受信探触子をリブにセットし、受信子で受信した反射エコー高さを測定して圧接部の合否を判定する。
【〇 適当である】

問題30の解答…(4)

24 品質管理 [31問すべて解答する]

設問の分類
道路・土工の品質管理

設問の重要度 ★

【問題31】 道路工事の品質管理における「工種」と「品質特性」及び「試験方法」の次の組合せのうち、**適当でないもの**はどれか。

　　　　［工種］　　　　　　［品質特性］　　　　　　［試験方法］

(1) 土工……………………締固め度……………現場密度の測定

(2) アスファルト…………針入度………………マーシャル安定度
　　舗装工　　　　　　　　　　　　　　　　　　試験

(3) 土工……………………支持力値……………平板載荷試験

(4) 路盤工…………………最大乾燥密度………締固め試験

関連知識アドバイス　品質特性の選定

項 目	内 容
品質特性の選定条件	・工程の状況が総合的に表れるもの ・構造物の最終の品質に重要な影響を及ぼすもの ・選定された品質特性（代用の特性も含む）と最終の品質とは関係が明らかなもの ・容易に測定が行える特性であること ・工程に対し容易に処置がとれること
品質標準の決定	・施工にあたって実現しようとする品質の目標を選定する ・品質のばらつきを考慮して余裕をもった品質を目標とする ・事前の実験により、当初に概略の標準をつくり、施工の過程に応じて試行錯誤を行い、標準を改訂していく
作業標準（作業方法）の決定	・過去の実績、経験及び実験結果をふまえて決定する ・最終工程までを見越した管理が行えるように決定する ・工程に異常が発生した場合でも、安定した工程を確保できる作業の手順、手法を決める ・標準は明文化し、今後のために技術の蓄積を図る

【問題 31 の解説】道路工事の品質管理

     [工種]   [品質特性]   [試験方法]

(1) 土工……………………締固め度……………現場密度の測定
 （現場密度試験では、土の密度とともに含水比の測定を行う）

【○ 適当である】

(2) アスファルト舗装工………針入度……………**針入度試験**
 （アスファルトの硬さを調べる試験）

【× 適当でない】

(3) 土工……………………支持力値……………平板載荷試験
 （平板載荷による極限支持力及び地盤反力係数を求める）

【○ 適当である】

(4) 路盤工…………………最大乾燥密度………締固め試験
 （土を最も安定な状態に締め固められる最適含水比を求める）

【○ 適当である】

マーシャル安定度試験とは
 過熱アスファルト混合物の粗骨材、細骨材とアスファルトの割合および配合量を決定するための試験

問題 31 の解答…(2)

25 環境保全・建設リサイクル

【問題32】建設工事に伴う環境保全対策として次の記述のうち、**適当でないもの**はどれか。

(1) 工事の説明会では、地域住民の環境保全対策への理解を深めるため、原則として工事の着手後に工事の目的、工事内容などについて説明し、理解を得ることとする。

(2) 建設工事周辺地域の生活環境を損なわないように、住民の生活に影響の少ない時間帯を作業時間とし、低騒音、低振動の建設機械の整備を適正に行うものとする。

(3) 現場の施工条件に適した機種の選定は、経済性、施工性、安全性はもとより、騒音や振動による環境問題の重要性を認識して決定する。

(4) 工事用車両による沿道交通への障害を防止するためには、工事現場周辺の道路における交通量、通学路などの有無、迂回路の状況について事前に十分調査する。

【問題33】建設工事に伴って発生した汚濁水の改善、処理に関する下記の文章の │   │ に当てはまる適切な語句の組合せとして、次のうち適当なものはどれか。

濁水処理が必要となる排水には、泥水使用の地中連続壁工事などの排水、コンクリートダムの骨材製造プラントの │ (イ) │、トンネルの穿孔工事に伴う廃水などがある。

濁度（SS）や │ (ロ) │ を改善し、処理する方法として、浮遊物質の自重による自然沈殿法や │ (ハ) │ を用いて浮遊物質を沈殿させ、炭酸ガスや希硫酸などを用いて排水を │ (ニ) │ する方法等がある。

	(イ)	(ロ)	(ハ)	(ニ)
(1)	洗浄水	アルカリ度(pH)	凝集剤	中和
(2)	濁水	アルカリ度(pH)	添加剤	浄化
(3)	洗浄水	溶存酸素(DO)	凝集剤	中和
(4)	濁水	溶存酸素(DO)	添加剤	浄化

問題32の解説】建設工事に伴う環境保全対策

(1)「建設工事に伴う騒音振動対策技術指針第4章5」より、建設工事の実施にあたっては、必要に応じ工事の目的、内容などについて、**事前に**地域住民に対して説明を行い、工事の実施に協力を得られるように努めるものとする。　【✕ 適当でない】

(2)「建設工事に伴う騒音振動対策技術指針第4章3、4」より、建設工事の設計にあたっては、工事現場周辺の立地条件を調査し、全体的に騒音、振動を低減するよう検討しなければならない。建設機械などは、整備不良による騒音、振動が発生しないように点検、整備を十分に行う。　【◯ 適当である】

(3)「建設工事に伴う騒音振動対策技術指針第4章3」より、低騒音、低振動の施工法の選択、低騒音型建設機械の選択とある。　【◯ 適当である】

(4)「建設工事に伴う騒音振動対策技術指針第7章2」より、運搬路の選定にあたっては、あらかじめ道路及び付近の状況について十分調査する。「通勤、通学、買物などで特に歩行者が多く歩車道の区別のない道路はできる限り避ける」「必要に応じ往路、復路を別経路にする」「できる限り舗装道路や幅員の広い道路を選ぶ」「急な縦断こう配や、急カーブの多い道路は避ける」など。　【◯ 適当である】

問題32の解答…(1)

問題33の解説】建設工事に伴って発生した汚濁水の改善、処理

濁水処理が必要となる排水には、泥水使用の地中連続壁工事等の排水、コンクリートダムの骨材製造プラントの**洗浄水**、トンネルの穿孔工事に伴う廃水などがある。

濁度（SS）や**アルカリ度（pH）**を改善し、処理する方法として、浮遊物質の自重による自然沈殿法や**凝集剤**を用いて浮遊物質を沈殿させ、炭酸ガスや希硫酸などを用いて排水を**中和**する方法等がある。

以上より、**(1)が適当な組合せ**である。

問題33の解答…(1)

25 環境保全・建設リサイクル　[31問すべて解答する]

設問の分類：資材の再資源化
設問の重要度：★★★

【問題34】建設工事に係る資材の再資源化等に関する法律（建設リサイクル法）において、解体工事又は特定建設資材を使用する新築工事の実施にあたり、対象建設工事の都道府県知事への届出事項に、該当しないものはどれか。

(1) 工事着手の時期及び工程の概要
(2) 新築工事等に使用する特定建設資材の種類
(3) 解体する建築物等の残存価額の見込み
(4) 解体する建築物等に用いられた建設資材の量の見込み

設問の分類：廃棄物の処理
設問の重要度：★★★

【問題35】廃棄物の処理及び清掃に関する法律において、排出事業者による産業廃棄物の適正な処理に関する次の記述のうち、誤っているものはどれか。

(1) 管理票を交付した者は、処理業者から処理困難である旨の通知を受けたときは、委託をした産業廃棄物の運搬又は処分の状況を把握し、適切な処置を講じなければならない。
(2) 排出事業者は、一連の処理の行程における処理が適正に行われるために、当該産業廃棄物の処理の状況に関する確認を行わなければならない。
(3) 元請業者は、発注者から請け負った建設工事に伴い生ずる廃棄物の処理について排出事業者として自ら適正に処理を行い、又は廃棄物処理業者等に適正に処理を委託しなければならない。
(4) 排出事業者が当該産業廃棄物を生ずる事業場の外において自ら保管するときは、あらかじめ当該工事の発注者へ届け出なければならない。

問題34の解説　建設工事に係る資材の再資源化等に関する法律

「建設工事に係る資材の再資源化等に関する法律　第10条第1項」より、対象建設工事の発注者又は自主施工者は、工事に着手する日の7日前までに、主務省令で定めるところにより、「解体工事である場合においては、解体する建築物等の構造」「**新築工事等である場合においては、使用する特定建設資材の種類**」「**工事着手の時期及び工程の概要**」「**分別解体等の計画**」「**解体工事である場合においては、解体する建築物等に用いられた建設資材の量の見込み**」等を都道府県知事に届け出なければならない。

以上より、(3)「解体する建築物等の残存価額の見込み」は該当しない。

問題34の解答…(3)

問題35の解説　排出事業者による産業廃棄物の適正な処理に関する事項

(1) 「**廃棄物の処理及び清掃に関する法律第12条の3第8項**」より、管理票交付者は、処理業者から処理困難である旨の通知を受けたときは、委託をした産業廃棄物の運搬又は処分の状況を把握し、適切な処置を講じなければならない。
　　　　　　　　　　　　　　　　　　　　　　　　　　　　　【〇 正しい】

(2) 「**廃棄物の処理及び清掃に関する法律第12条第7項**」より、産業廃棄物の運搬又は処分を委託する場合には、当該産業廃棄物の処理の状況に関する確認を行い、当該産業廃棄物について発生から最終処分が終了するまでの一連の処理の行程における処理が適正に行われるために必要な措置を講ずるように努めなければならない。
　　　　　　　　　　　　　　　　　　　　　　　　　　　　　【〇 正しい】

(3) 「**廃棄物の処理及び清掃に関する法律第11条、12条**」より、事業者は、その産業廃棄物を自ら処理しなければならない。産業廃棄物の運搬又は処分を委託する場合には、処理の状況に関する確認を行い、産業廃棄物の発生から最終処分が終了するまでの一連の処理の行程における処理が適正に行われるために必要な措置を講ずるように努めなければならない。　　　　　　　　　　【〇 正しい】

(4) 「**廃棄物の処理及び清掃に関する法律第12条第3項**」より、産業廃棄物を生ずる事業場の外において、自ら当該産業廃棄物の保管を行おうとするときは、あらかじめ、その旨を都道府県知事に届け出なければならない。　【✕ 誤っている】

問題35の解答…(4)

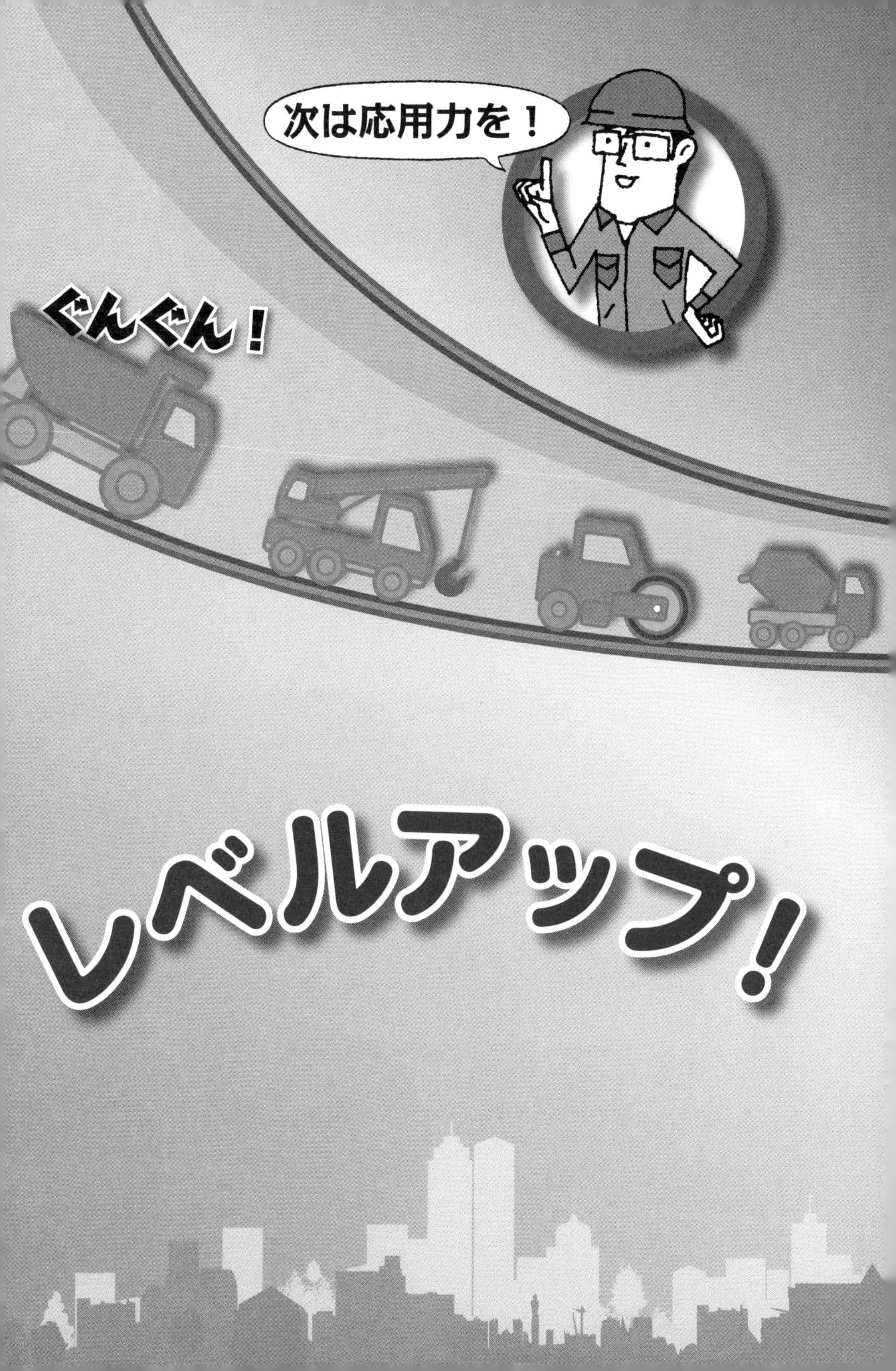
次は応用力を！
ぐんぐん！
レベルアップ！

問題 A

1章 土木一般：解答結果自己分析ノート

出題 15 問のうち 12 問を選択できますが、実力アップのため全問取り組みましょう。苦手な問題は何度も取り組み、その経過を下表に記入し成果を確認しよう。

出題 No.	工事種別	設問の内容	重要度	学習マークシート 1回	2回	3回	チェック ✓
1	土工	土質試験	★★★	○	○	○	
2		土工量計算	★★	○	○	○	
3		土工作業	★★★	○	○	○	
4		法面施工	▲	○	○	○	
5		軟弱地盤対策	★	○	○	○	
6	コンクリート	配合設計	★★★	○	○	○	
7		耐久性と劣化	★★★	○	○	○	
8		コンクリートの材料	★★★	○	○	○	
9		打込み・締固め	★★★	○	○	○	
10		養生・型枠	★★★	○	○	○	
11		鉄筋加工・組立て	★★★	○	○	○	
12	基礎工	既製杭の施工	★★★	○	○	○	
13		既製杭の施工	★★★	○	○	○	
14		場所打ち杭の施工	★★★	○	○	○	
15		その他基礎工法の施工	★	○	○	○	
			正解数				/15

合格ライン 合格するには 60％以上の正解が必要です。
- 全問対象として「9 問以上の正解」が目標
- 選択 12 問で「8 問以上の正解」が目標

出題傾向と対策 15 問中 12 問の選択なので、得手不得手に関係なく学習し確実に得点できるようにしておかなければならない。

2章 専門土木：解答結果自己分析ノート

出題 34 問のうち 10 問を選択できますが、実力アップのため全問取り組みましょう。苦手な問題は何度も取り組み、その経過を下表に記入し成果を確認しよう。

出題No.	工事種別	設問の内容	重要度	学習マークシート 1回	2回	3回	チェック ✓
16	構造物	鉄筋、鋼材	★★	○	○	○	
17		高力ボルト	▲	○	○	○	
18		プレストレトスコンクリート	▲	○	○	○	
19		コンクリート構造物	★★★	○	○	○	
20		コンクリート構造物	★★★	○	○	○	
21	河川砂防	河川堤防	★★	○	○	○	
22		河川護岸	★★★	○	○	○	
23		河川構造物	★	○	○	○	
24		砂防えん堤	★★★	○	○	○	
25		砂防施設	★★★	○	○	○	
26		地すべり防止工	★	○	○	○	
27	道路	表層、基層	★★★	○	○	○	
28		表層、基層	★★★	○	○	○	
29		上下層路盤	★★★	○	○	○	
30		路床、路体	★★★	○	○	○	
31		舗装の補修・維持	★★	○	○	○	
32		コンクリート舗装	★★★	○	○	○	
33	ダム・トンネル	ダム本体	★	○	○	○	
34		ダム本体	★	○	○	○	
35		トンネル掘削	★★★	○	○	○	
36		トンネル覆工	★	○	○	○	
37	海岸・港湾施設	海岸堤防	★★★	○	○	○	
38		海岸侵食対策工	★★★	○	○	○	
39		防波堤	★★★	○	○	○	

（つづき）

出題 No.	工事種別	設問の内容	重要度	学習マークシート 1回	2回	3回	チェック ✓
40	海岸・港湾施設	係留施設・浚渫	★★★	○	○	○	
41	鉄道	軌道工事	★★★	○	○	○	
42		土工事	★★★	○	○	○	
43		営業線近接工事	★★★	○	○	○	
44	地下構造物、鋼橋塗装	シールド工法	★★★	○	○	○	
45		塗装工事	★	○	○	○	
46	上下水道	上水道管	★★★	○	○	○	
47		下水道管	★★	○	○	○	
48		小口径管推進工法	★★★	○	○	○	
49		薬液注入工法	★★★	○	○	○	
			正解数				/34

合格ライン

合格するには60％以上の正解が必要です。
⇨ 全問対象として「21問以上の正解」が目標
⇨ 選択10問で「6問以上の正解」が目標

出題傾向と対策

　専門土木のなかから10問選択なので、解答結果から得意な工事を絞るのが現実的な対応である。重要度の高い問題は毎年コンスタントに出題されている問題なので工事を絞る参考にしてほしい。

3章 法規：解答結果自己分析ノート

　出題 **12 問のうち 8 問**を選択できますが、実力アップのため全問取り組みましょう。苦手な問題は何度も取り組み、その経過を下表に記入し成果を確認しよう。

出題No.	工事種別	設問の内容	重要度	学習マークシート 1回	2回	3回	チェック ✓
50	労働基準法	労働契約	★★★	○	○	○	
51		年少者等	★★★	○	○	○	
52	労働安全衛生法	安全管理体制	★★★	○	○	○	
53		届出等	★★★	○	○	○	
54	建設業法	請負契約等	★★	○	○	○	
55	道路・河川関係法	道路関係法	★★★	○	○	○	
56		河川関係法	★★★	○	○	○	
57	建築基準法	仮設建築物等	★★★	○	○	○	
58	火薬類取締法	火薬の取扱い	★★★	○	○	○	
59	騒音・振動規制法	騒音規制法	★★★	○	○	○	
60		振動規制法	★★★	○	○	○	
61	港則法	港則法	★★★	○	○	○	
			正解数				/12

合格ライン

合格するには 60％以上の正解が必要です。
⇨ 全問対象として「8 問以上の正解」が目標
⇨ 選択 8 問で「5 問以上の正解」が目標

出題傾向と対策

　12 問中 8 問の選択なので，得手不得手に関係なく学習し確実に得点できるようにしておかなければならない。

1章 土木一般

土工

15問出題のうち12問を選択する

設問の分類: 土質試験
設問の重要度: ★★★

【問題1】土の原位置試験に関する次の記述のうち、適当なものはどれか。

(1) 現場密度を測定する方法には、ブロックサンプリング、砂置換法、RI計器による方法があり、現場含水量と同時に測定できる方法は砂置換法である。

(2) トラフィカビリティは、コーンペネトロメータの貫入抵抗から判定されるもので、原位置又は室内における試験で計測する。

(3) ベーン試験は、主として硬い砂地盤のせん断強さを求めるもので、ボーリング孔を用いて行う。

(4) 現場透水試験は、軟弱地盤の土の強度を評価したり、掘削に伴う湧水量や排水工法を検討するために行われるものである。

主な原位置試験・試験によって得られる値・利用方法

試験の名称	得られる値	利用方法
標準貫入試験	N 値	土層の硬軟・締まり具合の判定
現場透水試験	透水係数 κ [cm/s]	地盤改良工法選定
スウェーデン式サウンディング試験	半回転数 N_{sw} [回]	土層の硬軟・締まり具合の判定
ポータブルコーン貫入試験	コーン指数 q_c [kN/m²]	建設機械の走行性(トラフィカビリティ)の判定
オランダ式2重管コーン貫入試験	コーン指数 q_c [kN/m²]	土層の硬軟・締まり具合の判定
		建設機械の走行性(トラフィカビリティ)の判定
ベーン試験	細粒土せん断強さ c [N/mm²]	細粒土の斜面、基礎地盤の安定計算
弾性波探査試験	伝搬速度 v [m/s]	岩の掘削、リッパ作業の難易
電気探査試験	土の電気抵抗 R [Ω]	地下水位状態の推定など地層の分布構造把握
単位体積質量試験	土の湿潤密度 ρ_t	締固めの施工管理
	土の乾燥密度 ρ_d	
平板載荷試験	地盤係数 κ	締固めの施工管理
現場CBR試験	CBR値 [%]	締固めの施工管理

【問題1の解説】土の原位置試験

(1) 現場密度を測定する方法には、ブロックサンプリング、砂置換法、RI計器による方法があり、**現場含水量と同時に測定できる方法はRI計器**である。RI計器とは、ラジオアイソトープを用いたガンマ線密度計及び中性子水分計を備える湿潤密度測定及び含水量測定器のことである。【✗ 適当でない】

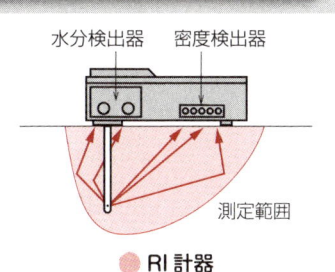

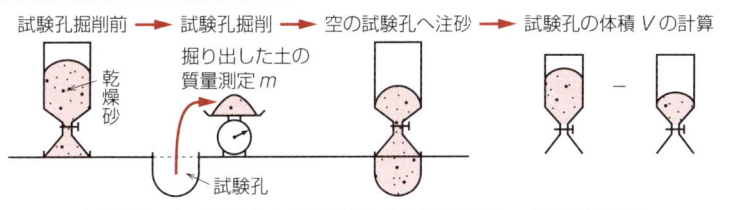

● RI計器

● 砂置換法

(2) 建設機械の走行性を表すトラフィカビリティはコーン指数で示され、コーンペネトロメータの貫入試験で測定される。【○ 適当である】

(3) ベーン試験は、主として**軟弱な粘性土地盤**のせん断強さを求めるもので、ボーリング孔を用いて行う「ボアホール式」とベーンを地中に押し込む「押込み式」がある。【✗ 適当でない】

(4) 現場透水試験は、**地盤の透水性を求める**ことを目的として実施し、掘削に伴う湧水量や排水工法を検討するために行われるものである。軟弱地盤の土の強度は評価しない。【✗ 適当でない】

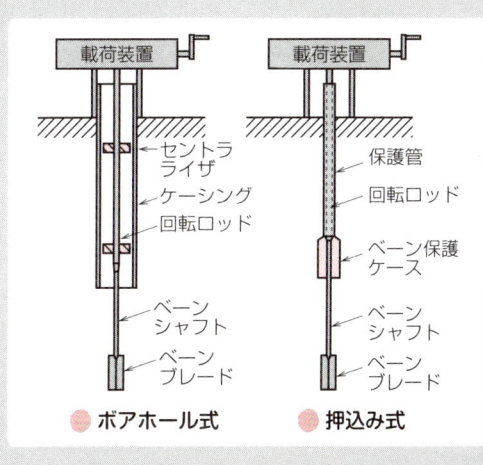

● ボアホール式　● 押込み式

問題1の解答…(2)

1 土工　[15問出題のうち12問を選択する]

【問題2】土工における土量の変化率に関する次の記述のうち、適当なものはどれか。

(1) 土量の変化率 L 及び C は、地山と締め固めた状態の体積を測定して求める。

(2) 土の掘削・運搬中の損失や基礎地盤の沈下による盛土量の増加は、原則的には土量の変化率に含まないものとしている。

(3) 土量の変化率は、測定する土量が少ないと誤差が生ずるので、信頼できる測定の地山土量は 50〜100 m³ 程度が望ましい。

(4) 土量の変化率 C は、土の運搬計画を立てるうえで重要な指標となっている。

【問題3】ボックスカルバート周辺の埋戻しに関する次の記述のうち、適当なものはどれか。

(1) 裏込め材や埋戻し材料は、供用開始後の段差の発生や土圧増加を抑制するため、圧縮性、透水係数の小さいものを使用する。

(2) 裏込め、埋戻しの敷均しは仕上り厚 50 cm 程度とし、締固めは路床と同程度に行う。

(3) 雨水の流入やたん水が生じやすい裏込め部は、工事中は雨水の流入を極力防止し、浸透水に対しては地下排水溝を設け排水する。

(4) 裏込め材や埋戻し材に適する材料は、細粒分の少ない粗粒土を用いることを基本とし、さらに圧縮性、透水性の観点から土質試験の塑性指数 20 以上を適用範囲とする。

【問題2の解説】土工における土量の変化率

(1) 土量の変化率 L は、ほぐした土量を地山土量で除したものである。量の変化率 C は、締め固めた土量を地山の土量で除したものである。よって、ほぐした状態の体積も必要である。　　　　　　　　　　　　　【✕ 適当でない】

(2) 土の掘削・運搬中の損失や基礎地盤の沈下による盛土量の増加は、原則的には土量の変化率に含まないものとしている。　　　　　　【○ 適当である】

(3) 土量の変化率は、地山の土質、締り具合により変化し測定する土量が少ないと誤差が生ずるので、信頼できる測定の地山土量は 200 m³ 以上、できれば 500 m³ 程度が望ましい。　　　　　　　　　　　　【✕ 適当でない】

(4) 土量の変化率 C =(締め固めた土量)/(地山の土量)は、土の配分計画に使われる。土の変化率 L =(ほぐした土量)/(地山の土量)は、土の運搬計画に使われる。　　　　　　　　　　　　　　　　　　　　　【✕ 適当でない】

　　　　　　　　　　　　　　　　　　　　　　問題2の解答…(2)

【問題3の解説】ボックスカルバート周辺の埋戻し

(1) 構造物の裏込め部や埋め戻し部では、供用開始後に構造物との段差が生じないよう、圧縮性の小さい材料を用いる。また、雨水などの浸透による土圧増加を防ぐために透水性のよい材料を用いることが重要である。　【✕ 適当でない】

(2) 裏込め、埋戻しの敷均しは仕上り厚 20 cm 以下とし、締固めは路床と同程度に行う。　　　　　　　　　　　　　　　　　　　　　　　【✕ 適当でない】

(3) 裏込め部は、雨水の流入やたん水が生じやすいので、工事中は雨水の流入を極力防止し、浸透水に対しては、地下排水溝を設けて処理することが望ましい。埋戻し部など地下排水が不可能な箇所は、埋戻し施工時にポンプなどで完全に排水しなければならない。　　　　　　　　　　　　　【○ 適当である】

(4) 裏込め材や埋戻し材に適する材料は、細粒分の少ない粗粒土を用いることを基本とし、細粒分（74μ 以下）の含有量が 25％ 以下であっても圧縮性、浸透性の観点から粘土分含有量を低く抑えるために塑性指数 10 以下を適用範囲とする。　　　　　　　　　　　　　　　　　　　　　　　　【✕ 適当でない】

　　　　　　　　　　　　　　　　　　　　　　問題3の解答…(3)

1 土 工 [15問出題のうち12問を選択する]

設問の分類: 法面施工

【問題4】法面排水工に関する次の記述のうち適当でないものはどれか。

(1) 盛土法面の表層崩壊のおそれのある箇所には、必要に応じて排水層などによる排水を行ったり、あるいは法尻部を砂礫や砕石ふとんかごなどにより置き換えて、補強と排水を併用した対策を行うのがよい。

(2) 切土法面に湧水などがあって安定性に悪影響のある場合には、その箇所に水平排水孔を設けるなどの処理をその都度行い、小段排水溝、縦排水溝などは原則として法面整形後に施工する。

(3) 法面に小規模な湧水があるような場合には、水平排水孔を掘って穴あき管などを挿入して水を抜き、その孔の長さは一般に2m以上とする。

(4) ソイルセメントを用いた排水溝は、風化や凍害に対する耐久性が大きいので本設の排水溝としても多く用いられる。

関連知識アドバイス

法面排水工の目的と機能は以下のものがある

目　的	排水工の種類	機　能
表面排水 （路面、隣接地、法面の排水）	法肩排水溝 縦排水溝 小段排水溝	法面への表面水の流下を防ぐ 法面への雨水を縦排水溝へ導く 法肩排水溝、小段排水溝の水を法尻へ導く
地下排水 （法面への浸透水、地下水の排水）	地下排水溝 蛇かご工 水平排水孔 垂直排水孔 水平排水層	法面への地下水、浸透水を排除する 地下排水溝と併用して法尻を補強 湧水を法面の外へ抜く 法面内の浸透水を集水井で排除する 盛土内あるいは地山から盛土への浸透水を排除する

小テストで実力アップ　法面排水、縦排水溝―この記述は○か×？

縦排水溝がほかの水路と合流するところに設ける桝には、点検が容易になるように蓋を設けない。

【問題4の解説】法面排水工

(1) 含水比の高い土で高盛土をすると盛土内部の間隙水圧が上昇し、法面のはらみ出しや崩壊が生じることがあるので砂の排水層を挿入し、間隙水圧を低下させて盛土の安定性を高める。また、法尻部を砂礫や砕石ふとんかごなどにより置き換えて、補強と排水を併用した対策を行うのがよい。　　　　【○ 適当である】

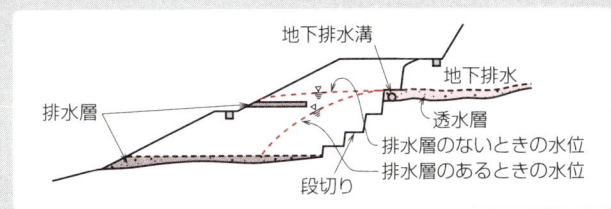

(2) 切土法面の地下水や浸透水は、水平排水孔により排除する。また、法面整形後に小段排水溝、縦排水溝などを施工する。　　　　【○ 適当である】

(3) 法面から湧水がある場合は、法面に水平な横穴をあけて2m程度の穴あき管などを挿入して浸透水を排除する。　　　　【○ 適当である】

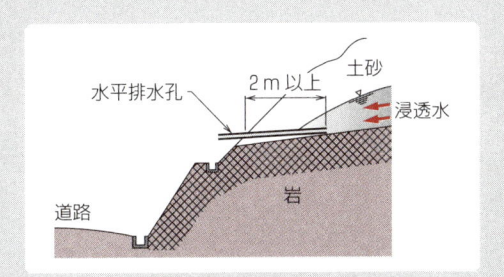

(4) ソイルセメントを用いた排水溝は、風化や凍害に対する耐久性に問題があるので、本設の排水溝としてはU字溝などが多く用いられる。　　　　【✕ 適当でない】

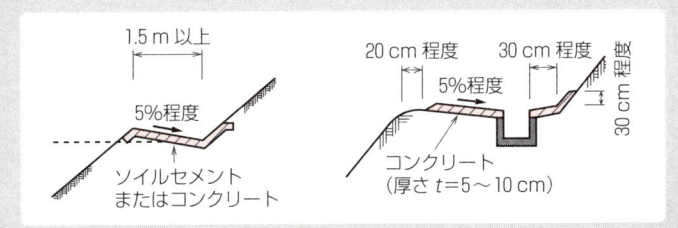

問題4の解答…(4)

小テストの解答…✕　（跳水の影響で水が飛び散らないよう蓋を設ける）

1 土工 [15問出題のうち12問を選択する]

A 問題

設問の分類：軟弱地盤対策
設問の重要度：★

【問題5】軟弱地盤対策工法に関する次の記述のうち、**適当でないもの**はどれか。

(1) サンドマット工法は、敷砂を地盤上に施工して、軟弱層の圧密のための上部排水層の役割を果たすものである。

(2) ペーパードレーン工法は、粘性土の地盤中にネット状の袋に詰めた砂の排水層を鉛直方向に設置し、圧密排水を促進させるものである。

(3) 地下水低下工法は、地盤中の地下水位を低下させることにより軟弱層の圧密促進を図るもので、一般にウェルポイント、ディープウェルなどがある。

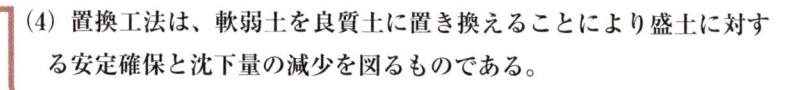

(4) 置換工法は、軟弱土を良質土に置き換えることにより盛土に対する安定確保と沈下量の減少を図るものである。

関連知識アドバイス

軟弱地盤とその対策について整理しておこう！

軟弱地盤は、主として粘土やシルトのような微細な粒子に富んだ軟らかい土で、間隙の大きい有機質土又は泥炭、ゆるい砂などからなる土層によって構成され、地下水位が高く、盛土や構造物の安定・沈下に影響を与えるおそれのある地盤をいう。

目的とする主な対策は以下である。
・沈下対策：圧密沈下の促進、全沈下量の減少
・安定対策：せん断変形の抑制、強度低下の抑制、強度増加、すべり抵抗の増加

小テストで実力アップ

軟弱地盤対策、軟弱地盤上の盛土─この記述は〇か×？
片盛部などの低い道路盛土で地盤の浅部に局部的な砂礫層が存在するような場合には、あらかじめプレロードを加え地盤を改良しておくことも必要である。

【問題5の解説】軟弱地盤対策工法

(1) **サンドマット工法**とは、軟弱地盤上に厚さ0.5〜1.2m程度のサンドマット（敷砂）を施工する工法である。効果としては、① 軟弱層の圧密のための上部排水層の役割をはたす、② 排水層となって盛土内の水位を低下させる、③ 盛土及び軟弱地盤対策工の施工に必要なトラフィカビリティを良好にするなどがあげられる。【〇 適当である】

(2) 袋詰めサンドドレーン工法は、粘性土の地盤中にネット状の袋に詰めた砂の排水層を鉛直に設置し、圧密排水を促進させるものである。**ペーパードレーン工法**とは、ネット状の袋に詰めた砂の代わりに板状のボード系材料を使用する工法である。両工法ともバーチカルドレーンに分類され、それぞれ用いる材料が違う。【✕ 適当でない】

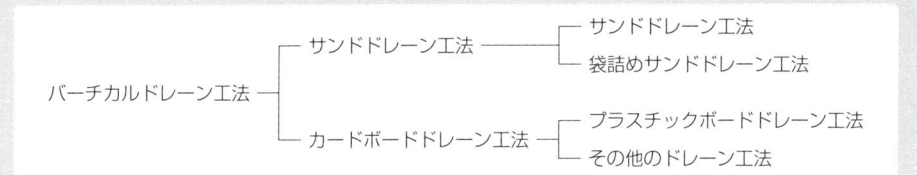

```
                       ┌─ サンドドレーン工法 ─┬─ サンドドレーン工法
                       │                      └─ 袋詰めサンドドレーン工法
バーチカルドレーン工法 ─┤
                       └─ カードボードドレーン工法 ─┬─ プラスチックボードドレーン工法
                                                    └─ その他のドレーン工法
```

(3) **地下水低下工法**は、地下水位を低下させることにより、有効応力を増加させて軟弱層の圧密促進を図るものである。地下水低下の方法としてはウェルポイント、ディープウェルなどが一般的であり、バーチカルドレーンなどと併用し圧密を促進させることも多い。【〇 適当である】

(4) **置換工法**は、軟弱土と良質土を入れ換える工法であり、盛土の安定確保と沈下量の減少を目的としている。この工法は施工方法により、軟弱土を掘削してから良質土を埋め戻す掘削置換工法と盛土自重により軟弱土を押し出す強制置換工法に分類される。【〇 適当である】

問題5の解答…(2)

小テストの解答…〇 （沈下量に差が生じる可能性があるので、本方法は有効である）

1章 土木一般

② コンクリート

15問出題のうち12問を選択する

設問の分類：配合設計
設問の重要度：★★★

【問題6】コンクリートの配合に関する次の記述のうち、**適当なもの**はどれか。

(1) 水セメント比の設定において、コンクリートに要求される耐久性を満足するため、強度から定まる水セメント比よりも小さい値を設定した。

(2) コンクリートの品質のばらつきを考慮して、配合強度を割り増して設計基準強度を定めた。

(3) 粗骨材の最大寸法が40 mmの場合と20 mmの場合を比較すると、40 mmのほうが単位水量は大きくなる傾向にあると判断した。

(4) コンクリートの練上りの目標スランプの設定において、打込みまでの運搬にかかわるスランプの低下を考慮してはならないと判断した。

設問の分類：耐久性と劣化
設問の重要度：★★★

【問題7】コンクリートの中性化に関する次の記述のうち、**適当なもの**はどれか。

(1) 塩害を受ける環境にあるコンクリート構造物では、通常の環境条件よりも中性化残りは小さく設定しておいたほうがよい。

(2) 中性化深さの照査は、一般的に供用期間〔年〕の平方根に比例すると考えて行う。

(3) 中性化の進行は、コンクリートが十分湿潤状態であるほうが速い。

(4) 無筋コンクリート構造物で用心鉄筋が配置されない構造物であっても、中性化によって構造物の性能が損なわれるおそれがある。

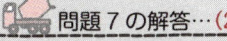

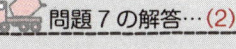

【問題 6 の解説】コンクリートの配合

(1) コンクリートの強度は水とセメントの重量割合によって決まる。この水とセメントの比を水セメント比（W/C）といい、水セメント比が小さいほど強度は大きくなる。一般的にコンクリート強度が大きくなると耐久性及び水密性が大きくなるので、この水とセメントの重量比は最も小さい値とする。
【〇 適当である】

(2) コンクリートの品質のばらつきを考慮して、設計基準強度を割り増して**配合強度を定める。**
【✕ 適当でない】

(3) コンクリートの配合は、粗骨材最大寸法が大きくなるほど同じ強度、同じスランプのコンクリートを作る**単位水量が減る。**
【✕ 適当でない】

(4) コンクリートの練上りの目標スランプの設定において、打込みまでの運搬にかかわる**スランプの低下を考慮する。**
【✕ 適当でない】

問題 6 の解答…(1)

【問題 7 の解説】コンクリートの中性化

(1) 中性化残りとは、コンクリート表面から鉄筋までのかぶりと中性化深さとの差をいう。中性化による鉄筋の腐食開始時期は、通常の環境下において中性化残り 10 mm、塩分を含む環境下において中性化残り 20 mm とされている。以上から、塩害を受ける環境にあるコンクリート構造物では、**通常の環境条件よりも中性化残りは大きく設定しておかなければならない。**
【✕ 適当でない】

(2) 中性化深さ c は時間 t の平方根に比例して進行することが知られており、$c = A\sqrt{t}$ の式で中性化の進行を予測できる（A ＝ 中性化速度係数）。【〇 適当である】

(3) 中性化は、二酸化炭素がコンクリート内に侵入し、炭酸化反応を起こすことによって細孔溶液の pH が低下する現象である。湿潤状態にあると、**二酸化炭素が侵入しにくくなり中性化の進行は遅くなる。**
【✕ 適当でない】

(4) 中性化してもコンクリート自体の強度が低下するわけではないので、無筋構造物では、**中性化によって構造物の性能が損なわれるおそれはない。**
【✕ 適当でない】

問題 7 の解答…(2)

2 コンクリート [15問出題のうち12問を選択する]

A問題

設問の分類：コンクリートの材料
設問の重要度：★★★

【問題8】コンクリート用骨材に関する次の記述のうち、**適当でないもの**はどれか。

(1) 電気炉還元スラグは、生石灰分が多く含まれるため、膨張反応を起こしやすい。

(2) 再生骨材Mを用いたコンクリートは、乾燥収縮や凍結融解作用を受けにくい部材への適用に限定される。

(3) 骨材の粒形判定実積率が小さいと、ワーカビリティの良好なコンクリートを製造するために必要な単位水量は増加する傾向にある。

(4) 骨材の安定性試験結果は、コンクリートとして用いた場合のアルカリシリカ反応性を評価するために用いられる。

関連知識アドバイス

骨材の品質とコンクリートの乾燥収縮の関係

骨材の品質	コンクリートの乾燥収縮に及ぼす影響
粒度・粒形（主に細骨材）	粒度や形状が良いと、コンクリートの乾燥収縮率は小さくなる（粒度や形状が適切だと、単位水量が低下、コンクリートの乾燥収縮率は小さくなり、間接的に影響する）
粗骨材の実積率 粒形判定実積率	実積率や粒形判定実積率が大きい（粒形が良い）と、コンクリートの乾燥収縮率は小さくなる（粗骨材の粒形が良いと、粗骨材量が増加（モルタル量（セメントペースト量）が低下）して、コンクリートの乾燥収縮率は小さくなり、間接的に影響する）
吸水率	吸水率が小さいと、コンクリートの乾燥収縮率は小さくなる
弾性係数	弾性係数が大きいと、コンクリートの乾燥収縮率は小さくなる
吸水膨張率	吸水膨張率が小さいと、コンクリートの乾燥収縮率は小さくなる
乾燥収縮率	乾燥収縮率が小さいと、コンクリートの乾燥収縮率は小さくなる
比表面積	比表面積が小さいと、コンクリートの乾燥収縮率は小さくなる

小テストで実力アップ

混和材を用いたコンクリートの耐久性—この記述は ○ か × ?

高炉スラグ微粉末は、水密性を高め塩化物イオンのコンクリート中への浸透の抑制に効果的である。

【問題 8 の解説】コンクリート用骨材

(1) 鉄スクラップを溶解して製鋼する際に副産される電気炉スラグは、酸化スラグと還元スラグとに分類される。還元スラグは酸化精錬後に還元剤、石灰を投入し還元精錬時に発生するもので、生石灰残存量が高く水分を吸収して膨張自己崩壊する。　　　　　　　　　　　　　　　　　　　　　【〇 適当である】

(2) 鉄筋コンクリート用に使用できる再生骨材は、H、M、L に分類されている。再生骨材 M は、乾燥収縮や凍結融解作用を受けにくい部材への適用に限定される。

> ① **再生骨材 H** は破砕、磨砕、分級等高度な処理を行い製造した骨材で、一般用途のコンクリートに使用される。
> ② **再生骨材 M** は破砕、磨砕などの処理を行い製造した骨材で、杭、基礎ばりなど乾燥収縮や凍結融解の影響を受けない部分のコンクリートに使用される。
> ③ **再生骨材 L** は破砕して製造した骨材で、高い強度や耐久性を求められない部分のコンクリートに使用される。

【〇 適当である】

(3) 骨材の粒形実積率が小さいとは「粒形が良くない、角張っている、大きさに偏りがある」ことを示し、コンクリートの流動性を低下させることから、ワーカビリティの良好なコンクリートを製造するために必要な単位水量は増加する傾向にある。　　　　　　　　　　　　　　　　　　　　　　　　　　【〇 適当である】

(4) 骨材の安定性試験とは、骨材中に含まれる水分が凍結するときの膨張と同様の膨張を硫酸ナトリウムの結晶圧で与えることによって凍害に対する骨材の抵抗性を調べるために用いる。アルカリシリカ反応性を評価するものではない。

【✕ 適当でない】

問題 8 の解答…(4)

小テストの解答…〇　（水密性を高め塩化物イオン等のコンクリート中への浸透を抑制する以外にも、水和熱の発生速度を遅くすること、長期強度の増進、硫酸塩や海水に対する化学抵抗性の改善、アルカリシリカ反応の抑制など、優れた効果をもたらす。また、コンクリートのワーカビリティを改善する効果も得られる。）

2 コンクリート ［15問出題のうち12問を選択する］

設問の分類：打込み・締固め
設問の重要度：★★★

【問題9】コンクリートの打込みに関する次の記述のうち、**適当でないもの**はどれか。

(1) 打ち込んだコンクリートの粗骨材が分離してモルタル分の少ない部分が認められたので、分離した粗骨材をモルタル分の多いコンクリート中に埋め込んで締め固めた。

(2) コンクリート打込み中、表面に集まったブリーディング水をスポンジで取り除いてから次のコンクリートを打ち込んだ。

(3) コンクリート打込みの1層の高さは、使用する内部振動機の性能などを考慮して40cmと設定した。

(4) 2層以上にコンクリートを分けて打ち込む際、打込み時の外気温が25℃を超えることが予想されたので、打重ね時間間隔を3時間に設定して打込み計画を立てた。

設問の分類：養生・型枠
設問の重要度：★★★

【問題10】コンクリート打込み時において、型枠に作用する側圧に関する次の記述のうち、**適当でないもの**はどれか。

(1) 打込み速度が一定の場合、コンクリートの単位容積質量が大きいほど、型枠に作用する側圧は大きくなる。

(2) コンクリートの打込み速度が早いほど、型枠に作用する側圧は大きくなる。

(3) 打込み速度が一定の場合、コンクリートのスランプが大きいほど、型枠に作用する側圧は大きくなる。

(4) 打込み速度が一定の場合、コンクリートの温度が高いほど、型枠に作用する側圧は大きくなる。

【問題9の解説】コンクリートの打込み

(1) 打ち込んだコンクリートの粗骨材が分離して、モルタル分の少ない部分ができた場合には、分離した粗骨材をすくい上げてモルタルの十分にあるコンクリートの中へ埋め込んで締め固めなければならない。　　　【○ 適当である】
(2) コンクリートの打込み中およびコンクリートを締め固めた後には、ブリーディング水が表面に集まる。たまった水を取り去った後でなければその上にコンクリートを打ち込んではならない。たまった水を取り除くために、スポンジやひしゃく、小型の水中ポンプなどを用意しておくのがよい。　　　【○ 適当である】
(3) コンクリートは原則としてその表面が一区画内でほぼ水平になるように打ち込まなければならない。コンクリート打込みの1層の高さは、使用する内部振動機の性能などを考慮して40〜50cm以下とする。　　　【○ 適当である】
(4) 2層以上にコンクリートを分けて打ち込む際、打込み時の外気温が25℃を超えることが予想されたので、**打重ね時間間隔を2時間**に設定して打込み計画を立てる。25℃以下では2.5時間である。　　　【✕ 適当でない】

問題9の解答…(4)

【問題10の解説】型枠に作用する側圧

(1) 型枠に作用する側圧は、コンクリートの単位容積質量に比例して大きくなる。よって、打込み速度が一定の場合、コンクリートの単位容積質量が大きいほど、型枠に作用する側圧は大きくなる。　　　【○ 適当である】
(2) 型枠に作用する側圧は、打込み速度に比例して大きくなる。よって、コンクリートの打込み速度が早いほど、型枠に作用する側圧は大きくなる。

【○ 適当である】
(3) スランプが大きいコンクリートは流動性が高く、コンクリートの側圧は液圧に近い側圧となり、一般の場合に比べ側圧は大きくなる。　　　【○ 適当である】
(4) 打込み速度が一定の場合、**コンクリートの温度が低いほど**、型枠に作用する側圧は大きくなる。　　　【✕ 適当でない】

問題10の解答…(4)

2 コンクリート　[15問出題のうち12問を選択する]

A 問題

設問の分類：鉄筋加工・組立て
設問の重要度：★★★

【問題11】鉄筋の加工及び組立てに関する次の記述のうち、**適当なもの**はどれか。

(1) 鉄筋位置確保のための組立用鋼材は、応力を考慮しないのでかぶりを確保しなくてもよい。

(2) 鉄筋の曲げ加工は、作業性を確保するため、常温で行うよりも加熱して行うのがよい。

(3) 異形鉄筋を用いたスターラップの曲げ半径は、一般に1.0φ以上とするのがよい。

(4) 繰返し荷重を多く受ける部材では、一般に点溶接による組立てを避けるのがよい。

関連知識アドバイス　鉄筋の加工について

スターラップとは、鉄筋コンクリート造のはりの主筋に一定間隔で垂直に巻き付けた鉄筋のこと。

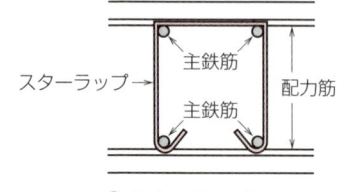

● スターラップ

折曲げ角度	折曲げ図
180°	4d以上
135°	6d以上
90°	8d以上

● 鉄筋末端部の折曲げの形状

小テストで実力アップ　鉄筋の加工・組立て―この記述は〇か✕？

軸方向鉄筋の重ね継手の重ね合せ長さは、鉄筋直径の20倍以上とする。

【問題 11 の解説】鉄筋の加工及び組立て

(1) 組立用鋼材は、鉄筋の位置を固定するために使用し、組立ても容易にする。組立用鋼材は応力を考慮しないが、耐久性を高める観点から**かぶりを確保するのは重要である**。　　　　　　　　　　　　　　　　　　　　【✕ 適当でない】

(2) 鉄筋の曲げ加工は、**原則として常温で加工しなければならない**。一度曲げ加工した鉄筋を曲げ戻すと材質を害するおそれがある。　【✕ 適当でない】

(3) 異形鉄筋を用いたスターラップの曲げ半径は下表のとおりである。

種 類		曲げ内半径	
		フック	スターラップ、帯鉄筋
普通丸鋼	SR235	2.0φ	1.0φ
	SR295	2.5φ	2.0φ
異形鋼棒	SD295AB	2.5d	2.0d
	SD345	2.5d	2.0d
	SD390	3.0d	2.5d
	SD490	3.5d	3.0d

φ：鉄筋直径、d：異形鉄筋公称直径

以上より、異形鉄筋を用いたスターラップの曲げ半径は**鉄筋種別により決められている**。　　　　　　　　　　　　　　　　　　　　　　　　【✕ 適当でない】

(4) 繰返し荷重を多く受ける部材では、一般に点溶接による組立てを避けるのがよい。これは、局部的な加熱により局部的な疲労強度を低下させるからである。
【〇 適当である】

問題 11 の解答…(4)

小テストの解答…〇　（鉄筋の重ね継手長さ（図参照）は鉄筋直径の 20 倍以上とする）

重ね継手長さ

3 基礎工

1章 土木一般

15問出題のうち12問を選択する

設問の分類: 既成杭の施工
設問の重要度: ★★★

【問題12】既製杭の支持層の確認と打止め管理に関する次の記述のうち、**適当でないもの**はどれか。

(1) 打撃工法では、一般に試験杭施工時に支持層における1打当たりの貫入量、リバウンド量などから動的支持力算定式を用いて支持力を推定し、打止め位置を決定する。

(2) プレボーリング根固め工法では、掘削速度を一定に保ち、オーガ駆動用電動機の電流値の変化と地盤調査データと掘削深度の関係を照らし合わせながら支持層の確認をするのが一般的である。

(3) 最終打撃を行わない中掘り根固め工法では、掘削速度を一定に保ちオーガモータ駆動電流値のデータから直接地盤強度や N 値を算出し支持層の確認をするのが一般的である。

(4) バイブロハンマ工法では、一般に試験杭施工時に支持層におけるバイブロハンマモータの電流値、貫入速度などから動的支持力算定式を用いて支持力を推定し、打止め位置を決定する。

関連知識アドバイス 各工法の先端処理をイメージしておこう

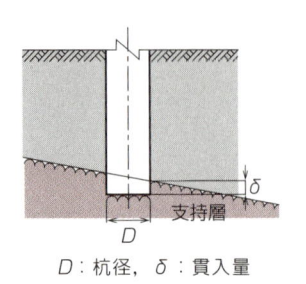

● 打撃工法　D：杭径、δ：貫入量
● プレボーリング工法
● 中掘り工法

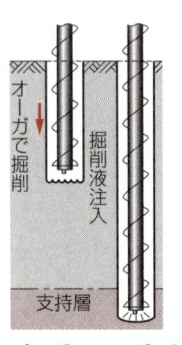

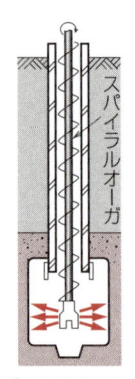

【問題12の解説】既製杭の支持層の確認と打止め管理

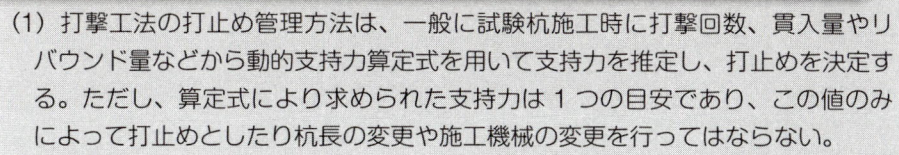

(1) 打撃工法の打止め管理方法は、一般に試験杭施工時に打撃回数、貫入量やリバウンド量などから動的支持力算定式を用いて支持力を推定し、打止めを決定する。ただし、算定式により求められた支持力は1つの目安であり、この値のみによって打止めとしたり杭長の変更や施工機械の変更を行ってはならない。
【○ 適当である】

(2) プレボーリング根固め工法では、掘削速度を一定に保ち、オーガ駆動用電動機の電流値の変化を電流計から読み取り、地盤調査データと掘削深度の関係を照らし合わせながら支持層の確認をするのが一般的である。オーガ引上げ時には、その先端部に付着している土砂を直接目視により確認するのがよい。
【○ 適当である】

(3) 最終打撃を行わない中掘り根固め工法では、支持力発現がその場で確認できない。支持層を確認する方法としては、あらかじめ推定した支持層に杭先端が近づいたら掘削速度をできるだけ一定に保ち、オーガ駆動電流の変化を電流計より読みとり、支持層到達の確認の参考とする方法がある。
【× 適当でない】

(4) バイブロハンマとは、振動式杭打機で強制振動を杭や鋼矢板に伝達することにより、先端の抵抗及び摩擦抵抗を低減させ、打込みや引抜きを行う工法である。バイブロハンマ工法では、一般に試験杭施工時に打止め時のバイブロハンマモータの電流、電圧値、及び杭貫入速度などから動的支持力算定式を用いて支持力を推定し、打止め位置を決定する。
【○ 適当である】

動的支持力算定式

$$R_a = \frac{1}{3}\left(\frac{A \cdot E \cdot K}{e_0 \cdot \lambda_1} + \frac{\bar{N} \cdot U \cdot \lambda_2}{e_{f0}}\right)$$

R_a：杭の長期許容鉛直支持力〔kN〕
A：杭の純断面積〔m²〕
E：杭のヤング係数〔kN/m²〕
K：リバウンド量〔m〕
U：杭の周長〔m〕
$\bar{N}$：杭の周面の平均N値
λ_1：動的先端支持力算定上の杭長〔m〕
λ_2：地中に打ち込まれた杭の長さ〔m〕
e_0、e_{f0}：補正係数

問題12の解答…(3)

3 基礎工 [15問出題のうち12問を選択する]

設問の分類：既製杭の施工
設問の重要度：★★★

【問題13】既製杭の施工に関する次の記述のうち適当でないものはどれか。

(1) 鋼管ソイルセメント杭工法においては、施工後のオーガロッドの引上げが、先端地盤にボイリングや吸引現象を引き起こすことはない。

(2) セメントミルク噴出かくはん方式で既製杭を施工する場合は、先端処理部において、施工管理手法に示される範囲の先掘り、拡大掘りを行ってよい。

(3) 杭の建込みの作業ヤードとして、あらかじめ地盤を掘削する必要のある場合は、フーチング下面以下の掘削は原則として行ってはならない。

(4) 現場溶接継手完了後は、肉眼によって溶接部のわれ、ピット、サイズ不足、アンダーカット、オーバーラップ、溶落ちなどの有害な欠陥をすべての溶接部について検査しなければならない。

設問の分類：場所打ち杭の施工
設問の重要度：★★★

【問題14】場所打ち杭の鉄筋かごの施工に関する記述のうち、適当でないものはどれか。

(1) 鉄筋かごの組立ては、鉄筋かごの径が大きくなるほど変形しにくいため、組立用補強材は剛性の小さいものを使用する。

(2) 鉄筋かごの主鉄筋の継手方法は、重ね継手が原則でなまし鉄線を用い鋼材や補強鉄筋を配置して堅固となるように行う。

(3) 鉄筋かごの連結時には下側の鉄筋かごをスタンドパイプの天端などに仮置きするが、鉄筋かごの仮置き用治具は、鉄筋かごの全重量を支えても変形しない強度のものとする。

(4) 鉄筋かごの建込みは、鉛直度と位置を正確に保ち、孔壁に接触して土砂の崩壊を生じさせないように施工し、所要のかぶりを確保できるようスペーサを配置しなければならない。

問題13の解説】既製杭の施工

(1) 鋼管ソイルセメント杭工法においては、オーガロッドの引上げが、先端地盤に**ボイリングや吸引現象を引き起こすことがある**ので、セメントミルクを注入しながら行う。　　　　　　　　　　　　　　　　　　　　　【✗ 適当でない】
(2) セメントミルク噴出かくはん方式は、スパイラルオーガによる中掘り杭工法により掘削沈設する杭に適用する。先端処理部において、施工管理手法に示される範囲の先掘り、拡大掘りを行ってよい。　　　　　　　　　【〇 適当である】
(3) 斜面や凹凸のある箇所に建て込む場合で、杭の建込みの作業ヤードとしてあらかじめ地盤を掘削する必要のある場合は、フーチング下面以下の掘削は原則として行ってはならない。　　　　　　　　　　　　　　　　【〇 適当である】
(4) 現場溶接継手において、完了後は肉眼によって溶接部のわれ、ピット、サイズ不足、アンダーカット、オーバーラップ、溶落ちなどの有害な欠陥をすべての溶接部について検査しなければならない。　　　　　　　【〇 適当である】

問題13の解答…(1)

問題14の解説】場所打ち杭の鉄筋かごの施工

(1) 鉄筋かご組立用補強材に剛性の小さいものを使用すると、加工組立て時に変形が生じるので注意が必要である。施工時においても、鉄筋かごの径が大きくなるほど変形しやすくなるため、**組立用補強材は剛性の大きいものを使用する。**
　　　　　　　　　　　　　　　　　　　　　　　　　　　　　【✗ 適当でない】
(2) 鉄筋かごの主鉄筋の継手方法は、重ね継手が原則でなまし鉄線を用い、鋼材や補強鉄筋を配置して堅固となるように行う。鉄線でつなぐだけでは不十分な場合は溶接などで接合する。　　　　　　　　　　　　　　　　【〇 適当である】
(3) 鉄筋かごの連結時には、下側の鉄筋かごをスタンドパイプの天端などに仮置きするが、鉄筋かごの仮置き用治具は、鉄筋かごの全重量を支えても変形しない強度のものとする。上下の鉄筋かご継手は、鉄筋かごが長尺になる場合などは重量が重くなるので脱落やずれを生じさせないよう注意する。　【〇 適当である】
(4) 鉄筋かごの建込みは、慎重に行わないと孔壁を損傷させたり、鉄筋かご変形の原因になるので、鉛直度と位置を正確に保ち、孔壁に接触して土砂の崩壊を生じさせないように施工し、所要のかぶりを確保できるようスペーサを配置しなければならない。　　　　　　　　　　　　　　　　　　　　　【〇 適当である】

問題14の解答…(1)

3 基礎工 [15問出題のうち12問を選択する]

設問の分類: その他基礎工法の施工
設問の重要度: ★

【問題15】土留め支保工の計測管理の結果、土留めの安全に支障が生じることが予測された場合に、採用した対策に関する次の記述のうち、**適当でないもの**はどれか。

(1) 土留め壁の応力度が許容値を超えると予測されたので、切りばり、腹起しの段数を増やした。

(2) 盤ぶくれに対する安定性が不足すると予測されたので、掘削底面下の地盤改良により不透水層の層厚を増加させた。

(3) ボイリングに対する安定性が不足すると予測されたので、背面側の地下水位を低下させた。

(4) ヒービングに対する安定性が不足すると予測されたので、背面地盤に盛土をした。

関連知識アドバイス

掘削底面の破壊現象はしっかり理解しておこう！

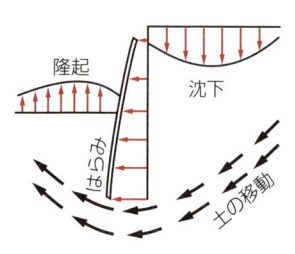

● ヒービング（やわらかい粘性土地盤）：隆起、沈下、はらみ、土の移動

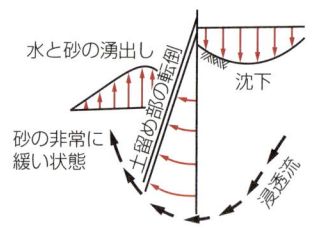

● ボイリング（地下水が高い場合 砂質土地盤）：水と砂の湧出し、沈下、土留め下部の転石、砂の非常に緩い状態、浸透流

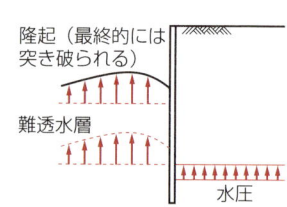

● 盤ぶくれ（掘削底面付近に難透水層 その下に透水層で構成）：隆起（最終的には突き破られる）、難透水層、水圧

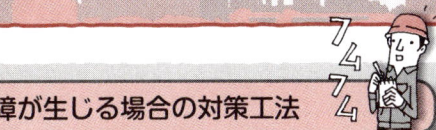

問題 15 の解説】土留め支保工で安全に支障が生じる場合の対策工法

(1) 土留め壁の応力度が許容値を超えると予測された場合、現場に最適な方法を検討し下記のような対策工法を採用する。

- 切りばりにプレロードを導入する
- 切りばり、腹起しの剛性を高める、あるいは段数を増やす
- 掘削底面下の地盤改良を行う。ただし、地盤を緩めず施工することが必要
- 水圧を低減させるため、背面側の地下水を低下させる。ただし、背面地盤の沈下に対する検討が必要

【〇 適当である】

(2) 盤ぶくれに対する安定性が不足すると予測された場合、現場に最適な方法を検討し下記のような対策工法を採用する。

- 掘削底面下の地盤改良により不透水層の層厚を増加させる
- 問題となる被圧帯水層の水位を低下させる
- 注水を行い、水中掘削の後、底面に水中コンクリートを打設する
- 平面的に部分掘削を行い、ただちに底面のコンクリートを打設する

【〇 適当である】

(3) ボイリングは、砂地盤のような透水性の大きい地盤で生じる現象である。掘削の進行に伴って土留め壁背面側と掘削面側の水位差が徐々に大きくなると、掘削面側の地盤内に上向きの浸透流が生じ、この浸透圧が掘削面側地盤の有効重量を超えると、砂の粒子が湧き立つ状態になる。よって、ボイリングに対する安定性が不足すると予測される場合、背面側の地下水位を低下させる。

【〇 適当である】

(4) ヒービングとは、掘削背面の土塊重量が掘削面下の地盤支持力より大きくなると、地盤内にすべり面が発生し、このために掘削底面に盛上りが生ずる現象である。ヒービングに対する安定性が不足すると予測されたので、背面地盤に盛土をすると、掘削背面重量が増加しヒービングの危険性が増すこととなる。

【✕ 適当でない】

問題 15 の解答…(4)

【問題16】鋼材の溶接完了後に行う溶接継手の品質を確認する外部きず検査に関する次の記述のうち、**適当でないもの**はどれか。

(1) 開先溶接の余盛は、特に指定のある場合を除きビード幅を基準にした余盛高さが規定の範囲内であれば、仕上げをしなくてよい。

(2) 溶接ビード表面のピットは、主要部材ではピットがあってはならないが、二次的な継手のすみ肉溶接や部分溶込み開先溶接では、若干の存在が許容されている。

(3) アンダーカットは、応力集中の主因となり腐食の促進にもつながるので、鋼材の疲労など特別に厳しい規定がある場合を除き、深さは0.5mm以下でなければならない。

(4) 溶接われ検査は、肉眼で行うのを原則とし、いかなる場合もわれがあってはならないが、疑わしい場合は超音波探傷試験を行うのがよい。

【問題17】鋼橋における高力ボルトの継手施工に関する次の記述のうち、**適当でないもの**はどれか。

(1) 摩擦接合において接合される材片の接触面を塗装しない場合は、所定のすべり係数が得られるよう黒皮、浮きさびなどを除去し、粗面とする。

(2) ボルトの締付けは、ナットを回して行うのが原則であるが、やむを得ずボルトの頭を回して締め付ける場合はトルク係数値の変化を確認する。

(3) ボルトの締付けは、継手の外側から中央に向かって締め付けると密着性がよくなる傾向がある。

(4) 曲げモーメントを主として受ける継手の一断面内で溶接と高力ボルト摩擦接合とを併用する場合は、溶接の完了後にボルトを締め付けるのが原則である。

【問題 16 の解説】鋼材の溶接完了後に行う溶接継手の品質の確認

(1) 開先溶接の余盛は、特に指定のある場合を除きビード幅を基準にした余盛高さが規定の範囲内であれば、仕上げをしなくてよい。余盛高さが規定を超える場合はビード形状、止端部を滑らかに仕上げる。　　　　　　　【〇 適当である】
(2) 溶接ビード表面のピットは、主要部材ではピットがあってはならないが、二次的な継手のすみ肉溶接や部分溶込み開先溶接では、1 継手につき 3 個、または継手長さ 1 m につき 3 個まで許容されている。　　　　　　　【〇 適当である】
(3) アンダーカットは、溶接ビードの両端が母材の表面より溝のように凹んだ部分のことをいう。アンダーカットは、応力集中の主因となり腐食の促進にもつながるので、鋼材の疲労など特別に厳しい規定がある場合を除き、深さは 0.5 mm 以下でなければならない。　　　　　　　　　　　　　　【〇 適当である】
(4) 溶接われ検査は、肉眼で行うのを原則とし、いかなる場合もわれがあってはならないが、疑わしい場合は**磁粉探傷試験、浸透液探傷試験を行う**のがよい。
　　　　　　　　　　　　　　　　　　　　　　　　　　　　　　【× 適当でない】

　　　　　　　　　　　　　　　　　　　　　　　　　　問題 16 の解答…(4)

【問題 17 の解説】鋼橋における高力ボルトの継手施工

(1) 摩擦接合において接合される材片の接触面は、必要なすべり係数が得られるように処理を施さなければならない。材片を塗装しない場合は、接触面の黒皮、浮きさびなどを除去し、粗面とする。　　　　　　　　　　　【〇 適当である】
(2) ボルトの締付けは、ナットを回して行うのが原則。トルク法によるボルト締め付けの管理では、セットのトルク係数値はナットを回転させた場合について定められている。やむを得ずボルトの頭を回して締め付ける場合は、改めてキャリブレーションを行い、トルク係数値の変化を確認する必要がある。【〇 適当である】
(3) ボルトの締付けは、**継手の中央部から外側に向かって締め付ける**と密着性がよくなる傾向がある。　　　　　　　　　　　　　　　　　【× 適当でない】
(4) 曲げモーメントを主として受ける部材のフランジ部と腹板部とで、溶接と高力ボルト摩擦接合とを併用する場合は、溶接の完了後にボルトを締め付けるのが原則である。ただし、I 型断面または箱型断面の桁の上フランジが溶接で、腹板及び下フランジが高力ボルト摩擦接合の場合には、上フランジの溶接前に下フランジ近傍の腹板と下フランジのボルトを締め付けてもよい。【〇 適当である】

　　　　　　　　　　　　　　　　　　　　　　　　　　問題 17 の解答…(3)

4 構造物 [34問出題のうち10問を選択する]

設問の分類
プレストレストコンクリート

設問の重要度
▲

【問題18】 プレストレストコンクリート橋の施工における型枠及び支保工に関する次の記述のうち、**適当でないもの**はどれか。

(1) プレストレス導入時には、可動支承の桁軸方向の移動・回転及び固定支承の回転などが生じないように、型枠支保工によって支承の動きを拘束しておくものとする。

(2) 支保工、底版型枠は、桁の自重に十分耐えられるだけのプレストレスを導入した時点で撤去する。

(3) プレストレスを導入する前には、桁軸方向の弾性短縮に対して拘束のある桁側面の型枠を取り外すものとする。

(4) プレストレス導入中には、桁軸方向及び上下方向に変形が生じることがあるので、必要に応じて支保工の一部を降下させるなどの処置を施すのがよい。

関連知識アドバイス

プレテンション方式とポストテンション方式の施工のイメージをつかもう!!

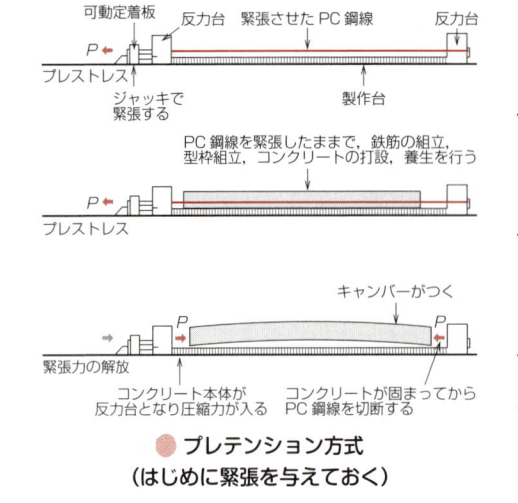

● プレテンション方式
（はじめに緊張を与えておく）

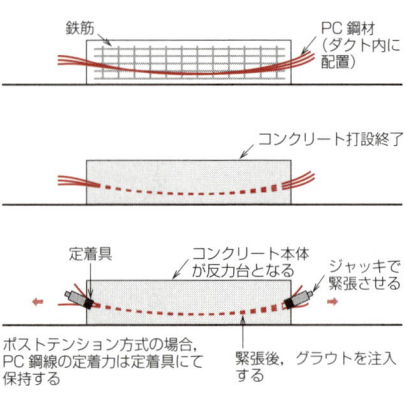

● ポストテンション方式
（硬化後に緊張を与える）

【問題18の解説】プレストレストコンクリート橋の施工における型枠及び支保工

(1) プレストレッシングにより部材に弾性変形が生じるが、この変形を型枠あるいは支保工で拘束すると、所定のプレストレス力を部材に与えられなくなるとともに、支保工がこの影響により崩壊するおそれがある。したがって、プレストレス導入時には、可動支承の桁軸方向の移動・回転及び固定支承の回転などを拘束している型枠支保工がないようにしておく。　　　　【✕ 適当でない】

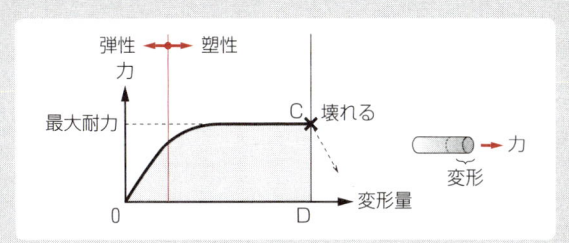

(2) 型枠及び支保工は、コンクリートが硬化して型枠及び支保工が圧力を受けなくなるまで、これを取り外さないことが原則である。プレストレッシングによってはじめて自重およびその他の荷重を受ける状態になるプレストレスコンクリート部材は、少なくともこれらの荷重に耐えられるだけのプレストレスを与えた後でなければ型枠支保工を取り外してはならない。　　　　【◯ 適当である】

(3) プレストレス導入による軸方向の短縮により、型枠の取外しが困難になったり、桁にひび割れが発生することがあるので、プレストレスを導入する前には、桁軸方向の弾性短縮に対して拘束のある桁側面の型枠を取り外すものとする。
　　　　　　　　　　　　　　　　　　　　　　　　　　　　　　【◯ 適当である】

(4) プレストレッシングにより部材に弾性変形が生じる。部材には、部材軸方向はもちろん上下方向にも変形が生じることがあり、その変形を支保工が拘束すると、部材が上下方向の力を受けることになるので、必要に応じてプレストレッシングの作業中、支保工の一部を降下させるなど処置を施すのがよい。

【◯ 適当である】

問題18の解答…(1)

【問題 19】コンクリートの凍害に関する次の記述のうち、**適当でないもの**はどれか。

(1) 水セメント比は、コンクリートの耐凍害性に影響を及ぼさない。

(2) 単位水量は、初期凍害を防止するため、所要のワーカビリティが保てる範囲内でできるだけ少なくしなければならない。

(3) 気象環境の厳しいところでは、AE コンクリートを用いるのが原則である。

(4) コンクリートの耐凍害性には、コンクリートの品質のほかコンクリートの飽水度などの要因がある。

【問題 20】コンクリートのワーカビリティと耐久性確保のための配合設定に関する次の記述のうち、**適当でないもの**はどれか。

(1) 同一スランプのコンクリートでは、細骨材率が大きいほど単位水量は減少する傾向にある。

(2) 単位水量は、コンクリートの品質や耐久性を大きく左右するため、その上限値は 175 kg/m^3 を標準とする。

(3) 同一スランプのコンクリートでは、砕石を用いる場合は川砂利を用いる場合に比べて単位水量が増える。

(4) 同一スランプのコンクリートでは、粗骨材最大寸法が 40 mm の場合は粗骨材最大寸法が 15 mm の場合と比べて単位水量を減らせる。

【問題19の解説】コンクリートの凍害

(1) コンクリートの凍害は、コンクリートの空隙中に存在する水分が凍結融解を繰り返すことにより、ひび割れや表面はく離が発生し、その損傷が次第にコンクリート内部に進行する現象である。よって**コンクリートの耐凍害性はコンクリートの配合（水セメント比、スランプ、空気量）が影響する。**　【✗ 適当でない】

(2) コンクリートの凝結・硬化過程で1～数回の凍結融解作用を受けて強度低下や破損を起こす初期凍害を防止するには、養生などの施工管理や、AE剤、AE減水剤を用い、コンクリートの単位用水量を減らすなどがある。この単位水量は、所要のワーカビリティが保てる範囲内でできるだけ少なくしなければならない。　【〇 適当である】

(3) AE剤、AE減水剤を用いることにより、コンクリートの単位用水量を減らし、適切な空気量を連行することができる。このことにより、コンクリートの耐凍害性は改善される。これは、AE剤が連行した空気泡が、水が凍結して起こす体積膨張を吸収し、膨張圧を緩和するからである。　【〇 適当である】

(4) コンクリートの耐凍害性には、コンクリートの品質のほかコンクリートの飽水度、凍結融解の繰返し回数などの要因がある。　【〇 適当である】

問題19の解答…(1)

【問題20の解説】ワーカビリティと耐久性確保のための配合設定

(1) 同一スランプのコンクリートでは、細骨材率が大きいほど**単位水量は増加する傾向にある。**　【✗ 適当でない】

(2) レディーミクストコンクリートの単位水量の上限値は、粗骨材最大寸法20～25 mmの場合は175 kg/m^3、粗骨材最大寸法40 mmの場合は165 kg/m^{3}を基本とする。　【〇 適当である】

(3) 同一スランプのコンクリートでは、粒形が良くない、角張っている、大きさに偏りがあるとコンクリートの流動性を低下させることから、ワーカビリティの良好なコンクリートを製造するために必要な単位水量は増加する傾向にあるので、川砂利に比べて角張っている砕石を用いる場合の単位水量は増加する。【〇 適当である】

(4) 粗骨材の最大寸法が大きいほど、同一スランプを得るのに必要な単位水量は少なくなる。よって粗骨材最大寸法40 mmの場合は15 mmの場合に比べて単位水量を減らすことができる。　【〇 適当である】

問題20の解答…(1)

5 河川砂防

2章 専門土木

34問出題のうち10問を選択する

設問の分類：河川堤防
設問の重要度：★★

【問題21】河川堤防の盛土施工に関する次の記述のうち、**適当でないもの**はどれか。

(1) 堤防の盛土は、堤防完成後の築堤地盤の圧密沈下と堤体自体の収縮を考慮して、計画堤防高に余盛を加えた施工断面で施工する。

(2) 堤防に腹付けを行う場合は、新旧法面をなじませるために50～60cm程度の段切りを行う。

(3) 築堤を礫で盛土する場合の締固め管理は、乾燥密度で規定する方式が一般的である。

(4) 築堤土の敷均しは、締固め後の1層の仕上り厚は30cm以下になるよう施工する。

関連知識アドバイス ―般的な締固め機械の選定に対する相性一覧表

土質区分	普通ブルドーザ	タイヤローラ	振動ローラ	振動コンパクタ	タンパ	備考
砂 礫混じり砂	○	○	○	●	●	単粒度の砂、細粒分の欠けた切込み砂利、砂丘の砂など
砂、砂質土 礫混じり砂質土	◎	◎	○	●	●	細粒分を適度に含んだ粒度配合の良い締固め容易な土、マサ、山砂利など
粘性土 礫混じり粘性土	○	○	○	×	●	細粒分は多いが鋭敏性の低い土、低含水比の関東ローム、くだきやすい土丹など
高含水比の砂質土 高含水比の粘性土	○	×	×	×	×	含水比調節が困難でトラフィカビリティが容易に得られない土、シルト質の土など

◎：有効なもの
○：使用できるもの
●：施工現場の規模の関係で、他の機械が使用できない場所などで使用するもの
×：不適当なもの

【問題 21 の解説】河川堤防の盛土施工

(1) 堤防の盛土は、堤防完成後の築堤地盤の圧密沈下と堤体自体の収縮、堤防天端の通行、風雨による損傷などを考慮して、計画堤防高に余盛を加えた施工断面で施工する。余盛のほかに堤防天端には、排水のために 10% 程度の横断勾配をつけるものとする。　　　　　　　　　　　　　　　　　　　　【〇 適当である】

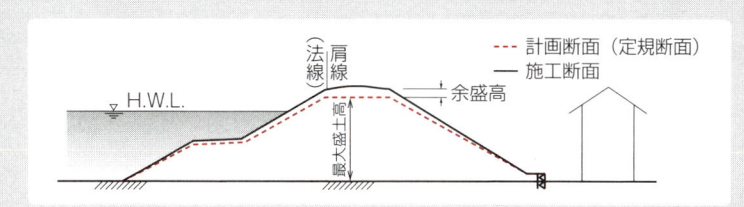

(2) 法面が 1:4 より急な勾配を有する場合、堤防に腹付けを行う場合は、新旧法面をなじませるために 50〜60 cm 程度の段切りを行う。　　　【〇 適当である】

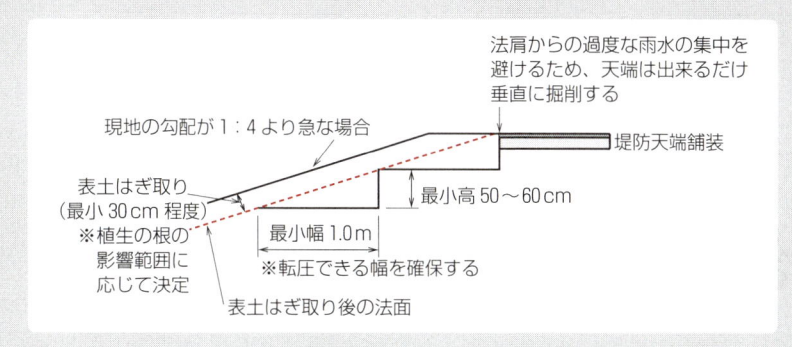

(3) 盛土の締固めの管理は、品質規定方式と工法規定方式に分けられる。
品質規定方式は ① 乾燥密度（密度比）で規定する方法、② 空気間隙率または飽和度で規定する方法、③ 強度特性・変形特性で規定する方法がある。
工法規定方式は、締固め機械の機種、敷均し厚さ、締固め回数などを定め、これにより一定の品質を確保する方法である。築堤を礫で盛土する場合の締固め管理は、**工法規定方式が一般的である**。　　　　　　　　　　　【✗ 適当でない】

(4) 築堤土の敷均しは、締固め後の 1 層の仕上り厚は 30 cm 以下になるよう施工する。この場合、敷均しの厚さは 30〜45 cm としている。　　　【〇 適当である】

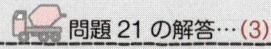

問題 21 の解答…(3)

5 河川砂防 [34問出題のうち10問を選択する]

設問の分類：河川護岸
設問の重要度：★★★

【問題22】河川護岸に関する次の記述のうち、**適当でないもの**はどれか。

(1) 石張り（積み）工の張り石は、その石の重量を2つの石に等分布させるように谷積みでなく布積みを原則とする。

(2) 鉄線蛇かごの詰め石の施工順序は、まず石を緩く入れておき、低いほうから順次かごを満杯に詰め込んでいく。

(3) 護岸部の覆土や寄せ石の材料は、生態系の保全、植生の早期復元、資材の有効利用のため現地発生材を利用する。

(4) かごマットは、現場での据付けや組立作業を省力化するため、かごは工場で完成に近い状態まで加工する。

関連知識アドバイス
護岸工法の特徴を理解しておこう！

石積の方法は、左図が「谷積み」、右図が「布積み」。
かごマット護岸の適用範囲、以下①～④もチェックしておく。

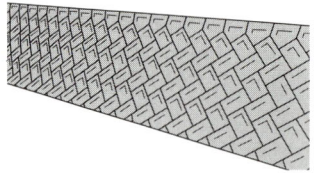

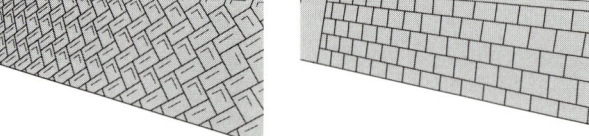

● 谷積み　　● 布積み

① 平張りタイプにおいては、法勾配が1：2.0以上の緩やかな勾配の区間に適用する。
② 多段積みタイプにおいては、法勾配が1：1.0以下の急な勾配の区間に適応する。
③ 河川水が強い酸性または高い塩水濃度を有する河川で、著しく鋼線の腐食のおそれのある区間を除く。なお、特殊な条件のもとで使用する場合には、連節鉄筋の材質を考慮する必要がある。
④ 河床材料が転石などで構成され、鉄線の耐久性に著しく支障を及ぼす区間を除く。

【問題22の解説】河川護岸の施工

(1) 石張り（積み）工の張り石は、その石の重量を2つの石に等分布させるように**布積みでなく谷積み**を原則とする。　【✗ 適当でない】

(2) 中詰め材の粒径は、洪水時の代表流速に対して安定を保つことのできる大きさとし、鉄線蛇かごの詰め石の施工順序は、まず石を緩く入れておき、低いほうから順次かごを満杯に詰め込んでいく。　【〇 適当である】

(3) 工事によって発生した残土は覆土などに利活用するものとし、植生の回復を図る。また水際部においても現地発生材などを利用した寄せ石などを行う。覆土や寄せ石の材料は現地発生材を仮置きして利用するものとし、特に覆土材は現地で採取した表土を活用することで、元の状態に近い状態で早期に植生の回復が期待できる。　【〇 適当である】

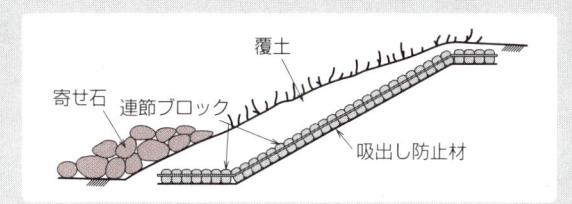

(4) かごマットは、所定の厚さと区割りを有した連続マット状の鉄線製のかご構造の中に詰め石を行い、蓋網を施した構造とし、地盤変形などに順応できる柔軟な構造とする。　【〇 適当である】

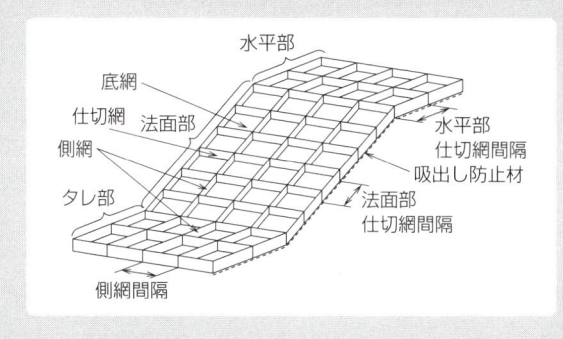

問題22の解答…(1)

5 河川砂防 [34問出題のうち10問を選択する]

【問題23】 河川の柔構造樋門に関する次の記述のうち、**適当でないもの**はどれか。

(1) 柔構造樋門は、樋門本体の不同沈下対策として地盤の沈下に伴う樋門の沈下を少なくするため、あらかじめ函体を上越しして設置することは避ける。

(2) 柔構造樋門で許容残留沈下量を超過する場合は、地盤改良を併用し、残留沈下量を許容残留沈下量以下に抑制する。

(3) 柔支持基礎は、基礎の沈下を構造物が機能する適切な範囲まで許容しつつ安定させるものである。

(4) 函体の継手は、キャンバー量及び残留沈下量を考慮した函体の変位量に対応できる水密性と必要な可とう性を確保する。

柔構造樋門の基礎知識

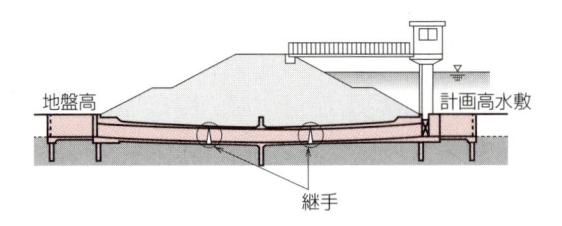

堤防を横断して設けられる樋門は、コンクリートを主体につくられるため、堤防を構成している土砂（堤体土）と重量、剛性などが異なり、樋門と堤体土は密着しがたく、堤防の沈下とともに空洞が発生する。この空洞化に対処するため、樋門を周辺地盤の沈下に追随させることで空洞化を抑制するのが柔構造樋門である。

地盤への追随は、函体自体の変形ではなく継手を介して折線状に折れやすくする。

【問題 23 の解説】河川の柔構造樋門の施工

(1) 柔構造樋門は、樋門本体の不同沈下対策として地盤の沈下に伴う樋門の沈下を少なくするため、残留沈下に対応する適切な高さのキャンバー盛土を行い、**あらかじめ函体を上越しして設置する場合がある**。　　　　　　【✕ 適当でない】

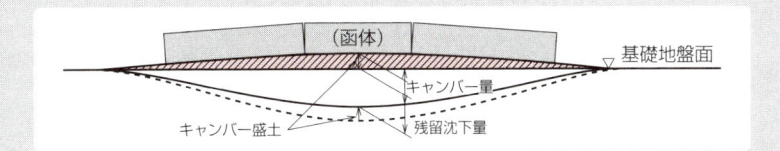

(2) 柔構造樋門における基礎地盤の残留沈下量は樋門の構造特性を損なわず、周辺堤防に悪影響を及ぼさない値まで抑制する。許容残留沈下量を超過する場合は、地盤改良を併用し、残留沈下量を許容残留沈下量以下に抑制する。　【〇 適当である】

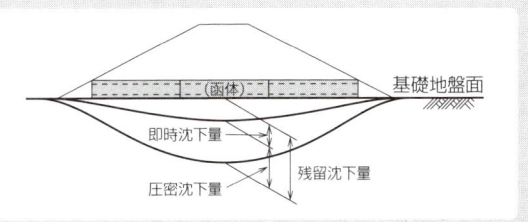

(3) 柔支持とは、基礎を良質な支持層に着底させないで比較的大きな基礎の沈下を許容する支持方式である。樋管で用いられる柔支持基礎は、基礎の沈下を構造物が機能する適切な範囲まで許容しつつ安定させるものである。　　　　　　　　　　　　　　　　　　　　　　　　　　　　　　【〇 適当である】

(4) 函体の継手は、キャンバー量及び残留沈下量を考慮した函体の変位量に対応できる水密性と必要な可とう性を確保する。継手の種類は「可とう性継手」「カラー継手」「弾性継手」などがある。　　　　　　　　　　　　【〇 適当である】

継手形式	変形特性	設計モデル
可とう性継手	継手の開口、折れ角、目違いをほとんど拘束しないため断面力の伝達は少ない	フリー
カラー継手	継手の目違いを拘束するが、開口、折れ角をほとんど拘束しない。このため、せん断力のみを伝達する	ヒンジ（函軸方向はフリー）
弾性継手	継手ばねの大きさとスパン間の変位差に応じた断面力の伝達がある	函軸方向ばね、せん断ばね、曲げばね

問題 23 の解答…(1)

5 河川砂防 [34問出題のうち10問を選択する]

A問題

設問の分類：砂防えん堤
設問の重要度：★★★

【問題24】砂防えん堤の基礎の施工に関する次の記述のうち、適当でないものはどれか。

(1) 岩盤基礎における基礎掘削部の間詰めは、砂礫で行う。

(2) えん堤の基礎地盤は、原則として岩盤とする。

(3) 砂防えん堤の高さが15m以上の場合は、硬岩基礎の場合であっても、副えん堤を設置して前庭部を保護するのが一般的である。

(4) 袖の両岸へのかん入は、えん堤基礎と同程度の安定性を有する地盤まで行う。

関連知識アドバイス　基礎処理の対応方法

基礎地盤が所要の強度を得ることができない場合は、想定される現象に対応できるようにいくつかの工法を比較検討して適切な工法を選定し、その工法に合った設計法により設計する必要がある。一般に用いられている工法としては、次のようなものがある。

- 地盤支持力、せん断摩擦抵抗力の改善
  所定の強度が得られる深さまで掘削、えん堤の堤底幅を広くして応力を分散、グラウト、岩盤PS工、軟弱地盤の置換えなど
- その他、カットオフ、コンクリート水叩き、あるいは水褥地を設けて対処する

小テストで実力アップ　砂防えん堤の基礎―この記述は○か×?

岩盤基礎の一部に弱層、風化層、断層などの軟弱部を挟む場合は、軟弱部を取り除き、良質な礫で置き換えるのが一般的である。

【問題 24 の解説】砂防えん堤の基礎

(1) 岩盤基礎における基礎掘削部の間詰めは、**コンクリートで行い**、砂礫基礎の場合は砂礫、あるいはコンクリートで行う。本体の立上り部および袖のかん入部の間詰めは、岩盤の場合はコンクリート、土砂盤の場合は土留め擁壁を設け土砂で埋め戻すことが多い。間詰コンクリートの打設高は 1 m を原則とし、本体コンクリートと同時打設とする。　　　　　　　　　　　　　【✕ 適当でない】

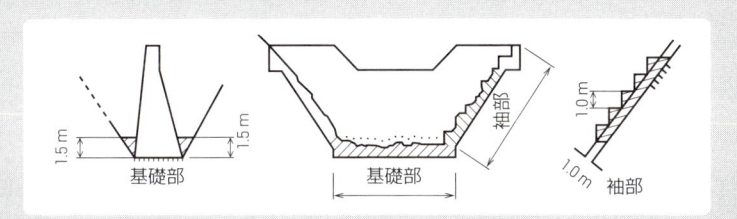

(2) 砂防えん堤の基礎地盤は、安全性などから岩盤が原則である。ただし、計画上やむをえず砂礫基盤とする場合は、原則として、えん堤高 15 m 未満に抑えるとともに、均一な地層を選定しなければならない。　　　　　　　【〇 適当である】

(3) 砂防えん堤の高さが 15 m 以上の場合は、硬岩基礎の場合であっても、副えん堤を設置して前庭部を保護するのが一般的である。砂礫基礎の場合は、水叩きと副えん堤を併用する場合が多い。　　　　　　　　　　　　　　　【〇 適当である】

(4) 袖の両岸は、洪水流などの外力をしばしば受けるとともに、異常な洪水や土石流により越流する場合も考えられ、これによる袖部の破壊あるいは下流部の洗掘は砂防えん堤の本体の破壊の原因になりやすい。袖はこれらに対処するため十分な袖こう配をとり、袖のかん入の深さを本体と同程度の安定性を有する地盤までとする。特に砂礫地盤の場合は、必要に応じて上下流に土留め擁壁を施工して、袖の基礎の安定を図るべきである。　　　　　　　　　　【〇 適当である】

問題 24 の解答…(1)

小テストの解答…✕　(軟弱部をプラグ(コンクリート)で置き換えて補強する)

5 河川砂防　[34問出題のうち10問を選択する]

設問の分類：砂防施設
設問の重要度：★★★

【問題25】渓流保全工に関する次の記述のうち、適当なものはどれか。

(1) 同じ河床勾配が長い距離で続く場合は、中間部での過度の渓床変動を抑制するために帯工を施工する。

(2) 流路幅は、現況の河幅よりも狭めた場合に構造上安全側となることが多いので、できるだけ現況流路幅より狭い計画断面とする。

(3) 勾配変化点においては、上流側の勾配による影響をできる限り下流に及ぼさないよう床固工などは施工しない。

(4) 流路幅が広く乱流や異常堆積のおそれがある場合は、原則として単断面とし、床固工は設けない。

設問の分類：地すべり防止工
設問の重要度：★

【問題26】地すべり防止対策の排土工に関する次の記述のうち、適当なものはどれか。

(1) 排土は、地すべり箇所全域において、斜面とほぼ平行に浅い切土を行うことが原則である。

(2) 地すべり頭部の地塊の厚さが末端の厚さに比較して厚い場合、頭部の排土は効果が小さい。

(3) 対策を行う地すべり地に続く上部斜面に潜在性地すべりが分布している場合には、排土を急速施工とすることが原則である。

(4) 排土は、地すべり箇所の斜面上部より下部に向かって行うことが原則である。

【問題25の解説】渓流保全工の施工

(1) 同じ河床勾配が長い距離で続く場合は、中間部での過度の渓床変動を抑制し、護岸基礎の洗掘を防止するために帯工を施工する。　　　【〇 適当である】
(2) 流路幅は、現況の河幅よりも狭めた場合に構造上危険側となることが多いので、できるだけ現況流路幅を活かした計画断面とする。　【✗ 適当でない】
(3) 勾配変化点においては、上流側の勾配による影響をできる限り下流に及ぼさないよう床固工を施工し落差を設けることを原則とする。　【✗ 適当でない】
(4) 流路幅が広く乱流や異常堆積のおそれがある場合は、複断面とするか袖の長い床固め工を連続的に設ける。　　　　　　　　　　　　【✗ 適当でない】

問題25の解答…(1)

【問題26の解説】地すべり防止対策の排土工

(1) 排土は、地すべり頭部域において、ほぼ平行に大きな切土を行うことが原則である。　　　　　　　　　　　　　　　　　　　　　　【✗ 適当でない】

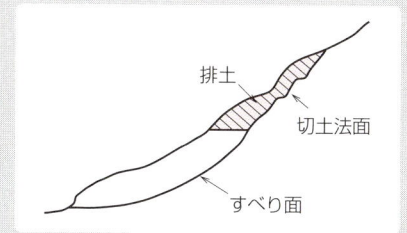

(2) 地すべり頭部の地塊の厚さが末端の厚さに比較して厚い場合、頭部の排土は効果が大きい。　　　　　　　　　　　　　　　　　　　　【✗ 適当でない】
(3) 対策を行う地すべり地に続く上部斜面に潜在性地すべりが分布している場合には、排土を避けることが原則である。　　　　　　　　　【✗ 適当でない】
(4) 排土工は切土法面の保護と切土後地盤の排水工が含まれている。施工にあたっては地すべり箇所の斜面上部より下部に向かって行うことが原則である。
　　　　　　　　　　　　　　　　　　　　　　　　　　　　　【〇 適当である】

問題26の解答…(4)

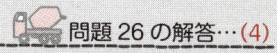

2章 専門土木

6 道路

34問出題のうち10問を選択する

【問題27】 アスファルト舗装道路の混合物の舗設に関する次の記述のうち、適当でないものはどれか。

(1) 転圧時の混合物の温度は、一般に初転圧は110〜140℃であり、二次転圧の終了温度は70〜90℃である。

(2) 二次転圧は、一般に10〜12tのロードローラ又は6〜10tの振動ローラで行う。

(3) ローラは、一般にアスファルトフィニッシャ側に駆動輪を向けて、横断勾配の低いほうから高いほうへ向かって転圧する。

(4) 転圧時のヘアークラックは、ローラの線圧過大や転圧時の温度の高すぎ、過転圧などの場合に多く見られる。

設問の分類：表層、基層
設問の重要度：★★★

【問題28】 道路の排水性舗装の施工に関する次の記述のうち、適当なものはどれか。

(1) 既設排水性舗装との継目部は、一般に、ジョイントヒータで加温し、タックコートにより十分密着させて施工する。

(2) 高粘度改質アスファルトを使用した排水性舗装の初期転圧は、通常のアスファルト舗装よりも高い温度で締め固める。

(3) 排水性舗装の仕上げ転圧は、空隙のつぶれを防止するため、一般的にマカダムローラで行う。

(4) 排水性舗装の表層の厚さは、粗骨材の最大粒径の1.2倍以下とする。

設問の分類：表層、基層
設問の重要度：★★★

【問題 27 の解説】アスファルト舗装道路の混合物の舗設

(1) 転圧時の混合物の温度は、一般に初転圧は 110～140 ℃ のときに 10～12 t のロードローラで踏み固めて安定させる。二次転圧の終了温度は 70～90 ℃ である。　　　　　　　　　　　　　　　　　　　　　　　【〇 適当である】

(2) 二次転圧は、一般に 8～20 t のタイヤローラを用いる。タイヤローラによってニーディング（こね返し）作用を与えて、混合物の粗骨材の配列を安定化し、その間隙にアスファルトモルタル分を充填させて均一な締固めを行う。6～10 t の振動ローラを用いる場合もある。　　　　　　　　　　【✕ 適当でない】

(3) ローラは、一般にアスファルトフィニッシャ側に駆動輪を向けて、勾配の低いほうから等速で転圧する。案内輪よりも駆動輪のほうが転圧中に混合物を前方に押す傾向が小さく、その動きを最小にとどめることができる。横断勾配が付いている場合、低いほうから高いほうへ向かって転圧する。　　　【〇 適当である】

(4) 転圧時のヘアークラックは、混合物の配合が不適当のほか、ローラの線圧過大や転圧時の温度の高すぎ、過転圧などの場合に多く見られる。【〇 適当である】

問題 27 の解答…(2)

【問題 28 の解説】道路の排水性舗装の施工

(1) 既設排水性舗装との継目部は、一般に、ジョイントヒータで加温し、新しい舗装と密着させる。タックコートにより密着させると排水性を損なう場合がある。　　　　　　　　　　　　　　　　　　　　　　　　　　　【✕ 適当でない】

(2) 排水性混合物は、敷均し後の温度低下が早いため敷均し終了後速やかに初期転圧を行う。特に、高粘度改質アスファルトを使用した排水性舗装の初期転圧は、通常のアスファルト舗装よりも高い温度で締め固める。　　　【〇 適当である】

(3) 排水性舗装の仕上げ転圧は、一般に 6～10 t のタンデムローラかタイヤローラを使用する。タイヤローラを使用する場合、転圧温度が高すぎると空隙のつぶれなどが発生する懸念があるので路面温度が 70～90 ℃ 程度になってから行う。
　　　　　　　　　　　　　　　　　　　　　　　　　　　【✕ 適当でない】

(4) 排水性舗装の表層の厚さは、一般的に 4～5 cm とし、最大粒径の 2.5 倍以上を目安とする。　　　　　　　　　　　　　　　　　　　　【✕ 適当でない】

問題 28 の解答…(2)

6 道路　[34問出題のうち10問を選択する]

設問の分類：上下層路盤
設問の重要度：★★★

【問題29】アスファルト舗装道路の下層路盤の施工に関する次の記述のうち、適当でないものはどれか。

(1) 粒状路盤工法において、粒状路盤材料として砂などの締固めを適切に行うためには、その上にクラッシャランなどをおいて同時に締め固めてもよい。

(2) 路上混合方式によるセメント安定処理工法の転圧は、タイヤローラやロードローラなど2種類以上の舗装用ローラを併用すると効果的である。

(3) 路上混合方式による石灰安定処理工法の横方向の施工継目は、前日の施工端部を垂直に切り新しい材料を打ち継ぐ。

(4) セメントや石灰による安定処理路盤材料の場合には、締固め時の含水比が最適含水比付近となるよう注意して締固めを行う。

設問の分類：路床、路体
設問の重要度：★★★

【問題30】アスファルト舗装道路の路床の施工に関する次の記述のうち、適当でないものはどれか。

(1) 路床土が粘性土である場合や含水比が高い土の場合には、施工終了後に降雨によって荷重支持性能が低下しないように縁部に仮排水溝を設けるなど排水に十分注意する。

(2) 路床の築造工法の選定においては、構築路床の必要とする動的安定度と計画高さ、残土処分地及び良質土の有無などに配慮して決定する。

(3) 安定処理工法により路床を構築する場合は、タイヤローラなどによる仮転圧を行い、次にモータグレーダなどにより所定の形状に整形し、タイヤローラなどにより締め固める。

(4) 路床の施工終了後は、タイヤローラなどを走行させてたわみを目視で観察するとともに、締固め不足や材料不良の箇所がないかを調べる方法としてプルーフローリングを行うのがよい。

【問題29の解説】アスファルト舗装道路の下層路盤の施工

(1) 粒状路盤工法はクラッシャラン、砂、砂利などの粒状材料を敷き均し、締め固める工法で、粒状路盤材料として砂などの締固めを適切に行うためには、その上にクラッシャランなどをおいて同時に締め固めてもよい。　【〇 適当である】

(2) 路上混合方式によるセメント安定処理工法の1層の仕上がり厚は、15～30cmを標準とし、転圧はタイヤローラやロードローラなど2種類以上の舗装用ローラを併用すると効果的である。　【〇 適当である】

(3) 路上混合方式による石灰安定処理工法の横方向の施工継目は、前日の施工端部を乱してから新しい材料を打ち継ぐ。　【✕ 適当でない】

(4) セメントや石灰による安定処理路盤材料の場合には、締固め時の含水比が最適含水比付近となるよう注意して締固めを行う。路上混合の場合、あらかじめ砂利道をかき起こし団粒状にならないようよく粉砕し、補充骨材及びセメントと均一に混合し、最適含水比付近で十分に締め固める。　【〇 適当である】

問題29の解答…(3)

【問題30の解説】アスファルト舗装道路の路床の施工

(1) 路床土が粘性土である場合や含水比が高い土の場合には、施工に際してこねかえしや過転圧にならないように注意する。施工終了後に降雨によって荷重支持性能が低下しないように縁部に仮排水溝を設けるなど排水に十分注意する。　【〇 適当である】

(2) 路床の築造工法には、盛土・安定処理工法、置換え工法などがあり、路床の築造工法の選定においては、構築路床の必要とするCBRと計画高さ、残土処分地及び良質土の有無などに配慮して決定する。　【✕ 適当でない】

(3) 安定処理工法により路床を構築する場合は、安定材の散布と混合の終了後、タイヤローラなどによる仮転圧を行い、次にモータグレーダなどにより所定の形状に整形し、タイヤローラなどにより締め固める。　【〇 適当である】

(4) 路床の施工終了後は、タイヤローラなどを走行させてたわみを目視で観察するとともに、締固め不足や材料不良の箇所がないかプルーフローリングを行い路床土の締固めが適切であることを確認する。　【〇 適当である】

問題30の解答…(2)

6 道路 [34問出題のうち10問を選択する]

設問の分類：舗装の補修・維持
設問の重要度：★★

【問題31】アスファルト舗装道路の修繕に関する次の記述のうち、**適当でないもの**はどれか。

(1) オーバーレイ工法における施工厚さは、沿道条件などから最大値は3cm程度とし、これ以上の厚さが必要となる場合は他の工法を検討する。

(2) 局部打換え工法においては、供用後、特に縁端部の沈下が起こりやすいので、必要に応じて表層の仕上り面を既設の舗装面より0.5cm程度高くなるようにしておくとよい。

(3) 規模の大きな線状打換えにおいては、既設舗装の撤去に線状切削機械を使用すると効率的である。

(4) 打換え工法における路床は、できるだけ平らに掘削するように慎重に施工し、やむなく転石などで深掘りをした場合には、一般に路盤材料で埋戻しを行う。

その他の修繕工法も覚えておこう!!

路上路盤再生工法	・既設アスファルト混合物層を、現位置で路上破砕混合機などによって破砕すると同時に、セメントやアスファルト乳剤などの添加材料を加え、破砕した既設路盤材とともに混合し、締め固めて安定処理した路盤を構築する工法
表層・基層打換え工法（切削オーバーレイ工法を含む）	・線状に発生したひび割れに沿って、既設舗装を表層または基層まで打ち換える工法 ・切削により既設アスファルト混合物層を撤去する工法を、特に切削オーバーレイ工法と呼ぶ ・切削後の基盤面にクラックなどが多く見られた場合については、クラック防止材を設置するなどの対応が必要となる

小テストで実力アップ　打換え工法—この記述は〇か✕？

交通規制時間の短縮のためには、製造及び舗設時の加熱アスファルト混合物の温度を約30℃低減させることができる中温化技術を利用することもある。

【問題 31 の解説】アスファルト舗装道路の修繕

(1) オーバーレイ工法は、舗装の表面にクラックなどが多くなり、また局部的な破損が生じており、維持的処理では耐久性がないと判断される場合に行う工法である。オーバーレイ工法は、**既設舗装の上に厚さ 3 cm 以上の加熱アスファルト混合物を舗装する工法**である。オーバーレイ厚さは、沿道条件などから**最大値は 15 cm 程度**とする。これ以上の厚さが必要となる場合はほかの工法を検討する。
【✕ 適当でない】

● オーバーレイ工法

(2) 局部打換え工法は、既設舗装の破損が局部的に著しく、ほかの工法では補修できないと判断されたとき表層、基層あるいは路盤から局部的に打ち換える工法。局部打換え工法においては供用後、特に縁端部の沈下が起こりやすいので、必要に応じて表層の仕上り面を既設の舗装面より 0.5 cm 程度高くなるようにしておくとよい。
【〇 適当である】

(3) 線状に発生したひび割れに沿って舗装を打ち換える工法で、通常は加熱アスファルト混合物層（瀝青安定処理層まで含める）のみを打ち換える工法である。規模の大きな線状打換えにおいては、既設舗装の撤去に線状切削機械を使用すると効率的である。
【〇 適当である】

(4) 打換え工法は、既設舗装の路盤もしくは路盤の一部までを打ち換える工法。打換え工法における路床は、できるだけ平らに掘削するように慎重に施工し、やむなく転石などで深掘りをした場合には、一般に路盤材料で埋戻しを行う。
【〇 適当である】

● 打換え工法

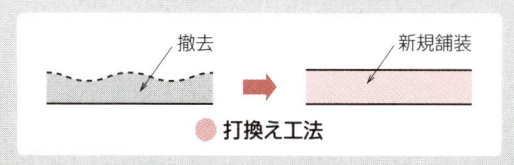

問題 31 の解答…(1)

小テストの解答…〇 （ただし、材料、中温化の手法により効果が異なるので十分注意が必要）

6 道路 [34問出題のうち10問を選択する]

設問の分類：コンクリート舗装
設問の重要度：★★★

【問題32】コンクリート舗装の補修に関する次の記述のうち、**適当でないもの**はどれか。

(1) コンクリートによるオーバーレイ工法で超早強セメントを用いた場合には、散水養生を行い、養生マットで十分な湿潤状態を保つようにする。

(2) 隅角部の局部打換えでは、ひび割れの外側をコンクリートカッタで2～3cmの深さに切り、カッタ線が交わる角の部分は応力集中を軽減させるため丸味を付けておくとよい。

(3) 打換え工法では、既設の路側構造物と打換えコンクリート版との間には、瀝青系目地板などを用いて縁を切り自由縁部とする。

(4) コンクリート版の横断方向のひび割れに対する局部打換えでは、ひび割れが目地から3m以上の位置に生じた場合、そのひび割れ部を収縮目地に置き換えるよう施工する。

関連知識アドバイス

コンクリート舗装の補修工法は、構造的対策工法と機能的対策工法に分けられる

● 構造的対策工法

工法	概要
打換え工法	広域にわたりコンクリート版そのものに破損が生じた場合に行う
局部打換え工法	隅角部、横断方向など版の厚さ方向全体に達するひび割れが発生し、この部分における荷重伝達が期待できない場合に、版あるいは路盤を含めて局部的に打ち換える工法
オーバーレイ工法	既設コンクリート版上に、アスファルト混合物を舗設するか、新しいコンクリートを打ち継ぎ、舗装の耐荷力を向上させる工法
バーステッチ工法	既設コンクリート版に発生したひび割れ部に、ひび割れと直角の方向に切り込んだカッタ溝を設け、この中に異形棒鋼あるいはフラットバーなどの鋼材を埋設して、ひび割れをはさんだ両側の版に連結させる工法
注入工法	コンクリート版と路盤との間にできた空隙や空洞を充填したり、沈下を生じた版を押し上げて平常の位置に戻したりする工法

【問題32の解説】コンクリート舗装の補修

(1) コンクリートによるオーバーレイ工法で超早強セメントを用いた場合には、**シート養生を行い、散水養生は行わない**。ポルトランドセメントを用いた場合はマットによる湿潤養生を行う。【✗ 適当でない】

(2) 隅角部、横断方向など版の厚さ方向全体に達するひび割れが発生し、この部分における荷重伝達が期待できない場合に、版あるいは路盤を含めて局部的に打ち換える工法。隅角部の局部打換えでは、ひび割れの外側をコンクリートカッタで2〜3cmの深さに切り、カッタ線が交わる角の部分は応力集中を軽減させるため丸味を付けておくとよい。【〇 適当である】

(3) 打換え工法は、広域にわたりコンクリート版そのものに破損が生じた場合に行う。既設の路側構造物と打換えコンクリート版との間には、瀝青系目地板などを用いて縁を切り自由縁部とする。【〇 適当である】

(4) コンクリート版の横断方向のひび割れに対する局部打換えでは、ひび割れが目地から3m以上の位置に生じた場合、そのひび割れ部を収縮目地に置き換えるよう施工する。3m以内の場合隅角部の局部打換えに準じる。【〇 適当である】

問題32の解答…(1)

● 機能的対策工法

工法	概要
粗面処理工法	コンクリート版表面を機械または薬剤により粗面化する工法。主に表面のすべり抵抗性を回復させる目的で実施する
グルービング工法	グルービングマシンにより、路面に溝を20〜60mmの間隔で切り込む工法。雨天時のハイドロプレーニング現象の抑制、すべり抵抗性の改善などを目的として実施される
パッチング工法	コンクリート版に生じた欠損箇所や段差などに材料を充填して、路面の平たん性などを応急的に回復する工法
表面処理工法	コンクリート版にラベリング、ポリッシング、はがれ（スケーリング）、表面付近のヘアークラックなどが生じた場合、版表面に薄層の舗装を施工して、車両の走行性、すべり抵抗性や版の防水性などを回復させる工法
シーリング工法	目地材が老化、ひび割れなどにより脱落、剥離などの破損を生じた場合や、コンクリート版にひび割れが発生した場合、目地やひび割れから雨水が侵入するのを防ぐ目的で、注入目地材などのシール材を注入または充填する工法

7 ダム・トンネル

2章 専門土木

34問出題のうち10問を選択する

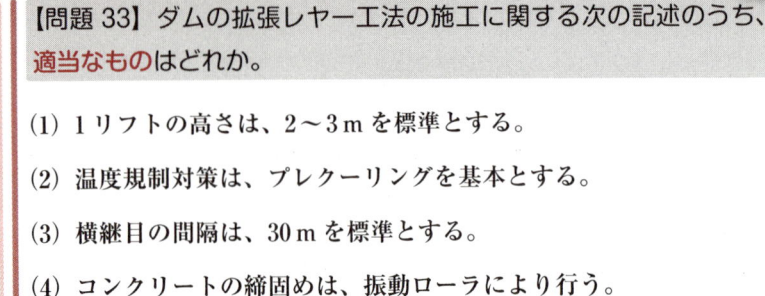

設問の分類：ダム本体
設問の重要度：★

【問題33】ダムの拡張レヤー工法の施工に関する次の記述のうち、**適当なもの**はどれか。

(1) 1リフトの高さは、2〜3mを標準とする。

(2) 温度規制対策は、プレクーリングを基本とする。

(3) 横継目の間隔は、30mを標準とする。

(4) コンクリートの締固めは、振動ローラにより行う。

関連知識アドバイス

拡張レヤー工法とRCD工法の違い

● コンクリートダムの工法

工法	拡張レヤー工法	RCD工法
特徴	有スランプコンクリートを使用	ゼロスランプのRCDコンクリートを使用
温度規制	打上り速度規制、プレクーリング、プレヒーリング、上下流面の保温	材料、打設間隔、リフト高、養生等の調整で対処、プレクーリングを行い、パイプクーリングによる温度規制は行わない
敷均し	ブルドーザ	ホイールローダ等
締固め	内部振動機を装着した搭載型内部振動機を使用	振動ローラを使用
試験方法	スランプ試験	振動台式コンシステンシー試験（VC試験）

【問題 33 の解説】 ダムの拡張レヤー工法の施工

(1) 1リフトの高さは、内部振動機の締固め効果を考慮して 0.75 m または 1.5 m を標準とし、1.5 m の場合は 2 層打設とする。　　　　　　【✗ 適当でない】

(2) コンクリートの温度規制対策としては、打上り速度の制限、夏季の場合のプレクーリング、粗骨材への散水、湛水養生などを検討する。　　【○ 適当である】

(3) 横継目の間隔は、ひび割れなどを防止するため 15 m を標準とする。
　　　　　　　　　　　　　　　　　　　　　　　　　　　　【✗ 適当でない】

(4) 拡張レヤー工法では、比較的小さなブロックを打設することから、コンクリートの締固めは、内部振動機を搭載した搭載型内部振動機により行う。
　　　　　　　　　　　　　　　　　　　　　　　　　　　　【✗ 適当でない】

問題 33 の解答…(2)

7 ダム・トンネル　[34問出題のうち10問を選択する]

設問の分類
ダム本体

設問の重要度
★

【問題34】ダムコンクリートの工法に関する次の記述のうち、**適当でないもの**はどれか。

(1) RCD工法は、超硬練りコンクリートをブルドーザで敷き均し、振動ローラで締め固める工法で、打込みは0.75 mリフトで3層、1.0 mリフトでは4層に分割して仕上げる。

(2) 柱状ブロック工法は、コンクリートダムを適当な大きさに分割して施工する工法で、隣接ブロック間のリフト差は、標準リフト1.5 mの場合に横継目間で8リフト、縦継目間で4リフト以内にする。

(3) CSG工法は、手近に得られる岩石質材料に極力手を加えず、水、セメントを添加混合したものをブルドーザで敷き均し、振動ローラで締め固める工法で、打込み面はブリーディングが極めて少ないことからグリーンカットは必要としない。

(4) ELCM（拡張レヤー）工法は、ブロックをダム軸方向に拡張して、複数ブロックを一度に打ち込み棒状バイブレータ（内部振動機）で締め固める工法で、横継目はその拡張した複数ブロックの30～45 mごとに設ける。

関連知識アドバイス

施工時における温度規制の留意点について、以下の3つを覚えておこう!!

- **パイプクーリング**：柱状工法に用いられる方法で、パイプに水を流して水和熱を取り去り、コンクリートの温度を低下させる
- **プレクーリング**：材料を冷却して混合し打込み時のコンクリート温度を下げて最高上昇温度を抑制する方法
- **グリーンカット**：コンクリートが完全に固まる前に圧力水か圧縮空気との混合水を吹き付ける。面状工法ではレイタンスが除去されモルタルが現れ粗骨材が現れない程度、柱状工法では、粗骨材の表面が現れるまで行う

【問題 34 の解説】ダムコンクリートの工法

(1) RCD 工法は、単位結合材料の少ない超硬練りコンクリートをブルドーザで敷き均し、振動ローラで締め固め、打込みは 0.75 m リフトで 3 層、1.0 m リフトでは 4 層に分割して仕上げる。　　　　　　　　　　　【○ 適当である】
(2) 柱状ブロック工法は、水和熱によって外部拘束によるクラックを制御するため、一般的に横継目を 15 m 間隔に、縦継目を 30～50 m 程度の間隔に設け、それにより分割されたブロックごとに打設する。適当な大きさに分割した、隣接ブロック間のリフト差は、標準リフト 1.5 m の場合に横継目間で 8 リフト（12 m）、縦継目間で 4 リフト（6 m）以内にする。　　　　【○ 適当である】
(3) CSG（セメント砂礫混合物）工法は、基本的には手近で得られる岩石質材料を分級し、粒度調整及び洗浄は行わず、水とセメントを添加して簡単な施設を用いて混合したものである。水、セメントを添加混合したものをブルドーザで敷き均し、振動ローラで締め固める工法で、打込み面はブリーディングが極めて少ないことからグリーンカットは必要としない。　　　　　　　【○ 適当である】
(4) ELCM（拡張レヤー）工法は、ブロックをダム軸方向に拡張して、複数ブロックを一度に打ち込み棒状バイブレータ（内部振動機）で締め固める工法で、横継目はその拡張した複数ブロックの 15 m ごとに設ける。　　【✗ 適当でない】

拡張レヤー工法及び柱状ブロック工法の概要図を以下に示す。

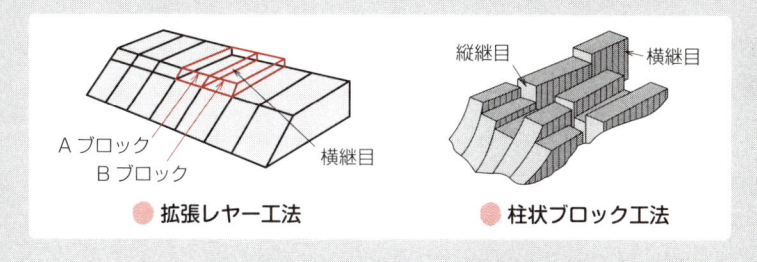

● 拡張レヤー工法　　　● 柱状ブロック工法

問題 34 の解答…(4)

7 ダム・トンネル [34問出題のうち10問を選択する]

設問の分類：トンネル掘削
設問の重要度：★★★

【問題35】トンネルの山岳工法における支保工の施工管理に関する次の記述のうち、**適当でないもの**はどれか。

(1) 鋼製支保工は、地山又は一次吹付けコンクリート面にできる限り密着して建て込み、空隙を吹付けコンクリートなどで充填し、荷重が支保工に円滑に伝達されるようにする必要がある。

(2) ロックボルトは、十分な定着力が得られるよう、施工前あるいは初期掘削段階の同一地質の箇所で引抜き試験を行い、その引抜き耐力から適切な定着方式やロックボルトの種類などの選定を行う。

(3) 吹付けコンクリートは、地山に吹き付けられたコンクリートの強度発現の状態を把握し、特に初期強度よりも長期強度が重要であるので、適切な試験方法を選定して、強度を確認するのが望ましい。

(4) 覆工コンクリートは、特に吹上げ方式による施工において、天端部の未充填を防止するために流動性の確保が必要であり、規定に適合した配合や作業に適したスランプとなるよう十分に管理しなければならない。

関連知識アドバイス 支保工の施工順序を覚えておこう!!

支保工は単独または組合せで施工する。一般に支保工の施工順序は
・**地山条件が良い場合**：「吹付けコンクリート」→「ロックボルト」の順
・**地山条件が悪い場合**：「一次吹付けコンクリート」→「鋼製支保工」→「二次吹付けコンクリート」→「ロックボルト」の順
で施工する。

小テストで実力アップ トンネル掘削―この記述は〇か×？

一般に土被りの小さいトンネルでは、土被りの大きいトンネルに比べトンネルに作用する土圧が小さいため、天端沈下よりも内空変位が顕著に現れる場合が多い。

【問題35の解説】トンネルの山岳工法における支保工の施工管理

(1) 鋼製支保工の使用目的には、「吹付けコンクリートが固まるまでの支保」「ほかの支保材との協調支保」「切羽の早期安定」「先受工などの補助工法の反力受け」「フォアポーリング使用による余掘り、余吹の改善方法」などがある。鋼製支保工は、地山又は一次吹付けコンクリート面にできる限り密着して建て込み、空隙を吹付けコンクリートなどで充填し、荷重が支保工に円滑に伝達されるようにする必要がある。　　　　　　　　　　　　　　　【〇 適当である】

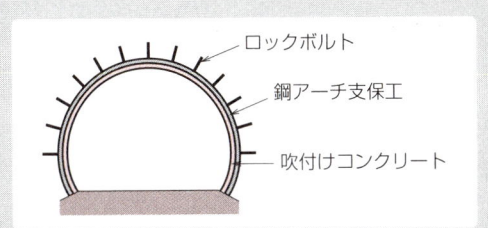

- ロックボルト
- 鋼アーチ支保工
- 吹付けコンクリート

(2) ロックボルトは、十分な定着力が得られるよう、施工前あるいは初期掘削段階の同一地質の箇所で引抜き試験を行い、その引抜き耐力から適切な定着方式やロックボルトの種類などの選定を行う。また、施工中においても必要に応じて引き抜き試験などを行って、十分な定着力が得られていることを確認する。
【〇 適当である】

(3) 吹付けコンクリートは、地山に吹き付けられたコンクリートの強度発現の状態を把握し、特に**長期強度よりも初期強度が重要**であるので、適切な試験方法を選定して、強度を確認するのが望ましい。　　　　　　　　　　【✕ 適当でない】

(4) 覆工コンクリートは、特に吹上げ方式による施工において、天端部の未充填を防止するために流動性の確保が必要であり、水セメント比、単位水量などの規定に適合した配合や作業に適したスランプとなるよう十分に管理しなければならない。　　　　　　　　　　　　　　　　　　　　　　　　　【〇 適当である】

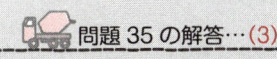

問題35の解答…(3)

小テストの解答…✕　（内空変位より天端沈下が顕著に現れる）

7 ダム・トンネル [34問出題のうち10問を選択する]

設問の分類
トンネル覆工

設問の重要度
★

【問題36】 トンネル覆工の施工に関する次の記述のうち、**適当でないもの**はどれか。

(1) 天端部へのコンクリート打込みに使用する吹上げ口は、覆工コンクリート中に空気溜まりによる空隙が残らないよう、妻型枠側に1か所設置する。

(2) 覆工コンクリートの鉄筋の固定方式には、吊り金具方式と非吊り金具方式があり、非吊り金具方式は水密性が要求される防水型トンネルで使用される。

(3) 移動式型枠の長さ（一打込み長）は、長すぎると温度収縮や乾燥収縮によるコンクリートのひび割れが発生しやすくなる。

(4) 覆工コンクリートの養生では、坑内換気設備の大型化による換気の強化や貫通後の外気の通風、冬期の温度低下などの影響を考慮し、覆工コンクリートに散水、シート、ジェットヒータなどの付加的な養生対策を講じる。

覆工コンクリートの鉄筋固定方法の例

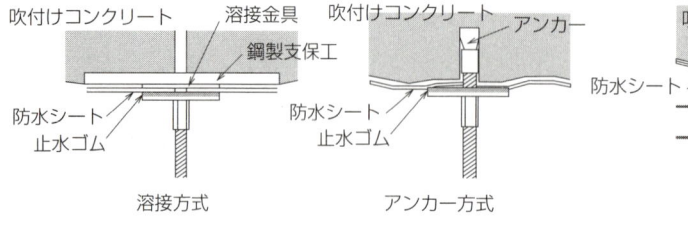

溶接方式
貫通方式で、鋼製支保工に直接に溶接する方法と、吹付面にアンカーを打ち込む方法がある
（吹付けコンクリート／溶接金具／鋼製支保工／防水シート／止水ゴム）

アンカー方式
（吹付けコンクリート／アンカー／防水シート／止水ゴム）

● 吊り金具方式

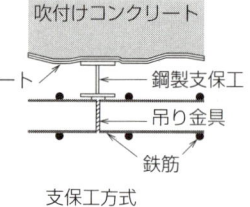

支保工方式
非貫通方式で、支保工に固定する
（吹付けコンクリート／防水シート／鋼製支保工／吊り金具／鉄筋）

● 非吊り金具方式

【問題36の解説】トンネル覆工の施工

(1) 天端部へのコンクリート打込みに使用する吹上げ口は、覆工コンクリート中に空気溜まりによる空隙が残らないよう、適切な位置に設け、コンクリートが確実に充填できるよう配慮しなければならない。**吹上げ口は複数設置するのが一般的**であるが、数や位置はトンネル形状や覆工構造、型枠の長さにより決定する。

【✗ 適当でない】

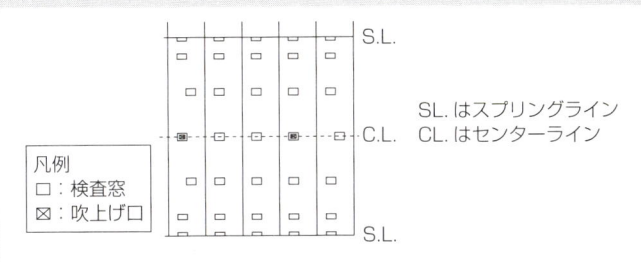

SL. はスプリングライン
CL. はセンターライン

凡例
□：検査窓
⊠：吹上げ口

● 型枠作業窓（検査窓）の設置例

(2) 覆工コンクリートの鉄筋の固定方式には、吊り金具方式と非吊り金具方式があり、非吊り金具方式は水密性が要求される防水型トンネルで使用される。吊り金具方式には、防水シート貫通型と防水シート非貫通型があり、非吊り金具方式の場合は防水シートの貫通を避けるために、鉄筋固定用支保工を設置する。

【〇 適当である】

(3) 移動式型枠の長さ（一打込み長）は、長すぎると温度収縮や乾燥収縮によるコンクリートのひび割れが発生しやすくなる。移動式型枠は 9～12 m の長さのものが使用される。しかし、長大トンネルにおいて工期短縮を図るため 15～18 m のものが使用されることもある。

【〇 適当である】

(4) 覆工コンクリートは打込み後十分な強度を発現させ、所要の耐久性、水密性等、品質を確保するためには、打ち込み後一定期間中コンクリートを適当な温度及び湿度に保ち、振動や変形などの有害な作用の影響を受けないようにする必要がある。覆工コンクリートの養生では、坑内換気設備の大型化による換気の強化や貫通後の外気の通風、冬期の温度低下などの影響を考慮し、覆工コンクリートに散水、シート、ジェットヒータなどの付加的な養生対策を講じる。

【〇 適当である】

問題36の解答…(1)

2章 専門土木

海岸・港湾施設

34問出題のうち10問を選択する

設問の分類：海岸堤防
設問の重要度：★★★

【問題37】海岸堤防の根固工の施工に関する次の記述のうち、**適当でないもの**はどれか。

(1) 根固工は、法面被覆工の法先などに接続して設ける必要があり、単独に沈下や屈とうできるように被覆工や基礎工と絶縁しなければならない。

(2) 異型ブロックを用いた根固工は、異型ブロック間の空隙が大きいため、その下部に空隙の大きい捨石層を設けることが望ましい。

(3) 捨石根固工を汀線付近に設置する場合は、原地盤を1m以上掘り込むか天端幅を広くとることが多い。

(4) 捨石根固工の施工にあたっては、表層に所要の質量のものを3個並び以上とし、根固工の内部に向かって次第に小さい石を捨て込む。

設問の分類：海岸侵食対策工
設問の重要度：★★★

【問題38】離岸堤の施工と効果に関する次の記述のうち、**適当でないもの**はどれか。

(1) 離岸堤の堆砂効果は、離岸堤の離岸距離が砕波水深より浅い設置水深の場合に堆砂効果が高い場合が多い。

(2) 離岸堤の施工順序は、侵食区域の上手側（漂砂供給源に近い側）から設置すると下手側の侵食傾向を増長させることになるので、下手側から着手し、順次上手に施工する。

(3) 離岸堤の消波効果は、離岸堤の長さが、離岸堤設置位置での波長の半分より短くなると離岸堤背後に波が回り込み消波効果は低くなる。

(4) 護岸と離岸堤を汀線が後退しつつあるところに新設するときは、離岸堤を施工する前に護岸を施工する。

【問題37の解説】海岸堤防の根固工の施工

(1) 根固工は、波浪による表法前面の地盤の洗掘防止、被覆工、基礎工の保護、堤体の滑動防止を目的としている。根固工は、法面被覆工の法先などに接続して設ける必要があり、単独に沈下や屈とうできるように被覆工や基礎工と絶縁しなければならない。　　　　　　　　　　　　　　　　　　【○ 適当である】

(2) 異型ブロックを用いた根固工は、異型ブロック間の空隙が大きいため、**その下部に空隙の少ない捨石層を設ける**ことが望ましい。　　【× 適当でない】

(3) 捨石根固工の設置目的は、波力による基礎工の洗掘防止である。捨石根固工を汀線付近に設置する場合は、原地盤を1m以上掘り込むか天端幅を広くとることが多い。　　　　　　　　　　　　　　　　　　　　【○ 適当である】

(4) 捨石根固工の施工にあたっては、表層に所要の質量のものを3個並び以上とし、波のエネルギーをできるだけ吸収し、吸出しを防止する目的で、根固工の内部に向かって次第に小さい石を捨て込む。　　　　　　　　【○ 適当である】

問題37の解答…(2)

【問題38の解説】離岸堤の施工と効果

(1) 離岸堤の堆砂効果は、離岸堤の離岸距離が砕波水深より浅い設置水深の場合に堆砂効果が高い場合が多い。堤長と離岸距離の比が大きくなるに従い開口部汀線は基本的に前進するものの、その変位量は小さくなる。また、設置水深における波長よりも離岸堤が長い場合に堆砂効果が高い。　　【○ 適当である】

(2) 離岸堤の施工順序は、侵食区域の上手側（漂砂供給源に近い側）から設置すると下手側の侵食傾向を増長させることになるので、下手側から着手し、順次上手に施工する。汀線が後退しつつあるときは、護岸を施工する前に離岸堤を設置し、その後、護岸に着手する。　　　　　　　　　　　　　【○ 適当である】

(3) 離岸堤の沖合消波施設としての性能は、天端高、天端幅、堤長、汀線からの距離（離岸距離）、構造型式に支配される。離岸堤の消波効果は、離岸堤の長さが、離岸堤設置位置での波長の半分より短くなると離岸堤背後に波が回り込み消波効果は低くなる。　　　　　　　　　　　　　　　　　　【○ 適当である】

(4) 護岸と離岸堤を汀線が後退しつつあるところに新設するときは、**護岸を施工する前に離岸堤を施工する。**　　　　　　　　　　　　【× 適当でない】

問題38の解答…(4)

8 海岸・港湾施設　[34問出題のうち10問を選択する]

設問の分類：防波堤
設問の重要度：★★★

【問題39】港湾工事におけるケーソンの曳航及び据付けに関する次の記述のうち、**適当でないもの**はどれか。

(1) 一般にケーソンの曳航は、据付け、中詰、蓋コンクリートなどの連続した作業工程を後に伴うため、気象、海象状況をあらかじめ十分に調査して実施する。

(2) ケーソン据付け時の注水方法は、気象、海象の変わりやすい海上での作業を手際よく進めるために所定の位置上にあることを確認し、各隔室ごとに順次満水にしていく。

(3) ケーソンに大廻しワイヤを回して回航する場合には、原則として二重回しとし、その取付け位置はケーソンの吃水線以下で浮心付近の高さに取り付ける。

(4) ケーソンの据付けは、函体が基礎マウンド上に達する直前10～20cmのところでいったん注水を中止し、最終的なケーソン引寄せを行い、据付け位置を確認、修正を行ったうえで一気に注水着底させる。

設問の分類：係留施設・浚渫
設問の重要度：★★★

【問題40】浚渫工事に関する次の記述のうち、**適当でないもの**はどれか。

(1) ポンプ船は、あまり硬い地盤には適さないが、グラブ船は軟泥から岩盤まで適応可能な範囲が広い。

(2) ポンプ船は、大量の浚渫や埋立てに適しており、グラブ船は中小規模の浚渫や岸壁など構造物周辺の浚渫に適している。

(3) ポンプ船及びグラブ船による浚渫の法勾配は、土質により自然の安定勾配となり、浚渫船の違いによる施工勾配に差はない。

(4) ポンプ船とグラブ船の余掘は、一般にポンプ船に比べグラブ船の余掘を大きく見込む必要がある。

【問題 39 の解説】ケーソンの曳航及び裾付け

(1) ケーソン本体の施工は、陸上又はドックなどのケーソンヤードで製作したケーソンの進水、仮置き、曳航、据え付け、中詰め、蓋コンクリート、上部工の順序で行う。一般にケーソンの曳航は、据付け、中詰、蓋コンクリートなどの連続した作業工程を後に伴うため、気象、海象状況をあらかじめ十分に調査して実施する。　　　　　　　　　　　　　　　　　　　　　　　　【〇 適当である】

(2) ケーソン据付け時の注水方法は、気象、海象の変わりやすい海上での作業を手際よく進めるために所定の位置上にあることを確認し、**各隔室の水位差を 1.0 m 以内となるように注水し各室平均的に順次満水にしていく。**【✕ 適当でない】

(3) ケーソンに大廻しワイヤを回して回航する場合には、原則として二重回しとし、その取付け位置はケーソンの吃水線以下で浮心付近の高さに取り付け、隅角部をゴム板又は、木枕などで保護をする。　　　　　　　　　　【〇 適当である】

(4) ケーソンの据付けは、函体が基礎マウンド上に達する直前 10～20 cm のところでいったん注水を中止し、最終的なケーソン引寄せを行い、据付け位置を確認、修正を行ったうえで一気に注水着底させる。沈降速度は 8～10 cm 程度とし、ケーソン四方に記した喫水目盛を見ながらバランスをとって行う。【〇 適当である】

問題 39 の解答…(2)

【問題 40 の解説】浚渫工事

(1) ポンプ船は、あまり硬い地盤には適さないが、グラブ船はグラブバケットの形式を変えることにより、軟泥から岩盤まで適応可能な範囲が広い。【〇 適当である】

(2) ポンプ浚渫船は、水底の土砂を吸い上げ、これを管路で搬送するため、大量の浚渫や埋立てに適しており、グラブ船は中小規模な浚渫や岸壁など構造物周辺の浚渫に適している。　　　　　　　　　　　　　　　　　　　　　【〇 適当である】

(3) ポンプ船及びグラブ船による浚渫の法勾配は、浚渫後時間経過に伴い、土質により自然の安定勾配となり、浚渫船の違いによる施工勾配に差はない。
【〇 適当である】

(4) ポンプ船とグラブ船の余掘は、一般に**グラブ船に比べポンプ船の余掘を見込む必要がある。**ポンプ船の余掘は底面余掘厚 0.6～1.0 m、法面余掘幅 6.5 m 程度で、グラブ船の余掘は底面余掘厚 0.5～0.6 m、法面余掘幅 4 m 程度である。
【✕ 適当でない】

問題 40 の解答…(4)

2章 専門土木

鉄道

34問出題のうち10問を選択する

設問の分類：軌道工事
設問の重要度：★★★

【問題41】鉄道の軌道の維持管理に関する次の記述のうち、**適当でないもの**はどれか。

(1) 軌道変位は、列車の繰返し荷重を受けて次第に変形し、車両走行面の不整が生じることをいい、走行安全性や乗り心地に直結する重要な管理項目である。

(2) 軌道変位を整正する作業として、有道床軌道において最も多く用いられる作業は、マルチプルタイタンパによる道床つき固め作業である。

(3) ロングレール敷設区間では、夏季の高温時でのレール張出し、冬季の低温時でのレールの曲線内方への移動防止のため保守作業が制限されている。

(4) 脱線防止レール及び脱線防止ガードの取り付け方は、危険の大きな側のレールに設けるものとする。

設問の分類：土工事
設問の重要度：★★★

【問題42】鉄道の砕石路盤の施工に関する次の記述のうち、**適当でないもの**はどれか。

(1) 路盤の層厚は、不足するとその機能を十分発揮できないため、層厚について十分な管理を行い、設計に対して30mm以上不足してはならない。

(2) 路盤表面は、ローラによるわだちの段差などが生じないよう全路盤面を平滑に仕上げ、3％程度の横断排水勾配をつける。

(3) 敷均しは、モータグレーダ又は人力により行い、1層の仕上り厚さが300mm程度になるよう敷き均す。

(4) 路盤表面の仕上り精度は、設計高さに対して±25mm以内を標準とし、有害な不陸がないようにできるだけ平坦に仕上げる。

【問題 41 の解説】鉄道の軌道の維持管理

(1) 軌道変位は、列車の繰返し荷重を受けて次第に変形し、車両走行面の不整が生じることをいい、走行安全性や乗り心地に直結する重要な管理項目である。軌道の変位を検測し、評価、整備することが重要な管理項目である。
【○ 適当である】

(2) 軌道変位を整正する作業として、有道床軌道において最も多く用いられる作業は、マルチプルタイタンパによる道床つき固め作業である。この機械は、道床の突固め、枕木の沈み、レールのゆがみを修正できる。【○ 適当である】

(3) 定着レールは 1 本 25 m、ロングレールは 200 m 以上のものをいう。ロングレール敷設区間では、継目をなくすことにより、夏季の高温時でのレール張出し、冬季の低温時でのレールの曲線内方への移動防止のため保守作業が制限されている。【○ 適当である】

(4) 脱線防止レール及び脱線防止ガードの取付け方は、**曲線区間の内側に取り付けられる。**【× 適当でない】

問題 41 の解答…(4)

【問題 42 の解説】鉄道の砕石路盤の施工

(1) 路盤の層厚は、設計に対して 30 mm 以上不足してはならない。
【○ 適当である】

(2) 路盤表面は、有害な不陸がないよう全路盤面を平滑に仕上げ、3％ 程度の横断排水勾配をつける。【○ 適当である】

(3) 敷均しは、モータグレーダ又は人力により行い、**1 層の仕上り厚さが 150 mm 程度**になるよう敷き均す。【× 適当でない】

(4) 路盤表面の仕上り精度は、設計高さに対して±25 mm 以内を標準とし、有害な不陸がないようにできるだけ平坦に仕上げる。【○ 適当である】

問題 42 の解答…(3)

鉄　道　[34問出題のうち10問を選択する]

設問の分類：営業線近接工事
設問の重要度：★★★

【問題43】営業線近接工事における保安対策に関する次の記述のうち、**適当でないもの**はどれか。

(1) 工事管理者等は、当日の保守用車の足取り、作業・移動区間、防護措置、重量物などの仮置き場などを図示し、監督員へ提出する。

(2) TC型無線式列車接近警報装置の設置区間で作業などを行う場合は、線路内及び営業線に近接する範囲に立ち入る列車見張員に受信機を携帯させ、その内容を従事員全員に口頭で周知させる。

(3) 架空線又は地下埋設物に異常を認めた場合は、直ちに施工を中止し列車防護及び旅客公衆などの安全確保の手配をとり、関係箇所へ連絡する。

(4) 建築限界内の作業などを計画するとき、線路閉鎖工事手続などによれない場合は、軌道短絡器又は可搬式特殊信号発光機を使用する。

関連知識アドバイス

近接工事の保安対策は以下である

① **移設・建植**：地下埋設物及び架空線などの移設、防護柵工及び標識類の建植を行う場合は、それらの**工事が完了した後でなければ工事を施工できない。**
② **事故防止対策**：事故防止対策には、事故防止対策一覧図を添付するが、駅構内で工事に関係ある複雑なケーブル配線図などは、配線系統ごとに色分けした一覧図を作成する。
③ **埋設物**：掘削、杭打ち、道床交換など、埋設物が支障となるおそれのある工事は、あらかじめ監督員などに立会いを要請し、支障がないことを確認して施工する。
④ **架空線の異常**：架空線に異常を認めた場合、もしくは疑わしい場合は、**直ちに施工を中止し**、列車防護及び旅客公衆などの安全確保の手配をとり関係箇所に連絡する。

【問題 43 の解説】営業線近接工事における保安対策

(1) 工事管理者等は、当日の作業内容を精査し、保守用車、重機の足取り、作業・移動区間、防護措置、重量物などの仮置き場などを図示し、監督員へ提出する。
【〇 適当である】

(2) TC 型無線式列車接近警報装置の設置区間で作業などを行う場合は、**列車見張員だけでなく、線路内及び営業線に近接する範囲に立ち入る従事員全員に受信機を携帯させる。**
【✕ 適当でない】

(3) 架空線又は地下埋設物に異常を認めた場合、又は疑わしい場合は、直ちに施工を中止し列車防護及び旅客公衆などの安全確保の手配をとり、関係箇所へ連絡する。
【〇 適当である】

(4) 建築限界内の作業などを計画するとき、線路閉鎖工事手続などで列車防護処置を行わない場合は、軌道短絡器又は可搬式特殊信号発光機を使用する。
【〇 適当である】

問題 43 の解答…(2)

2章 専門土木

10 地下構造物、鋼橋塗装

34問出題のうち10問を選択する

設問の分類：シールド工法
設問の重要度：★★★

【問題44】シールド工法におけるセグメントに関する次の記述のうち、**適当でないもの**はどれか。

(1) 軟弱な地盤におけるシールドのセグメントは、セグメントリングの変形に伴う地盤反力が期待できないため、継手はできるだけ剛な構造とする。

(2) セグメントの組立ては、エレクタとスライドジャッキを使用して左右両側に交互に組み立て、最後にスライドジャッキが設置しやすい下部のセグメントを挿入する。

(3) セグメントは、対象とするトンネルの用途や地盤条件に応じて種類を選択するが、合成セグメントは鉄筋コンクリートセグメントと比較して鋼殻の桁高（厚さ）の縮小が期待できる。

(4) コンクリート系セグメントは、完成後の地山外力や推進時の施工荷重を対象に配筋がなされており、運搬時にはこれらと異なった荷重が作用することが考えられるのでつり位置の検討が必要である。

設問の分類：塗装工事
設問の重要度：★

【問題45】鋼橋の防食に関する次の記述のうち、**適当でないもの**はどれか。

(1) 腐食は、山間部で桁下付近まで樹木や草が繁茂し、風通しが悪く、湿気の多い橋梁の桁などに著しい傾向がある。

(2) 道路橋の下路トラス橋の垂直材や斜材が床版を貫通する構造は、貫通部に狭隘な空間ができ、滞水や塵埃の堆積が生じやすく腐食しやすい。

(3) 鉄道橋では、まくらぎが直接載荷される桁の上のフランジには塵埃が溜まりにくいので、腐食しにくい。

(4) リベット構造は、表面に凹凸があるため塵埃が溜まりやすく、また塗装の塗替え時にケレンが十分にできないため腐食しやすい。

【問題 44 の解説】シールド工法におけるセグメント

(1) 軟弱な地盤におけるシールドのセグメントは、セグメントリングの変形に伴う地盤反力が期待できないため、継手はできるだけ剛な構造とする。地盤の良い場合はヒンジ継手などがあるが地盤が悪い場所が多く地下水が多いので一般的には使用されない。　　　　　　　　　　　　　　　　　　　【○ 適当である】

(2) セグメントの組立ては、**下部から順に左右両側を組み立てていく。**
　　　　　　　　　　　　　　　　　　　　　　　　　　　　　　【× 適当でない】

(3) セグメントは、対象とするトンネルの用途や地盤条件に応じて種類を選択するが、合成セグメントは中詰めコンクリートに鋼殻を一体化したもので、鉄筋コンクリートセグメントと比較して鋼殻の桁高（厚さ）の縮小が期待できる。
　　　　　　　　　　　　　　　　　　　　　　　　　　　　　　【○ 適当である】

(4) コンクリート系セグメントは、完成後の地山外力や推進時の施工荷重を対象に配筋がなされており、脱型、運搬など施工時にはこれらと異なった荷重が作用することが考えられるので、つり位置などの取扱いに注意した検討が必要である。
　　　　　　　　　　　　　　　　　　　　　　　　　　　　　　【○ 適当である】

問題 44 の解答…(2)

【問題 45 の解説】鋼橋の防食

(1) 腐食は、濡れている時間が長いとさびが生じやすい。山間部で桁下付近まで樹木や草が繁茂し、風通しが悪く、湿気の多い橋梁の桁などに著しい傾向がある。　　　　　　　　　　　　　　　　　　　　　　　　　　　　【○ 適当である】

(2) 道路橋の下路トラス橋の垂直材や斜材が床版を貫通する構造は、貫通部に狭隘な空間ができ、滞水や塵埃の堆積が生じやすく濡れている時間が長く腐食しやすい。　　　　　　　　　　　　　　　　　　　　　　　　　　　【○ 適当である】

(3) 鉄道橋では、まくらぎが直接載荷される桁の上のフランジには、**塵埃が溜まりやすいので、腐食しやすくなる。**　　　　　　　　　　【× 適当でない】

(4) 塗装の防錆性能は施工の良否にも左右される。特に、リベット構造は、表面に凹凸があるため塵埃が溜まりやすく、また塗装の塗替え時にケレンが十分にできないため腐食しやすい。　　　　　　　　　　　　　　　【○ 適当である】

問題 45 の解答…(3)

11 上下水道

2章 専門土木

34問出題のうち10問を選択する

設問の分類: 上水道管
設問の重要度: ★★★

【問題46】上水道の管布設工に関する次の記述のうち、**適当でないもの**はどれか。

(1) 床付面に岩石やコンクリート塊などの支障物が出た場合は、床付面から10cm以上深く取り除き砂などに置き換える。

(2) 制水弁や消火栓など付属設備の相互間は、原則として50cm以上離れるように設置位置を選定する。

(3) 鋼管の切断は、切断線を中心に幅30cmの範囲の塗覆装をはく離し、切断線を表示して行う。

(4) 水道用硬質塩化ビニル管を横積みで保管する場合は、平地に積み上げ、高さ1m以下とし崩れないように措置する。

関連知識アドバイス

上水道の施工、管布設の概要は以下である

① **配水管の埋設深さ**：配水管の埋設深さ（管の頂部と道路面との距離、土被り）は **1.2m以下としない**。やむを得ない場合でも **0.6m以下としない**。管径が300mm以下の鋼管を敷設する場合の埋設深さは、道路舗装厚に0.3mを加えた値以下としない。ただし、0.6mに満たない場合は0.6m以下にしない。

② **他の埋設物との離隔距離**：配水管を他の埋設物と近接して埋設する場合、維持補修の施工性や事故発生の防止などから **0.3m以上**の離隔距離を確保する。

③ **管の敷設方向**：配水管は、原則として低所から高所へ向かって敷設する。受口のある管は受口を高所に向けて配管する。

④ **管の据付け**：配水管の据付けにあたっては管内を十分に清掃し、正確に据え付ける。ダクタイル鋳鉄管などは管径、年号の記号を上に向けて据え付ける。掘削溝内への吊りおろしは、溝内の吊りおろし場所に作業員を立ち入らせないで管を誘導しながら設置する。

⑤ **管の曲げ配管**：直管と直管の継手箇所では、一般的に強度が劣るために、角度をとる曲げ配管は行ってはならない。

【問題 46 の解説】上水道の管布設工

(1) 床付面に岩石やコンクリート塊などの支障物が出た場合は、床付面から 10 cm 以上深く取り除き砂などに置き換える。床付け及び接合部の掘削は、配管及び接合作業が完全にできるよう所定の形状に仕上げる。なお、えぐり掘りなどはしない。　　　　　　　　　　　　　　　　　　　　【〇 適当である】

(2) 制水弁や消火栓など付属設備の相互間は、原則として **1 m 以上離れるように**設置位置を選定する。　　　　　　　　　　　　　　　　【✕ 適当でない】

(3) 鋼管の切断は、切断線を中心に幅 30 cm の範囲の塗覆装をはく離し、切断線を表示して行う。なお、切断中は、管内外面の塗覆装の引火に注意し、適切な防護を行う。鋼管は切断完了後、新管の開先形状に準じて、ていねいに開先仕上げを行う。また、切断部分の塗装は、原則として新管と同様の寸法で仕上げる。
　　　　　　　　　　　　　　　　　　　　　　　　　　　　【〇 適当である】

(4) 水道用硬質塩化ビニル管を横積みで保管する場合は、平地に積み上げ、高さ 1 m 以下とし崩れないように措置する。高熱により変形するおそれがあるので、火気などに注意し温度変化の少ない場所に保管する。　　　　　【〇 適当である】

問題 46 の解答…(2)

11 上下水道 [34問出題のうち10問を選択する]

設問の分類: 下水道管
設問の重要度: ★★

【問題47】下水管の埋設施工などに関する次の記述のうち、**適当でないもの**はどれか。

(1) 下水道管の本線を道路の下に設ける場合は、原則としてその頂部と路面との距離が3mを超えていること。

(2) 硬質塩化ビニル管、強化プラスチック複合管などの可とう性管渠の場合は、原則として固定支承のコンクリート基礎とする。

(3) 鋼管及びダクタイル鋳鉄管を電車軌道や変電設備の周辺に敷設する場合、迷走電流の影響を受けることがあるので、絶縁被覆、絶縁継手などを施す。

(4) 軌道下を横断する場合や河川堤防を横断する場合は、必要に応じてコンクリート又は鉄筋コンクリートで巻き立て、外圧に対して管渠を保護する。

関連知識アドバイス
管の基礎は砂、土で施工するものを自由支承、コンクリートで施工するものを固定支承として取り扱う

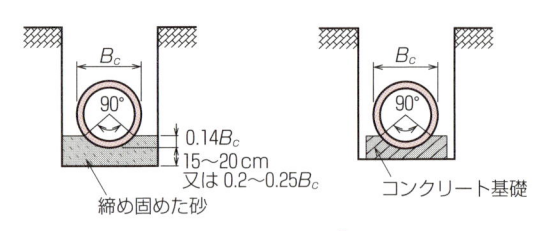

自由支承の例: B_c、90°、$0.14B_c$、15〜20cm 又は 0.2〜$0.25B_c$、締め固めた砂

固定支承の例: B_c、90°、コンクリート基礎

小テストで実力アップ
管の更生工法―この記述は○か×？
反転工法は、管渠の目地ずれを更生させる目的で、熱又は光などで硬化する樹脂を含浸させた材料を既設のマンホールから既設管渠内に反転加圧させながら挿入し、既設管渠内で加圧状態のまま樹脂が硬化することで管を構築するものである。

【問題 47 の解説】下水管の埋設施工

(1) 下水道管の本線を道路の下に設ける場合は、原則としてその頂部と路面との距離が 3 m を超えていること。　　　　　　　　　　　　　　　【〇 適当である】
(2) 硬質塩化ビニル管、強化プラスチック複合管などの可とう性管渠の場合は、原則として**自由支承の砂または砕石基礎**とする。可とう性管は自由支承とし下表を標準とする。　　　　　　　　　　　　　　　　　　　　　【✕ 適当でない】

管　種		普通地盤基礎	軟弱土基礎	超軟弱土基礎
可とう性管	硬質塩化ビニル管 ポリエチレン管	砂基礎	砂基礎 ベットシート基礎 ソイルセメント基礎	ベットシート基礎 ソイルセメント基礎 はしご胴木基礎 布基礎
	強化プラスチック複合管	砂基礎 砕石基礎		
	ダクタイル鋳鉄管 鋼管	砂基礎	砂基礎	砂基礎 はしご胴木基礎 布基礎

(3) 管渠の内面が摩擦、腐食などによって損傷するおそれのあるときは、耐摩耗性、耐食性などに優れた材質の管渠を使用するか、管渠の内面に適切な方法によってライニング又はコーティングを施す。鋼管及びダクタイル鋳鉄管を電車軌道や変電設備の周辺に敷設する場合、迷走電流の影響を受けることがあるので、絶縁被覆、絶縁継手などを施す。また、状況によっては、電気防食を図る必要がある。
　　　　　　　　　　　　　　　　　　　　　　　　　　　【〇 適当である】
(4) 軌道下を横断する場合や河川堤防を横断する場合は、必要に応じてコンクリート又は鉄筋コンクリートで巻き立て、外圧に対して管渠を保護する。現場打ちを除く管渠は、一定の荷重条件によって製造されるで、その条件を超えて安全率が低下する場合は、コンクリート又は鉄筋コンクリート巻立てて、外圧に対して管渠を防護する。防護にあたっては、縦方向の補強を十分に施す必要がある。
　　　　　　　　　　　　　　　　　　　　　　　　　　　【〇 適当である】

問題 47 の解答…(2)

小テストの解答…✕　（目地ずれではなく既設管形状の維持）

11 上下水道 [34問出題のうち10問を選択する]

設問の分類：小口径管推進工法
設問の重要度：★★★

【問題48】小口径管推進工法の施工に関する次の記述のうち、**適当でないもの**はどれか。

(1) 小口径管推進工法では、推進力が比較的小さいため、鋼製の支圧壁（反力板）を用いる場合が多く、反力板は推進装置の一部として扱われることがある。
(2) 鋼製さや管方式のさや管は、鉛直土圧、水圧、上載荷重などの外圧、圧力管の場合の内水圧、推進力などに耐えられる鋼製管を使用する。
(3) 泥土圧方式では、推進管の先端に泥土圧式先導体を装着し、添加材注入と止水バルブの採用により、切羽の安定を保持しながらカッタの回転により掘削する。
(4) オーガ方式には、先導体及び誘導管をオーガ推進させる一重ケーシング式と、誘導管を案内として推進する二重ケーシング式がある。

設問の分類：薬液注入工法
設問の重要度：★★★

【問題49】薬液注入の施工に関する次の記述のうち、**適当でないもの**はどれか。

(1) 砂質系地盤では、土粒子の間隙に注入材料が浸透固化し、それが接着材となることで崩壊が起こりにくくなり透水性も低下するので、掘削面への湧水を防止できる。
(2) 粘性土では、注入された薬液は土粒子の間隙に浸透できずに割裂の形態となるため、脈状に固化した薬液と圧縮された土の複合的効果で強度は増加する。
(3) 礫や玉石層などでは、最初に安価で強度のある溶液型を使用して粗詰めし、その後礫や砂の間隙に懸濁型の浸透注入を行う2段階の注入が必要となる。
(4) 埋戻し後の時間経過が少なく十分締め固まっていない砂地盤では、効果的な注入を行うためカバーロックなどをしっかり行い、注入速度を遅くするなどの特別な工夫を行う。

【問題48の解説】小口径管推進工法の施工

(1) 小口径管推進工法では、推進力が比較的小さいため、鋼製の支圧壁（反力板）を用いる場合が多く、推進装置と支圧壁が一体になっているものもあり、反力板は推進装置の一部として扱われることがある。　【〇 適当である】
(2) 鋼製さや管方式は、さや管に直接推進力を伝達して推進し、これをさや管として用いて鋼製管内に塩ビ管などの本管を布設する施工方式である。さや管は、鉛直土圧、水圧、上載荷重などの外圧、圧力管の場合の内水圧、推進力などに耐えられる鋼製管を使用する。　【〇 適当である】
(3) 泥土圧方式は、推進管の先端に泥土圧式先導体を装着し、掘削した土砂の塑性流動化促進を図るための添加材注入と止水バルブの採用により、切羽の安定を保持しながらカッタの回転により掘削する方式である。　【〇 適当である】
(4) オーガ方式は、**先導体内にオーガヘッド及びスクリューコンベアを装着し、この回転により掘削排土を行いながら推進管の推進を行うもので、管の埋設方式は一工程である**。ボーリング方式には、一重ケーシング式と、誘導管を案内として推進する二重ケーシング式がある。　【✕ 適当でない】

問題48の解答…(4)

【問題49の解説】薬液注入の施工

(1) 砂質系地盤では、土の間隙に薬液を浸透させる「浸透注入」が基本となる。土粒子の間隙に注入材料が浸透固化し、それが接着材となることで崩壊が起こりにくくなり透水性も低下するので、掘削面への湧水を防止できる。【〇 適当である】
(2) 粘性土では、薬液の割裂脈により加圧し、原地盤を脱水・圧密させる「割裂注入」が基本となる。注入された薬液は土粒子の間隙に浸透できずに割裂の形態（地盤が割裂して薬液の脈を形成し、地盤中に伸びてゆく注入形態）となるため、脈状に固化した薬液と圧縮された土の複合的効果で強度は増加する。【〇 適当である】
(3) 礫や玉石層などでは、最初に安価で強度のある**懸濁型**を使用して粗詰めし、その後礫や砂の間隙に**浸透型**の浸透注入を行う2段階の注入が必要となる。
　【✕ 適当でない】
(4) 埋戻し後の時間経過が少なく十分締固まっていない砂地盤では、地盤隆起などを防ぎ、効果的な注入を行うためコンクリートなどのカバーロックなどをしっかり行い、注入速度を遅くするなどの特別な工夫を行う。　【〇 適当である】

問題49の解答…(3)

3章 法規

12 労働基準法

【問題50】労働基準法に定められている労働時間に関する次の記述のうち、**誤っているもの**はどれか。

(1) 使用者は、災害その他避けることができない事由がある場合においても、事前に所轄労働基準監督署長の許可を得なければ、労働時間を延長することはできない。

(2) 原則として、使用者は、休憩時間を除き1週間について40時間、1日について8時間を超えて労働させてはならない。

(3) 使用者は、労働時間数等を記載してある賃金台帳を3年間保存しなければならない。

(4) 坑内労働における労働時間の延長は、1日について2時間を超えてはならない。

【問題51】労働基準法における就労制限についての定めで、満18歳未満の者及び産後1年を経過しない女性についても、例外なく就業が禁止されている業務として**正しいもの**は、次のうちどれか。

(1) つり上げ荷重が5t以上のクレーンの運転業務

(2) 30kg以上の重量物を取り扱う業務

(3) 足場の組立ての業務（地上における補助作業を除く）

(4) 動力により駆動される土木建築用機械の運転業務

【問題 50 の解説】労働基準法に定められている労働時間

(1)「**労働基準法第 33 条第 1 項**」より、事態急迫のために行政官庁の許可を受ける暇がない場合においては、**事後に遅滞なく届け出なければならない。**
【✗ 誤っている】

(2)「**労働基準法第 32 条第 1 項**」より、使用者は、労働者に、休憩時間を除き 1 週間について 40 時間を超えて、労働させてはならない。
【○ 正しい】

(3)「**労働基準法第 109 条**」より、使用者は、労働者名簿、賃金台帳及び雇入、解雇、災害補償、賃金その他労働関係に関する重要な書類を 3 年間保存しなければならない。
【○ 正しい】

(4)「**労働基準法第 36 条第 1 項**」より、坑内労働その他厚生労働省令で定める健康上特に有害な業務の労働時間の延長は、1 日について 2 時間を超えてはならない。
【○ 正しい】

問題 50 の解答…(1)

【問題 51 の解説】労働基準法における就労制限

(1) (3) (4)「**年少者労働基準規則第 8 条**」「**女性労働基準規則第 2 条第 1 項**」では、設問の業務を就業制限に定めている。しかし、「**女性労働基準規則第 2 条第 2 項**」では、産後 1 年を経過しない女性が当該業務に従事しない旨を使用者に申し出た場合に限る。とあり、**産後 1 年を経過しない女性すべてではない。**
【✗ 誤っている】

(2)「**年少者労働基準規則第 7 条**」「**女性労働基準規則第 2 条第 1 項**」より、30 kg 以上の重量物を取り扱う業務に就かせてはならない。
【○ 正しい】

● 女性労働基準規則

年齢	重量〔kg〕断続作業の場合	継続作業の場合
満 16 歳未満	12	8
満 16 歳以上 満 18 歳未満	25	15
満 18 歳以上	30	20

● 年少者労働基準規則

年齢及び性		重量〔kg〕断続作業の場合	継続作業の場合
満 16 歳未満	女	12	8
	男	15	10
満 16 歳以上 満 18 歳未満	女	25	15
	男	30	20

問題 51 の解答…(2)

13 労働安全衛生法

3章 法規

12問出題のうち8問を選択する

【問題52】 労働安全衛生法上、**作業主任者の選任を必要としない作業**は次のうちどれか。

(1) 長さが18mの既製コンクリート杭のくい打ちの作業

(2) 高さが6mの足場の組立て、解体の作業

(3) 掘削深さが4mの土止め支保工の切りばり、腹起しの取付けの作業

(4) 掘削面の高さが3mの地山の掘削(ずい道及びたて坑以外の坑の掘削を除く)の作業

【問題53】 労働安全衛生法上、工事開始日の14日前までに労働基準監督署長に計画の届出の必要な工事が定められているが、次の記述のうちこれに**該当しないもの**はどれか。

(1) 掘削の深さが15mの地山の掘削工事

(2) 高さ30mの工作物(橋梁を除く)の建設工事

(3) 内部に労働者が立ち入るずい道の建設工事

(4) 最大支間80mの橋梁の建設工事

【問題52の解説】労働安全衛生法における作業主任者の選任

作業主任者の選任を必要とする作業は**労働安全衛生法第14条、同施行令第6条**で規定されている。

(1) 長さが18mの既製コンクリート杭のくい打ちの作業は、作業主任者の選任は必要としない。　　　　　　　　　　　　　　　　　　　　　　【〇 該当する】

(2) つり足場（ゴンドラのつり足場を除く）、張出し足場又は**高さが5m以上の構造の足場の組立て**、解体又は変更の作業が規定されており、作業主任者の選任は必要である。　　　　　　　　　　　　　　　　　　　　　　【✕ 該当しない】

(3) **土止め支保工の切りばり又は腹起しの取付け又は取外しの作業**が規定されており、作業主任者の選任は必要である。　　　　　　　　　　【✕ 該当しない】

(4) 掘削面の高さが**2m以上となる地山の掘削**が規定されており、作業主任者の選任は必要である。　　　　　　　　　　　　　　　　　　　　【✕ 該当しない】

問題52の解答…(1)

【問題53の解説】労働安全衛生法における計画の届出

厚生労働大臣に工事の開始の日の14日前までに計画を届け出なければならない工事は、**労働安全衛生法第88条第4項、同規則第90条**で規定されている。

(1) 掘削の高さ又は深さが10m以上である地山の掘削と規定されており、届出は必要である。

【〇 該当する】

(2) 高さ**31mを超える建築物**又は工作物（橋梁を除く）の建設、改造、解体又は破壊の仕事と規定されており、届出は不要である。

【✕ 該当しない】

(3) ずい道等の建設等の仕事（ずい道等の内部に労働者が立ち入らないものを除く）と規定されており、届出は必要である。

【〇 該当する】

(4) 最大支間50m以上の橋梁の建設等の仕事と規定されており、届出は必要である。

【〇 該当する】

問題53の解答…(2)

14 建設業法

3章 法規

12問出題のうち8問を選択する

設問の分類: 請負契約等
設問の重要度: ★★

【問題54】 建設業法上、技術者制度に関する次の記述のうち、正しいものはどれか。

(1) 国又は地方公共団体が発注した土木一式工事を、2,500万円以上の請負代金額で請け負った者は、その現場に専任の主任技術者又は監理技術者を置かなければならない。

(2) 発注者から直接土木一式工事を請け負った特定建設業者は、下請契約の請負代金の総額が2,000万円以上の場合、工事現場に監理技術者を置かなければならない。

(3) 監理技術者は、工事現場における専任の監理技術者として選任されている期間中のいずれの日においても、その日の前3年以内に行われた監理技術者講習を受講していなければならない。

(4) 主任技術者は、建設工事の施工計画の作成などの技術上の管理及び下請負人との契約の締結を行わなければならない。

関連知識アドバイス 技術者制度

● 建設業法第26条（主任技術者及び監理技術者の設置等）

項目	内容	現場ごとに専任
主任技術者	・一定の実務経験があり、工事現場における建設工事の施工の技術管理をする者 ・元請・下請の別なく工事現場に置く	公共性のある施設または、多数の者が利用する施設に関する建設工事で請負代金が2,500万円以上となる場合、専任の技術者を配置する
監理技術者	・国土交通大臣が定める試験に合格した者又は免許を受けた者 ・元請となる特定建設業者が、その工事の下請契約の総額が3,000万円以上となる場合、工事現場に置く	
主任技術者 監理技術者 の職務	・施工計画の作成 ・工程管理 ・品質管理 ・施工従事者の技術上の指導監督	

【問題 54 の解説】建設業法における技術者制度

(1) 「**建設業法施行令第 27 条**」より、専任の主任技術者又は監理技術者を必要とする建設工事は「国又は地方公共団体が注文者である施設又は工作物に関する建設工事」で請負代金の額が 2,500 万円（建築工事では 5,000 万円）以上のものとする。

【〇 正しい】

(2) 「**建設業法第 26 条 2 項**」より、発注者から直接建設工事を請け負った特定建設業者は、下請契約の請負代金の額が建築工事業で 4,500 万円以上、その他の業種で 3,000 万円以上となる場合は主任技術者に代えて監理技術者を置かなければならない。

【✕ 誤っている】

(3) 「**建設業法第 26 条第 4 項**」より、監理技術者は、工事現場における専任の監理技術者として選任されている期間中のいずれの日においても、その日の前 5 年以内に行われた監理技術者講習を受講していなければならない。

【✕ 誤っている】

(4) 「**建設業法第 26 条の 3 第 1 項**」より、主任技術者及び監理技術者は、施工計画の作成、工程管理、品質管理その他の技術上の管理及び技術上の指導監督の職務を誠実に行わなければならない。とあり、下請負人との契約はない。

【✕ 誤っている】

問題 54 の解答…(1)

3章 法規

15 道路・河川関係法

12問出題のうち8問を選択する

【問題55】 道路法上の車両制限令に関する次の記述のうち、**誤っているもの**はどれか。

(1) 車両制限令で定める車両とは、自動車、原動機付自転車、軽車両、トロリーバスをいい、他の車両をけん引している場合はそのけん引されている車両も含まれる。

(2) 車両制限令には、道路の構造を保全し又は交通の危険を防止するために、車両の幅、重量、高さ、長さ及び最小回転半径の最高限度が定められている。

(3) 道路の構造を保全し又は交通の危険を防止するため、最高限度以下であっても必要に応じて、道路管理者が車両の高さ、重量について通行制限することがある。

(4) 特殊な車両を通行させようとする者は、通行する道路の道路管理者が2以上となる国道及び県道を通行する場合、それぞれの道路管理者に通行許可の申請を行わなければならない。

【問題56】 河川法上、河川管理者の許可に関する次の記述のうち、**誤っているもの**はどれか。

(1) 河川区域内の土地に工作物の新築等の許可を河川管理者から受けた者は、その土地の掘削、盛土、切土等の行為の許可を受ける必要がない。

(2) 河川管理者が管理する河川区域内の土地に工作物の新築等の許可を河川管理者から受けた者は、土地の占用の許可を受ける必要がない。

(3) 河川区域内において土地の掘削、盛土、切土等の行為は、民有地においても河川管理者の許可を受ける必要がある。

(4) 河川区域内において河床上に流動可能な状態で存在する転石、浮石を採取する行為は、民有地においても河川管理者の許可を受ける必要がある。

【問題 55 の解説】道路法における車両制限

(1) 「道路交通法第 2 条第 1 項第八号、車両制限令第 2 条第一号」より、車両とは自動車、原動機付自転車、軽車両、トロリーバスをいい、他の車両をけん引している場合はそのけん引されている車両も含まれる。　【○ 正しい】

(2) 「道路法第 47 条第 1 項」より、道路の構造を保全し、又は交通の危険を防止するため、道路との関係において必要とされる車両の幅、重量、高さ、長さ及び最小回転半径の最高限度は、政令（車両制限令第 3 条）で定められている。　【○ 正しい】

(3) 「道路法第 47 条第 4 項」より、道路の構造を保全し、又は交通の危険を防止するため、道路との関係において必要とされる車両についての制限に関する基準は、政令（車両制限令第 5〜10 条）で車両の幅、高さ、重量等を定めている。　【○ 正しい】

(4) 「道路法第 47 条の 2 第 2 項」より、特殊な車両を通行させようとする者は、道路管理者を異にする 2 以上の道路に係るものであるときは、政令で定めるところにより、**1 の道路の道路管理者が行うものとする**。　【✗ 誤っている】

問題 55 の解答…(4)

【問題 56 の解説】河川法における河川管理者の許可

(1) 「河川法第 26 条第 1 項」より、河川区域内の土地において工作物を新築し、改築し、又は除去しようとする者は河川管理者の許可を受けなければならないと規定されており、「河川法第 27 条」より「河川法第 26 条第 1 項」の許可に係る行為のためにするものを除くとある。　【○ 正しい】

(2) 「河川法第 24 条」より、河川区域内の土地を占用しようとする者は、**河川管理者の許可を受けなければならない**。「河川法第 26 条第 1 項」の工作物の新築等の許可とは異なる。　【✗ 誤っている】

(3) 「河川法第 27 条第 1 項」より、河川区域内の土地（民有地も含む）において土地の掘削、盛土若しくは切土その他土地の形状を変更する行為又は竹木の栽植若しくは伐採をしようとする者は、河川管理者の許可を受けなければならない。　【○ 正しい】

(4) 「河川法第 25 条」より、河川区域内の土地において土石を採取しようとする者は、河川管理者の許可を受けなければならない。　【○ 正しい】

問題 56 の解答…(2)

【問題 57】建築基準法上、都市計画区域において工事用の仮設建築物を設ける場合の規定に関する次の記述のうち、正しいものはどれか。

(1) 工事用仮設建築物の床下が砕石敷均し構造で、最下層の居室の床が木造である場合には、床の高さを 30 cm 以上確保しなければならない。

(2) 工事用仮設建築物の事務室の換気のためには、その床面積に対して 1/20 以上の開口部を設けなければならないが、これが不足する場合は一定の換気設備を設けてこれに代えることができる。

(3) 工事用仮設建築物の敷地の前面道路が国又は地方自治体が管理する公道の場合は、その道路に 2 m 以上接していなければならない。

(4) 工事用仮設建築物は、前面道路の幅員に応じた建築物の高さ制限（斜線制限）の適用を受ける。

【問題57の解説】建設基準法における工事用の仮設建築物を設ける場合の規定

(1)「建築基準法施行令第22条」より、最下階の居室の床が木造である場合における床の高さは、直下の地面からその床の上面まで45cm以上とする。ただし、床下をコンクリート、たたきその他これらに類する材料で覆う場合はこの限りでない。

【✗ 誤っている】

(2)「建築基準法第22条第2項」より、居室には換気のための窓その他の開口部を設け、換気に有効な部分の面積は、その床面積に対して1/20以上としなければならない。「同法第85条第2項」より仮設建築物にも適用される。

【○ 正しい】

(3)「建築基準法第43条第1項」より、建築物の敷地は、道路に2m以上接しなければならないが、「同法第85条第2項」より仮設建築物には適用されない。

【✗ 誤っている】

(4)「建築基準法第56条」より、高さ制限（斜線制限）が規定されているが、「同法第85条第2項」より仮設建築物には適用されない。

【✗ 誤っている】

問題57の解答…(2)

17 火薬類取締法

3章 法規

12問出題のうち8問を選択する

設問の分類：火薬の取扱い
設問の重要度：★★★

【問題58】火薬類取締法上、火薬類の取扱いに関する次の記述のうち、正しいものはどれか。

(1) 火薬類を取り扱う者は、その者が所有し又は占有する火薬類、譲渡許可書、譲受許可証を喪失し、又は盗取されたときは遅滞なく都道府県知事に届け出なければならない。

(2) 発破場所においては、責任者を定めることなく、火薬類の受渡数量、消費残数量及び発破孔又は薬室に対する装てん方法をそのつど記録しなければならない。

(3) 当該作業者は、発破を終了したときは、発破による有害ガスの危険が除去された後、発破場所の危険の有無を検査し、安全と認められた後でなければ、何人も発破場所及びその付近に立入らせてはならない。

(4) 消費場所には、火薬類の管理及び親ダイの作成を行うための火薬類取扱所を設けなければならない。

関連知識アドバイス

火薬類の取扱いについて

項目	内容
取扱者の制限（法第23条）	18才未満の者は、火薬類の取扱いをしてはならない
火薬類取扱保安責任者（法第30条）（施行規則第69条第2項）（施行規則第70条の4）	・火薬庫の所有者等は、火薬類取扱保安責任者を選任する ・月に1t以上の火薬又は爆薬を消費する場合は、甲種火薬類取扱保安責任者免状を有する者の中から選任する ・火薬類の貯蔵・火薬庫の構造等の管理、盗難防止に特に注意する
運搬（法第19条）【火薬類の運搬に関する内閣府令第10条別表第1】（法第38条）	・火薬類を運搬しようとする場合は、出発地を管轄する都道府県公安委員会に届け出て、「運搬証明書」の交付を受ける（火薬200kg以下、爆薬100kg以下の運搬を除く） ・火薬類は、他の物と混包し、又は火薬類でないようにみせかけて、これを所持し、運搬し、若しくは託送してはならない
事故届等（法第46条第1項）	製造業者、販売業者、消費者その他火薬類を取り扱う者は、下記の場合には、遅滞なくその旨を警察官又は海上保安官に届け出なければならない

【問題58の解説】火薬類取締法における火薬の取扱い

(1) 「**火薬類取締法第46条**」より、製造業者、販売業者、消費者その他火薬類を取り扱う者は、「災害が発生したとき、火薬類、譲渡許可証、譲受許可証又は運搬証明書を喪失し、又は盗取された」場合には、遅滞なくその旨を**警察官又は海上保安官**に届け出なければならない。

【✕ 誤っている】

(2) 「**火薬類取締法施行規則第53条**」より、発破場所においては、**責任者を定め、火薬類の受渡し数量、消費残数量及び発破孔又は薬室に対する装てん方法**をそのつど記録させること。

【✕ 誤っている】

(3) 「**火薬類取締法施行規則第56条**」より、発破を終了したときは、発破による有害ガスによる危険が除去された後、天盤、側壁その他の岩盤、コンクリート構造物等についての危険の有無を検査し、安全と認めた後でなければ、何人も発破場所及びその附近に立ち入らせてはならない。

【〇 正しい】

(4) 「**火薬類取締法施行規則第52条の2**」より、消費場所においては、**火薬類の管理及び発破の準備**をするために、火薬類取扱所を設けなければならない。親ダイの作成は火工所である。

【✕ 誤っている】

問題58の解答…(3)

項　目	内　容
事故届等（つづき）	・火薬類について災害が発生したとき ・火薬類、譲渡許可証、譲受許可証又は運搬証明書を喪失し、又は盗取されたとき
消費場所における火薬類の取扱い（施行規則第51条）	・火薬類を収納する容器は、木その他電気不良導体で作った丈夫な構造のものとし、内面には鉄類を表さない ・火薬類を存置・運搬するときは、火薬、爆薬、導爆線又は制御発破用コードと火工品とは、それぞれ異なった容器に収納する ・電気雷管は、できるだけ導通又は抵抗を試験する ・消費場所においては、やむを得ない場合を除き、火薬類取扱所、火工所又は発破場所以外の場所に火薬類を存置しない ・火薬類消費計画書に火薬類を取り扱う必要のある者として記載されている者が火薬類を取り扱う場合には、腕章を付ける

3章 法規

騒音・振動規制法

【問題59】騒音規制法による指定区域内で次の作業を5日間行った。政令で定められた「特定建設作業」に該当するものは次のうちどれか。

(1) アースオーガにより、中掘りをしながら、φ400 mmの鋼管杭の打込みを行った。

(2) 定格出力41 kWのバックホウを使用し、掘削積込み作業を行った。

(3) さく岩機を使用し、作業地点を連続的に1日10 m程度移動しながら既存の擁壁の取壊しを行った。

(4) 切削幅2.2 mの路面切削機を使用し、既存道路の切削オーバーレイを行った。

【問題60】振動規制法上、地域の指定、届出の受理等の行政事務及び担当行政機関に関する次の記述のうち、誤っているものはどれか。

(1) 振動防止の方法の改善や作業時間の変更の勧告は、都道府県知事が行う。

(2) 特定建設作業の実施の届出は、市町村長に行う。

(3) 地域の指定は、都道府県知事(政令で定める市長を含む)が行う。

(4) 指定地域についての振動の大きさの測定は、市町村長が行う。

【問題59の解説】騒音規制法における特定建設作業

「騒音規制法施行令第2条別表第2」より、特定建設作業が定められている。

番号	作業の種類
1	くい打機（もんけんを除く。）、くい抜機又はくい打くい抜機（圧入式くい打くい抜機を除く。）を使用する作業
2	鋲打機を使用する作業
3	削岩機を使用する作業（作業地点が連続的に移動する作業にあっては、1日における当該作業に係る2地点間の最大距離が50mを超えない作業に限る。）
4	空気圧縮機（電動機以外の原動機を用いるものであって、その原動機の定格出力が15kW以上のものに限る。）を使用する作業（削岩機の動力として使用する作業を除く。）
5	コンクリートプラント（混練機の混練容量が0.45m³以上のものに限る。）又はアスファルトプラント（混練機の混練容量が200kg以上のものに限る。）を設けて行う作業（モルタルを製造するためにコンクリートプラントを設けて行う作業を除く。）
6	バックホウ（一定の限度を超える大きさの騒音を発生しないものとして環境大臣が指定するものを除き、原動機の定格出力が80kW以上のものに限る。）を使用する作業
7	トラクタショベル（一定の限度を超える大きさの騒音を発生しないものとして環境大臣が指定するものを除き、原動機の定格出力が70kW以上のものに限る。）を使用する作業
8	ブルドーザ（一定の限度を超える大きさの騒音を発生しないものとして環境大臣が指定するものを除き、原動機の定格出力が40kW以上のものに限る。）を使用する作業

番号3削岩機より、（3）が該当する。

問題59の解答…（3）

【問題60の解説】振動規制法における行政事務及び担当行政機関

(1)「振動規制法第15条第1項」より、振動の防止の方法を改善し、又は特定建設作業の作業時間を変更すべきことを勧告することができるのは**市町村長**である。　　【✕ 誤っている】

(2)「振動規制法第14条第1項」より、指定地域内において特定建設作業を伴う建設工事を施工しようとする者は、特定建設作業の開始の日の7日前までに、環境省令で定めるところにより、市町村長に届け出なければならない。　　【〇 正しい】

(3)「振動規制法第3条第1項」より、都道府県知事は、住居が集合している地域、病院又は学校の周辺の地域で振動を防止することにより住民の生活環境を保全する必要があると認めるものを指定しなければならない。　　【〇 正しい】

(4)「振動規制法第19条」より、市町村長は、指定地域について、振動の大きさを測定するものとする。　　【〇 正しい】

問題60の解答…（1）

3章 法規

港則法

12問出題のうち8問を選択する

設問の分類：港則法等
設問の重要度：★★★

【問題61】 港則法に関する次の記述のうち、正しいものはどれか。

(1) 汽船が港の防波堤の入口で他の汽船と出会うおそれのあるときは、出航する汽船は、防波堤の内側で待機し入港する汽船の進路を避けなければならない。

(2) 港内において石炭、石など散乱するおそれのある物を船舶に積み、又は船舶から卸そうとする者は、これらの物が水面に脱落するのを防ぐための措置を講じなければならない。

(3) 船舶は、航路内においては、運転の自由を失った場合といえども、えい航している船を放してはならない。

(4) 何人も港内においては、いかなる船舶の附近においても喫煙し又は火気を取り扱ってはならない。

関連知識アドバイス

港則法の概要は以下である

項目	内容
定義 （法第3条）	・雑種船：汽艇、はしけ及び端船その他ろかいのみをもって運転する船舶 ・特定港：きっ水の深い船舶が出入できる港又は外国船舶が常時出入する港
航路 （法第13条）	船舶は、航路内においては、次の場合を除いては、投びょうし、又はえい航している船舶を放してはならない ① 海難を避けようとするとき ② 運転の自由を失ったとき ③ 人命又は急迫した危険のある船舶の救助に従事するとき ④ 港長の許可を受けて工事又は作業に従事するとき
航法 （法第14条、15条）	① 航路外から航路に入り、又は航路から航路外に出ようとする船舶は、航路を航行する他の船舶の進路を避けなければならない ② 航路内においては、並列して航行してはならない ③ 航路内において、他の船舶と行き会うときは、右側を航行しなければならない

【問題 61 の解説】港則法に関する事項

(1)「港則法第 15 条」より、汽船が港の防波堤の入口又は入口附近で他の汽船と出会うおそれのあるときは、**入航する汽船は、防波堤の外で出航する汽船の進路を避けなければならない。**

【✗ 誤っている】

(2)「港則法第 24 条第 2 項」より、港内又は港の境界附近において、石炭、石、れんがその他散乱するおそれのある物を船舶に積み、又は船舶から卸そうとする者は、これらの物が水面に脱落するのを防ぐため必要な措置をしなければならない。

【○ 正しい】

(3)「港則法第 13 条」より、船舶は、航路内においては、「海難を避けようとするとき、**運転の自由を失ったとき**、人命又は急迫した危険のある船舶の救助に従事するとき、第 31 条の規定による港長の許可を受けて工事又は作業に従事するとき」を**除いて**は、投びょうし、又はえい航している船舶を放してはならない。

【✗ 誤っている】

(4)「港則法第 36 条の 2 第 1 項」より、何人も、港内においては、相当の注意をしないで、**油送船の附近で**喫煙し、又は火気を取り扱ってはならない。

【✗ 誤っている】

問題 61 の解答…(2)

項 目	内 容
航 法（つづき）	④ 航路内においては、他の船舶を追い越してはならない ⑤ 汽船が港の防波堤の入口又は入口附近で他の汽船と出会うおそれのあるときは、**入航**する汽船は、防波堤の外で出航する汽船の進路を避けなければならない
水路の保全 （法第 24 条）	① 何人も、港内又は港の境界外 1 万 m 以内の水面においては、みだりに、バラスト、廃油、石炭から、ごみその他これに類する廃物を捨ててはならない ② 港内又は港の境界附近において、石炭、石、れんがその他散乱するおそれのある物を船舶に積み、又は船舶から卸そうとする者は、これらの物が水面に脱落するのを防ぐため必要な措置をしなければならない
喫煙等の制限 （法第 36 条の 2）	何人も、港内においては、相当の注意をしないで、油送船の附近で喫煙し、又は火気を取り扱ってはならない

解答結果・自己分析ノート

B問題

4章 共通工学：解答結果自己分析ノート

4問はすべて必須問題ですので全問解答してください。苦手な問題は何度も取り組み、その経過を下表に記入し成果を確認しよう。

出題No.	工事種別	設問の内容	重要度	学習マークシート 1回	学習マークシート 2回	学習マークシート 3回	チェック ✓
1	共通工学	測量	★★★	○	○	○	
2		契約	★★★	○	○	○	
3		設計	★★	○	○	○	
4		施工機械	★★★	○	○	○	
			正解数				/4

合格ライン 合格するには60％以上の正解が必要です。
⇨ 必須全問対象として「3問以上の正解」が目標

出題傾向と対策 共通工学は必須問題で、出題数が少ない。また、設問の内容が偏って（測量2問、契約2問の計4問など）出題される。このことから、苦手分野をつくってしまうと全く答えられなくなるので注意が必要である。

5章 施工管理：解答結果自己分析ノート

　31問はすべて必須問題ですので全問解答してください。苦手な問題は何度も取り組み、その経過を下表に記入し成果を確認しよう。

出題No.	工事種別	設問の内容	重要度	学習マークシート 1回	2回	3回	チェック ✓
5	施工計画	施工計画作成	★★★	○	○	○	
6		施工体制台帳、体系図	★★★	○	○	○	
7		仮設計画	★★	○	○	○	
8		原価管理	★	○	○	○	
9		建設機械計画	★★★	○	○	○	
10	工程管理	工程管理	★★★	○	○	○	
11		工程表の特徴	★★★	○	○	○	
12		ネットワーク工程表	★★★	○	○	○	
13		その他工程表	★	○	○	○	
14	安全管理	安全衛生管理	★★★	○	○	○	
15		労働災害等	★★	○	○	○	
16		その他安全衛生管理	★★	○	○	○	
17		公衆災害防止対策	★★	○	○	○	
18		足場の安全対策	★★★	○	○	○	
19		土止め支保工の安全対策	★★★	○	○	○	
20		移動式クレーンの安全対策	★★★	○	○	○	
21		建設機械の安全対策	★★★	○	○	○	
22		掘削工事の安全対策	★★	○	○	○	
23		管路等工事の安全対策	★★	○	○	○	
24		その他工事の安全対策	★	○	○	○	
25	品質管理	品質管理の基本事項	★★★	○	○	○	
26		国際規格 ISO	★★★	○	○	○	
27		構造物の品質管理	★★★	○	○	○	
28		コンクリートの品質管理	★★★	○	○	○	
29		コンクリートの非破壊検査	★★★	○	○	○	

(つづき)

出題No.	工事種別	設問の内容	重要度	学習マークシート 1回	2回	3回	チェック ✓
30	品質管理	鉄筋工事の品質管理	★	○	○	○	
31		道路・土工の品質管理	★	○	○	○	
32	環境保全・建設リサイクル	騒音・振動対策	★★★	○	○	○	
33		その他環境保全対策	★	○	○	○	
34		資材の再資源化	★★★	○	○	○	
35		廃棄物の処理	★★★	○	○	○	
			正解数				/31

合格するには60％以上の正解が必要です。
⇨ 必須全問対象として「19問以上の正解」が目標

施工計画は必須問題で、出題数が多い。ただし、類似問題がくり返して出題されるので、しっかりとパターンをマスターしておきたい。

Memo

4章 共通工学

共通工学

4問すべて解答する

設問の分類: 測量
設問の重要度: ★★★

【問題1】公共測量など一般的な測量における水平位置及び高さの基準に関する次の記述のうち、**適当でないもの**はどれか。

(1) 平面直角座標系において、水平位置を表示するX座標のX軸は、座標原点を通る東西方向を基準としている。

(2) 水平位置を表示する平面直角座標系は、全国を19の座標系に区分している。

(3) 道路、鉄道、河川などの土木工事の水平位置は、一般的に三角点（基本測量により設置される測量標）及び基準点（公共測量により設置される測量標）を基準として求められる。

(4) 道路、鉄道、河川などの特に精度を要する土木工事の標高は、一般的に水準点（基本測量及び公共測量により設置される測量標）から求められる。

設問の分類: 契約
設問の重要度: ★★★

【問題2】公共工事標準請負契約約款に関する次の記述のうち、**誤っているもの**はどれか。

(1) 受注者は、原則として工事請負契約により生じた権利又は義務を第三者に譲渡し又は承継させてはならない。

(2) 受注者は、工事の全部若しくはその主たる部分を一括して第三者に請け負わせることはできない。

(3) 受注者は、原則として発注者の検査に合格した工事材料を第三者に譲渡、貸与し又は抵当権その他の担保の目的に供してはならない。

(4) 現場代理人は、いかなる場合においても工事現場に常駐しなければならない。

【問題 1 の解説】測量における水平位置及び高さの基準

(1) 平面直角座標系において、水平位置を表示する X 座標の X 軸は、座標原点を通る南北方向を基準としている。　　　　　　　　　　　　【✕ 適当でない】
(2) 水平位置を表示する平面直角座標系は、全国を 19 の座標系に区分しており、それぞれに座標原点を設定している。　　　　　　　　　　　【〇 適当である】
(3) 道路、鉄道、河川などの土木工事の水平位置は、一般的に全国に設置された一等から四等まである三角点（基本測量により設置される測量標）と、それに基づいて設置される基準点（公共測量により設置される測量標）を基準として求められる。　　　　　　　　　　　　　　　　　　　　　　　【〇 適当である】
(4) 道路、鉄道、河川などの特に精度を要する土木工事の標高は、一般的に全国に設置された一等から三等水準点、基本測量及び公共測量により設置される測量標から求められる。　　　　　　　　　　　　　　　　　　　　　【〇 適当である】

問題 1 の解答…(1)

【問題 2 の解説】公共工事標準請負契約約款で定める事項

(1) 「公共工事標準請負契約約款第 5 条」より、受注者は、この契約により生ずる権利又は義務を第三者に譲渡し、又は承継させてはならない。　　【〇 正しい】
(2) 「公共工事標準請負契約約款第 6 条」より、受注者は、工事の全部若しくはその主たる部分又は他の部分から独立してその機能を発揮する工作物の工事を一括して第三者に委任し、又は請け負わせてはならない。　　　　　　　【〇 正しい】
(3) 「公共工事標準請負契約約款第 5 条」より、工事目的物並びに工事材料（工場製品を含む）のうち検査に合格したもの及び部分払のための確認を受けたものを第三者に譲渡し、貸与し、又は抵当権その他の担保の目的に供してはならない。ただし、あらかじめ、発注者の承諾を得た場合は、この限りでない。【〇 正しい】
(4) 「公共工事標準請負契約約款第 10 条」より、発注者は、現場代理人の工事現場における運営、取締り及び権限の行使に支障がなく、かつ、発注者との連絡体制が確保されると認めた場合には、現場代理人について工事現場における常駐を要しないこととすることができる。　　　　　　　　　　　　　【✕ 誤っている】

問題 2 の解答…(4)

20 共通工学 [4問すべて解答する]

設問の分類：設計
設問の重要度：★★

【問題3】下図は、擁壁の配筋図の一部を示したものである。F1～F4 のうち F3 の鉄筋に該当する鉄筋加工図は、次の A～D のうちどれか。ただし、主鉄筋は D16、配力鉄筋は D13 とする。

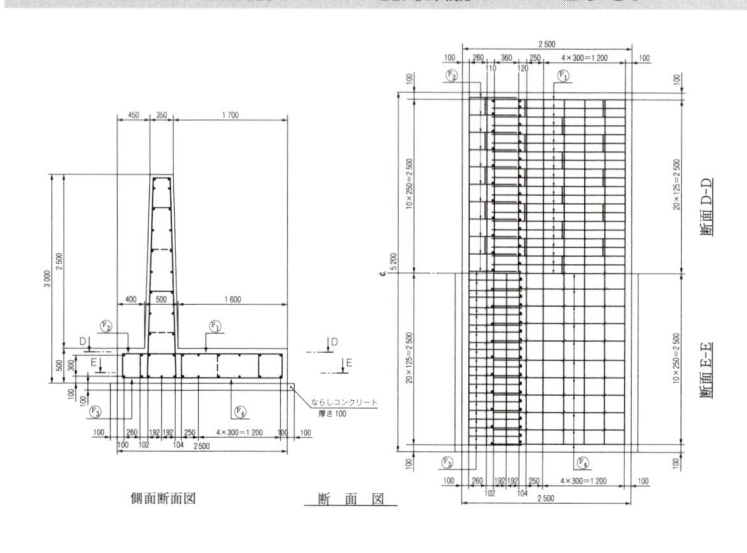

側面断面図　断面図

鉄筋加工図

A　41－D16－2300
B　21－D13－900
C　41－D16－1100
D　21－D13－2200

(1) A　(2) B　(3) C　(4) D

関連知識アドバイス　各部にはたらくモーメントについて理解しておこう！

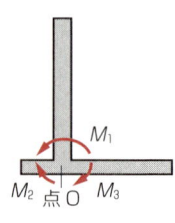

M_1：たて壁つけ根の曲げモーメント
M_2：つま先版つけ根の曲げモーメント
M_3：かかと版つけ根の曲げモーメント

【問題3の解説】配筋図の見方

　逆T型擁壁に発生する応力は、たて壁の土圧側、かかと版の上面、つま先版の下面に引張力が働くのでこれを主鉄筋で抵抗させる。設問の各鉄筋の種類は下図となりF3の鉄筋は（3）のCである。

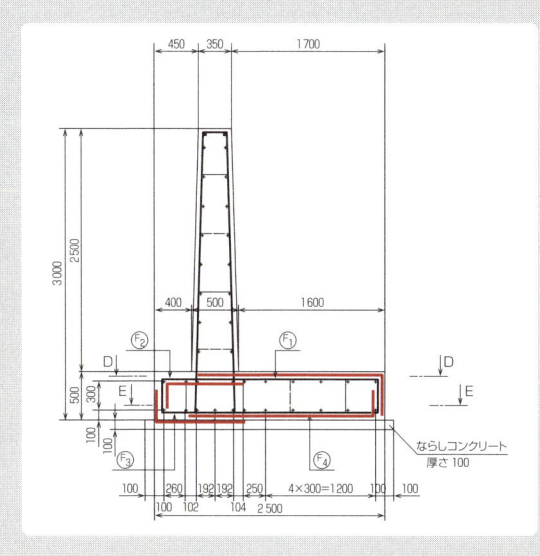

(1)　A → F1　主筋
(2)　B → F2　配力筋
(3)　C → F3　主筋
(4)　D → F4　配力筋

問題3の解答…(3)

共通工学 [4問すべて解答する]

【問題4】 工事における電気設備などに関する次の記述のうち、適当でないものはどれか。

(1) 電気機械器具の操作を行う場合は、感電又は誤操作による危険を防止するため操作部分に必要な照度を保持する。

(2) 仮設の配線又は移動電線を通路面において使用する場合は、絶縁被覆の損傷のおそれのないよう防護覆いを装着した状態で使用する。

(3) 移動電線に接続する手持型の電灯や架空つり下げ電灯などには、口金の接触や電球の破損を防止するためのガードを取り付ける。

(4) 水中ポンプやバイブレータなどを使用する場合は、漏電による感電防止のため自動電撃防止装置を取り付ける。

関連知識アドバイス

労働安全衛生規則で定められている電気機械器具の内容は以下である

- 電気機械器具の囲い等
- 手持型電灯等のガード
- 溶接機等のホルダー
- 交流アーク溶接機用自動電撃防止装置
- 漏電による感電の防止
- 電気機械器具の操作部分の照度

小テストで実力アップ 建設機械の最近の動向―この記述は○か×？

電動モータを搭載し系統電力を動力源とする電動型建設機械は、地下工事などにおける作業環境の維持、防火などの観点から現場での排気ガスを出さない機械のニーズに対応して開発されている。

【問題4の解説】工事における電気設備

(1) 「労働安全衛生規則第335条」より、事業者は、電気機械器具の操作の際に、感電の危険又は誤操作による危険を防止するため、当該電気機械器具の操作部分について必要な照度を保持しなければならない。

【○ 適当である】

(2) 「労働安全衛生規則第338条」より、事業者は、仮設の配線又は移動電線を通路面において使用してはならない。ただし、当該配線又は移動電線の上を車両その他の物が通過すること等による絶縁被覆の損傷のおそれのない状態で使用するときは、この限りでない。

【○ 適当である】

(3) 「労働安全衛生規則第330条第1項」より、事業者は、移動電線に接続する手持型の電灯、仮設の配線又は移動電線に接続する架空つり下げ電灯等には、口金に接触することによる感電の危険及び電球の破損による危険を防止するため、ガードを取り付けなければならない。

【○ 適当である】

(4) 「労働安全衛生規則第333条第1項」より、事業者は、電動機を有する機械又は電動機械器具で、対地電圧が150Vをこえる移動式若しくは可搬式のもの又は水等導電性の高い液体によって湿潤している場所その他鉄板上、鉄骨上、定盤上等導電性の高い場所において使用する移動式若しくは可搬式のものについては、漏電による感電の危険を防止するため、当該電動機械器具が接続される電路に、当該電路の定格に適合し、感度が良好であり、かつ、確実に作動する感電防止用漏電遮断装置を接続しなければならない。水中ポンプやバイブレータなどを使用する場合は、漏電による感電防止のため漏電遮断器を取り付ける。

【✗ 適当でない】

問題4の解答…(4)

5章 施工管理

21 施工計画

31問すべて解答する

設問の分類: 施工計画作成
設問の重要度: ★★★

【問題5】施工計画作成の留意事項に関する次の記述のうち、適当でないものはどれか。

(1) 施工計画の作成にあたっては、契約工期が最適工期とは限らないので、契約工期の範囲以内でさらに経済的な工程を検討する。

(2) 施工計画の作成にあたっては、過去の技術にとらわれず、新工法・新技術を取り入れ、工夫・改善する。

(3) 施工計画の作成にあたっては、計画1つのみでなく、代替え案を考えて比較検討し、最良の計画を採用する。

(4) 施工計画の作成にあたっては、社内組織の活用を避け、現場を熟知した実作業を担当する下請け企業と現場担当者で計画書を作成する。

設問の分類: 施工体制台帳施工体系図
設問の重要度: ★★★

【問題6】建設業法で定められている工事現場ごとに公示すべき事項等に関する次の記述のうち、正しいものはどれか。

(1) 1,000万円の工事を請け負った建設業者は、建設業の許可票標識の掲示を省略することができる。

(2) 建設業の許可票標識の記載事項には、代表者の氏名、主任（監理）技術者の氏名、請負金額、下請の有無、許可を受けた建設業がある。

(3) 施工体制台帳を作成する必要がある公共工事の特定建設業者は、各下請の施工の分担関係を表示した施工体系図を作り、公衆の見やすい場所に掲示しておかなければならない。

(4) 建設業の許可票標識に監理技術者名が記載されている現場の監理技術者は、監理技術者資格証及び監理技術者講習終了証を携帯する必要はない。

【問題5の解説】施工計画作成の留意事項

(1) 施工計画の作成にあたっては、契約工期が最適工期とは限らないので、労働力、建設機械、工事用資材、作業手順などを考慮して、契約工期の範囲以内でさらに経済的な工程を検討する。　　　　　　　　　　　　　【〇 適当である】
(2) 施工計画の作成にあたっては、過去の技術にとらわれず、新工法・新技術を取り入れ、現場に合致した工夫・改善を行うことが重要である。
　　　　　　　　　　　　　　　　　　　　　　　　　　　　　【〇 適当である】
(3) 施工計画の作成にあたっては、計画1つのみでなく、作業工程、作業方法、使用する建設機械などについて代替え案を考えて比較検討し、最良の計画を採用する。　　　　　　　　　　　　　　　　　　　　　　　【〇 適当である】
(4) 施工計画の作成にあたっては、**社内組織の活用を図り、高度な技術水準で施工計画を検討することが重要である。**　　　　　　　　　【✗ 適当でない】

問題5の解答…(4)

【問題6の解説】工事現場ごとに公示すべき事項等

(1)「**建設業法第40条**」より、**建設業者は、その店舗及び建設工事の現場ごとに、公衆の見やすい場所に、標識を掲げなければならない。**　【✗ 誤っている】
(2)「**建設業法施行規則第25条**」より、建設業の許可票標識の記載事項は、① 一般建設業又は特定建設業の別、② 許可年月日、許可番号及び許可を受けた建設業、③ 商号又は名称、④ 代表者の氏名、⑤ 主任技術者又は監理技術者の氏名であり、**下請の有無は必要ない。**　　　　　　　　　　　　　【✗ 誤っている】
(3)「**建設業法施行規則第24条の7**」より、特定建設業者は、発注者から直接請け負った建設工事を施工するために締結した下請代金の総額が3,000万円（建築一式工事4,500万円）以上になる場合は、施工体制台帳を作成する。また、各下請負人の施工の分担関係を表示した施工体系図を作成し、これを当該工事現場の見やすい場所に掲げなければならない。　　　　　　　　　【〇 正しい】
(4) 建設業の許可票標識に監理技術者名が記載されている現場の監理技術者は、**監理技術者資格証の提示義務があり、監理技術者講習終了証の携帯が望ましい。**
　　　　　　　　　　　　　　　　　　　　　　　　　　　　　【✗ 誤っている】

問題6の解答…(3)

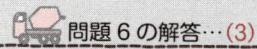

施工計画 [31問すべて解答する]

設問の分類：仮設計画
設問の重要度：★★

【問題7】仮設に関する次の記述のうち、適当でないものはどれか。

(1) 仮設は、発注者が指定する指定仮設と、施工者の判断に任せる任意仮設があり、特殊な場合を除いては任意仮設が多い。

(2) 仮設計画の立案においては、本工事の工法・仕様などの変更にできるだけ追随可能な柔軟性のある計画とし、材料は一般の市販品を使用する。

(3) 仮設計画の立案においては、仮設物の運搬、設置、運用、メンテナンス、撤去の面から総合的に検討する。

(4) 仮設構造物は、一般に本体構造物と同等の安全率で設計する。

設問の分類：原価管理
設問の重要度：★

【問題8】原価管理に関する次の記述のうち、適当でないものはどれか。

(1) 予定原価と実際原価を比較して実際原価が予定原価を下回った場合には、工事に損失が出ることが予測されるので、その差異の原因を細かく分析する。

(2) 予定原価を適確に把握するには、施工中に施工条件や契約条件と異なる事態が発生した場合は、新たな条件で費用を計算するなどの措置をとらなければならない。

(3) 実際原価を低減させるには、適正な人員配置による労務費の軽減やより良い施工方法・施工手順による生産性の向上をはかる必要がある。

(4) 原価管理とは、工事原価の低減を目的として、実行予算作成時に算定した予定原価と、すでに発生した実際原価を対比し、工事が予定原価を超えることなく進むように管理することである。

【問題7の解説】仮設工事に関する事項

(1) 仮設は、発注者が施工方法などを指定する指定仮設と、施工者の判断に任せる任意仮設があり、特殊な場合を除いては任意仮設が多い。指定仮設は変更の対象となり、任意仮設は変更の対象とならない。　　　　　【〇 適当である】
(2) 仮設計画の立案においては、本工事の工法・仕様などの変更にできるだけ追随可能な柔軟性のある計画とし、材料の転用を考慮して規格を統一し、一般の市販品を使用する。　　　　　【〇 適当である】
(3) 仮設計画の立案においては、仮設物の種類、材料、数量、運搬、設置、運用、メンテナンス、撤去の面から総合的に検討する。　　　　　【〇 適当である】
(4) 仮設構造物は、一時的なものであり、一般に本体構造物より**安全率を低減して設計してよい**。　　　　　【✕ 適当でない】

問題7の解答…(4)

【問題8の解説】工事の原価管理

(1) 予定原価と実際原価を比較して**実際原価が予定原価を下回った場合には、工事に利益が出ることが予測される**。　　　　　【✕ 適当でない】
(2) 予定原価を適確に把握するには、当初計画した施工計画から、施工中に施工条件や契約条件と異なる事態が発生した場合は、新たな条件で費用を計算するなどの措置をとらなければならない。　　　　　【〇 適当である】
(3) 実際原価を低減させるには、適正な材料の選定による材料費の軽減、適正な人員配置による労務費の軽減やより良い施工方法・施工手順による生産性の向上をはかる必要がある。　　　　　【〇 適当である】
(4) 原価管理とは、工事原価の低減を目的として、実行予算作成時に算定した予定原価と、すでに発生した実際原価を対比し、工事が予定原価を超えることなく進むように管理することである。予定原価を超える場合には、工種、数量などについて実際原価との差異の原因を細かく分析する。

【〇 適当である】

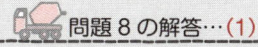

問題8の解答…(1)

21 施工計画 [31問すべて解答する]

設問の分類: 建設機械計画
設問の重要度: ★★★

【問題9】建設機械の施工速度に関する下記の文章の□に当てはまる適切な語句の組合せとして、次のうち**適当なもの**はどれか。

(1) 施工計画の基礎となる施工速度は、最大施工速度、正常施工速度、(イ) に区分される。

(2) 最大施工速度とは、建設機械から一般に期待できる (ロ) のことで、製造者が示す公称能力がこれに相当する。

(3) 正常施工速度とは、機械の調整、(ハ) 、日常整備など、どうしても除くことのできない正常損失時間に対する作業時間効率を用いて算定するものである。

(4) (イ) は、正常損失時間のほか、施工段取り待ち、材料待ち、間違った指示、(ニ) 、悪天候などの偶発的な損失時間も考慮して算定するもので、工程計画や工事費用の見積りに用いられる。

	(イ)	(ロ)	(ハ)	(ニ)
(1)	最低施工速度	月当たり最大施工量	日常整備	機械の故障
(2)	平均施工速度	時間当たり最大施工量	燃料補給	設計変更
(3)	最低施工速度	工期内最大施工量	設計変更	燃料補給
(4)	平均施工速度	日当たり最大施工量	機械の故障	日常整備

関連知識アドバイス

建設機械の施工速度には3種類あるので覚えておこう！

- **最大施工速度**：製品カタログ上の公称速度で損失時間は考えない
- **正常施工速度**：整備・修理などの正常損失時間を考えた速度
- **平均施工速度**：正常損失時間及び故障・手待ちなどの偶発損失時間を考えた速度

小テストで実力アップ　土質試験—この記述は○か×？

土工作業の施工可能日数を把握するには、工事着手後に、当該地方の気象、地山性状、建設機械のトラフィカビリティの調査などを行う。

問題 9 の解説 施工計画の作成における建設機械の施工速度

(1) 施工計画の基礎となる施工速度は、最大施工速度、正常施工速度、**平均施工速度**に区分される。
(2) 最大施工速度とは、建設機械から一般に期待できる**時間当たり最大施工量**のことで、製造者が示す公称能力がこれに相当する。
(3) 正常施工速度とは、機械の調整、**燃料補給**、日常整備など、どうしても除くことのできない正常損失時間に対する作業時間効率を用いて算定するものである。
(4) **平均施工速度**は、正常損失時間のほか、施工段取り待ち、材料待ち、間違った指示、**設計変更**、悪天候などの偶発的な損失時間も考慮して算定するもので、工程計画や工事費用の見積りに用いられる。

以上より、(2) が適当な組合せである。
建設機械の施工速度について整理する
- **最大施工速度**：製品カタログ上の公称速度で損失時間は考えない
  →工程の機械能力バランス検討に用いる
- **正常施工速度**：整備・修理などの正常損失時間を考えた速度
  →能力の比較、機械の組合せに用いる
- **平均施工速度**：正常損失時間及び故障・手待ちなどの偶発損失時間を考えた速度
  →工程計画や工事費用の見積りに用いる

問題 9 の解答…(2)

小テストの解答…× （工事着手前に各種調査を行う）

5章 施工管理

工程管理

【問題 10】 工程管理の一般的な考え方に関する次の記述のうち、適当でないものはどれか。

(1) 工程管理は、施工計画において品質、原価、安全など工事管理の目的とする要件を総合的に調整し、策定された基本の工程計画をもとにして実施する。

(2) 工程と原価の関係は、工程速度を上げると原価は安くなり、さらに工程速度を上げると原価はさらに安くなる。

(3) 工程と品質との関係は、工程速度を上げると品質はやや悪くなるが、さらに工程を早め突貫作業となると急激に品質は悪くなる。

(4) 工程管理を行う場合は、常に工事の進捗状況を把握して計画と実施のずれを早期に発見し、必要な是正措置を講ずる。

【問題 11】 工程管理に用いられる工程表の種類と特徴に関する次の記述のうち、適当でないものはどれか。

(1) ネットワーク式工程表は、各作業の進捗状況及び他作業への影響や全体工期に対する影響を明確にすることができるが、作業の数が多くなるにつれて煩雑化の程度が高くなる。

(2) 座標式工程表は、路線に沿った工事や、トンネル工事では進行状況など工事内容を確実に示すことができるが、平面的で広がりのある工事の場合は各工種の相互関係を明確に示しにくい。

(3) グラフ式工程表は、予定と実績との差を直視的に比較するのに便利であるが、どの作業が未着工か、施工中か、完了したかがわかりにくい。

(4) ネットワーク式工程表では、トータルフロートの非常に小さい経路はクリティカルパスと同様に重点管理の対象とする必要がある。

【問題10の解説】工程計画の一般的な考え方

(1) 工程管理は、工期、品質、経済性の3条件を満たすことができる合理的な工程を計画するとともに、施工計画において品質、原価、安全など工事管理の目的とする要件を総合的に調整し、策定された基本の工程計画をもとにして実施する。　　　　　　　　　　　　　　　　　　　　【〇 適当である】

(2) 工程と原価の関係は、工程速度を上げると原価は安くなり、さらに工程速度を上げると**原価は高くなる**。　　　　　　　　　　　【✕ 適当でない】

(3) 工程管理、出来形管理、品質管理、原価管理、安全管理は、それぞれ独立したものではなく、相互に関連性をもつものである。工程と品質との関係は、工程速度を上げると品質はやや悪くなるが、さらに工程を早め突貫作業となると急激に品質は悪くなる。　　　　　　　　　　　　　　　【〇 適当である】

(4) 工程管理を行う場合は、常に工事の進捗状況を把握して計画と実施のずれを早期に発見し、必要な是正措置を講じ、工事が計画どおりの工程で進行するように管理し、調整を図る。　　　　　　　　　　　　　　　【〇 適当である】

問題10の解答…(2)

【問題11の解説】各種工程表とその特徴

(1) ネットワーク式工程表は、記入情報量が最も多く順序関係、着手完了日時の検討に優れている。各作業の進捗状況及び他作業への影響や全体工期に対する影響を明確にすることができるが、作業の数が多くなるにつれて煩雑化の程度が高くなる。　　　　　　　　　　　　　　　　　　　　【〇 適当である】

(2) 座標式工程表は、横軸に区間、縦軸に日数を表す。路線に沿った工事や、トンネル工事では進行状況など工事内容を確実に示すことができるが、平面的で広がりのある工事の場合は各工種の相互関係を明確に示しにくい。【〇 適当である】

(3) グラフ式工程表は、縦軸に出来高や工事作業量比をとり、日数を横軸にとって、工種ごとの工程を表したもの。予定と実績との差を直視的に比較するのに便利で、**どの作業が未着工か、施工中か、完了したかがわかりやすい。**【✕ 適当でない】

(4) ネットワーク式工程表では、トータルフロート（全余裕時間）の非常に小さい経路は、少しの遅れで余裕日数がなくなってしまうので、クリティカルパスと同様に重点管理の対象とする必要がある。　　　　　　　　　【〇 適当である】

問題11の解答…(3)

工程管理 [31問すべて解答する]

【問題12】 下図のネットワーク工程表に関する次の記述のうち、正しいものはどれか。

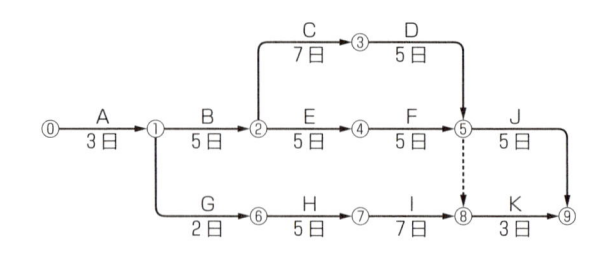

```
        C    D
     ②─7日─③─5日─⑤
   A    B    E    F        J
⓪──3日──①──5日──②──5日──④──5日──⑤──5日──⑨
              G    H    I    K
              ②──②──5日──⑦──7日──⑧──3日──⑨
              2日  6
```

(1) ①→⑥→⑦→⑧ の作業余裕日数は3日である。

(2) クリティカルパスは、⓪→①→②→④→⑤→⑨ である。

(3) 作業Kの最早開始日は、工事開始後18日である。

(4) この工程表の必要日数は23日である。

ネットワーク工程表の解くためのヒント

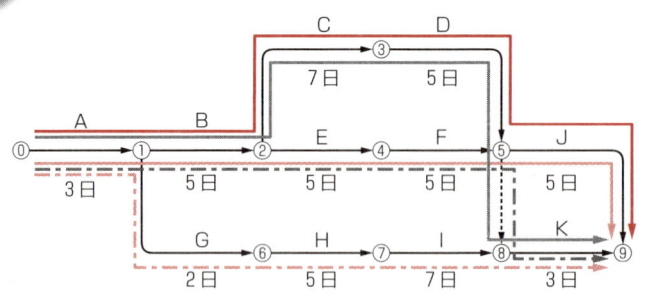

考えられるルートは⑤からのダミールートも含めて5ルート。

【問題 12 の解説】ネットワーク工程表

ネットワーク工程表の解説

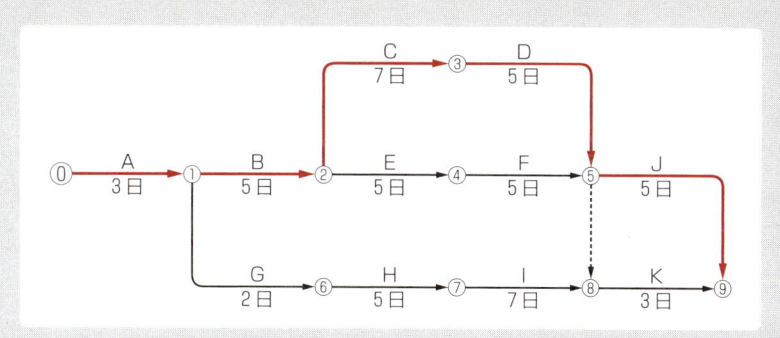

クリティカルパスは赤のルート
　　⓪→①→②→③→⑤→⑨＝3＋5＋7＋5＋5 日＝25 日
この工程表の必要日数は 25 日である。

(1) ①→⑥→⑦→⑧ の作業日数は 2＋5＋7＝14 日
　　クリティカルパスのルート ①→②→③→⑤ の作業日数は 5＋7＋5＝17 日
　　①→⑥→⑦→⑧ の作業余裕日数は 17 日－14 日＝3 日である。

【〇 正しい】

(2) ⓪→①→②→④→⑤→⑨ の作業日数は 3＋5＋5＋5＋5＝23 日
　　⓪→①→⑥→⑦→⑧→⑨ の作業日数は 3＋2＋5＋7＋3＝20 日
　　⓪→①→②→③→⑤→⑨ の作業日数は 3＋5＋7＋5＋5 日＝25 日
　　よって、**クリティカルパスは**「⓪→①→②→③→⑤→⑨」25 日である。

【✕ 誤っている】

(3) 作業 K の最早開始日は、最も日数の多い ⓪→①→②→③→⑤ の作業日数
　　3＋5＋7＋5＝20 日より、**21 日目**である。

【✕ 誤っている】

(4) この工程表の**必要日数はクリティカルパスルートの 25 日**である。

【✕ 誤っている】

問題 12 の解答…(1)

工程管理 [31問すべて解答する]

【問題13】 工程管理曲線（バナナ曲線）を用いた工程管理に関する次の記述のうち、**適当でないもの**はどれか。

(1) 予定工程曲線が許容限界からはずれる場合は、一般に不合理な工程計画と考えられるので、横線式工程表の主工事の位置を変更し許容限界内に入るように調整する。

(2) 実施工程曲線がバナナ曲線の上方限界を超えたときは、工程が進み過ぎているので、必要以上に大型機械を入れているなど、不経済となっていないか検討する。

(3) 実施工程曲線がバナナ曲線の下方限界を下回るときは、どうしても工程が遅れることになり、突貫工事が不可避となるので施工計画を根本的に再検討する。

(4) 予定工程曲線が許容限界内に入っているときは、S字曲線の中央部分をできるだけ急な勾配になるように初期及び終期の工程を調整する。

バナナ曲線（曲線式工程表）を復習しておこう！

工程管理曲線は、バーチャートに基づいて予定工程曲線を作成し、それがバナナ曲線の許容限界内に入るかどうかを確認する。

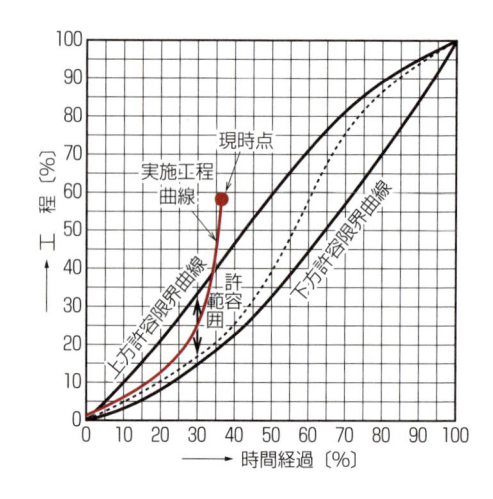

【問題 13 の解説】工程管理曲線（バナナ曲線）に関する事項

(1) 予定工程曲線が許容限界からはずれる場合は、一般に不合理な工程計画と考えられるので、横線式工程表の主工事を修正し許容限界内に入るように調整する。　【〇 適当である】

(2) 実施工程曲線が管理曲線の上方限界を超えたときは、工程が進み過ぎており、必要以上に人員や大型機械を入れて無駄が生じている。よって、適正な施工速度に修正する必要がある。　【〇 適当である】

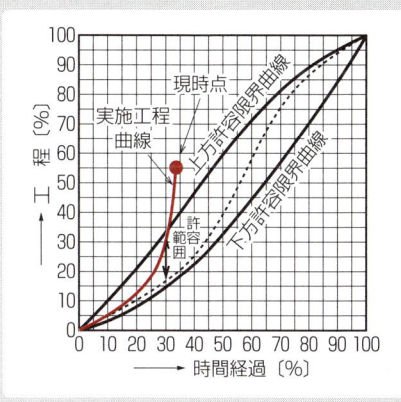

(3) 実施工程曲線が管理曲線の下方許容限界曲線を超えたときは、工程遅延により突貫工事が不可避となるおそれがあるので根本的な施工計画の再検討が必要である。

　　　　　【〇 適当である】

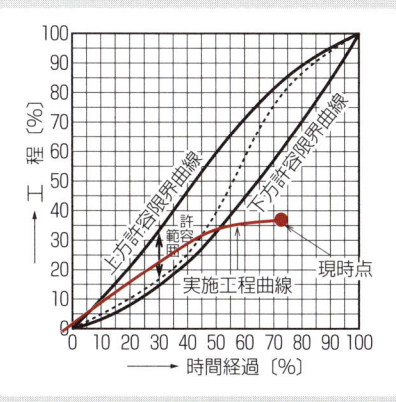

(4) 予定工程曲線が許容限界内に入っているときは、S 字曲線の中央部分をできるだけ**緩やかな S 字勾配**になるように初期及び終期の工程を調整する。工期短縮には、実施工程曲線が管理曲線の許容限界内に入っているときでも、S 型の実施工程曲線を管理点で曲線勾配をできるだけ**きつい勾配**になるように調整する。
　　　　　【✕ 適当でない】

問題 13 の解答…(4)

5章 施工管理

安全管理

【問題14】安全衛生教育に関する記述のうち労働安全衛生法上、誤っているものは次のうちどれか。

(1) 事業者は、労働者を雇い入れたときは、遅滞なく、当該労働者が従事する業務に関する安全又は衛生のための教育を行わなければならない。

(2) 事業者は、労働者の作業内容を変更したときは、遅滞なく、当該労働者が従事する業務に関する安全又は衛生のための教育を行わなければならない。

(3) 事業者は、新たに職務につくこととなった職長等に対し、安全又は衛生のための教育を行わなければならない。

(4) 事業者が特定元方事業者の場合は、その労働者のみならず、関係請負人の雇い入れた労働者に対しても、自らが遅滞なく、安全又は衛生のための教育を行わなければならない。

【問題15】建設工事の労働災害の防止対策に関する次の記述のうち、適当でないものはどれか。

(1) 過去に発生した労働災害と同様の作業等の災害の発生防止対策としては、工事現場に潜在する危険性又は有害性などの調査（リスクアセスメント）を行い、リスクの軽減措置の検討及び実施をすることが必要である。

(2) 車両系建設機械などの事故の防止対策として、あらかじめ使用する機械の種類及び能力、運行経路、作業方法などを示した作業計画を作成し、これに基づき作業することが必要である。

(3) 新たに現場に入場する労働者の災害防止対策として、新規入場者教育により、現場状況、規律、安全作業などについて必要事項を十分教育しておくことが必要である。

(4) 足場面からの墜落防止対策として、作業床には手すり及び幅木等を設置するが、手すりわくの構造は労働者の墜落防止のために有効な水平材を有するものに限られ斜材を有しないことが必要である。

【問題 14 の解説】安全衛生教育

(1) (2) 「**労働安全衛生規則第 35 条第 1 項**」より、事業者は、労働者を雇い入れ、又は労働者の作業内容を変更したときは、当該労働者に対し、遅滞なく、当該労働者が従事する業務に関する安全又は衛生のため必要な事項について、教育を行なわなければならない。　　　　　　　　　　　　　　　　【○ 正しい】

(3) 「**労働安全衛生法第 60 条**」より、事業者は、新たに職務につくこととなった職長その他の作業中の労働者を直接指導又は監督する者（作業主任者を除く）に対し、厚生労働省令で定めるところにより、安全又は衛生のための教育を行なわなければならない。　　　　　　　　　　　　　　　　　　　　【○ 正しい】

(4) 「**労働安全衛生法第 30 条第 1 項第四号**」より、特定元方事業者は、その労働者及び関係請負人の労働者の作業が同一の場所において行われることによって生ずる労働災害を防止するため、関係請負人が行う労働者の安全又は衛生のための**教育に対する指導及び援助**を行うこと。　　　　　　　　【✗ 誤っている】

問題 14 の解答…(4)

【問題 15 の解説】建設工事の労働災害の防止対策

(1) 潜在する危険性又は有害性を調査し、除去又は低減措置に結びつけるリスクアセスメントは、潜在する労働災害の発生原因となる危険性又は有害性を特定し、「災害の重大性（重篤度）」及び「災害の可能性（度合い）」からリスクを見積もり、それらを除去又は低減し、安全衛生水準の向上を目指すことを目的とする。　　　　　　　　　　　　　　　　　　　　　　　　　　【○ 適当である】

(2) 「**労働安全衛生規則第 155 条**」より、車両系建設機械を用いて作業を行うときは、あらかじめ、調査により知り得たところに適応する作業計画を定め、かつ、作業計画により作業を行なわなければならない。作業計画とは、「使用する車両系建設機械の種類及び能力、運行経路、作業の方法」である。【○ 適当である】

(3) 「**労働安全衛生法第 59 条**」より、労働者を雇い入れたときは、その従事する業務に関する安全又は衛生のための教育を行なわなければならない。【○ 適当である】

(4) 「**労働安全衛生規則第 552 条第四号**」より、足場面からの墜落防止対策として、作業床には手すり及び幅木等を設置するが、同等以上の機能を有する設備に**架設通路面と手すりの間において、労働者の墜落防止のために有効となるように X 字型に配置された 2 本の斜材**も規定されている。　　　【✗ 適当でない】

問題 15 の解答…(4)

23 安全管理 [31問すべて解答する]

【問題16】
建設機械を用いて作業をする場合、事業者は作業計画を作成し、作業方法等を定め、それに基づき作業を指揮する者を指名しなければならないが、指名義務に関する次の組合せのうち、労働安全衛生法上、**誤っているもの**はどれか。

　　　　　［建設機械の作業］　　　　　　　　　［定められた作業方法等を指揮する者の指名義務］

(1) ダンプトラック等の車両系……………指名義務はある
　　荷役運搬機械の現場作業
(2) ブルドーザ等の車両系建設……………指名義務はない
　　機械の現場での掘削排土作業
　　（解体類の作業は除く）
(3) くい打機等の車両系建設機械…………指名義務はない
　　（基礎工事用）の組立て、解体
　　等の作業
(4) 高所作業車の作業………………………指名義務はある

【問題17】
道路工事の際に埋設物の損傷等の公衆災害防止のために施工者が行う措置に関する次の記述のうち、建設工事公衆災害防止対策要綱上、**誤っているもの**はどれか。

(1) 工事中埋設物が露出した場合は常に点検等を行い、埋設物が露出時にすでに破損していた場合は、直ちに起業者及びその埋設物管理者に連絡し修理等の措置を求める。
(2) 道路上において、杭、矢板等を打設する場合には、埋設物の位置まで機械のみで掘削し速やかに埋設物を露出させ、埋設物を確認する。
(3) 施工に先立ち、埋設物管理者等が保管する台帳に基づいて試掘を行い、その埋設物の種類等を目視により確認し、その位置を道路管理者及び埋設物管理者に報告する。
(4) 埋設物に近接して掘削を行う場合は、周囲の地盤のゆるみ、沈下等に十分注意しながら、必要に応じて、埋設物管理者とあらかじめ協議し、埋設物の保安に必要な措置を講ずる。

【問題 16 の解説】建設機械を用いて行う作業と労働安全衛生法

(1) ダンプトラック等の車両系荷役運搬機械の現場作業は、「**労働安全衛生規則第 151 条の 4**」より、指名義務がある。　　　　　　　　　　　　【○ 正しい】

(2) ブルドーザ等の車両系建設機械の現場での掘削排土作業（解体類の作業は除く）は、「**労働安全衛生規則第 165 条**」より、アタッチメントの装着・取外しの作業以外は指名義務がない。　　　　　　　　　　　　　　　　　【○ 正しい】

(3) くい打機等の車両系建設機械（基礎工事用）の組立て、解体等の作業は、「**労働安全衛生規則第 190 条**」より、指名義務がある。　　【✕ 誤っている】

(4) 高所作業車の作業は、「**労働安全衛生規則第 194 条の 10**」より、指名義務がある。　　　　　　　　　　　　　　　　　　　　　　　　　【○ 正しい】

問題 16 の解答…(3)

【問題 17 の解説】道路工事の際の埋設物の損傷等の公衆災害防止

(1) 「**建設工事公衆災害防止対策要綱第 38**」より、埋設物が露出した場合は、埋設物を維持し、公衆災害を防止し、点検等を行う。露出時にすでに破損していた場合は、直ちに起業者及びその埋設物管理者に連絡し修理等の措置を求める。　　　　　　　　　　　　　　　　　　　　　　　　　　　　　　【○ 正しい】

(2) 「**建設工事公衆災害防止対策要綱第 37**」より、埋設物のないことがあらかじめ明確である場合を除き、埋設物の予想される位置を深さ 2m 程度まで試掘を行い、埋設物の存在が確認されたときは、布掘り又はつぼ掘りを行ってこれを露出させなければならない。　　　　　　　　　　　　　　　　　【✕ 誤っている】

(3) 「**建設工事公衆災害防止対策要綱第 36**」より、埋設物管理者等の台帳に基づいて試掘等を行い、埋設物の種類、位置（平面・深さは原則として標高）、規格、構造等を原則として目視により確認し、管理者に報告する。　　　【○ 正しい】

(4) 「**建設工事公衆災害防止対策要綱第 39**」より、埋設物に近接して掘削を行う場合には、周囲の地盤のゆるみ、沈下等に十分注意するとともに、必要に応じて埋設物の補強、移設等について、起業者及びその埋設物の管理者とあらかじめ協議し、埋設物の保安に必要な措置を講じなければならない。　　　【○ 正しい】

問題 17 の解答…(2)

23 安全管理 [31問すべて解答する]

設問の分類：足場の安全対策
設問の重要度：★★★

【問題18】労働安全衛生法上、地上又は床からの高さが2m以上ある足場（一側足場は除く）からの墜落防止措置又は落下防止措置に関する次の記述のうち、**誤っているもの**はどれか。

(1) わく組足場以外の足場においては、手すり下部からの墜落を防止するため、高さ85cm以上の手すりに加え、幅木か中さんのいずれかの設置が必要である。

(2) わく組足場においては、交さ筋かい下部のすき間からの墜落を防止するため、交さ筋かいに加え、下さんや幅木等の設置、又は、手すりわくの設置が必要である。

(3) 足場上での作業のため物体の落下を防止する措置として、幅木、メッシュシート、防網の設置等が必要である。

(4) 足場の点検については、その日の作業開始前に作業箇所の手すり等の取外しや脱落の有無の点検を実施するほか、悪天候等の後に実施する点検内容等を記録し、これを保存する必要がある。

設問の分類：土止め支保工の安全対策
設問の重要度：★★★

【問題19】土止め支保工の安全作業に関する次の記述のうち、労働安全衛生法上、**誤っているもの**はどれか。

(1) 土止め支保工の切りばりや腹起しの取付け又は取外しの作業を行う箇所には、関係労働者以外の労働者が立ち入らないようにしなければならない。

(2) 土止め支保工の材料、器具や工具を上げ、又はおろすときは、つり綱、つり袋等を労働者に使用させなければならない。

(3) 中間支持柱を備えた土止め支保工は、切りばりを当該中間支持柱に確実に取り付けなければならない。

(4) 土止め支保工を設けたときは、異常の発見の有無にかかわらず10日を超えない期間ごとに、点検を行わなければならない。

【問題 18 の解説】建設現場で行う足場、作業床

(1)「労働安全衛生規則第 563 条第 1 項」より、墜落により労働者に危険を及ぼすおそれのある箇所には、わく組足場以外にあっては、高さ 85 cm 以上の手すり又はこれと同等以上の機能を有する設備及び中さん、高さ 10 cm 以上の幅木双方を設ける。　　　　　　　　　　　　　　　　　【✗ 誤っている】

(2)「労働安全衛生規則第 563 条第 1 項」より、わく組足場においては、交さ筋かい及び高さ 15 cm 以上 40 cm 以下のさん、若しくは高さ 15 cm 以上の幅木又はこれらと同等以上の機能を有する設備又は手すりわくを設ける。【○ 正しい】

(3)「労働安全衛生規則第 563 条第 1 項」より、作業のため物体が落下することにより、労働者に危険を及ぼすおそれのあるときは、高さ 10 cm 以上の幅木、メッシュシート、防網又はこれらと同等以上の機能を有する設備を設けること。
　　　　　　　　　　　　　　　　　　　　　　　　　　　　　　【○ 正しい】

(4)「労働安全衛生規則第 567 条第 1 項」より、足場における作業を行うときは、その日の作業を開始する前に、作業を行う箇所に設けた手すり等の設備の取りはずし及び脱落の有無について点検し、異常を認めたときは、直ちに補修しなければならない。悪天候後の点検内容は作業が終了するまで保存する。【○ 正しい】

問題 18 の解答…(1)

【問題 19 の解説】土止め支保工の安全作業

(1)「労働安全衛生規則第 372 条第一号」より、当該作業を行なう箇所には、関係労働者以外の労働者が立ち入ることを禁止すること。　　　　【○ 正しい】

(2)「労働安全衛生規則第 372 条第二号」より、材料、器具又は工具を上げ、又はおろすときは、つり綱、つり袋等を労働者に使用させること。　【○ 正しい】

(3)「労働安全衛生規則第 371 条第四号」より、中間支持柱を備えた土止め支保工にあっては、切りばりを当該中間支持柱に確実に取り付けること。【○ 正しい】

(4)「労働安全衛生規則第 373 条」より、土止め支保工を設けたときは、その後 7 日をこえない期間ごと、中震以上の地震の後及び大雨等により地山が急激に軟弱化するおそれのある事態が生じた後に点検し、異常を認めたときは、直ちに、補強し、又は補修しなければならない。　　　　　　　【✗ 誤っている】

問題 19 の解答…(4)

安全管理　[31問すべて解答する]

設問の分類：移動式クレーンの安全対策
設問の重要度：★★★

【問題20】クレーン等安全規則上、事業者が現地でクレーンを使用して作業を行う場合の次の記述のうち、**誤っているもの**はどれか。

(1) 事業者は、移動式クレーンを用いて荷の下に労働者を立ち入らせ作業する場所で複数の荷を一度につり上げる場合、当該複数の荷を各々荷造りした状態でつり上げなければならない。

(2) 事業者はアウトリガーを有する移動式クレーンを用いて作業を行うときは、原則として、当該アウトリガーを最大限に張り出さなければならない。

(3) 巻過防止装置を具備しない走行クレーンについては、巻上げ用ワイヤロープに標識を付けること、警報装置を設けること等巻上げ用ワイヤロープの巻過ぎによる労働者の危険を防止するための措置を講じなければならない。

(4) 瞬間風速が毎秒30mを超える風が吹くおそれがある場合は、屋外に設置してある走行クレーンについて、逸走防止装置を作用させる等その逸走を防止するための措置を講じなければならない。

設問の分類：建設機械の安全対策
設問の重要度：★★★

【問題21】労働安全衛生規則上、車両系建設機械の安全に関する次の記述のうち、**誤っているもの**はどれか。

(1) 車両系建設機械を1週間ごとに1回、定期に自主検査を行っている場合は、ブレーキ及びクラッチの作業開始前点検を省略することができる。

(2) 運転者が車両系建設機械の運転位置から離れるときは、バケット、ジッパー等の作業装置を地上におろすとともに、原動機を止めなければならない。

(3) 車両系建設機械であるパワーショベルを、荷のつり上げに用いる等、主たる用途以外に原則として使用してはならない。

(4) 車両系建設機械を用いて作業を行う場合、転倒、転落等のおそれがあるときは、誘導者を配置し、その者に機械を誘導させなければならない。

【問題20の解説】移動式クレーンの安全確保

(1)「クレーン等安全規則第74条の2」より、移動式クレーンに係る作業を行う場合、複数の荷が一度につり上げられている場合であって、**複数の荷が結束され、箱に入れられる等により固定されていないとき**、つり上げられている荷の下に労働者を立ち入らせてはならない。　　　　　　　　　　【✕ 誤っている】

(2)「**クレーン等安全規則第70条の5**」よりアウトリガーを有する移動式クレーン又は拡幅式のクローラを有する移動式クレーンを用いて作業を行うときは、当該アウトリガー又はクローラを最大限に張り出さなければならない。　【〇 正しい】

(3)「**クレーン等安全規則第19条**」より、巻過防止装置を具備しないクレーンについては、巻上げ用ワイヤロープに標識を付すること、警報装置を設けること等巻上げ用ワイヤロープの巻過ぎによる労働者の危険を防止するための措置を講じなければならない。　　　　　　　　　　　　　　　　　　　　　　【〇 正しい】

(4)「**クレーン等安全規則第31条**」より、瞬間風速が毎秒30mを超える風が吹くおそれのあるときは、屋外に設置されている走行クレーンについて、逸走防止装置を作用させる等その逸走を防止するための措置を講じなければならない。
　　　　　　　　　　　　　　　　　　　　　　　　　　　　　　【〇 正しい】

　　　　　　　　　　　　　　　　　　　　　　　　　　問題20の解答…(1)

【問題21の解説】車両系建設機械を用いて作業を行う場合の安全作業

(1)「**労働安全衛生規則第170条**」より、車両系建設機械を用いて作業を行うときは、その日の作業を開始する前に、ブレーキ及びクラッチの機能について点検を行なわなければならない。　　　　　　　　　　　　　　　　　【✕ 誤っている】

(2)「**労働安全衛生規則第160条**」より、車両系建設機械の運転者が運転位置から離れるときは、バケット、ジッパー等の作業装置を地上におろし、原動機を止め、走行ブレーキをかける等の車両系建設機械の逸走を防止する措置を講ずる。
　　　　　　　　　　　　　　　　　　　　　　　　　　　　　　【〇 正しい】

(3)「**労働安全衛生規則第164条**」より、車両系建設機械を、パワーショベルによる荷のつり上げ、クラムシェルによる労働者の昇降等、当該車両系建設機械の主たる用途以外の用途に使用してはならない。　　　　　　　　　　【〇 正しい】

(3)「**労働安全衛生規則第157条**」より、路肩、傾斜地等で作業を行う場合において、転倒又は転落により労働者に危険が生ずるおそれのあるときは、誘導者を配置し、その者に車両系建設機械を誘導させなければならない。　　　　【〇 正しい】

　　　　　　　　　　　　　　　　　　　　　　　　　　問題21の解答…(1)

安全管理 [31問すべて解答する]

設問の分類：掘削工事の安全対策
設問の重要度：★★

【問題22】労働安全衛生規則上、明り掘削の作業に関する次の記述のうち、**正しいもの**はどれか。

(1) 手掘りにより、砂からなる地山を、掘削面の高さが5mとなるよう掘削する場合に、掘削面の勾配を40度として作業を行った。

(2) 水道管埋設工事で溝掘掘削を行ったところ、電柱の側面が露出してしまい、倒壊の危険性があったため、変位を計測しながら作業を行った。

(3) 深さ1.5mの溝掘掘削作業において、前日かなり雨が降ったので、指名された点検者が作業開始前に安全確認をして掘削作業を行った。

(4) 土止め支保工を設けて掘削を行う場合で、掘削深さがわずか2mであったので、あらかじめ支保工の組立図を作成せずに土止め支保工を設けて、掘削作業を行った。

設問の分類：管路等工事の安全対策
設問の重要度：★★

【問題23】下水道管渠内工事などを行うにあたり、局地的な大雨に対する安全対策について、請負者が行うべき事項に関する次の記述のうち、**適当でないもの**はどれか。

(1) 工事着手の前には、当該作業箇所の地形、気象等の現場特性に関する資料や情報を収集・分析し、急激な増水による危険性をあらかじめ十分把握することが必要である。

(2) 工事の中止は、工事着手前に「発注者が定める標準的な中止基準」をふまえ「現場特性に応じた中止基準」を設定し、工事開始後は的確に工事中止の判断をすることが必要である。

(3) 工事を行う日には、全作業員に対し作業開始前に使用する安全器具の設置状況、使用方法、当日の天候の情報、退避時の対応方策等についてTBM等を通じて、周知徹底することが必要である。

(4) 管渠内での作業員の退避は、当該現場の上流側の人孔を基本とすることが原則であり、あらかじめルート等を定めておく。

【問題22の解説】掘削作業を行うときの安全作業

(1)「**労働安全衛生規則第357条**」より、砂からなる地山にあっては、**掘削面勾配を35度以下**とし、又は掘削面の高さを5m未満とすること。【✗ 誤っている】
(2)「**労働安全衛生規則第362条**」より、埋設物等又は擁壁等の建設物に近接する箇所で明り掘削の作業を行う場合、これらの損壊等により労働者に危険を及ぼすおそれのあるときは、これらを補強し、移設する等、**危険を防止するための措置が講じられた後でなければ、作業を行ってはならない。**【✗ 誤っている】
(3)「**労働安全衛生規則第358条**」より、作業箇所及びその周辺の地山について、その日の作業を開始する前、大雨の後及び中震以上の地震の後、浮石及びき裂の有無及び状態並びに含水、湧水及び凍結の状態の変化を点検させる。【〇 正しい】
(4)「**労働安全衛生規則第370条**」より、土止め支保工を組み立てるときは、あらかじめ、**組立図を作成し、かつ、組立図（矢板、くい、背板、腹起し、切りばり等の部材の配置、寸法及び材質並びに取付けの時期及び順序が示されているもの）により組み立てなければならない。**【✗ 誤っている】

問題22の解答…(3)

【問題23の解説】下水道管渠内工事の安全対策

下水道管渠内工事の局地的な大雨に対する安全対策は「**局地的な大雨に対する下水道管渠内工事等安全対策の手引き（案）**（以下、「手引き」）に示されている。
(1)「**手引き4-2**」より、工事の着手前には、作業箇所に係る現場特性に関する資料や情報を収集・分析し、急激な増水による危険性等をあらかじめ十分に把握する。【〇 適当である】
(2)「**手引き4-3**」より、「発注者が定める標準的な中止基準」を踏まえ、「現場特性に応じた中止基準」を設定するとともに、工事等開始後には、中止基準を補完する情報も活用し、的確に中止の判断を下す。【〇 適当である】
(3)「**手引き4-5**」より、開始前全作業員に対し、使用する安全器具の設置状況、使用方法、当日の天候の状況及び退避時の対応方策の内容などについてツールボックスミーティング（TBM）などを通じて周知徹底する。【〇 適当である】
(4)「**手引き4-4-1**」より、退避については、原則、**下流側の人孔を基本とする。**作業箇所などによっては、上流側人孔への退避も考慮し、可能な限り、上下流双方の人孔の蓋を開放しておく。【✗ 適当でない】

問題23の解答…(4)

【問題 24】事業者が土石流危険河川において建設工事の作業を行うとき、土石流による労働者の危険防止に関する定めとして次の記述のうち、労働安全衛生法令上、**誤っているもの**はどれか。

(1) 土石流が発生した場合に関係労働者にこれを速やかに知らせるためのサイレン、非常ベル等の警報用の設備を設け、その設置場所を周知する。

(2) 土石流が発生した場合に労働者を安全に避難させるための避難用の設備を適当な箇所に設け、関係労働者に対し、その設置場所及び使用方法を周知する。

(3) 避難訓練は、すべての労働者を対象に工事期間中に1回行い、避難訓練の記録を1年間保存する。

(4) 土石流発生時の安全な避難場所を定め、避難に使用する架設通路が高さが8m以上の登りさん橋には7m以内毎に踊場を設ける。

【問題 24 の解説】土石流危険河川で作業

(1)「**労働安全衛生規則第 575 条の 14**」より、土石流が発生した場合に関係労働者にこれを速やかに知らせるためのサイレン、非常ベル等の警報用の設備を設け、その設置場所を周知させなければならない。

【〇 正しい】

(2)「**労働安全衛生規則第 575 条の 15**」より、土石流が発生した場合に労働者を安全に避難させるための登りさん橋、はしご等の避難用の設備を適当な箇所に設け、関係労働者に対し、その設置場所及び使用方法を周知させなければならない。

【〇 正しい】

(3)「**労働安全衛生規則第 575 条の 16**」より、土石流が発生したときに備えるため、全労働者に対し、**工事開始後遅滞なく 1 回、及びその後 6 月以内ごとに 1 回、避難の訓練を行わなければならない。この記録は 3 年間保存する。**

【✕ 誤っている】

(4)「**労働安全衛生規則第 552 条第六号**」より、建設工事に使用する高さ 8 m 以上の登りさん橋には、7 m 以内ごとに踊場を設けること。

【〇 正しい】

問題 24 の解答…(3)

5章 施工管理

24 品質管理

【問題25】下記は、品質管理を行う管理項目を示したものである。品質管理の手順の組合せとして、次のうち適当なものはどれか。

(イ)「処置の結果」をチェックする。
(ロ)「品質特性」を決める。
(ハ)「作業標準」を決める。
(ニ)「品質標準」を決める。

(1) (ハ) → (ロ) → (ニ) → (イ)
(2) (ニ) → (ハ) → (ロ) → (イ)
(3) (ニ) → (ロ) → (ハ) → (イ)
(4) (ロ) → (ニ) → (ハ) → (イ)

【問題26】ISO 9000 ファミリー規格の品質マネジメントシステムに関する次の記述のうち、適当でないものはどれか。

(1) マネジメントへのシステムアプローチでは、相互の関連するプロセスを複数のシステムとして、明確にし、理解し、運営管理することが組織の目標を効果的で効率よく達成することに寄与する。

(2) リーダシップをとるために組織のリーダは、人々が組織の目標を達成することに十分に参画できる内部環境を作り出し、維持する。

(3) マネジメントシステムにおける組織及びその供給者の互恵関係は、双方が互いに独立しており、両者の互恵関係は価値創造能力を高める。

(4) 顧客重視するために組織は、現在及び将来の顧客ニーズを理解し、顧客要求事項を満たし、顧客の期待を超えるように努力する。

【問題25の解説】品質管理に関する事項

品質管理の手順は下記である
(ロ)「品質特性」を決める。
↓　管理しようとする品質特性及びその特性値を定める。
(ニ)「品質標準」を決める。
↓　品質標準は、実現可能な内容であるべきで、品質の平均とばらつきの幅で示す性質のものである。
(ハ)「作業標準」を決める。
↓　品質標準を守るために、作業標準として作業方法、作業順序、使用設備の注意事項などに関する基準などを定める。
(イ)「処置の結果」をチェックする。
　　品質標準を満足しているかどうか「ヒストグラム」などを用いて判定を行う。
以上より、(4)が適当な組合せである。

問題25の解答…(4)

【問題26の解説】ISO 9000ファミリーの品質マネジメントシステム

(1)「8原則システムアプローチ」では、相互の関連するプロセスを1つのシステムとして明確にし、理解し、運営管理することが、組織の目標を効果的で効率よく達成することに寄与する。【✕ 適当でない】
(2)「8原則リーダシップ」より、リーダは、組織の目的及び方向を一致させる。リーダは、人々が組織の目標を達成することに十分参画できる内部環境を創り出し、維持すべきである。【〇 適当である】
(3)「8原則供給者との相互関係」より、組織及びその供給者は相互に依存しており、両者の互恵関係は両者の価値創造能力を高める。【〇 適当である】
(4)「8原則顧客重視」より、組織は、その顧客に依存しており、そのために、現在及び将来の顧客ニーズを理解し、顧客要求事項を満たし、顧客の期待を超えるように努力することが望ましい。【〇 適当である】

問題26の解答…(1)

品質管理 [31問すべて解答する]

設問の分類：構造物の品質管理
設問の重要度：★★★

【問題27】構造物の品質管理を進めるうえで、品質特性を選定する場合の留意点に関する次の記述のうち、**適当でないもの**はどれか。

(1) 品質特性は、異常となる要因を把握しやすく、工程の状態を総合的に表すものを選ぶものとする。

(2) 代用特性を品質特性として用いる場合は、目的としている品質との関係が明確であるものを選ぶものとする。

(3) 品質特性は、工程に対して処置をとりやすい特性で、時間をかけても結果が得られるものを選ぶものとする。

(4) 品質特性は、設計図及び仕様書に定められた構造物の品質に重要な影響を及ぼすものを選ぶものとする。

設問の分類：コンクリートの品質管理
設問の重要度：★★★

【問題28】JIS A 5308に従うレディーミクストコンクリートにおいて、その**使用が認められていない骨材**はどれか。なお、それぞれの骨材について対応するJIS規格が存在する場合は、それらの規格を満足していることを前提とする。

(1) 電気炉酸化スラグ骨材

(2) 再生骨材M

(3) アルカリシリカ反応性試験の結果が"無害でない"と判定される砕石

(4) 人工軽量骨材

【問題 27 の解説】構造物の品質管理

(1) 品質特性は、工程の状態を総合的に表すものを選ぶ。

【〇 適当である】

(2) 代用特性（求めたい真の特性と密接に関係があり、真の特性の代わりに用いる特性）、又は、工程要因を管理特性とする場合は、真の特性との関係が明確なものを選ぶものとする。

【〇 適当である】

(3) 品質特性は、工程に対して処置をとりやすい特性で、早期に結果が得られるものを選ぶものとする。

【✕ 適当でない】

(4) 品質特性は、設計品質に重要な影響を及ぼすものを選ぶ。

【〇 適当である】

問題 27 の解答…(3)

【問題 28 の解説】レディーミクストコンクリートに用いる骨材

(1) 電気炉酸化スラグ骨材は、電気炉酸化スラグを破砕・分級した後、金属鉄を除去した工業製品であり、品質のばらつきが少なく、コンクリートに有害となるゴミ、泥、有機物などが含まれていない良質な骨材で、JIS A 5308 で使用が認められている 【✕ 該当しない】

(2) 再生骨材は、解体したコンクリート塊などを原材料としたコンクリート用骨材で、その品質により H（高品質）、M（中品質）、L（低品質）に分類される。JIS A 5308 で使用が認められているのは再生骨材 H である。 【〇 該当する】

(3) 骨材のアルカリシリカ反応性試験（化学法）による「無害でない」とは、潜在的に反応性を持つと考えられる骨材である。抑制対策を行うか、モルタルバー法の試験結果で「無害」と判定された場合は使用できる。 【✕ 該当しない】

(4) 人工軽量骨材は、膨張頁岩などを原料とし、これを人工的に焼成・発泡して得られる構造用軽量コンクリートの骨材で JIS A 5308 で使用が認められている。 【✕ 該当しない】

問題 28 の解答…(2)

品質管理 [31問すべて解答する]

【問題29】 構造物の品質を確認するための次の試験方法のうち、コンクリートの圧縮強度を推定するための試験方法として、適当なものはどれか。

(1) 電気化学的な方法
(2) 電磁波を利用する方法
(3) 弾性波を利用する方法
(4) 電磁誘導を利用する方法

コンクリート工事の品質管理

区　分	品質特性	試験方法
骨　材	粒　度	ふるい分け試験
	すり減り量	すり減り試験
	表面水量	表面水率試験
	密度・吸水率	密度・吸水率試験
コンクリート	スランプ	スランプ試験
	空気量	空気量試験
	単位容積質量	単位容積質量試験
	混合割合	洗い分析試験
	圧縮強度	圧縮強度試験
	曲げ強度	曲げ強度試験

【問題 29 の解説】コンクリートの圧縮強度を推定するための試験方法

(1) 電気化学的な方法には自然電位法などがあり、**鉄筋腐食の評価**に用いられる。

【✕ 適当でない】

(2) 電磁波を利用する方法には、電磁波レーダ法などがあり、**鉄筋探査、コンクリート内部の空隙探査**などに用いられる。

【✕ 適当でない】

(3) 弾性波を利用する方法には、超音波法、衝撃弾性波法などがあり、圧縮強度、弾性係数などを推定する試験として用いられる。

【〇 適当である】

(4) 電磁誘導を利用する方法には、電磁誘導法があり、**鉄筋の位置、鉄筋径、かぶりの探査**に用いられる。

【✕ 適当でない】

問題 29 の解答…(3)

24 品質管理 [31問すべて解答する]

B問 設問の分類：鉄筋工事の品質管理
設問の重要度：★

【問題30】コンクリート標準示方書に定められている鉄筋の加工及び組立ての誤差に関する次の記述のうち、**適当でないもの**はどれか。

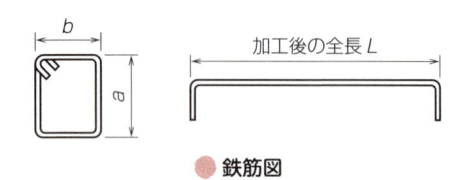

● 鉄筋図

(1) スターラップ、帯鉄筋における a、b の許容誤差は、±5mm とする。

(2) 組み立てた鉄筋の有効高さの許容誤差は、設計寸法の±3%、又は±30mm のうち小さいほうの値とし、最小かぶりを確保する。

(3) 鉄筋加工後の全長 L の許容誤差は、±30mm とする。

(4) 組み立てた鉄筋の中心間隔の許容誤差は、±20mm とする。

関連知識アドバイス

鉄筋加工寸法の許容誤差を下表にまとめた。
許容誤差は伏せておくが、この表を覚えておくとよい！

鉄筋の種類		符号 設問中の図	許容誤差 〔mm〕
スターラップ、帯鉄筋、らせん鉄筋		a、b	
その他の鉄筋	径28mm以下の丸鋼・D25以下の異形鉄筋	a、b	±15
	径32mm以下の丸鋼・D32以下の異形鉄筋	a、b	±20
加工後の全長		L	

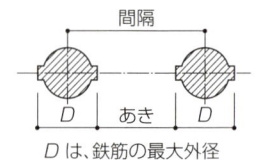

D は、鉄筋の最大外径

【問題30の解説】鉄筋の加工及び組立て

(1) スターラップ、帯鉄筋における a、b の許容誤差は、下表より ±5 mm とする。

【○ 適当である】

(2) 組み立てた鉄筋の有効高さの許容誤差は、下表より設計寸法の±3％、又は±30 mm のうち小さいほうの値とし、最小かぶりを確保する。

【○ 適当である】

(3) 鉄筋加工後の全長 L の許容誤差は、下表より **±20 mm** とする。

【✕ 適当でない】

(4) 組み立てた鉄筋の中心間隔の許容誤差は、下表より ±20 mm とする。

【○ 適当である】

● 鉄筋加工寸法の許容誤差

鉄筋の種類		符号	許容誤差 [mm]
スターラップ、帯鉄筋、らせん鉄筋		a、b	±5
その他の鉄筋	径28 mm以下の丸鋼・D25以下の異形鉄筋	a、b	±15
	径32 mm以下の丸鋼・D32以下の異形鉄筋	a、b	±20
加工後の全長		L	±20

● 鉄筋の加工及び組立の品質管理および検査

項目	試験・検査の方法	時期・回数	判定基準
継手及び定着の位置・長さ	スケールなどによる測定及び目視	組立後及び組立後長期間経過したとき	設計図どおりであること
かぶり			耐久性照査で設定した以上
有効高さ			許容誤差：設計寸法の ±3％ または ±30 mm のうち小さいほうの値（標準）、ただし、最小かぶりは確保するものとする
中心間隔			許容誤差：±20 mm（標準）

問題30の解答…(3)

24 品質管理 [31問すべて解答する]

設問の分類 B問: 道路・土工の品質管理
設問の重要度 ★

【問題31】道路舗装の品質管理における施工対象と品質検査項目及びその検査方法との組合せとして、次のうち適当でないものはどれか。

[施工対象]	[品質検査項目]	[検査方法]
(1) 粒度調整路盤	修正CBR	CBR試験
(2) セメント安定処理路盤	粒度	骨材のふるい分け試験
(3) 瀝青安定処理路盤	アスファルト量	アスファルト抽出試験
(4) 石灰安定処理路盤	締固め度	砂置換法による路盤の密度の測定

関連知識アドバイス

検査方法は以下の5つを覚えておくこと！

- **CBR試験**：標準寸法のピストンを土の中に貫入させるのに必要な荷重強さを測定して、土の強さの大小を判定しようとするもの
- **骨材のふるい分け試験**：骨材の粒度分布を求めて、コンクリート用骨材として適当かを判定するためのものである。また、コンクリートの調合設計に必要な細骨材の粗粒率や粗骨材の最大寸法を求めるための試験
- **アスファルト抽出試験**：アスファルト混合物に含まれるアスファルト分を溶剤で溶かし砂利や砂から分離させ、砂利や砂の質量から使用されているアスファルトの量を測定したり、砂利や砂の粒度を調べる。
- **砂置換法による路盤の密度の測定**：掘りとった試験孔に密度が既知の砂材料を充填し、その充填した質量から試験孔の体積を求める方法
- **プルーフローリング試験**：荷重をかけたダンプトラックなどを走行させ、目視で路床・路盤面の不良箇所を見つける試験

【問題 31 の解説】道路工事の品質管理

	[施工対象]	[品質検査項目]	[検査方法]
(1)	粒度調整路盤	**締固め度**	**砂置換法による路盤の密度の測定**

(ほかに「粒度」について「骨材のふるい分け試験」がある)

【✗ 適当でない】

(2) セメント安定処理路盤 ………… 粒　　度 ……………… 骨材のふるい分け試験

(ほかに「締固め度」について「砂置換法による路盤の密度の測定」がある)
(「セメント量」について「使用量計量」がある)

【〇 適当である】

(3) 瀝青安定処理路盤 ………… アスファルト量 ………… アスファルト抽出試験

(ほかに「粒度」について「アスファルト抽出試験」がある)
(「温度」について「温度計計測」がある)
(「締固め度」について「締め固めたアスファルト混合物の密度試験」がある)

【〇 適当である】

(4) 石灰安定処理路盤 ………… 締固め度 ……………… 砂置換法による路盤の密度の測定

(ほかに「粒度」について「骨材のふるい分け試験」がある)
(「石灰量」について「使用量計量」がある)

【〇 適当である】

設問は路盤の品質管理試験である。ほかの試験項目として下記にアスファルト混合物の試験項目を示す。

工　種	材料名		規格試験項目
基層表層	砕石		粒度
	単粒度製鋼スラグ		物理性状
	アスファルト	舗装用石油アスファルト	物理性状
		セミブローンアスファルト	物理性状
	加熱アスファルト混合物		マーシャル安定度

問題 31 の解答…(1)

5章 施工管理

25 環境保全・建設リサイクル

31問すべて解答する

【問題32】 建設工事に伴う騒音振動対策に関する次の記述のうち、**適当でないもの**はどれか。

(1) 事業者は、工事の着工に先だって近隣住民に説明会を行い、工事の目的、施工方法、騒音振動対策などについて説明し、住民の理解を得るように努めた。

(2) 工事の施工中は、騒音振動の発生状況及び現場内の状況を常にチェックし、工事現場周辺の環境の管理に努めた。

(3) 工事の施工中に騒音、振動について住民から苦情があったが、目標値を守っていることを確認した後、住民対応しないで工事を継続した。

(4) 工事の作業中は、作業機械の不必要な空ふかしをやめ、作業待ちの時間にはこまめにエンジンを止めるように周知徹底した。

【問題33】 山岳トンネルの施工における周辺環境対策に関する次の記述のうち、**適当なもの**はどれか。

(1) 騒音・振動の防止対策にあたっては、伝播経路での対策、受音点・受振点での対策が基本であり、発生源の対策は次善の策として実施する。

(2) 坑内排水のような一時的な排水は、水質汚濁防止法の対象外となっており、都道府県等の条例によって規制されることはない。

(3) 周辺地盤の変状による地表面沈下の防止対策工法としては、先受け工法、支保工沈下対策、条件によっては裏込め充てん工法がある。

(4) トンネルの施工に伴う渇水問題は、調査が困難であるので、周辺の湧水状況などの事前調査は実施しなくてもよい。

【問題32の解説】建設工事に伴う騒音振動対策

（1）工事の実施にあたっては、必要に応じ工事の目的、内容などについて、事前に地域住民に対して説明を行い、工事の実施に協力を得られるように努めるものとする。　【○ 適当である】
（2）工事に伴う騒音、振動の影響を小さくするためには、設計時において十分検討するとともに、それを施工時において再検討し、騒音、振動対策を確実に実施することが肝要である。　【○ 適当である】
（3）工事の実施にあたっては、必要に応じ工事の目的、内容などについて、事前に地域住民に対して説明を行い、工事の実施に協力を得られるように努めるものとする。施工中に騒音、振動について住民から苦情があった場合には、目標値を守っていても騒音、振動の原因を調査し、対応を行う必要がある。【✕ 適当でない】
（4）工事の施工にあたって、建設機械運転の配慮には、作業待ち時には、建設機械などのエンジンをできる限り止めるなど騒音振動を発生させないとある。
　　　　　　　　　　　　　　　　　　　　　　　　　　【○ 適当である】

問題32の解答…（3）

【問題33の解説】山岳トンネルの施工における周辺環境対策

（1）騒音・振動の防止対策にあたっては、発生源の対策が基本であり、伝播経路での対策、受音点・受振点での対策は次善の策として実施する。【✕ 適当でない】
（2）坑内排水のような一時的な排水も、水質汚濁防止法の対象となっており、都道府県などの条例によって規制される。　　　　　　　　　【✕ 適当でない】
（3）現場の地形条件、地質条件、地下水、施工方法などにより、周辺地盤の変状による地表面沈下が生じる場合がある。この防止対策工法としては、先受け工法、支保工沈下対策、条件によっては裏込め充てん工法がある。　【○ 適当である】
（4）トンネルの施工に伴い、地下水の低下により渇水の問題が生じることが多い。この場合、補償などが必要になるので、周辺の湧水状況などの事前調査は実施する必要がある。　　　　　　　　　　　　　　　　　　【✕ 適当でない】

問題33の解答…（3）

25 環境保全・建設リサイクル [31問すべて解答する]

設問の分類: 資材の再資源化
設問の重要度: ★★★

【問題34】建設工事に係る資材の再資源化等に関する法律（建設リサイクル法）に関する下記の文章の｜　　｜に当てはまる適切な語句の組合せとして、次のうち適当なものはどれか。

建設リサイクル法は、コンクリート、木材その他建設資材などの（イ）について、その分別解体等及び再資源化等を促進するための措置を講ずるとともに、解体工事業者について登録制度を実施すること等により、再生資源の十分な利用及び廃棄物の減量等を通じて、資源の有効な利用の確保及び廃棄物の適正な処理を図り、もって生活環境の保全及び国民経済の健全な発展に寄与することを目的とする。

対象建設工事の（ロ）又は自主施工者は、工事に着手する日の7日前までに解体工事をする場合、解体する建築物等の構造や工事着手の時期及び工程の概要等を（ハ）に届け出なければならない。

	（イ）	（ロ）	（ハ）
(1)	建設資材	発注者	国土交通大臣
(2)	建設資材	受注者	都道府県知事
(3)	特定建設資材	受注者	設国土交通大臣
(4)	特定建設資材	発注者	都道府県知事

関連知識アドバイス

特定建設資材には以下の4資材が定められている

① コンクリート
② コンクリートおよび鉄からなる建設資材
③ 木材
④ アスファルト・コンクリート

小テストで実力アップ

建設工事に係る資材の再資源化等に関する法律
―この記述は〇か×？

再資源化とは、分別解体等に伴って生じた建設資材廃棄物について、資材又は原材料として利用することができる状態にする行為と、燃料の用に供することができるものについて、熱を得ることに利用することができる状態にする行為をいう。

【問題 34 の解説】建設工事に係る資材の再資源化等に関する法律

「建設工事に係る資材の再資源化等に関する法律第 1 条」より

　建設リサイクル法は、コンクリート、木材その他建設資材などの**特定建設資材**について、その分別解体等及び再資源化等を促進するための措置を講ずるとともに、解体工事業者について登録制度を実施すること等により、再生資源の十分な利用及び廃棄物の減量等を通じて、資源の有効な利用の確保及び廃棄物の適正な処理を図り、もって生活環境の保全及び国民経済の健全な発展に寄与することを目的とする。

「建設工事に係る資材の再資源化等に関する法律第 10 条」より

　対象建設工事の**発注者**又は自主施工者は、工事に着手する日の 7 日前までに解体工事をする場合、解体する建築物等の構造や工事着手の時期及び工程の概要等を**都道府県知事**に届け出なければならない。

　以上より、(4) の組合せが適当である。
　上記「**建設工事に係る資材の再資源化等に関する法律第 10 条**」により届ける事項は次のとおり。

一　解体工事である場合においては、解体する建築物等の構造
二　新築工事等である場合においては、使用する特定建設資材の種類
三　工事着手の時期及び工程の概要
四　分別解体等の計画
五　解体工事である場合においては、解体する建築物等に用いられた建設資材の量の見込み
六　その他主務省令で定める事項

問題 34 の解答…(4)

環境保全・建設リサイクル ［31問すべて解答する］

設問の分類 B 廃棄物の処理
設問の重要度 ★★★

【問題35】廃棄物の処理及び清掃に関する法律の産業廃棄物の運搬、処分に関する次の記述のうち、**誤っているもの**はどれか。

(1) 排出事業者は、産業廃棄物の運搬を業とする者に委託する場合、委託しようとする産業廃棄物の運搬がその事業の範囲に含まれるものに委託する。

(2) 排出事業者は、産業廃棄物の運搬又は処分を業とする者に委託する場合、産業廃棄物の種類及び数量、運搬の最終目的地の所在地等が記述された委託契約を書面により行う。

(3) 産業廃棄物管理票の交付者は、運搬又は処分が終了したことを管理票の写しにより確認し、定められた期間保存する。

(4) 排出事業者は、産業廃棄物の運搬又は処分を業とする者に委託した場合、産業廃棄物の処分が終了したことを確認して産業廃棄物管理票を交付する。

関連知識アドバイス　廃棄物の種類

種類	品目
一般廃棄物	産業廃棄物以外の廃棄物で、紙類、雑誌、図面、飲料空き缶、生ごみ、ペットボトル、弁当がらなどがある
産業廃棄物	事業活動に伴って生じた廃棄物のうち法令で定められた20種類のもので、ガラスくず、陶磁器くず、がれき類、紙くず、繊維くず、木くず、金属くず、汚泥、燃え殻、廃油、廃アルカリ、廃プラスチック類などがある
特別管理一般・産業廃棄物	爆発性、感染性、毒性、有害性があるもの

【問題 35 の解説】廃棄物の処理及び清掃に関する法律の産業廃棄物の運搬、処分

(1)「**廃棄物の処理及び清掃に関する法律第 12 条**」より、排出事業者は、産業廃棄物の運搬を他人に委託しようとする場合は、運搬が事業の範囲に含まれ、省令に規定された運搬業者に委託する。

【〇 正しい】

(2)「**廃棄物の処理及び清掃に関する法律第 12 条 6**」より、事業者は、産業廃棄物の運搬又は処分を委託する場合には、政令で定める基準に従わなければならない。とあり、委託契約書に揚げる事項としては「**廃棄物の処理及び清掃に関する法律施行令第 6 条の 2 第四号**」より、産業廃棄物の種類及び数量、運搬の最終目的地の所在地等がある。

【〇 正しい】

(3)「**廃棄物の処理及び清掃に関する法律第 12 条の 3 第 2 項**」より、管理票の写しを環境省令で定める期間保存しなければならないとあり、「**廃棄物の処理及び清掃に関する法律施行規則第 8 条の 21 の 2**」より、管理票交付者が交付した管理票の写しの保存期間は、環境省令で定める 5 年とする。

【〇 正しい】

(4)「**廃棄物の処理及び清掃に関する法律施行規則第 8 条の 25 の 2**」より、排出事業者は、産業廃棄物の運搬又は処分を業とする者に委託した場合、産業廃棄物引渡しと同時に、運搬を委託した者に対し、産業廃棄物管理票を交付しなければならない。

【✗ 誤っている】

問題 35 の解答…(4)

最後に仕上げ！

メキメキ！

チャレンジ!!

解答結果・自己分析ノート

問題 A

1章 土木一般：解答結果自己分析ノート

出題 15 問のうち 12 問を選択できますが、実力アップのため全問取り組みましょう。苦手な問題は何度も取り組み、その経過を下表に記入し成果を確認しよう。

出題 No.	工事種別	設問の内容	重要度	学習マークシート 1回	2回	3回	チェック ✓
1	土工	土質試験	★★★	○	○	○	
2		土工量計算	★★	○	○	○	
3		土工作業	★★★	○	○	○	
4		土工作業	★★★	○	○	○	
5		軟弱地盤対策	★	○	○	○	
6	コンクリート	耐久性と劣化	★★★	○	○	○	
7		耐久性と劣化	★★★	○	○	○	
8		コンクリートの材料	★★★	○	○	○	
9		打込み・締固め	★★★	○	○	○	
10		鉄筋加工・組立て	★★★	○	○	○	
11		鉄筋加工・組立て	★★★	○	○	○	
12	基礎工	場所打ち杭の施工	★★★	○	○	○	
13		既製杭の施工	★★★	○	○	○	
14		場所打ち杭の施工	★★★	○	○	○	
15		その他基礎工法の施工	★	○	○	○	
			正解数				/15

合格ライン

合格するには 60 % 以上の正解が必要です。
⇨ 全問対象として「9 問以上の正解」が目標
⇨ 選択 12 問で「8 問以上の正解」が目標

出題傾向と対策

15 問中 12 問の選択なので、得手不得手に関係なく学習し確実に得点できるようにしておかなければならない。

2章 専門土木：解答結果自己分析ノート

　出題 34 問のうち 10 問を選択できますが、実力アップのため全問取り組みましょう。苦手な問題は何度も取り組み、その経過を下表に記入し成果を確認しよう。

出題No.	工事種別	設問の内容	重要度	学習マークシート 1回	2回	3回	チェック ✓
16	構造物	鉄筋、鋼材	★★	○	○	○	
17		高力ボルト	▲	○	○	○	
18		プレストレストコンクリート	▲	○	○	○	
19		コンクリート構造物	★★★	○	○	○	
20		コンクリート構造物	★★★	○	○	○	
21	河川砂防	河川堤防	★★	○	○	○	
22		河川護岸	★★★	○	○	○	
23		河川構造物	★	○	○	○	
24		砂防えん堤	★★★	○	○	○	
25		砂防施設	★★★	○	○	○	
26		地すべり防止工	★	○	○	○	
27	道路	表層、基層	★★★	○	○	○	
28		表層、基層	★★★	○	○	○	
29		上下層路盤	★★★	○	○	○	
30		路床、路体	★★★	○	○	○	
31		舗装の補修・維持	★★	○	○	○	
32		コンクリート舗装	★★★	○	○	○	
33	ダム・トンネル	ダム本体	★	○	○	○	
34		ダム本体	★	○	○	○	
35		トンネル掘削	★★★	○	○	○	
36		トンネル掘削	★★★	○	○	○	
37	海岸・港湾施設	海岸堤防	★★★	○	○	○	
38		海岸侵食対策工	★★★	○	○	○	
39		防波堤	★★★	○	○	○	
40		係留施設・浚渫	★★★	○	○	○	

(つづき)

出題 No.	工事種別	設問の内容	重要度	学習マークシート 1回	2回	3回	チェック ✓
41	鉄道	軌道工事	★★★	○	○	○	
42		土工事	★★★	○	○	○	
43		営業線近接工事	★★★	○	○	○	
44	地下構造物、鋼橋塗装	シールド工法	★★★	○	○	○	
45		塗装工事	★	○	○	○	
46	上下水道	上水道管	★★★	○	○	○	
47		下水道管	★★	○	○	○	
48		小口径管推進工法	★★★	○	○	○	
49		薬液注入工法	★★★	○	○	○	
			正解数				/34

合格ライン

合格するには60％以上の正解が必要です。
⇨ 全問対象として「21問以上の正解」が目標
⇨ 選択10問で「6問以上の正解」が目標

出題傾向と対策

　専門土木のなかから10問選択なので、解答結果から得意な工事を絞るのが現実的な対応である。重要度の高い問題は毎年コンスタントに出題されている問題なので工事を絞る参考にしてほしい。

3章 法規：解答結果自己分析ノート

　出題12問のうち8問を選択できますが、実力アップのため全問取り組みましょう。苦手な問題は何度も取り組み、その経過を下表に記入し成果を確認しよう。

出題No.	工事種別	設問の内容	重要度	学習マークシート 1回	2回	3回	チェック ✓
50	労働基準法	労働契約	★★★	○	○	○	
51		年少者等	★★★	○	○	○	
52	労働安全衛生法	安全管理体制	★★★	○	○	○	
53		届出等	★★★	○	○	○	
54	建設業法	請負契約等	★★	○	○	○	
55	道路・河川関係法	道路関係法	★★★	○	○	○	
56		河川関係法	★★★	○	○	○	
57	建築基準法	仮設建築物等	★★★	○	○	○	
58	火薬類取締法	火薬の取扱い	★★★	○	○	○	
59	騒音・振動規制法	騒音規制法	★★★	○	○	○	
60		振動規制法	★★★	○	○	○	
61	港則法	港則法	★★★	○	○	○	
			正解数				/12

合格ライン　合格するには60％以上の正解が必要です。
　⇨ 全問対象として「8問以上の正解」が目標
　⇨ 選択8問で「5問以上の正解」が目標

出題傾向と対策　12問中8問の選択なので、得手不得手に関係なく学習し確実に得点できるようにしておかなければならない。

1章 土木一般

1 土工

15問出題のうち12問を選択する

設問の分類：土質試験
設問の重要度：★★★

【問題 1】土質試験に関する次の記述のうち、適当でないものはどれか。

(1) 圧密試験結果は、飽和した軟弱層の圧密沈下量及び圧密沈下の速さの推定に使用される。

(2) 粒度試験結果は、粗粒土については土の締固めや支持力特性をある程度表す指標となるが、細粒土についてはその関係は見られない。

(3) コンシステンシー試験から求められる塑性指数（I_p）は、その値が小さいほど吸水による強度低下が大きくなる。

(4) 一軸圧縮試験結果は、飽和した粘性土地盤の強度を求め、構造物の安定性検討に使用される。

関連知識アドバイス

土質試験のポイントを整理しておこう

- **土のコンシステンシー**：土の硬軟の程度を表すもの。含水比の大小によって硬い、軟らかい、もろいなどのように表される。

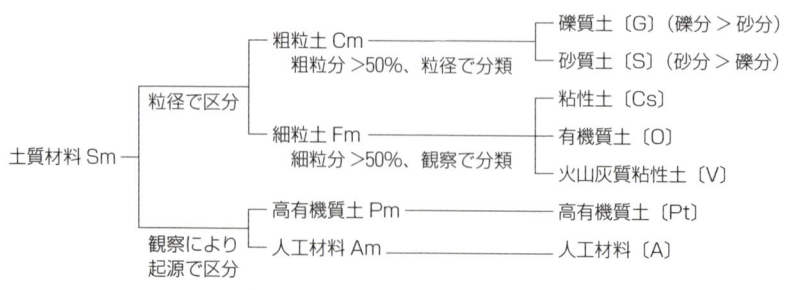

```
土質材料 Sm ─┬─ 粒径で区分 ─┬─ 粗粒土 Cm ──────┬─ 礫質土〔G〕（礫分＞砂分）
            │              │  粗粒分 >50%、粒径で分類  └─ 砂質土〔S〕（砂分＞礫分）
            │              │
            │              └─ 細粒土 Fm ──────┬─ 粘性土〔Cs〕
            │                 細粒分 >50%、観察で分類  ├─ 有機質土〔O〕
            │                                  └─ 火山灰質粘性土〔V〕
            └─ 観察により ─┬─ 高有機質土 Pm ── 高有機質土〔Pt〕
                起源で区分  └─ 人工材料 Am ──── 人工材料〔A〕
```

● 土質材料の分類（粒度試験結果の利用のヒント）

小テストで実力アップ

土質試験 ─ この記述は ○ か ✕ ?
自然含水比が塑性限界より小さいときは、施工中に泥状化しやすい。

【問題1の解説】 土の原位置試験

(1) 土の圧密試験方法として、現在、地盤工学会では土の段階載荷による圧密試験（JIS A 1217）と土の定ひずみ速度載荷による圧密試験（JIS A 1227）が制定されている。圧密試験からは、$e-\log P$ 曲線（沈下量の推定に用いられる）、圧密降伏応力 P_c（正規圧密の粘土か過圧密の粘土かを判定）、圧密係数 C_v（圧密排水の速度、沈下時間の計算に使用）などが求められ、圧密沈下量及び圧密沈下の速さの推定に使用される。　　　　　　　　　　【〇 適当である】

(2) 粒度試験より、粗粒分が 50％ より多ければ粗粒土、細粒分が 50％ 以下であれば細粒土に分類される。粗粒土「礫質土、砂質土」については土の締固めや支持力特性をある程度表す指標となるが、細粒土「粘性土、有機質土、火山灰質粘土」についてはその関係は見られない。　　　　　　　　　　【〇 適当である】

(3) コンシステンシー試験から求められる塑性指数（I_p ＝ 液性限界 W_L － 塑性限界 W_p）は、砂質土では 0 または小さく、その土に含まれる粘土分が多くなると塑性指数 I_p も大きくなり、その値が**大きいほど吸水による強度低下が大きくなる**。
【✕ 適当でない】

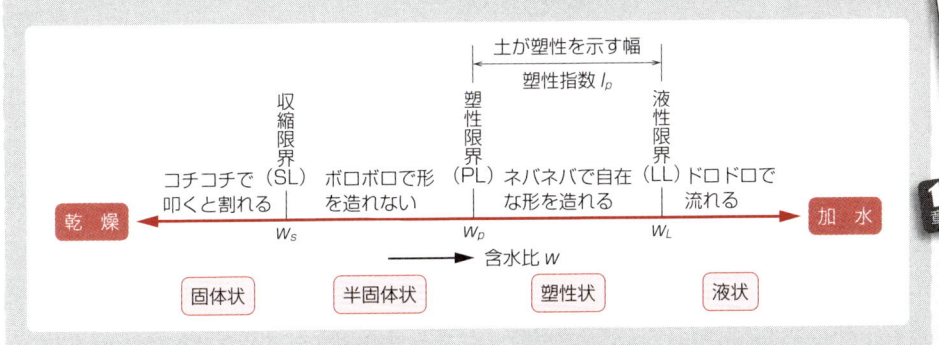

```
                    土が塑性を示す幅
                     塑性指数 Ip
           収        塑          液
           縮        性          性
           限        限          限
           界        界          界
           (SL)    (PL)        (LL)
   コチコチで    ボロボロで形    ネバネバで自在    ドロドロで
乾燥 叩くと割れる   を造れない     な形を造れる      流れる    加水
           Ws       Wp          WL
                   → 含水比 w
     固体状    半固体状      塑性状       液状
```

(4) 一軸圧縮試験結果より、土のせん断強さが求められ、飽和した粘性土地盤の強度を求め、構造物の安定性検討に使用する。一軸圧縮試験は三軸圧縮試験に比べ簡単に行えるので、粘性土地盤の非排水せん断強さの決定に広く用いられ、支持力の計算、土圧の計算、斜面の安定計算などに利用される。
【〇 適当である】

問題1の解答…(3)

小テストの解答…✕ （泥状化しやすいのは含水比が液性限界より大きいとき）

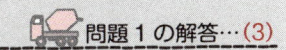

1 土工 [15問出題のうち12問を選択する]

設問の分類: 土工量計算
設問の重要度: ★★

【問題2】土量の変化率に関する次の記述のうち、**適当でないもの**はどれか。

(1) 土量の変化率には、掘削・運搬中の損失及び基礎地盤の沈下による盛土量の増加は原則として含まれていない。

(2) 土量の変化率は、実際の土工の結果から推定するのが最も的確な決め方である。

(3) 岩石の土量の変化率は、測定そのものが難しいので、施工実績を参考にして計画し、実状に応じて変化率を変更することが望ましい。

(4) 土量の変化率 L は、土の配分計画を立てるときに必要であり、土量の変化率 C は、土の運搬計画を立てるときに用いられる。

関連知識アドバイス 土量の変化率の考え方のポイント

土量変化は、次の3つの状態の土量に区分して考える。
- 地山の土量：掘削すべき土量
- ほぐした土量：運搬すべき土量
- 締固め後の土量：できあがりの盛土量

3つの状態の体積比を次式のように表し、L 及び C を土量の変化率という。

$$L = \frac{\text{ほぐした土量} \, [\text{m}^3]}{\text{地山の土量} \, [\text{m}^3]} \qquad C = \frac{\text{締固め後の土量} \, [\text{m}^3]}{\text{地山の土量} \, [\text{m}^3]}$$

$1/C$ は「締固め後の土量」を「地山の土量」に換算する場合に使用する。
L/C は「締固め後の土量」を「ほぐした土量」に換算する場合に使用する。

小テストで実力アップ

〈レベルアップ編の復習〉土量の変化率—この記述は〇か✕？
　土量の変化率は、測定する土量が少ないと誤差が生ずるので、信頼できる測定の地山土量は 50〜100 m³ 程度が望ましい。

【問題2の解説】土量の変化率

(1) 土量の変化率には、掘削・運搬中の損失及び基礎地盤の沈下による盛土量の増加は原則として含まれていないことになっている。しかし、通常避けられない土量の損失や一般的に予想される程度の少量の地盤沈下に基づく土量の変化は、実際問題として変化率に含ませるほうが合理的である。　【○ 適当である】

(2) 土量の変化率は、実際の土工の結果から推定するのが最も的確な決め方である。特に変化率 C については各種の損失量も含めた変化率として類似現場の実績を活用することも考えたほうがよい。　【○ 適当である】

(3) 岩石の土量の変化率は、測定そのものが難しく破砕岩または岩塊を用いた盛土の場合はその空隙を土で埋めるか埋めないかが全体の変化率に大きく影響する、したがって、施工実績を参考にして計画し、実状に応じて変化率を変更することが望ましい。　【○ 適当である】

(4) 土量の変化率 L は、地山の密度がわかっていれば、**土の運搬計画を立てるときに用いられる**。切土を盛土に利用する時や盛土のために土取場から土を採取する時、地山の土量が盛土に換算するとどのように変化するかが推定できないと土の配分計画を立てることができないので、土量の変化率 C は、**土の配分計画を立てるときに必要である**。　【× 適当でない】

分類名称 主要区分	変化率 L	変化率 C	$1/C$	L/C
レキ質土	1.20	0.90	1.11	1.33
砂質土及び砂	1.20	0.90	1.11	1.33
粘性土	1.25	0.90	1.11	1.39

注）本表は体積（土量）より求めた L、C である。

> $1/C$ は「締固め後の土量」を「地山の土量」に換算する場合に使用する。
> L/C は「締固め後の土量」を「ほぐした土量」に換算する場合に使用する。

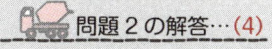

問題2の解答…(4)

小テストの解答…×　（地山土量は 200 m³ 以上、できれば 500 m³ 程度）

1 土工 [15問出題のうち12問を選択する]

設問の分類：土工作業
設問の重要度：★★★

【問題3】盛土の補強土工法に関する次の記述のうち、適当なものはどれか。

(1) 帯鋼補強土壁（テールアルメ）における盛土材のまき出し、敷均しは、壁面に影響を与えないよう盛土奥側から壁面側に向けて行う。

(2) 帯鋼補強土壁（テールアルメ）における締固め機械は、帯状鋼材に働く盛土材料の摩擦力を高めるため、タンピングローラが適している。

(3) 多数アンカー式補強土壁における盛土材料の締固めは、盛土の中央付近、アンカープレート付近、壁面付近の順に行う。

(4) ジオテキスタイル補強土におけるジオグリッドの敷設は、転圧時にこれを破損しないよう、緩みを与えて行う。

関連知識アドバイス

補強土壁は、盛土中に補強材を敷設することで垂直に近い壁面を構築する土留め構造物で、下記3種類に分類される。

補強土壁
├─ 帯鋼補強土壁
│   補強土（テールアルメ）壁工法設計・施工マニュアル
├─ アンカー補強土壁
│   多数アンカー式補強土壁工法設計・施工マニュアル
└─ ジオテキスタイル補強土壁
    ジオテキスタイルを用いた補強土の設計・施工マニュアル

小テストで実力アップ

土工作業、盛土の締固め―この記述は〇か×？

ジオテキスタイルを現場で敷設・縫合するためには、特殊な大型機械を必要とするが、養生などが不要で工期を短くすることができる。

【問題 3 の解説】盛土の補強土工法

(1) 帯鋼補強土壁（テールアルメ）における盛土材のまき出し、敷均しは、壁面に影響を与えないよう**壁面側から盛土奥側に向けて行わなければならない**。ほかに下記事項に注意しなければならない。
- 壁面に平行に走行すること
- 壁面から 1 m 以上離れて走行すること
- ストリップが敷かれている区域内で急激な方向転換をしないこと
- 盛土材料がまき出されていないストリップの上を走行しないこと

【✗ 適当でない】

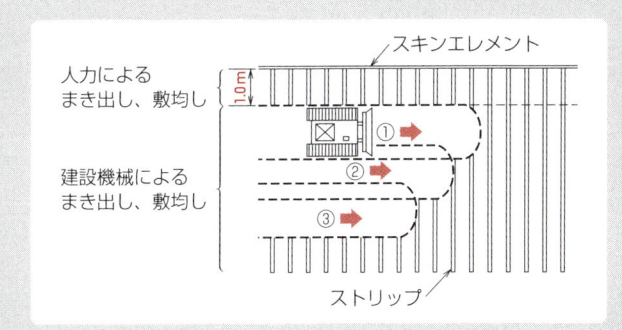

(2) 帯鋼補強土壁（テールアルメ）における締固め機械は、スキン直近より 1 m の範囲は、軽量で小規模な締固め作業に適している振動コンパクタが望ましく、その他の部分は、**タイヤローラか振動ローラが適している**。【✗ 適当でない】

(3) 多数アンカー式補強土壁における盛土材料の締固めは、盛土の中央付近、アンカープレート付近、壁面付近の順に行う。壁面付近は、小型の締固め機械を使用する。【〇 適当である】

(4) ジオテキスタイル補強土におけるジオグリッドの敷設は、転圧時にこれを破損しないよう注意しなければならない。ジオグリッド敷設へ転圧による締固めの効果を確保するために、**緩みを与えてはならない**。【✗ 適当でない】

問題 3 の解答…(3)

小テストの解答…✗（大型機械を用いなくとも施工できる）

1 土　工　[15問出題のうち12問を選択する]

【問題4】 現場内の発生土を利用した道路盛土の施工に関する次の記述のうち適当なものはどれか。

(1) 掘削時点で含水比が高い発生土は、天日乾燥により転圧可能な含水比に下げても、路床用土として使用してはならない。

(2) 含水比の高い粘性土を用いて高い盛土を行うときは、間隙水圧を上げるよう急速に施工する。

(3) 路床の築造においては、発生土を原位置安定処理により改良して用いることはできない。

(4) 発生土の安定処理に用いる土質改良材としては、一般的にセメントや石灰などの固化材があるが、その他の材料として瀝青材や合成樹脂系の材料が使用されることもある。

【問題5】 地盤の液状化の対策工法に関する次の記述のうち、適当でないものはどれか。

(1) サンドコンパクションパイル工法は、振動機を用いて地盤内に砂杭を造成して周辺地盤を締め固めることにより、地盤全体として液状化に対する抵抗を増大させるものである。

(2) グラベルドレーン工法は、地盤に礫や人工材料を用いて壁状や円柱状のドレーンを設置し、地盤内の密度を増大させることにより液状化を防止するものである。

(3) ディープウェル工法は、地盤の地下水をポンプで排水し地下水位を低下させることにより、液状化の発生する可能性を軽減するものである。

(4) 深層混合処理工法は、地盤内に安定材をかくはん混合して化学的に改良し液状化に対する抵抗を増大させるものである。

【問題4の解説】現場内の発生土を利用した道路盛土

(1) 掘削時点で含水比が高い発生土は、天日乾燥により敷均し転圧に適した含水比に下げれば、路床用土として使用できる。　　　　　　　　　　【✗ 適当でない】

(2) 含水比の高い粘性土を用いて高い盛土を行うときは、急速に施工を行うと盛土内に間隙水圧が発生し、盛土の安定性が問題となる場合が多いので、間隙水圧の低下を図りながら施工する。　　　　　　　　　　　　　　　【✗ 適当でない】

(3) 路床の構築は、目標とする路床のCBRを設定し、路床改良などの工法選定を行う。路床改良には、発生土に石灰あるいはセメントを添加し、現場でかくはんし安定処理する場合とプラントで行う方法がある。よって、発生土を原位置安定処理により改良して用いることがある。　　　　　　　　　【✗ 適当でない】

(4) 発生土の安定処理に用いる土質改良材としては、対象となる土質により、セメントや石灰などの固化材があるが、その他の材料として瀝青材や合成樹脂系の材料が使用されることもある。　　　　　　　　　　　　　　【〇 適当である】

　　　　　　　　　　　　　　　　　　　　　　　問題4の解答…(4)

【問題5の解説】地盤の液状化の対策工法

1) サンドコンパクションパイル工法は、密度増加による液状化対策工法の代表的な工法である。振動機を用いて地盤内に砂杭を造成して周辺地盤を締め固めることにより、地盤全体として液状化に対する抵抗を増大させる。　【〇 適当である】

(2) グラベルドレーン工法は、地盤中に造成した砕石柱により、地震時に発生する過剰間隙水圧を早期に消散させ、液状化を防止する。　　【✗ 適当でない】

(3) ディープウェル工法は、地下水を低下させることにより地盤の液状化を防止する工法である。地下水を低下させることにより、地盤内の有効応力を大きくすることができる。　　　　　　　　　　　　　　　　　　　【〇 適当である】

(4) 深層混合処理工法は、地盤内に安定材をかくはん混合して化学的に改良し液状化に対する抵抗を増大させる固結工法で、盛土のすべり防止、沈下の低減、橋台背面の側方流動防止などを目的に使用されることが多い。【〇 適当である】

　　　　　　　　　　　　　　　　　　　　　　　問題5の解答…(2)

1章 土木一般

2 コンクリート

15問出題のうち12問を選択する

A問題 設問の分類：耐久性と劣化
設問の重要度：★★★

【問題6】下図の「図-a」、「図-b」は、コンクリートに発生したひび割れ状況を示したものである。それぞれのひび割れの原因の組合せとして、次のうち適当なものはどれか。

図-a：打込み直後のコンクリート上面、ブリーディング、ひび割れ、水平鉄筋、打込み終了後1〜2時間経過したコンクリート上面

図-b：ひび割れ

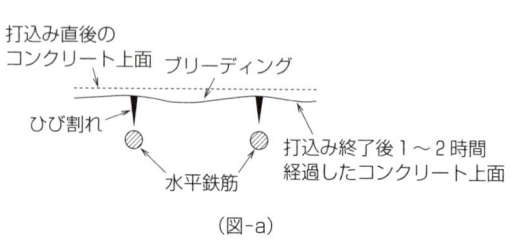

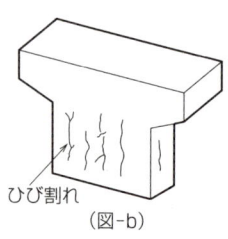

[図-a] ひび割れの原因　　[図-b] ひび割れの原因

(1) コンクリートの乾燥収縮 ……… 凍結融解の繰返し
(2) コンクリートの沈下 ……… 凍結融解の繰返し
(3) コンクリートの乾燥収縮 ……… セメントの水和熱
(4) コンクリートの沈下 ……… セメントの水和熱

関連知識アドバイス

ひび割れは「外力」「変形拘束」「膨張圧」などに分類されその代表的な種類は下表である

ひび割れの分類	ひび割れの種類
外力	曲げ、せん断ひび割れなど
変形拘束	収縮ひび割れ、温度ひび割れなど
コンクリートの膨張圧	塩害、アルカリ骨材反応、凍害など
その他	プラスチック収縮ひび割れ、沈下ひび割れなど

小テストで実力アップ　コンクリートの打込み―この記述は〇か×？

コールドジョイントの発生を防ぐ場合は、遅延型AE減水剤の使用が方法の1つとして挙げられる。

【問題6の解説】コンクリートに発生したひび割れと原因

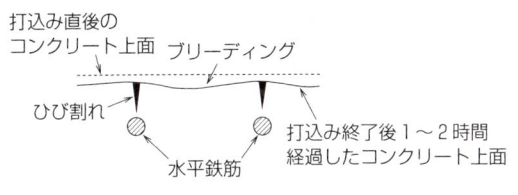

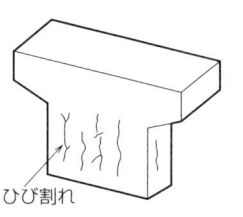

[図-a] ひび割れの原因　　　　[図-b] ひび割れの原因
(1) コンクリートの乾燥収縮………凍結融解の繰返し　　　　【✕ 適当でない】
(2) **コンクリートの沈下**………凍結融解の繰返し　　　　【✕ 適当でない】
(3) コンクリートの乾燥収縮………**セメントの水和熱**　　【✕ 適当でない】
(4) **コンクリートの沈下**………**セメントの水和熱**　　【〇 適当である】

- [図-a] ひび割れの原因
  急速な打込みを行うと、締固め不足になりやすく、鉄筋の上側に沿った**コンクリートの沈下ひび割れ**が生じる。これは、施工が原因で発生するひび割れである。

- [図-b] ひび割れの原因
  コンクリートは、セメントと水の**水和反応によって発熱**する。コンクリート温度の上昇・降下がコンクリートの変形（膨張・収縮）を引き起こし、これが内的あるいは外的に拘束されると、コンクリートに引張応力が作用し、ひび割れが発生する。部材軸と垂直方向に直線状のひび割れが、ほぼ**等間隔で規則的**に発生する。
  凍結融解を繰り返して発生するひび割れは、**亀甲状のひび割れ**である。

問題6の解答…(4)

小テストの解答…〇　（遅延型AE減水剤は水和熱の発生速度を小さくする）

2 コンクリート [15問出題のうち12問を選択する]

設問の分類：耐久性と劣化
設問の重要度：★★★

【問題7】コンクリートの乾燥収縮に関する次の記述のうち、**適当でないもの**はどれか。

(1) 骨材に付着している粘土の量が多い場合には、コンクリートの単位水量が増加し乾燥収縮は大きくなる。

(2) 一般に所要のワーカビリティを得るために必要な単位水量は、最大寸法の大きい粗骨材を用いれば少なくでき、乾燥収縮を小さくできる。

(3) 同一単位水量のAEコンクリートでは、空気量が多いほど乾燥収縮は小さい。

(4) 同一水セメント比のコンクリートでは、単位水量が大きいほど乾燥収縮は大きい。

設問の分類：コンクリートの材料
設問の重要度：★★★

【問題8】コンクリートに用いる骨材に関する次の記述のうち、**適当なもの**はどれか。

(1) 舗装用コンクリートの骨材は、すりへり減量が50%のものを用いる。

(2) コンクリートの示方配合（計画調合）は、骨材が絶乾状態にあるとして表記する。

(3) 粗骨材の最大寸法は、粗骨材のうち重量で90%以上が通過するふるいの中の、最小寸法のふるいの呼び寸法をいう。

(4) コンクリートの骨材には、頁岩や粘板岩のような破砕すると形状が偏平なものが適している。

【問題 7 の解説】コンクリートの乾燥収縮

(1) 骨材に付着している粘土の量が多い場合には、コンクリートに次のような問題が生じる。単位水量が増加、ブリーディングの減少、凝固時間の変化、レイタンスの増加。単位水量の増加は乾燥収縮を大きくする。　【◯ 適当である】

(2) 一般に所要のワーカビリティを得るために必要な単位水量は、粒度が適当であれば最大寸法の大きい粗骨材を用いれば乾燥収縮を小さくできる。
　【◯ 適当である】

(3) 同一単位水量の AE コンクリートでは、空気量が多いほど乾燥収縮は大きい。
　【✕ 適当でない】

(4) 同一水セメント比のコンクリートでは、単位水量が大きいほど乾燥による収縮量は大きくなる。　【◯ 適当である】

問題 7 の解答…(3)

【問題 8 の解説】コンクリートに用いる骨材

(1) 舗装コンクリートに用いる粗骨材は、すりへり試験を行った場合のすりへり減量の限度は 35 % 以下とする。なお、積雪寒冷地においては、すりへり減量が 25 % 以下のものを使用するものとする。　【✕ 適当でない】

(2) コンクリートの示方配合（所要の品質を得るために計画した配合）は、骨材が表面乾燥飽水状態にあるとして表記する。　【✕ 適当でない】

(3) 粗骨材の最大寸法は、粗骨材のうち重量で 90 % 以上が通過するふるいの中の、最小寸法のふるいの呼び寸法をいう。粗骨材は、5 mm のふるいに質量で 85 % がとどまるものをいう。　【◯ 適当である】

(4) コンクリートの骨材には、均一の粒径の骨材ではなくて、粒径が分布している骨材が望ましい。頁岩や粘板岩のような破砕すると形状が偏平なものは適さない。　【✕ 適当でない】

問題 8 の解答…(3)

2 コンクリート [15問出題のうち12問を選択する]

A 設問の分類
打込み・締固め

設問の重要度 ★★★

【問題9】コンクリートの構造物の打継目又はコールドジョイントに関する次の記述のうち、**適当なもの**はどれか。

(1) コールドジョイントは、打設時のコンクリート温度が高い場合、凝結時間が長くなるので発生しにくい。

(2) コールドジョイントの発生を防ぐための打重ね時間間隔は、一般に、外気温が25℃を超える場合には2時間以内とする。

(3) 新旧コンクリート打継面の付着をよくするための敷きモルタルの水セメント比は、使用コンクリートの水セメント比よりも大きくする。

(4) 海洋及び港湾コンクリート構造物において、やむを得ず打継目を設ける場合には、干潮位と満潮位との間に設ける。

関連知識アドバイス

水平打継目の施工時の5つの留意すべき点

- 美観上、水平な直線に仕上げる
- 旧コンクリート表面のレイタンスや浮いた骨材を取り除き、表面を粗にして十分に吸水させる。
- 旧コンクリートの打継面の処理方法には、硬化前処理方法と硬化後処理方法、これらの併用がある。
- 打設前には、型枠を締め直し、新旧コンクリートを密着させるように締め固める
- 逆打ちコンクリートは、ブリーディングや沈下を考慮して施工法を選定する

小テストで実力アップ

細骨材の品質―この記述は〇か✕？

砕砂は、粒形が角ばっていることが多いので粒形判定実積率の試験を行って実積率が53％未満のものを用いるとよい。

【問題9の解説】コンクリートの構造物の打継目、コールドジョイント

(1) コールドジョイントとは、先に打ち込んだコンクリートが硬化を始め、後に打ち込んだコンクリートと一体化していない継目のことである。打設時のコンクリート温度が高い場合、凝結時間が早くなるので先に打ち込んだコンクリートの硬化が早く、後に打ち込むコンクリートと一体化しにくいので**コールドジョイントが発生しやすい**。　【✕ 適当でない】

(2) コールドジョイントの発生を防ぐための許容打重ね時間間隔は、一般に、外気温が 25 ℃ を超える場合には 2 時間以内とする。25 ℃ 以下の場合は 2.5 時間以内とする。　【〇 適当である】

外気温	許容打重ね時間間隔
25 ℃ を超える	2.0 時間
25 ℃ 以下	2.5 時間

コールドジョイント防止対策
- コンクリート凝結時間の延長
- 打重ね時間間隔の厳守
- ブリーティング水の除去

(3) 新コンクリート打ち込む前に、型枠を締め直し、新コンクリートと旧コンクリートを密着させるように締め固める。新旧コンクリート打継面の付着をよくするための敷きモルタルの水セメント比は、**使用コンクリートの水セメント比よりも小さくする**。　【✕ 適当でない】

(4) 海洋及び港湾コンクリート構造物において、打継目から劣化が始まる場合が多いことから、これを避けるようにする必要がある。**満潮位から上 60 cm と干潮位から下 60 cm との間の干潮部分には、打継目が位置しない**よう施工計画をたてる必要がある。　【✕ 適当でない】

問題9の解答…(2)

2 コンクリート [15問出題のうち12問を選択する]

【問題10】 鉄筋の加工及び組立てに関する次の記述のうち、適当でないものはどれか。

(1) 重ね継手の重ね合せの部分は、鉄線によりしっかりと緊結するが、焼きなまし鉄線で巻く長さは短くするのがよい。

(2) 鉄筋は、常温で加工することが原則である。

(3) 型枠に接するスペーサは、モルタル製あるいはコンクリート製を使用することが原則である。

(4) やむを得ず溶接した鉄筋を曲げ加工する場合には、溶接した部分より鉄筋直径分だけ離れたところで行うことが原則である。

【問題11】 エポキシ樹脂塗装鉄筋の加工・組立てに関する次の記述のうち、適当でないものはどれか。

(1) 気温が5℃を下回る条件で曲げ加工は行わないほうがよく、やむを得ず5℃以下で加工する場合は80℃未満の範囲で鉄筋の温度を上げておくとよい。

(2) 組立後は、できるだけ長期間直射日光にさらしておくとよい。

(3) 曲げ加工機と鉄筋が接触する部分は、緩衝材を用いて保護するとよい。

(4) 組立の際に用いる鉄線は、芯線径が0.9mm以上のビニール被覆されたものを用いるとよい。

【問題 10 の解説】鉄筋の加工及び組立て

(1) 重ね継手の重ね合せの部分は、鉄線によりしっかりと緊結するが、焼きなまし鉄線で巻く長さは短くするのがよい。これを長くするとコンクリートと鉄筋との付着強度が低下し、継手の強度が低下する。　　　　　　　　【○ 適当である】

(2) 鉄筋は、常温で加工することが原則である。ただし、鉄筋をやむを得ず熱して加工するときは、既往の実績を調査し、現地において試験施工を行い、悪影響を及ぼさないことを確認したうえで施工方法を定め、施工しなければならない。
　　　　　　　　　　　　　　　　　　　　　　　　　　　　　【○ 適当である】

(3) 型枠に接するスペーサは、モルタル製あるいはコンクリート製で本体コンクリートと同等以上の品質を有するものを使用しなければならない。
　　　　　　　　　　　　　　　　　　　　　　　　　　　　　【○ 適当である】

(4) やむを得ず溶接した鉄筋を曲げ加工する場合には、溶接した部分より**鉄筋直径の 10 倍以上**離れたところで行うことが望ましい。　　　　　【× 適当でない】

問題 10 の解答…(4)

【問題 11 の解説】エポキシ樹脂塗装鉄筋の加工・組立て

(1) エポキシ樹脂塗装鉄筋の塗膜は曲げ加工時の鉄筋温度が 5 ℃ でもひび割れを生じない性能を持っており、5 ℃ 以上の雰囲気気温で加工することを原則としている。やむを得ず 5 ℃ 以下で加工する場合は鉄筋温度を高くするなどの対策をとるが、曲げ加工温度が 80 ℃ 以上となることは避けたほうがよい。
　　　　　　　　　　　　　　　　　　　　　　　　　　　　　【○ 適当である】

(2) 打継目が直射日光にさらされる期間が累積して 3 か月以上に及ぶときは、エポキシ樹脂塗装鉄筋を**紫外線劣化**や飛散砂などによる物理的損傷から保護するため、シートやテープなどを施さなければならない。　　　　　　【× 適当でない】

(3) 曲げ加工機と鉄筋が接触する部分は、塗膜が損傷しないよう傷防止のために緩衝材を用いて保護するとよい。　　　　　　　　　　　　　【○ 適当である】

(4) エポキシ樹脂塗装鉄筋の組立てには、芯線径が 0.9 mm 以上のビニール被覆などの処置を講じた鉄線を用いるとよい。　　　　　　　　　　【○ 適当である】

問題 11 の解答…(2)

1章 土木一般

3 基礎工

15問出題のうち12問を選択する

設問の分類：場所打ち杭の施工
設問の重要度：★★★

【問題12】場所打ち杭工法における孔底処理に関する次の記述のうち、**適当でないもの**はどれか。

(1) 孔底処理は、基準標高から掘削完了直後の深度と処理後の深度を検尺テープによって計測し、その深度を比較することにより管理ができる。

(2) オールケーシング工法における掘削完了後の掘りくずやスライムは、鉄筋かご建込み後にサクションホースを用いて除去する。

(3) リバース工法では、安定液のように粘性のあるものを使用しないため、泥水循環時に粗粒子の沈降が期待でき、一次孔底処理により泥水中のスライムはほとんど処理できる。

(4) アースドリル工法における一次孔底処理は、掘削完了後に底ざらいバケットで行い、二次孔底処理は、コンクリート打込み直前にトレミーなどを利用したポンプ吸上げ方式により行う。

関連知識アドバイス　場所打ち杭工法の孔底処理とは

　孔底処理とは、孔底に沈積した土砂や孔内水中の浮遊土砂（スライム）を除去する作業をいう。スライムを除去しないでコンクリートを打ち込むと、**コンクリートの品質**が低下し、**支持力**に影響を与える。
　孔底処理は、掘削完了後の深度と処理後の深度を計測しその深度を比較して管理する。**一次孔底処理と二次孔底処理に分けて行うときも同様に管理する。**

小テストで実力アップ　支持層の確認―この記述は〇か×？

深礎工法では、ハンマグラブにより掘削した土の土質と深度を設計図書及び土質調査資料と対比するとともに、掘削速度、掘削土量などの状況も参考にする。

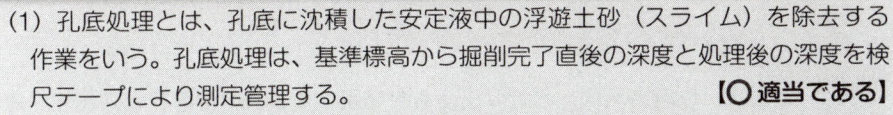

【問題12の解説】場所打ち杭工法における孔底処理

(1) 孔底処理とは、孔底に沈積した安定液中の浮遊土砂（スライム）を除去する作業をいう。孔底処理は、基準標高から掘削完了直後の深度と処理後の深度を検尺テープにより測定管理する。　　　　　　　　　　　　　【〇 適当である】

(2) オールケーシング工法における掘削完了後の掘りくずやスライムは、掘削完了後適当な時間をおいて掘りくずを沈積させ、ハンマグラブで底ざらい掘削を行い、又は底ざらい掘削後さらに沈積バケットにより処理する。
　　　　　　　　　　　　　　　　　　　　　　　　　　　　【× 適当でない】

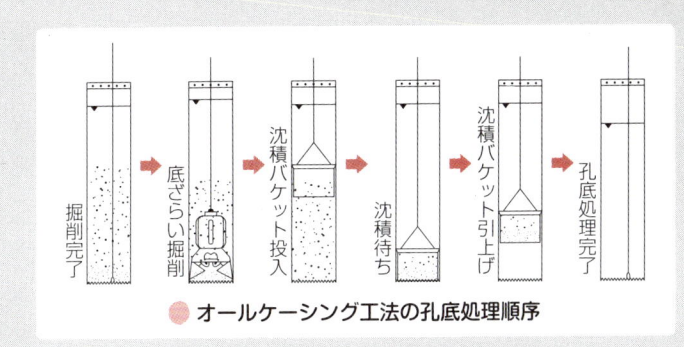

● オールケーシング工法の孔底処理順序
（掘削完了 → 底ざらい掘削 → 沈積バケット投入 → 沈積待ち → 沈積バケット引上げ → 孔底処理完了）

(3) リバース工法では、一次孔底処理として、掘削完了後に砂分を含み比重の大きくなった孔底付近の泥水を排水し、沈砂池で砂分を除去したのち掘削孔へ注入し泥水を循環させる。二次孔底処理は、鉄筋かごを建て込んだのち、トレミーを利用したサクションポンプやエアリフト方式などにより泥水を循環させて行う。この工法では、安定液のように粘性のあるものを使用しないため、一次孔底処理でほとんど処理できる。　　　　　　　　　　　　　　　　【〇 適当である】

(4) アースドリル工法では、一次孔底処理として底ざらいバケットを使用して孔底に沈積した掘りくずやスライムを底ざらいし除去する。二次孔底処理はリバース工法と同様、鉄筋かごを建て込んだのち、トレミーを利用したサクションポンプやエアリフト方式などにより行う。　　　　　　　　　　　　【〇 適当である】

問題12の解答…(2)

小テストの解答…×　（目視で支持層を確認し必要に応じて平板載荷試験を行う）

3 基礎工 [15問出題のうち12問を選択する]

設問の分類：既製杭の施工
設問の重要度：★★★

【問題13】既製杭の施工におけるプレボーリング杭工法に関する次の記述のうち、**適当なもの**はどれか。

(1) 根固め液は、所定の支持力を発現するため、掘削孔の先端部周辺から杭頭部までの孔壁周辺の砂質地盤と十分にかくはんしながら確実に注入する。

(2) 杭を沈設する際には、孔壁を削ったり杭体を損傷させないで、注入した杭周固定液が杭頭部からあふれないように施工する。

(3) 地盤の掘削抵抗を減少させるため、掘削中は掘削液を掘削ビットの先端部から吐出させ、その量は掘削速度に応じて調節する。

(4) 杭周固定液に用いるセメントミルクは、杭周固定液の硬化に伴うブリーディングや逸水によって液面が沈降し、掘削孔壁と杭体との間に隙間が生じることがあるが、補充する必要はない。

設問の分類：場所打ち杭の施工
設問の重要度：★★★

【問題14】場所打ち杭工法における支持層の確認、掘削深度の確認方法などに関する次の記述のうち、**適当でないもの**はどれか。

(1) アースドリル工法においては、掘削土の土質と深度を設計図書に記載されているものと対比し、また、掘削速度や掘削抵抗の状況も参考にして支持層の確認を行う。

(2) オールケーシング工法における掘削深度の確認は、杭の中心部に近い位置で検測することによって行う。

(3) リバースサーキュレーションドリル工法においては、一般にデリバリホースから排水される循環水に含まれた土砂を採取し、設計図書に記載されているものと対比して支持層の確認を行う。

(4) 深礎工法においては、土質と深度を設計図書に記載されているものと対比し、目視で支持層の確認を行い、また、必要に応じて平板載荷試験を実施する。

【問題 13 の解説】既製杭の施工におけるプレボーリング杭工法

(1) 根固め液はかくはんさせない。オーガで所定の深度まで掘削した後に根固め液を掘削孔の掘削先端部へ注入する。　　　　　　　　　　【✗ 適当でない】

(2) 杭を沈設する際には、孔壁を削ったり杭体を損傷させないで、注入した杭周固定液が杭頭部からあふれることを確認し施工する。　　　　【✗ 適当でない】

(3) 掘削中は、掘削液を掘削ビットの先端部から吐出して、地盤の掘削抵抗を減少させる。このとき、掘削液の吐出量は掘削速度に応じて調節する。また、掘削速度は、地盤に適した速度とすることが重要である。　　　　【〇 適当である】

(4) 杭周固定液に用いるセメントミルクは、杭周固定液の硬化に伴うブリーディングや逸水によって液面が沈降し、掘削孔壁と杭体との間に隙間が生じることがある場合は、補充する必要がある。　　　　　　　　　　　　　【✗ 適当でない】

問題 13 の解答…(3)

【問題 14 の解説】場所打ち杭工法における支持層、掘削深度の確認

(1) アースドリル工法においては、バケットにより掘削した試料の土質と深度を設計図書および土質調査資料と対比し支持層の確認を行う。また、掘削速度や掘削抵抗の状況も参考にする。　　　　　　　　　　　　　【〇 適当である】

(2) オールケーシング工法における掘削深度の確認は、ハンマグラブにより掘削した土の土質と深度を設計図書および土質資料と対比し支持層を確認する。この際、掘削深度、掘削土量、揺動圧入などの状況も参考にする。
　　　　　　　　　　　　　　　　　　　　　　　　　　　　　【✗ 適当でない】

(3) リバースサーキュレーションドリル工法においては、一般にデリバリホースから排水される循環水に含まれた土砂を採取し、設計図書および土質調査資料と対比して支持層の確認を行う。また、掘削深度、ビット荷重の変化、ビットの回転抵抗などの状況も参考にする。　　　　　　　　　　　　　【〇 適当である】

(4) 深礎工法においては、土質と深度を設計図書および土質調査資料と対比し、目視で支持層を確認する。また、必要に応じて平板載荷試験を実施する。
　　　　　　　　　　　　　　　　　　　　　　　　　　　　　【〇 適当である】

問題 14 の解答…(2)

3 基礎工 [15問出題のうち12問を選択する]

設問の分類
その他基礎工法の施工

設問の重要度
★

【問題15】 擁壁構造物の直接基礎に関する次の記述のうち、**適当なもの**はどれか。

(1) 一般に基礎が滑動するときのせん断面は、基礎の床付け面下の深い箇所に生じるので、床付け面の浅い地盤の乱れは無視してよい。

(2) 一般に粘性土層を直接基礎の支持層として用いる場合は、圧密のおそれがなく N 値が20程度以上あれば良質な支持層と考えてよい。

(3) 基礎岩盤を切り込んで施工する場合は、切り込んだ部分の岩盤の横抵抗を期待するため、掘削した「ずり」を利用するとよい。

(4) 基礎地盤が岩盤の場合は、基礎底面地盤の不陸を整正し、平滑な面に仕上げる必要がある。

関連知識アドバイス 直接基礎の種類を整理しておこう

擁壁の基礎形式を大別すると、直接基礎形式（直接基礎、地盤改良基礎、置換基礎）と杭基礎形式がある。擁壁の基礎形式としては、支持地盤や背後の盛土（地山）と一体となって挙動する直接基礎が望ましい。

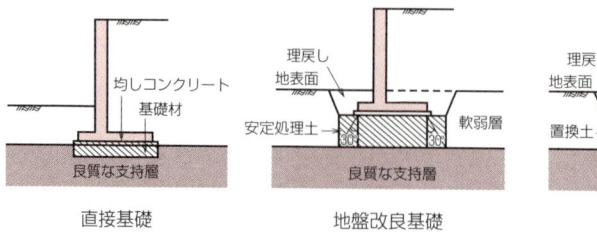

● 良質な地盤上の直接基礎

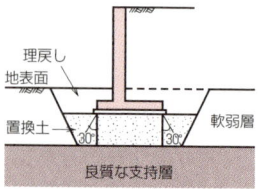

【問題 15 の解説】擁壁構造物の直接基礎

(1) 基礎底面の処理を行う場合、一般に基礎が滑動する際のせん断面は、基礎の床付け面下の浅い箇所に生じることから、施工時に地盤に過度の乱れが生じないように配慮する必要がある。よって床付け面の**浅い地盤の乱れは無視できない**。

【✗ 適当でない】

(2) 支持層の選定は、粘性土層は砂質土層に比べて大きな支持力が期待できず、沈下量の大きい場合が多いため支持層とする際には十分な検討が必要であるが、N 値が 20 程度以上あれば良質な支持層と考えてよい。よって、圧密沈下のおそれがなく N 値が 20 程度以上であれば良質な支持層と考えてよい。

【○ 適当である】

＊規定機関によって目安が違うので注意が必要。

規定機関-出典など	上部構造物 基礎形式など	良質な支持層の目安 粘性土	良質な支持層の目安 砂質土	備考
日本道路協会・道路橋示方書	橋梁・直接ケーソンなど	$N \geq 20$ ($q_u \geq 0.4 N/mm^2$)	$N \geq 30$ (砂礫層もほぼ同様)	良質な支持層と考えられても、層厚が薄い場合や、その下に軟弱な層や圧密層がある場合はその影響を検討する必要がある
日本道路協会・道路土工-擁壁工指針 道路土工-カルバート工指針	擁壁・カルバートなど	$N \geq 10 \sim 15$ ($q_u \geq 100 \sim 200 kN/m^2$)	$N \geq 20$	良質な支持層と考えられても、層厚が薄い場合や、その下に軟弱な層や圧密層がある場合はその影響を検討する必要がある

(3) 埋戻し材料は、基礎岩盤を切り込んで、直接基礎を施工する場合、切り込んだ部分の岩盤の横抵抗を期待するためには、岩盤と同程度のもの、すなわち貧配合コンクリートなどで埋め戻す必要がある。掘削したときに出たずりで埋め戻してはならない。よって、**掘削したずりを利用できない**。

【✗ 適当でない】

(4) 基礎地盤が岩盤の場合の底面処理は、均しコンクリートと基礎地盤が十分かみ合うように、基礎底面地盤にはある程度の不陸を残し、平滑な面としないように配慮する必要がある。よって、基礎底面地盤の不陸を整正し平滑に**仕上げない**よう配慮する。

【✗ 適当でない】

問題 15 の解答…(2)

4 構造物

2章 専門土木

34問出題のうち10問を選択する

【問題16】 鋼橋の鋼材の加工に関する次の記述のうち、**適当でないもの**はどれか。

(1) ガス切断による母材のひずみを最小とするための方策としては、切断しない側（火炎をあてる面の裏面）を加熱する方法がある。

(2) 現場継手の孔あけ方法には、フルサイズ孔あけとサブサイズ孔あけがあり、一般に、曲線箱げたなどの構造が複雑な場合はサブサイズ孔あけが適用される。

(3) 鋼材の切断法には、ガス切断法と機械切断法があり、主要部材の切断は原則として機械切断法による。

(4) 鋼材の主要部材の曲げ加工を冷間加工でする場合は、きれつが生じるおそれがあるので、曲げ加工の内側半径の大きさは板厚の15倍以上とする。

【問題17】 鋼橋架設における高力ボルト締付け完了後の検査に関する次の記述のうち、**適当でないもの**はどれか。

(1) トルク法によって締め付けた高力六角ボルトの検査は、各ボルト群の10％のボルト本数を検査し、締付けトルク値がキャリブレーション時の設定トルク値の±10％の範囲内のとき合格とする。

(2) 耐力点法によって締め付けた高力ボルトの検査は、全数マーキングによる外観検査を行い、各ボルト群の正常に締め付けられたボルト5本の回転角の平均値に対して全数が所定範囲内の回転角±30度の範囲内であることを確認する。

(3) 回転法によって締め付けた高力ボルトの検査は、全数マーキングによる外観検査を行い、ボルト長が径の5倍以下の場合は1/3回転（120度）±30度の範囲内であることを確認する。

(4) トルク法によって締め付けたトルシア形高力ボルトの検査は、各ボルト群の50％についてピンテールの切断の確認とマーキングによる外観検査を行うものとする。

【問題16の解説】鋼橋の鋼材の加工

(1) ガス切断による母材のひずみを最小とするための方策としては、切断しない側（火炎をあてる面の裏面）を加熱する方法がある。これは、鋼材を加熱して冷却すると、応力が残留してひずみが生じるからである。　　　　【○ 適当である】
(2) 現場継手の孔あけ方法には、フルサイズ孔あけ「ボルト孔を最初から仕上り口径であける工法」とサブサイズ孔あけ「仕上り口径より小さい口径であけ、仮組立時に仕上り口径に拡孔する工法」があり、一般に、曲線箱げたなどの構造が複雑な場合はサブサイズ孔あけが適用される。　　　　【○ 適当である】
(3) 鋼材の切断法には、ガス切断法と機械切断法があり、主要部材の切断は原則として自動ガス切断による。　　　　【✕ 適当でない】
(4) 鋼材の主要部材の曲げ加工を冷間加工でする場合は、鋼材のじん性が低下したり、きれつが生じるおそれがあるので、曲げ加工の内側半径の大きさは板厚の15倍以上とする。　　　　【○ 適当である】

問題16の解答…(3)

【問題17の解説】鋼橋架設における高力ボルト締付け完了後の検査

(1) トルク法によって締め付けた高力六角ボルトの検査は、各ボルト群の10％のボルト本数をトルクレンチで検査する。締付けトルク値がキャリブレーション時の設定トルク値の±10％の範囲内のとき合格とする。　　　　【○ 適当である】
(2) 耐力点法によって締め付けた高力ボルトの検査は、全数マーキングによる外観検査を行い、各ボルト群の正常に締め付けられたボルト5本の回転角の平均値に対して全数が所定範囲内の回転角±30度の範囲内であることを確認し、これを超える場合は新しいセットに取り換えて締め直す。　　　　【○ 適当である】
(3) 回転法によって締め付けた高力ボルトの検査は、全数マーキングによる外観検査を行い、ボルト長が径の5倍以下の場合は1/3回転（120度）±30度の範囲内であることを確認する。回転角が不足する場合は所定角度まで増締めを実施し、過大なものは取り換える。　　　　【○ 適当である】
(4) トルク法によって締め付けたトルシア形高力ボルトの検査は、ボルト群全品についてピンテールの切断の確認とマーキングによる外観検査を行うものとする。　　　　【✕ 適当でない】

問題17の解答…(4)

4 構造物 [34問出題のうち10問を選択する]

設問の分類：プレストレストコンクリート
設問の重要度：▲
解答欄：1回目／2回目／3回目

【問題18】 プレストレストコンクリートの施工に関する次の記述のうち、**適当でないもの**はどれか。

(1) 内ケーブル工法に適用するPCグラウトは、PC鋼材を腐食から保護することと、緊張材と部材コンクリートとを付着により一体化するのが目的である。

(2) 鋼材を保護する性能は、一般に練混ぜ時にPCグラウト中に含まれる塩化物イオンの総量で設定するものとし、その総量はセメント質量の0.08％以下としなければならない。

(3) ポストテンション方式の緊張時に必要なコンクリートの圧縮強度は、一般に緊張により生じるコンクリートの最大圧縮応力度の1.7倍以上とする。

(4) 外ケーブルの緊張管理は、外ケーブルに与えられる引張力が所定の値を下回らないように、外ケーブル全体を結束し管理を行わなければならない。

関連知識アドバイス　プレストレストコンクリート施工全般の留意事項

① グラウト注入作業は、耐久性に影響する最も重要な作業の1つであり、施工にあたっては、注入治具の点検、現場条件、材料の品質などに注意する。
② 塩化物量規制値は、鉄筋コンクリート部材、ポストテンション方式のプレストレストコンクリート部材、無筋コンクリート部材で許容値を0.60 kg/m^{3}とする。
③ プレストレッシング時のコンクリートの圧縮強度は最大圧縮応力度に1.7倍以上とする。ただしプレテンション方式の場合は30 N/mm^{2}以上とする。

小テストで実力アップ
〈基本レベル編の復習〉プレストレストコンクリート橋施工
―この記述は〇か✕？

支保工は、プレストレッシング時のプレストレス力による変形及び反力の移動を防止する堅固な構造としなければならない。

【問題18の解説】プレストレストコンクリートの施工

(1) 内ケーブル工法に適用するPCグラウトは、ダクト内を完全に充填して緊張材を包み、PC鋼材を腐食から保護することと、緊張材と部材コンクリートとを付着により一体化するのが目的である。

● グラウトの規定

- ノンブリーディング型を標準とする
- 普通ポルトランドセメントを用いることを原則とする
- 水セメント比45％以下、圧縮強度は20 N/mm^{2}以上を標準とする
- 混和材はPC鋼材に悪影響を与えないものを用いる
- グラウトの膨張率は0.5％以下
- グラウトのブリーディング率は0.0％
- 塩化物イオン量は0.3 kg/m^3

【〇 適当である】

(2) 鋼材を保護する性能は、一般に練混ぜ時にPCグラウト中に含まれる塩化物イオンの総量で設定するものとし、その総量はセメント質量の0.08％以下としなければならない。プレテンション方式のプレストレストコンクリート部材、シース内のグラウトおよびオートクレーブ養生を行う製品における許容塩化物量は0.30 kg/m^{3}とする。

【〇 適当である】

(3) ポストテンション方式の緊張時に必要なコンクリートの圧縮強度は、一般に緊張により生じるコンクリートの最大圧縮応力度の1.7倍以上、20 N/mm^{2}以上とする。なお、圧縮強度の確認は、構造物と同様な養生条件におかれた供試体を用いて行うものとする。

【〇 適当である】

(4) 外ケーブルの緊張管理は、外ケーブルに与えられる引張力が所定の値を下回らないように管理する。緊張作業はケーブル別に行い、**外ケーブル全体を結束し管理することはない。**

【✕ 適当でない】

問題18の解答…(4)

小テストの解答…✕ （プレストレス力による部材の変形を考慮する構造としなければならない）

4 構造物 [34問出題のうち10問を選択する]

設問の分類：コンクリート構造物

【問題19】 コンクリートのアルカリシリカ反応の抑制方法に関する次の記述のうち、**適当でないもの**はどれか。

(1) アルカリシリカ反応性試験で区分A「無害」と判定される骨材を使用する。

(2) JISに規定される高炉セメントに適合する高炉セメントB種、あるいはJISに規定されるフライアッシュセメントに適合するフライアッシュセメントB種を用いる。

(3) アルカリ量が明示されたポルトランドセメントを使用し、混和剤のアルカリ分を含めてコンクリート1m³に含まれるアルカリ総量がNa_2O換算で3.0kg以下にする。

(4) 練混ぜ時にコンクリート中に含まれる塩化物イオンの総量は、コンクリート1m³当たり0.30kg以下にする。

関連知識アドバイス

JISで規定されているアルカリシリカ反応の抑制方法
- コンクリート中のアルカリ総量の抑制
- 抑制効果のある混合セメントなどの使用
- 安全と認められる骨材の使用

混合セメントの種類
- 高炉セメント（A、B、C種）
- フライアッシュセメント（A、B、C種）
- シリカセメント（A、B、C種）

小テストで実力アップ

〈基本レベル編の復習〉コンクリート構造物の変状と原因
—この記述は○か×？

アルカリシリカ骨材反応は、コンクリート構造物の外観の変状として、微細ひび割れ、スケーリング、ポップアウトとして現れる

【問題19の解説】コンクリートのアルカリシリカ反応の抑制方法

(1) アルカリシリカ反応性による区分は「A：アルカリシリカ反応性試験の結果が無害と判定されたもの」「B：アルカリシリカ反応性試験の結果が無害と判定されないもの、又はこの試験を行っていないもの」に区分される。レディーミクストコンクリートは、アルカリシリカ反応性試験で区分A「無害」と判定される骨材を使用する。

● アルカリシリカ反応性による区分表

区　分	摘　要
A	アルカリシリカ反応性試験の結果が無害と判定されたもの
B	アルカリシリカ反応性試験の結果が無害と判定されないもの、又はこの試験を行っていないもの

化学法による試験を行って判定するが、この結果、無害でないと判定された場合、モルタルバー法による試験を行って判定する。化学法による試験を行わない場合は、モルタルバー法による試験を行って判定してよい。

【○ 適当である】

(2) 構造物に使用するコンクリートは、アルカリ骨材反応を抑制するため、次の3つの対策の中のいずれか1つについて確認をとらなければならない。
　① コンクリート中のアルカリ総量の抑制
　② 抑制効果のある混合セメントなどの使用
　③ 安全と認められる骨材の使用
土木構造物では、①、②を優先し、②については、JISに規定される高炉セメントに適合する高炉セメントB種、C種、あるいはJISに規定されるフライアッシュセメントに適合するフライアッシュセメントB種、C種を用いる。

【○ 適当である】

(3) アルカリシリカ反応に対する骨材反応抑制対策の実施要領として、以下3つの対策がある。① アルカリ量が明示されたポルトランドセメントを使用し、混和剤のアルカリ分を含めてコンクリート1 m³に含まれるアルカリ総量がNa_2O換算で3.0 kg以下にする。② アルカリ骨材反応抑制効果をもつ混合セメントの使用。③ アルカリシリカ反応性試験で区分A「無害」と判定される骨材の使用。

【○ 適当である】

(4) レディーミクストコンクリートの塩化物含有量は、荷卸し地点でコンクリート中に含まれる塩化物イオンの総量は、コンクリート1 m³当たり0.30 kg以下にする。ただし、購入者の承認を得た場合には、0.60 kg/m³以下とすることができる。

【✕ 適当でない】

問題19の解答…(4)

小テストの解答…✕　（設問は凍害の変状で、アルカリシリカ骨材反応は亀甲状の拡張ひび割れ、ゲル、変色として現れる）

4 構造物 [34問出題のうち10問を選択する]

設問の分類：コンクリート構造物
設問の重要度：★★★

【問題20】アルカリシリカ反応を生じたコンクリート構造物の補修・補強に関する次の記述のうち、**適当でないもの**はどれか。

(1) 電気化学的防食工法のうち、鉄筋の防食のために電気防食工法や脱塩工法を適用する場合は、アルカリシリカ反応を促進させないよう配慮するとよい。
(2) 今後予想されるコンクリート膨張量が大きい場合には、プレストレス導入やFRP巻立てなどによる膨張拘束のための対策を検討するとよい。
(3) アルカリシリカ反応によるひび割れが顕著になると、鉄筋の曲げ加工部に亀裂や破断が生じるおそれがあるので、補修・補強対策を検討するとよい。
(4) アルカリシリカ反応の補修・補強のときには、できるだけ水分を供給して乾燥を防止し湿潤状態に保つ対策を講じるとよい。

関連知識アドバイス

アルカリシリカ反応とその他の反応について

- アルカリシリカ反応：アルカリイオンと骨材中に含まれるシリカが反応
- アルカリ炭酸塩反応：アルカリとドロマイト質石灰岩が反応
- アルカリシリケート反応：アルカリシリカ反応と同じ現象が長期間継続

上記の3つの反応は、骨材中の特定の鉱物とコンクリート中のアルカリ性細孔溶液との間の化学反応のことで、コンクリート内部で局部的な容積膨張が生じ、コンクリートにひび割れを生じさせ、強度低下あるいは弾性の低下が生じる。

小テストで実力アップ

〈基本問題編の復習〉コンクリート構造物の補修工法
―この記述は○か×？

[補修工法]　　　　　　　　[劣化機構]
(1) 電気防食工法……………塩害
(2) 再アルカリ化工法………アルカリシリカ反応
(3) 断面修復工法……………凍害
(4) 表面被覆工法……………化学的侵食

【問題20の解説】アルカリシリカ反応を生じたコンクリート構造物の補修・補強

(1) 補修・補強対策工法の選定には、構造物性能低下の現状を考慮する必要がある。対策後、再劣化が生じた場合はその範囲や状況、原因などを入念に調べ、適切な工法を選択することが重要である。明らかにアルカリシリカ反応が発生しているコンクリート構造物に鉄筋の防食のための電気化学的防食工法を適用する場合は、アルカリシリカ反応を促進させないよう十分に配慮する必要がある。

【〇 適当である】

電気化学的修復工法 ─┬─ 電気防食工法
　　　　　　　　　　├─ 脱塩工法
　　　　　　　　　　└─ 再アルカリ化工法

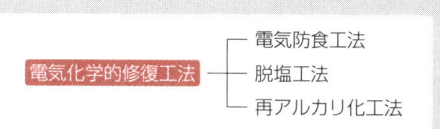

(2) 構造物の外観上のグレードが、進展期または加速期にあり、今後予想される膨張量が大きい場合には、水処理（止水、排水処理）、表面処理（被覆、含浸）、ひび割れ注入、はく落防止、断面修復に加え、プレストレスの導入や、鋼板、PC、FRP巻立てによる膨張の拘束も検討する。

【〇 適当である】

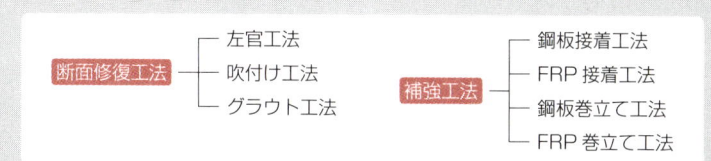

断面修復工法 ─┬─ 左官工法　　　　補強工法 ─┬─ 鋼板接着工法
　　　　　　　├─ 吹付け工法　　　　　　　　　├─ FRP接着工法
　　　　　　　└─ グラウト工法　　　　　　　　├─ 鋼板巻立て工法
　　　　　　　　　　　　　　　　　　　　　　　└─ FRP巻立て工法

(3) アルカリシリカ反応によるひび割れが生じると、ひび割れを通じた水や酸素などの供給により、鋼材腐食が発生するおそれがあるので補修・補強対策を検討する。また、アルカリシリカ反応によるコンクリートの膨張が顕著な場合には、内部にある鋼材の一部が損傷している事例もある。

【〇 適当である】

(4) アルカリシリカ反応の進行を抑制するためには、外部から**構造物に水が供給されないように水処理（止水、排水処理）をする**ことが重要である。

【✕ 適当でない】

問題20の解答…(4)

小テストの解答…(1) 〇、(2) ✕（断面補強工法が必要）、(3) 〇、(4) 〇

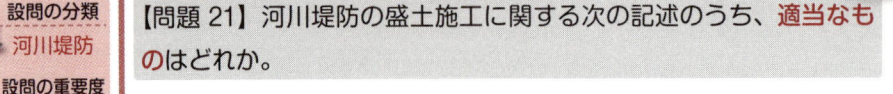

2章 専門土木

5 河川砂防

設問の分類：河川堤防
設問の重要度：★★

【問題 21】河川堤防の盛土施工に関する次の記述のうち、**適当なもの**はどれか。

(1) 法面の整形をブルドーザで行うときは、法勾配が 2 割以上で法長が 3 m 以上あり、施工上、天端、小段及び法尻にブルドーザの全長以上の幅が必要である。

(2) 法面仕上げは、丁張りを法肩、法先に約 30 m 間隔に設置し、これを基準に施工する。

(3) タイヤローラは、一般に、砕石（礫混じり土）の締固めには接地圧を低くして使用し、粘性土の場合には接地圧を高くして使用する。

(4) 堤防の締固め管理では、作業が簡便で土の密度測定結果が現場地点で直ちに判定できる砂置換法による土の密度試験方法を用いる場合が多い。

河川堤防の盛土工事についての関連知識

堤防の締固め
一般的な堤防の締固めにはタイヤローラ（大型振動ローラを用いる場合もある）を用いる。さらに、構造物周辺の締固めについては、搭乗式振動ローラ、ハンドガイド式振動ローラ、タンパ、振動コンパクタなどが用いられる。

丁張り
軟弱地盤地域などで地盤の沈下や盛土の圧縮沈下などの発生が予測される場合には、ある程度の沈下分を見込んで丁張りをかける必要がある。

小テストで実力アップ

河川堤防の耐震対策―この記述は ○ か ✕ ？
液状化被害を軽減する対策としては、堤体の川表側にドレーンを設置し、川裏側には遮水壁タイプの固結工法が一般的に用いられる。

【問題 21 の解説】河川堤防の盛土施工

(1) 法面の整形をブルドーザで行うときは、法勾配が 2 割以上で法長が 3 m 以上あり、施工上、天端、小段及び法尻にブルドーザの全長以上、5 m の幅が必要である。

【〇 適当である】

(2) 丁張りは、目的物を施工する基準となるものであり、堅固に設置し、工事中これを存置しなければならない。また、常に点検を行い、疑いのあるときは確認し、訂正しなければならない。法面仕上げでは、丁張りを法肩、法先に**約 10 m 間隔**に設置し、これを基準に施工する。

【✕ 適当でない】

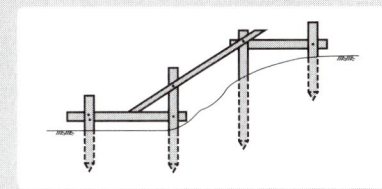

法面、勾配を表す丁張の形状

(3) タイヤローラによる締固めは、空気入りタイヤの特性を利用して締固めを行うもので、タイヤの接地圧は載荷重および空気圧により変化させることができる。タイヤローラは、一般に、砕石（礫混じり土）の締固めには**接地圧を高くして使用し、粘性土の場合には接地圧を低くして使用する**。

【✕ 適当でない】

(4) 堤防の締固め管理では、作業が簡単な **RI 法（ラジオアイソトープ）を用いる場合が多い**。砂置換法を用いる場合もあるが、測定作業にかかる時間長い。
- RI 計器とは、ラジオアイソトープを用いたガンマ線密度計及び中性子水分計を備える湿潤密度測定及び含水量測定器。土の密度及び含水比を求める試験方法ですべての土質材料を対象とする。
- 砂置換法とは、掘りとった試験孔に密度が既知の砂材料を充填し、その充填した質量から試験孔の体積を求める方法。なお、最大粒径が 53 mm 以下の土に限る。

【✕ 適当でない】

問題 21 の解答…(1)

小テストの解答…✕ （液状化対策は、地盤の液状化抵抗を増大させる、基礎構造を強化する）

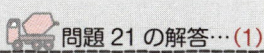

5 河川砂防 [34問出題のうち10問を選択する]

設問の分類：河川護岸
設問の重要度：★★★

【問題22】河川護岸の施工に関する次の記述のうち、**適当なもの**はどれか。

(1) 護岸上下流端部のすり付け工は、上下流端で河岸侵食が発生しても護岸が破壊されるのを防ぐ機能があり、屈とう性を有しある程度粗度の大きな工種のものを設置する。

(2) 根固工は、護岸基礎前面の河床の洗掘を防止し基礎工の安定をはかるために設けるもので、基礎工と連結し河床変化に追随しない構造とする。

(3) 低水護岸の天端工は、天端部分が洪水による侵食が予想されない場合でもその端に必ず巻止工を設置する。

(4) 基礎工天端高は、感潮区間などの水深の大きい箇所以外では護岸基礎の浮上がりが生じないよう、過去の実績を配慮し原則として最深河床高より高く設置する。

関連知識アドバイス

● 根固め工の主な例

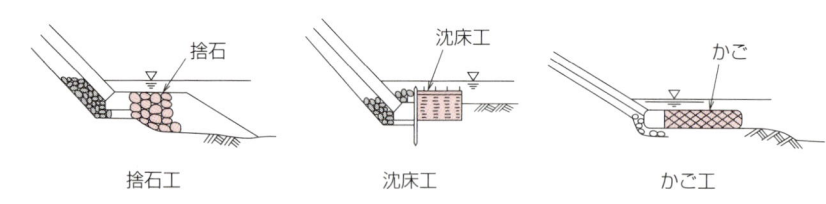

捨石工　　沈床工　　かご工

● すり付け工の例（連接ブロックの場合）

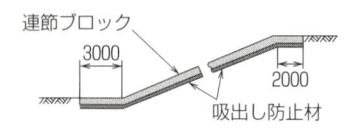

連節ブロック　3000　吸出し防止材　2000

小テストで実力アップ

〈レベルアップ編の復習〉河川護岸─この記述は ○か✕か？

石張り（積み）工の張り石は、その石の重量を2つの石に等分布させるように谷積みでなく布積みを原則とする。

【問題22の解説】河川堤防の施工

(1) 護岸上下流端部のすり付け工は、上下流端で河岸侵食が発生しても護岸が破壊されるのを防ぐ機能がある。護岸下流部のすり付け工は、流速を緩和し下流河岸の侵食を発生しにくくする機能を有することから、屈とう性を有しある程度粗度の大きな工種のものを設置する。また、上流側のすり付け工は、かご系・連節ブロックなどの柔構造護岸のめくれ防止工として機能することから、十分な控え厚の確保または杭による固定など、めくれに対して安全な構造とする。

【○ 適当である】

(2) 根固工は、護岸基礎前面の河床の洗掘を防止し基礎工の安定をはかるために設けるもので、下記に留意し基礎工全体が安全となる構造とする。
・耐久性が大きく、河床変化に追随できる屈とう性構造であること。
・流体力に耐える重量であり、護岸基礎前面に洗掘を生じさせない敷設量であること。
・敷設天端高は、基礎工天端高と同高程度を基本とする。
・根固工は、基礎工の前面に絶縁して設ける構造とする。

【× 適当でない】

(3) 低水護岸の天端工は、天端部分が洪水による侵食が予想される場合に設置し、天端工の端に巻止工を設置する場合もある。

【× 適当でない】

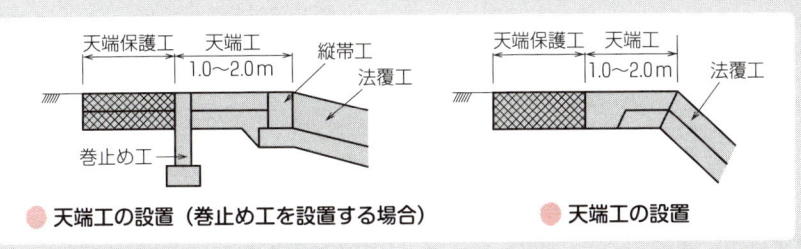

● 天端工の設置（巻止工を設置する場合）　● 天端工の設置

(4) 基礎工天端高は、感潮区間などの水深の大きい箇所以外では護岸基礎の浮上がりが生じないよう、過去の実績を配慮し原則として最深河床高を評価して設置する。なお、根入れが深くなる場合には、根固工や基礎矢板などを設置することで基礎工天端高を浅くする方法もある。また、かごマット工法などの屈とう性を有する工法についてはこの限りでない。

【× 適当でない】

問題22の解答…(1)

小テストの解答…×　（布積みでなく谷積みを原則とする）

5 河川砂防 〔34問出題のうち10問を選択する〕

設問の分類：河川構造物
設問の重要度：★

【問題23】 河川堤防の軟弱地盤上の盛土に関する次の記述のうち、**適当でないもの**はどれか。

(1) 軟弱層が厚い地盤の上に堤防を築造する場合は、圧密沈下量が大きくなるため一般にサンドマット工法が用いられる。

(2) 載荷重工法の施工では、プレロードの量、放置期間及び除去の時期などを沈下管理により判定する。

(3) 緩速載荷工法による盛土では、基礎地盤がすべり破壊や側方流動を起こさない程度の厚さで徐々に盛土を行う。

(4) 盛土の施工工程の修正は、理論計算によって求めた沈下量の経時変化と計測結果とを比較して行う。

各工法の概要

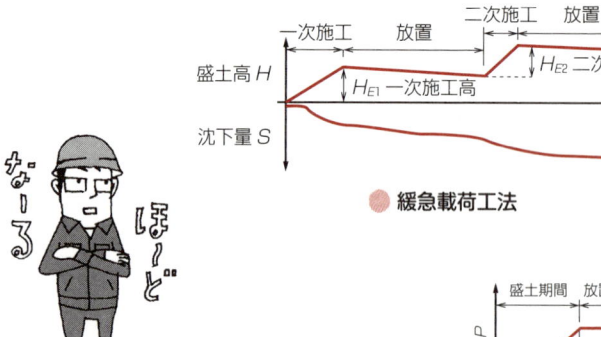

● 緩急載荷工法

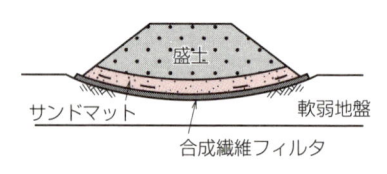

● サンドマット工法

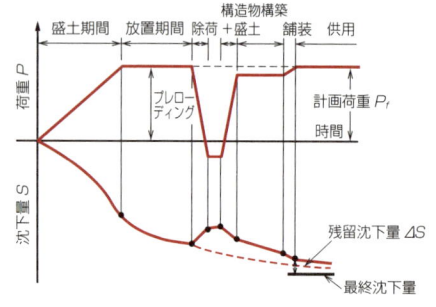

● 載荷重工法

【問題23の解説】軟弱地盤上の盛土施工

(1) 軟弱層が厚い地盤の上に堤防を築造する場合は、圧密沈下量が大きくなるため一般に**バーチカルドレーン工法、サンドコンパクションパイル工法、固結工法などが適用される**。サンドマット工法は表面処理工法で、軟弱地盤が地盤の上部にある場合、軟弱層の圧密の上部排水層の役割、施工機械のトラフィカビリティを確保する支持層の役割などがある。

【✕ 適当でない】

工法		対策工の効果
バーチカルドレーン工法	サンドドレーン工法 カードボードドレーン工法	圧密沈下の促進
サンドコンパクションパイル工法	サンドコンパクションパイル工法	全沈下量の減少
固結工法	深層混合処理工法 （石灰パイル工法） （薬液注入工法） （凍結工法）	全沈下量の減少
表層処理工法	サンドマット工法	せん断変形の抑制

(2) 載荷重工法はあらかじめ盛土荷重などで地盤に加わる全応力を増して圧密を促進する工法である。載荷重工法には、サーチャージ工法とプレローディング工法があり、プレロードの量、放置期間及び除去の時期などを沈下管理により判定する。

【◯ 適当である】

(3) 緩速載荷工法は、直接的に軟弱地盤の改良を行うことなく、築堤荷重により基礎地盤の圧密が進行して強度が増していくのを利用する、ゆっくり盛土を行う工法である。盛土では、基礎地盤がすべり破壊や側方流動を起こさない程度の厚さで徐々に、または段階的に盛土を行う。早い速度で盛土すればすべり破壊が発生しやすく、周辺の地盤に有害な変形が発生するので、盛土によるすべり破壊の防止や地盤の変形を抑制するために盛土の施工速度をコントロールする。

【◯ 適当である】

(4) 軟弱地盤上の盛土の施工は、理論計算によって求めた沈下量の経時変化と計測結果とを比較して、施工工程の修正を行う。

【◯ 適当である】

問題23の解答…(1)

5 河川砂防 [34問出題のうち10問を選択する]

【問題24】 砂防えん堤の基礎の施工に関する次の記述のうち、**適当でないもの**はどれか。

(1) 基礎の掘削は、支持力、透水性、滑動や洗掘に対する抵抗力などの改善をはかり、基礎として適合する地盤を得るために行う。

(2) 砂礫基礎の仕上げ面付近の掘削は、一般に50cm程度は人力で施工し掘削用重機のクローラ（履帯）などによって密実な地盤をかく乱しないようにする。

(3) 堤体コンクリート打設前の砂礫基礎の仕上げ面は、湧水や溜水の処理などを行わなければならない。

(4) 砂礫基礎の仕上げ面付近にある大転石は、その2/3以上が地下にもぐっていると想定される場合でも石のすべてを取り除かなければならない。

【問題25】 急傾斜地の崩壊防止対策として行うグランドアンカー工に関する次の記述のうち、**適当でないもの**はどれか。

(1) アンカーの定着層の位置や層厚は、事前に既存の地質調査資料により把握しておき、削孔中のスライムの状態や削孔速度などで判断する。

(2) 孔内グラウトの注入は、削孔された孔の最深部から注入して、所定のグラウトが孔口から排出するまで連続して行う。

(3) アンカーの削孔は、直線性を保つよう施工し、削孔後の孔内をベントナイト液によりスライムを除去して洗浄する。

(4) アンカーの緊張及び定着は、グラウトが所定の強度に達したのち、適性試験、確認試験により変位特性を確認し、所定の有効緊張力が得られるように緊張力を与える。

【問題24の解説】砂防えん堤の基礎の施工

(1) 基礎の掘削は、支持力、透水性、滑動や洗掘に対する抵抗力などの改善をはかり、基礎として適合する地盤を得るために行う。一般に所定の強度が得られる地盤であっても、基礎の不均質性や風化の速度を考慮して定めるものとし、岩盤の場合で1m以上、砂礫地盤の場合は2m以上とする。　【〇 適当である】

(2) 砂礫基礎の仕上げ面付近の掘削は、掘削用重機のクローラ（履帯）などによって密実な地盤をかく乱しないようにすることから、一般に50cm程度は人力で施工する。　【〇 適当である】

(3) 堤体コンクリート打設前の砂礫基礎の仕上げ面は、湧水や溜水の処理などを行い水セメント比が変化しないように処置する必要がある。また、所定の強度を得ることができない場合は、強度が得られる深さまで掘削するか、えん堤の堤底幅を広くし応力を分散させるか、各種工法により改善を図る。　【〇 適当である】

(4) 砂礫基礎の仕上げ面付近にある大転石は、**その2/3以上が地下にもぐっていると予想されるものは取り除く必要はない。**　【✕ 適当でない】

問題24の解答…(4)

【問題25の解説】急傾斜地の崩壊防止対策として行うグランドアンカー工

(1) アンカーの定着層の位置や層厚は、事前に既存の地質調査資料により把握しておき、削孔中のスライムの状態や削孔速度、トルクなどと調査結果とを対比して定着層として妥当であるか判断する。　【〇 適当である】

(2) 孔内グラウトの注入は、排気や排水を確実にするために、削孔された孔の最深部から注入して、所定のグラウトが孔口から排出するまで連続して行う。　【〇 適当である】

(3) アンカーの削孔は、直線性を保つよう施工し、**削孔後の孔内洗浄はベントナイト液や泥水などを避け、清水またはエアなどによりスライムを除去して洗浄する。**　【✕ 適当でない】

(4) アンカーの緊張及び定着は、グラウトが所定の強度に達したのち、品質保証試験（多サイクル確認試験、1サイクル確認試験、定着時緊張力確認試験、残存引張り力確認試験など）により変位特性を確認し、所定の有効緊張力が得られるように緊張力を与える。　【〇 適当である】

問題25の解答…(3)

5 河川砂防 [34問出題のうち10問を選択する]

設問の分類：地すべり防止工

【問題26】地すべり防止工に関する次の記述のうち、適当なものはどれか。

(1) 深層地下水を排除するために行う横ボーリング工の1本あたりの長さは、集水効率を高めるため、原則として200m以上とする。

(2) 活動中の地すべり地域内に設ける集水井の底部の深さは、すべり面より深くし、基盤に2〜3mかん入させる。

(3) 抑止杭工の杭の配列は、地すべりの運動方向に対してほぼ並行に等間隔で行う。

(4) 排土工における排土位置は、斜面の安定を図るために、原則として地すべり頭部の土塊とする。

関連知識アドバイス

地すべり防止工深層地下水排除工の概要

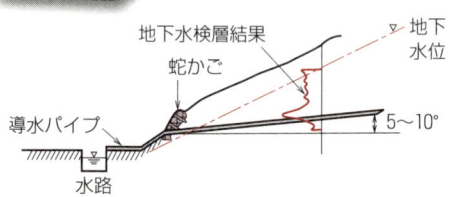

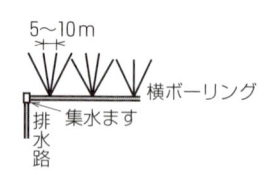

● 横ボーリング工

● 横ボーリングの配置

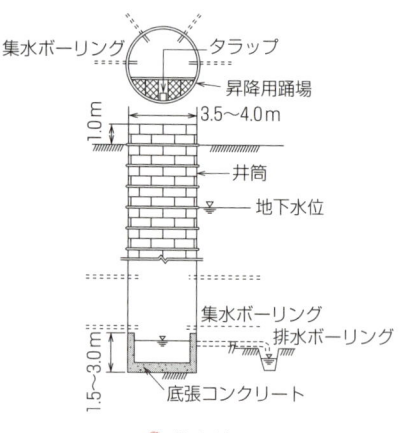

● 集水井工

小テストで実力アップ

〈レベルアップ編の復習〉排土工―この記述は○か×？

排土は、地すべり箇所全域において、斜面とほぼ平行に浅い切土を行うことが原則である。

【問題26の解説】地すべり防止工

(1) 深層地下水排除工（横ボーリング工、集水井工、排水トンネル工）は、深層部に分布する地下水を排除することによって、すべり面付近の間隙水圧（地下水位）を低下させるために計画する。横ボーリング工の1本あたりの長さは、長尺なものほど孔曲がりを生ずるおそれがあるため、施工実績を考慮のうえ決定するものとし、**50m程度までを標準とする。**

【✗ 適当でない】

(2) 集水井工は、深い位置で集中的に地下水を集水しようとする場合や横ボーリングの延長が長くなりすぎる場合に計画するものとする。活動中の地すべり地域内に設ける集水井の深さは、原則として、活動中の地すべり地域内では底部を**2m以上地すべり面より浅くし、休眠中の地すべり地域および地すべり地域外では基盤に2～3m程度かん入させるものとする。**

【✗ 適当でない】

(3) 杭工は、地すべり斜面に杭を挿入して、地すべり推力に対して杭の抵抗力で対抗しようとするもので、移動土塊に対し、十分抵抗できるような地点に計画するものとする。抑止杭工の杭の配列は、地すべりの**運動方向に対してほぼ直角に等間隔で行う。**

【✗ 適当でない】

(4) 排土工は、地すべり推力を低減するために計画するものであり、地すべり背後の斜面に新たに地すべりの拡大や発生の可能性が少ない場合に、地すべり頭部に計画するものとする。排土工における排土位置は、斜面の安定を図るために、原則として地すべり頭部の土塊とする。

【〇 適当である】

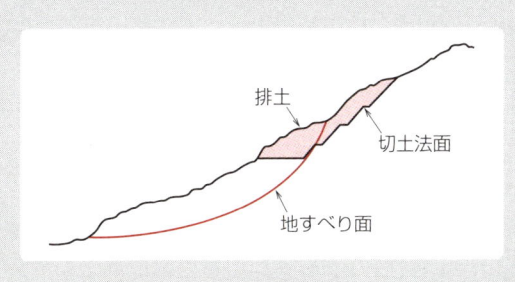

問題26の解答…(4)

小テストの解答…✗ （地すべり頭部域において、ほぼ平行に大きな切土を行うことが原則）

2章 専門土木

6 道路

34問出題のうち10問を選択する

【問題27】 アスファルト舗装道路の表層・基層の施工に関する次の記述のうち、**適当でないもの**はどれか。

(1) 締固め作業は、継目転圧、初転圧、二次転圧及び仕上げ転圧の順序で行い、一般にロードローラの作業速度は2～6km/h、タイヤローラは6～15km/hである。

(2) 交通開放時の舗装の温度は、舗装の初期のわだち掘れに大きく影響するが、表面の温度を60℃以下とすることにより、交通開放時の舗装の変形を小さくすることができる。

(3) 縦継目部は、レーキなどで粗骨材を取り除いた新しい混合物を、既設舗装に5cm程度重ねて敷き均し、直ちに新しく敷き均した混合物にローラの駆動輪を15cm程度かけて転圧する。

(4) 初転圧は、ヘアクラックの生じない限りできるだけ高い舗設温度で行い、一般に10～12tのロードローラで2回（1往復）程度行う。

【問題28】 各種舗装の施工に関する次の記述のうち、**適当でないもの**はどれか。

(1) 塗布型の遮熱性舗装の場合には、遮熱性塗料の付着性を向上させるために、舗装表面の油分や付着物を除去する。

(2) 排水性舗装の複数車線道路を1車線ずつ切削オーバーレイをする場合は、切削くずですでに施工したポーラスアスファルト混合物層を、空隙づまりさせないよう施工する。

(3) 保水性舗装は、母体となるポーラスアスファルト混合物に舗装としての性能を期待するため、バインダには、セミブローンアスファルトを使用する。

(4) 透水性舗装では、プライムコートは原則として施工しないが、施工時に下層路盤への雨水浸食などで強度低下が懸念される場合には、高浸透性のものを使用する。

【問題 27 の解説】アスファルト舗装道路の表層・基層の施工

(1) 締固め作業は、継目転圧、初転圧、二次転圧及び仕上げ転圧の順序で行い、一般にロードローラの作業速度は 2～6 km/h、タイヤローラの作業速度は 3～8 km/h、タイヤローラは 6～15 km/h である。　【〇 適当である】
(2) 交通開放時の舗装の温度は、舗装の初期のわだち掘れに大きく影響するが、表面の温度を 50 ℃ 以下とすることにより、交通開放時の舗装の変形を小さくすることができる。　【✕ 適当でない】
(3) 縦継目部は、締固めが十分でないとひび割れや継目部の開きが生じやすい。縦継目部は、レーキなどで粗骨材を取り除いた新しい混合物を、既設舗装に 5 cm 程度重ねて敷き均し、直ちに新しく敷き均した混合物にローラの駆動輪を 15 cm 程度かけて転圧する。　【〇 適当である】
(4) 初転圧は、ヘアクラックの生じない限りできるだけ高い舗設温度で行い、一般に 10～12 t のロードローラで 2 回（1 往復）程度行う。初転圧温度は、一般に 110～140 ℃ である。　【〇 適当である】

問題 27 の解答…(2)

【問題 28 の解説】各種舗装の施工

(1) 遮熱性舗装は、表面に赤外線を反射させる遮熱性樹脂を塗布したり、遮熱モルタルを充填する舗装で、遮熱性塗料の付着性を向上させるために、舗装表面の油分や付着物を除去する。　【〇 適当である】
(2) 排水性舗装は、透水性を有した表層、基層、不透水性の遮断層により、路盤以下へは水を浸透させない舗装。空隙が詰まると機能が低下するので、複数車線道路を 1 車線ずつ切削オーバーレイをする場合は、切削くずで既に施工したポーラスアスファルト混合物層を、空隙づまりさせないよう施工する。　【〇 適当である】
(3) 保水性舗装は、保水された水分により、路面温度の上昇を抑制する機能を有する舗装。母体となるポーラスアスファルト混合物に舗装としての性能を期待するため、バインダには、ポリマー改質アスファルト H 型を使用する。　【✕ 適当でない】
(4) 透水性舗装は、透水性を有した表層、基層、路盤で雨水を路盤以下へ浸透させる機能をもつ舗装。プライムコートは原則として施工しないが、施工時に下層路盤への雨水浸食等で強度低下が懸念される場合には、高浸透性のものを使用する。　【〇 適当である】

問題 28 の解答…(3)

6 道　路　[34問出題のうち10問を選択する]

【問題 29】 アスファルト舗装道路の上層・下層路盤の施工に関する次の記述のうち、**適当でないもの**はどれか。

(1) 下層路盤の石灰安定処理工法は、セメント安定処理に比べて強度の発現が遅いが、長期的には耐久性及び安定性が期待できる。
(2) 下層路盤における粒状路盤の施工においては、締固め前に降雨などにより著しく水を含み締固めが困難な場合には、晴天を待って曝気乾燥を行うが、少量の石灰又はセメントを散布し混合して締め固めることもある。
(3) 上層路盤の安定処理に用いる骨材の最大粒径は、50 mm 以下でかつ1層の仕上り厚さの 1/2 以下がよい。
(4) 粒度調整工法における上層路盤材料の品質規格は、修正 CBR 80 % 以上、PI（塑性指数）4 以下とする。

【問題 30】 道路の路床の施工に関する次の記述のうち、**適当でないもの**はどれか。

(1) 良質土を現地盤の上に盛り上げて路床を構築する工法は、地下水位が高く軟弱な箇所では、一般に液状化を防止する目的として適用される。
(2) 安定処理工法は、現位置で現状路床土と石灰などの安定材を混合し路床を構築する工法で、現状路床土の有効利用を目的とする場合は CBR が 3 未満の軟弱土に適用される。
(3) 路上混合方式による路床の安定処理では、安定処理材を均一に散布するとともにロードスタビライザなどの混合機械を用いて、安定処理材と路床土を所定の深さまでむらなくかき起こし十分に混合する。
(4) 盛土して路床を構築する場合は、1層の仕上り厚さが 20 cm 以下となるよう土をまきだしながら締固めを行う。

【問題29の解説】アスファルト舗装道路の上層・下層路盤の施工

(1) 下層路盤の石灰安定処理工法は、骨材に石灰を添加して処理する工法で、セメント安定処理に比べて強度の発現が遅いが、長期的には耐久性及び安定性が期待できる。　　　　　　　　　　　　　　　　　　　　　　　【○ 適当である】

(2) 下層路盤における粒状路盤の施工においては、締固め前に降雨などにより著しく水を含み締固めが困難な場合には、晴天を待って曝気乾燥を行うが、少量の石灰又はセメントを散布し混合して締め固めることもある。また、粒状路盤材料が乾燥しすぎている場合は適宜散水し、最適含水比付近で締め固める。
　　　　　　　　　　　　　　　　　　　　　　　　　　　　　　　【○ 適当である】

(3) 上層路盤の安定処理に用いる骨材の最大粒径は、**40 mm 以下**でかつ1層の仕上り厚さの1/2以下がよい。　　　　　　　　　　　　　　　　　【× 適当でない】

(4) 粒度調整工法は、骨材の粒度を良好な粒度組成になるように調整した工法である。粒度調整工法における上層路盤材料の品質規格は、修正CBR 80％以上、PI（塑性指数）4以下とする。　　　　　　　　　　　　　　　　【○ 適当である】

問題29の解答…(3)

【問題30の解説】道路の路床の施工

(1) 良質土を現地盤の上に盛り上げて路床を構築する工法は、地下水位が高く軟弱な箇所では、一般に**支持力を改善する目的**としても適用される。
　　　　　　　　　　　　　　　　　　　　　　　　　　　　　　【× 適当でない】

(2) 安定処理工法は、現位置で現状路床土と石灰などの安定材を混合し路床を構築する工法で、現状路床土の有効利用を目的とする場合はCBRが3未満の軟弱土に適用される。改良厚さは、軟弱な現状路床での安定処理や置換工法による場合は50〜100 cm程度となる。　　　　　　　　　　　　　　　　【○ 適当である】

(3) 路床の安定処理は現場で行う路上混合方式が一般的で、安定処理材を均一に散布するとともにロードスタビライザなどの混合機械を用いて、安定処理材と路床土を所定の深さまでむらなくかき起こし十分に混合する。　　【○ 適当である】

(4) 盛土して路床を構築する場合は、1層の仕上り厚さが20 cm以下となるよう土をまきだしながら締固めを行う。締固めは、土質及び使用機械に応じて散水などにより締固めに適した含水状態で行う。　　　　　　　　　　　【○ 適当である】

問題30の解答…(1)

6 道路 [34問出題のうち10問を選択する]

A問題

設問の分類: 舗装の補修・維持
設問の重要度: ★★

【問題 31】アスファルト舗装道路の補修工法に関する次の記述のうち、**適当でないもの**はどれか。

(1) ひび割れの程度が大きい場合は、路床、路盤の破損の可能性が高いので、オーバーレイ工法より打換え工法が望ましい。

(2) 流動によるわだち掘れや線状に発生したひび割れが著しい箇所の補修を行う場合には、一般に表面処理工法が用いられる。

(3) 薄層オーバーレイ工法の縁端部は、一般にすり付け処理とするが、供用後のはく脱を防止するため、タックコートを施すことが望ましい。

(4) 既設舗装の表層、基層、路盤などの破損が局部的に著しいと判断されたときは、一般に局部打換え工法が用いられる。

関連知識アドバイス　オーバーレイ工法

既設コンクリート版上に、アスファルト混合物を舗設するかまたは、新しいコンクリートを打ち継ぎ、舗装の耐荷力を向上させる工法のこと。

オーバーレイ工法は表面処理に似た工法であるが、オーバーレイは舗装自体を回復、強化する事を目的としており、一般に最低 3.0 cm 以上 の厚さを確保する。表面処理の場合は舗装の表面を回復させ、水の浸透に対して封かんをする応急的な修理である。

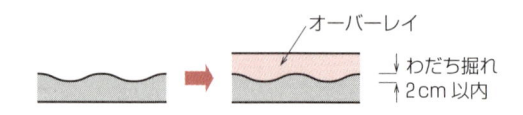

オーバーレイ
わだち掘れ
2cm 以内

小テストで実力アップ

〈レベルアップ編の復習〉舗装道路の修繕
—この記述は○か×？

打換え工法における路床は、できるだけ平らに掘削するように慎重に施工し、やむなく転石などで深掘りをした場合には、一般に路盤材料で埋戻しを行う。

【問題 31 の解説】アスファルト舗装道路の補修工法

(1) ひび割れの程度が大きい場合は、路床、路盤の破損の可能性が高いので、オーバーレイ工法より打換え工法が望ましい。状況により路床の入換え、路床または路盤の安定処理を行うこともある。　　　　　　　　　　　【○ 適当である】

(2) 流動によるわだち掘れや線状に発生したひび割れが著しい箇所の補修を行う場合には、一般に**表層・基層打換え工法**が用いられる。表面処理工法は、舗装表面に局部的なひび割れや変形（わだち掘れ、縦断方向の凹凸、はく離、老化）などの破損が生じた場合に、舗装面に平均 3.0 cm 未満の薄い封かん層を設けて路面の平たん性を回復する工法である。　　　　　　　　　　【✕ 適当でない】

(3) 薄層オーバーレイ工法は 3.0 cm 未満の加熱アスファルト混合物を舗設する工法、縁端部は、一般にすり付け処理とするが、供用後のはく脱を防止するため、タックコートを施すことが望ましい。　　　　　　　　　　　　　【○ 適当である】

(4) 既設舗装の表層、基層、路盤などの破損が局部的に著しいと判断されたときは、一般に局部打換え工法が用いられる。通常は表層・基層打換え工法やオーバーレイ工法の際、局部的にひび割れが大きい箇所に併用することが多い。
　　　　　　　　　　　　　　　　　　　　　　　　　　　　　　　　【○ 適当である】

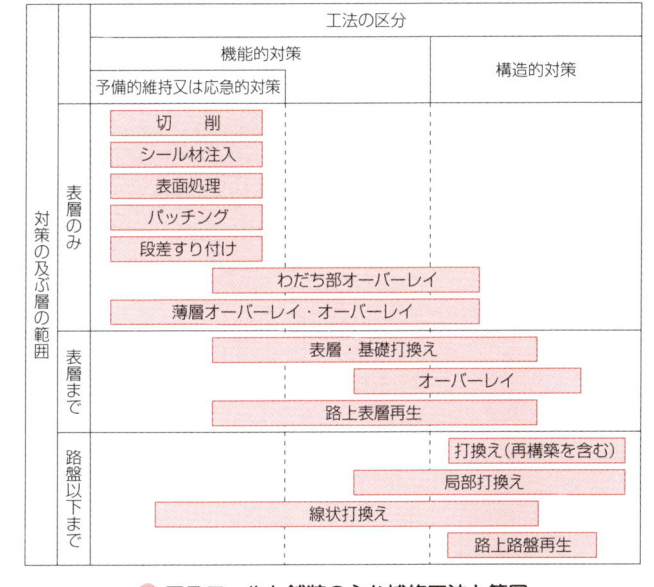

● アスファルト舗装の主な補修工法と範囲

問題 31 の解答…(2)

小テストの解答…○　（打換え工法は、既設舗装の路盤もしくは路盤の一部までを打ち換える工法）

道路

【問題 32】 道路の普通コンクリート舗装の施工及び補修に関する次の記述のうち、**適当でないもの**はどれか。

(1) 初期ひび割れの防止対策で横収縮目地をダミー目地とする場合には、打込み目地又はカッタ目地とし、カッタ目地とする場合にはできるだけ早期に切削する。

(2) 初期ひび割れの処置としては、舗設したコンクリートがまだ固まらないうちに、比較的小さな乾燥によるひび割れや沈下ひび割れが発見された場合はコテなどで修復する。

(3) コンクリート版を打ち換える場合の取壊しは、版 1 枚を最小単位として行う。

(4) コンクリート版を打ち換える際の既設版と打換え版とが接する縦目地は、普通丸鋼の径 13 mm で差し筋により連結する。

参考資料

コンクリート舗装の主な補修工法

工 法	概 要
打換え工法	広域にわたりコンクリート版そのものに破損が生じた場合に行う
局部打換え工法	隅角部、横断方向など、コンクリート版の厚さ方向全体に達するひび割れが発生し、この部分における荷重伝達が期待できない場合に路盤を含めて局部的に打ち換える工法
オーバーレイ工法	既設コンクリート版上にアスファルト混合物を舗設するか、新しいコンクリートを打ち継ぎ、舗装の耐荷力を向上させる工法
バーステッチ工法	既設コンクリート版に発生したひび割れ部に、ひび割れと直角の方向に切り込んだカッタ溝を設け、この中に異形棒鋼あるいはフラットバーなどの鋼材を埋設して、ひび割れをはさんだ両側の版を連結させる工法
注入工法	コンクリート版と路盤との間にできた空隙や空洞を充填したり、沈下を生じた版を押し上げて平常の位置に戻したりする工法

【問題32の解説】道路の普通コンクリート舗装の施工及び補修

(1) 初期ひび割れの防止対策は舗装直前に散水などを行って路盤面を適度な湿潤状態にしたり、横収縮目地をダミー目地（不規則な初期ひび割れを抑制するための収縮目地で、原則的にコンクリート硬化後にカッタを用いて6〜10mm程度、深さ70mm程度の目地溝をつくり目地材を注入する）とする場合には、打込み目地又はカッタ目地とし、カッタ目地とする場合にはできるだけ早期に切削する。

【○ 適当である】

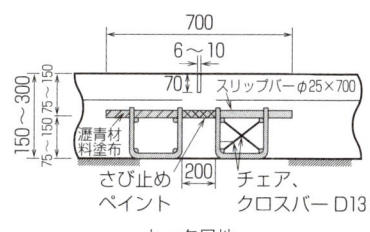

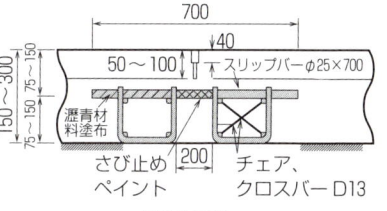

● コンクリート舗装（横収縮目地の例）

(2) 初期ひび割れは、コンクリートの硬化が始まる前の初期に表面に発生するひび割れで、発生した場合の処置としては、舗設したコンクリートがまだ固まらないうちに、比較的小さな乾燥によるひび割れや沈下ひび割れが発見された場合はコテなどで修復する。

【○ 適当である】

(3) コンクリート打換え工法は、コンクリート版そのものに破損が生じ、オーバーレイ工法で対処できない場合に行う。コンクリート版を打換える場合の取壊しは、版1枚を最小単位として行う。

【○ 適当である】

(4) コンクリート版を打ち換える際の既設版と打換え版とが接する縦目地は、原則としてダイバーを設置し、設置は穿孔またはロックボルトによる。

【✕ 適当でない】

問題32の解答…(4)

2章 専門土木

7 ダム・トンネル

34問出題のうち10問を選択する

【問題33】コンクリートダムの施工に関する次の記述のうち、**適当でないもの**はどれか。

(1) 監査廊部は、コンクリート打設後の表面近くの急激な温度勾配の変化によるひび割れを防止するため、出入口を常に開放しておかなければならない。

(2) 1リフトの厚さが大きい場合は、一般に特殊な措置を講じない場合、打上り速度が0.3 m/日を大きく上回ると温度ひび割れが発生する可能性が高くなる。

(3) 型枠は、コンクリートに有害なひび割れなどが発生しない強度に達した後に取り外さなければならないが、上下流面では圧縮強度が3.5 N/mm^2に達した以降を標準とする。

(4) 止水板の溶着した接合部の漏気検査は、薄めた洗剤を接合箇所に塗り、反対側から圧縮空気を吹き付けて実施する。

【問題34】コンクリートダムの施工に関する次の記述のうち、**適当なもの**はどれか。

(1) 面状工法は、柱状ブロック工法に比較して高リフトで大区画を対象に、大量のコンクリートを一度に打設するものである。

(2) RCD工法は、大量のコンクリートを打設するため、一般に、パイプクーリングなどによるコンクリート打設後の温度制御が必要である。

(3) 面状工法のコンクリート打設は、コンクリートの養生、グリーンカット、型枠スライドなどを考慮し、施工中の堤体を横断方向（ダム軸に直角方向）に、原則として、3打設区画以上に分割し、分割した区画内を一度に行う。

(4) 拡張レヤー工法は、超硬練りコンクリートを、ブルドーザで薄層に敷き均し、振動ローラで締め固めるものである。

【問題 33 の解説】コンクリートダムの施工

(1) 監査廊部は、コンクリート打設後の表面近くの急激な温度勾配の変化によるひび割れを防止するため、**出入口は常に締め切っておかなければならない**。 【✗ 適当でない】

(2) ダムコンクリートのリフト厚さ（打設厚さ）が大きいと、硬化過程で水和熱によりコンクリートの温度が上昇して温度ひび割れが発生しやすくなる。このようにコンクリートの 1 リフトの厚さが大きい場合は、一般に特殊な措置を講じない場合、打上り速度が 0.3m/日を大きく上回ると温度ひび割れが発生する可能性が高くなる。 【○ 適当である】

(3) 型枠は、コンクリートに有害なひび割れなどが発生しない強度に達した後に取り外さなければならないが、上下流面では圧縮強度が 3.5 N/mm^2、通廊その他開口部では圧縮強度が 10 N/mm^2 に達した以降を標準とする。 【○ 適当である】

(4) 止水板の溶着した接合部の漏気検査は、通気の有無を確認するために、薄めた洗剤を接合箇所に塗り、反対側から圧縮空気を吹き付けて実施する。 【○ 適当である】

問題 33 の解答…(1)

【問題 34 の解説】コンクリートダムの施工

(1) 面状工法は、柱状ブロック工法に比較して**低リフト**で大区画を対象に、大量のコンクリートを一度に打設するものである。 【✗ 適当でない】

(2) RCD 工法は、大量のコンクリートを打設するが、一般に、**パイプクーリングによるコンクリート打設後の温度制御は行わない**。 【✗ 適当でない】

(3) 面状工法（拡張レヤー工法、RCD 工法）のコンクリート打設は、コンクリートの養生、グリーンカット、型枠スライドなどを考慮し、施工中の堤体を横断方向（ダム軸に直角方向）に、原則として、3 打設区画以上に分割し、分割した区画内を一度に行う。 【○ 適当である】

(4) 拡張レヤー工法は、（ELCM 工法）は、**単位セメント量の少ない有スランプコンクリートを一度に複数ブロック打設し、横継目は打設後又は打設中に設け堤体を面状に打ち上げる**工法である。超硬練りコンクリートを、ブルドーザで薄層に敷き均し、振動ローラで締め固める工法は RCD 工法である。 【✗ 適当でない】

問題 34 の解答…(3)

7 ダム・トンネル [34問出題のうち10問を選択する]

【問題35】トンネルの山岳工法による施工時の地山挙動の観察・計測に関する次の記述のうち、適当でないものはどれか。

(1) 切羽観察は、掘削切羽ごとに行い、地質状況及びその変化状況を観察した結果について原則として1日に1回は記録し、その結果は未施工区間の支保選定などに活用される。

(2) 坑外から実施される地表面沈下測定の間隔は、一般に横断方向で3〜5mであり、トンネル断面の中心に近いほど測定間隔を小さくし、その結果は掘削影響範囲の検討などに活用される。

(3) 都市部における施工では、トンネル自体の安定性だけでなく、地表面沈下、近接構造物の挙動、地下水変動といった周辺環境に与える影響を把握できる観察・計測を行わなければならない。

(4) 坑外から実施される地表面沈下測定や地中変位測定などの計測は、トンネル掘削による影響が現れた後、直ちに測定を開始することが重要である。

【問題36】トンネルの山岳工法における変位計測のデータ活用方法に関する次の記述のうち、適当でないものはどれか。

(1) 変位計測の結果は、地山と支保が一体となった構造の変形挙動であり、変位の収束により周辺地山の安定を確認することができる。

(2) 覆工コンクリートは、地山との一体化をはかるため原則として地山の変位の収束前にコンクリートを打ち込むため、覆工の施工時期を判断する際に変位計測の結果が利用される。

(3) 支保部材の過不足などの妥当性については、変位の大小、収束状況により評価することができ、これから施工する区間の支保選定に反映することが設計の合理化のために重要である。

(4) インバート閉合時期の判断は、変位の収束状況、変位の大小、脚部沈下量などの計測情報を最大限活用しながら行うことが重要である。

【問題35の解説】 トンネルの山岳工法による施工時の地山挙動の観察・計測

(1) 切羽観察は、掘削切羽ごとに行い、地質状況及びその変化状況を観察した結果について原則として1日に1回は記録し、地質断面図や縦断図に反映させ、未施工区間の支保選定、切羽対策工の要否などに活用される。【〇 適当である】
(2) 坑外から実施される地表面沈下測定の間隔は、一般に縦断方向で5～10m、横断方向で3～5mであり、トンネル断面の中心に近いほど測定間隔を小さくし、その結果は掘削影響範囲の検討などに活用される。【〇 適当である】
(3) 都市部における施工では、トンネル自体の安定性だけでなく、都市部特有の環境条件や制限に対しその影響を一定レベルに収めなければならない場合が多い。したがって、地表面沈下、近接構造物の挙動、地下水変動といった周辺環境に与える影響を把握できる観察・計測を行わなければならない。【〇 適当である】
(4) 坑外から実施される地表面沈下測定や地中変位測定などの計測は、トンネル掘削による影響が現れる前から、測定を開始することが重要である。
【✕ 適当でない】

問題35の解答…(4)

【問題36の解説】 トンネルの山岳工法における変位計測のデータ活用方法

(1) 変位計測の結果は、地山と支保が一体となった構造の変形挙動であり、変位の収束により周辺地山の安定を確認することができる。変形挙動の調査は、天端沈下測定、内空変位測定、坑内観察調査等を実施する。【〇 適当である】
(2) 覆工コンクリートは、地山との一体化をはかるため原則として地山の変位の収束後にコンクリートを打ち込むため、覆工の施工時期を判断する際に変位計測の結果が利用される。【〇 適当でない】
(3) 支保部材の過不足などの妥当性については、変位の大小、収束状況など計測結果と部材の許容応力とを比べ健全度を評価することができ、これから施工する区間の支保選定に反映することが設計の合理化のために重要である。
【〇 適当である】
(4) インバート閉合時期の判断は、変位が収束した段階とするが、変位が収束せず、支保工のみでは土圧に対抗することが不利と判断した場合は、変位の収束状況、変位の大小、脚部沈下量などの計測情報を最大限活用しながら行うことが重要である。【〇 適当である】

問題36の解答…(2)

2章 専門土木

海岸・港湾施設

34問出題のうち10問を選択する

設問の分類：海岸堤防
設問の重要度：★★★

【問題37】海岸堤防の根固工の施工に関する次の記述のうち、**適当なもの**はどれか。

(1) 根固工は、通常、表法被覆工又は基礎工の前面に設けられるもので、基礎工や被覆工と連結し一体とする。

(2) 異形コンクリートブロック根固工の施工は、ブロックの適度のかみ合せ効果を期待し、天端幅は最小限2個並び、層は最小1層とする。

(3) 捨石根固工は、外側に大きい石が配置され、内部に向かって次第に小さい石が配置されるように、石を捨て込む。

(4) 根固工の設置目的は、波の打上げ高、越波量及び強大な衝撃波圧を減ずることである。

設問の分類：海岸侵食対策工
設問の重要度：★★★

【問題38】海岸保全施設としての養浜の材料に関する次の記述のうち、**適当でないもの**はどれか。

(1) 養浜の材料は、養浜場所に存在している砂に近い粒度組成を持つ材料を用いるのが基本である。

(2) 粒度組成が不均一な場合には、細かい粒径の土砂は沖へ流出し、粗い粒径の土砂は打ち上げられてバームを形成するなどして、養浜断面は変化する。

(3) 養浜場所にある砂より粗い材料を用いた場合には、効率的に汀線を前進させることができ、前浜の勾配が従前より緩やかになる。

(4) 粒度組成は、養浜箇所の生物の生息に影響を与えるとともに、流出した土砂によって周辺海域にも影響を与えることがある。

【問題37の解説】海岸堤防の根固工の施工

(1) 根固工は、通常、基礎洗掘防止を目的として、表法被覆工又は基礎工の前面に設けられることから単独で変形に追随する必要がある。よって、**基礎工や被覆工とは絶縁する**。　　【✗ 適当でない】

(2) 異形コンクリートブロック根固工の施工は、ブロックの適度のかみ合せ効果を期待し、天端幅は最小限2個並び、**層は最小2層**とする。　　【✗ 適当でない】

(3) 捨石根固工は、表層に所定重量の石を3個以上並べ、外側に大きい石が配置し、内部に向かって次第に小さい石が配置されるように、石を捨て込む。
　　【○ 適当である】

(4) 根固工は表法被覆工又は基礎工の前面に設けられるもので、**波浪による前面の洗掘を防止して被覆工又は基礎工を防護することを目的としている**。波の打上げ高、越波量及び強大な衝撃波圧を減ずることでない。　　【✗ 適当でない】

問題37の解答…(3)

【問題38の解説】海岸保全施設としての養浜の材料

(1) 養浜の材料は、火山噴出物、貝殻などの低比重物質やシルト質分などを多量に含まないこと、有害物質を含まないことなどが必須条件である。加えて材料の色調は砂浜のイメージを左右する要因であり、海岸環境を考慮する場合にはこうした点にも配慮する必要がある。養浜場所に存在している砂に近い粒度組成を持つ材料を用いるのが基本である。　　【○ 適当である】

(2) 粒度組成が不均一な場合には、細かい粒径の土砂は沖へ流出し、粗い粒径の土砂は打ち上げられてバームを形成するなどして、養浜断面は変化し防災機能、海浜の安定性、海浜の利用などに影響する。　　【○ 適当である】

(3) 養浜場所にある砂より粗い材料を用いた場合には、効率的に汀線を前進させることができ、**前浜の勾配が従前より急になる**。　　【✗ 適当でない】

(4) 粒度組成は、海浜の安定性、消波効果、海浜利用者の感触、生物生息条件、海水浄化機能などと密接に関連する必要がある。養浜箇所の生物の生息に影響を与えるとともに、流出した土砂によって周辺海域にも影響を与えることがある。
　　【○ 適当である】

問題38の解答…(3)

海岸・港湾施設　[34問出題のうち10問を選択する]

【問題39】 港湾構造物の基礎工の捨石に関する次の記述のうち、**適当でないもの**はどれか。

(1) 捨石用石材は、長さが幅の3倍以上の細長いもの、厚さが幅の1/2以下のうすっぺらなものを使用してはならない。

(2) 石材の投入区域の設定順序は、① 捨石法線の設定、② 法肩線、法尻線の設定、③ 法肩、法尻の標識設置、④ 標識位置の確認測量の順に行う。

(3) 捨石の均しには、荒均しと本均しがあり、荒均しを本体構造物が直接接する箇所において、本均しを法面部などの箇所において行う。

(4) 石材の捨込みの第1段階は、計画天端高さより1.0～1.5m程度低い断面を形成するように捨て込み、第2段階は、音響測深機などにより管理測量を行い、計画天端高さなどの遣形を設置してから行う。

【問題40】 水中コンクリートに関する次の記述のうち、**適当でないもの**はどれか。

(1) 一般の水中コンクリートでは、材料分離を少なくするために、粘性の高い配合にする必要があり、適切な混和剤を使用するとともに細骨材率を適度に大きくする必要がある。

(2) 水中コンクリートの打込みは、打上りの表面をなるべく水平に保ちながら所定の高さ又は水面上に達するまで、連続して打ち込まなければならない。

(3) 水中コンクリートの打込みは、セメントが水で洗い流されないように、一般に重要な構造物には底開き箱や底開き袋を用いて行う。

(4) 水中コンクリートの打込みは、水と接触する部分のコンクリートの材料分離を極力少なくするため、打込み中はトレミー及びポンプの先端を固定しなければならない。

【問題 39 の解説】港湾構造物の基礎工の捨石

(1) 捨石用石材は、偏平や細長でなく、堅硬、致密で耐久性があり、風化や凍結融解のおそれのないものを用いる。長さが幅の 3 倍以上の細長いもの、厚さが幅の 1/2 以下のうすっぺらなものを使用してはならない。　【〇 適当である】

(2) 石材の投入区域の設定順序は、① 捨石法線の設定、② 法肩線、法尻線の設定、③ 法肩、法尻の標識設置、④ 標識位置の確認測量の順に行い、石材の投入に先立ち測量機器を利用して位置を測定後、監督職員及び関係漁業者との位置立会いを行い、定められた場所に投入しなければならない。　【〇 適当である】

(3) 捨石の均しには、荒均しと本均しがあり、**本均しを本体構造物が直接接する箇所において、荒均しを法面部**などの箇所において行う。　【✗ 適当でない】

(4) 石材の捨込みは、標識のもとに中心部より順次周辺部に向かって行い、第 1 段階は、計画天端高さより 1.0〜1.5 m 程度低い断面を形成するように捨込み、第 2 段階は、音響測深機などにより管理測量を行い、計画天端高さなどの遣形を設置してから行う。　【〇 適当である】

問題 39 の解答…(3)

【問題 40 の解説】水中コンクリート

(1) 一般の水中コンクリートでは、材料分離を少なくするために、粘性の高い配合にする必要があり、適切な混和剤を使用するとともに細骨材率を適度に大きくする必要がある。細骨材率は粗骨材に砂利を用いる場合は 40〜45％ を標準とし、砕石を用いる場合は適度な粘性が得られるように 3〜5％ 程度増加させる。　【〇 適当である】

(2) 水中コンクリートの打込みは、打上りの表面をなるべく水平に保ちながら所定の高さ又は水面上に達するまで、連続して打ち込まなければならない。ほかに、静水中に打ち込むことを原則とし、水中を落下させてはならない。　【〇 適当である】

(3) 水中コンクリートの打込みは、セメントが水で洗い流されないように、**トレミーもしくはコンクリートポンプを用いて行う**。底開き箱や底開き袋を用いて行うとコンクリートが小山状になり、型枠のすみまで行きわたらないことが多いので重要構造物では使用しない。　【✗ 適当でない】

(4) 水中コンクリートの打込みは、水と接触する部分のコンクリートの材料分離を極力少なくするため、及び水でセメントが洗い流されないように、打込み中はトレミー及びポンプの先端を固定しなければならない。　【〇 適当である】

問題 40 の解答…(3)

2章 専門土木

鉄道

34問出題のうち10問を選択する

【問題41】 鉄道の軌道における維持管理に関する次の記述のうち、適当でないものはどれか。

(1) 手作業によるまくらぎ交換は、よせ落し法及びこう上法の2通りがあり、特に指定がない時には、よせ落し法によることを原則とする。

(2) 軌間整正の基準側は、直線区間では左側を原則とし、曲線区間では外軌側とする。

(3) 在来路盤の入換え時の掘削は、所定の寸法を確保するようにし、掘削底面は入念にすき取る。

(4) レール交換は、施工に先立ち、新レールは建築限界を支障しないようレール受け台に配列し、仮止めをしておく。

【問題42】 鉄道盛土の補強土壁に関する次の記述のうち、適当でないものはどれか。

(1) 盛土補強土壁の施工順序は、一般に基礎工、ジオテキスタイル敷設、仮抑え工、盛土工、壁面工の順である。

(2) 補強土壁の仮抑え工は、施工時における盛土の安定や壁面工と盛土部の境界面を分離する役割がある。

(3) 壁面工の根入れ深さは、将来地盤面が現状より下がる場合は、盛土側の地盤には将来地盤面まで補強材の配置を行い、それ以深に0.4m以上の根入れを確保すればよい。

(4) 補強土壁の排水工は、壁背面に栗石やクラッシャランなどで盛土部に排水層を設けるとともに、擁壁と同様に直径60mm程度の排水パイプを$2 \sim 4 m^2$に1か所程度設ける。

【問題 41 の解説】鉄道の軌道における維持管理

(1) 手作業によるまくらぎ交換は、よせ落し法及びこう上法の 2 通りがあり、特に指定がないときには、施工性のよい**こう上げ法で行う**。

【✗ 適当でない】

(2) 軌間整正の基準側は、直線区間では路線の終点に向かって左側を原則とし、曲線区間では外軌側とする。

【○ 適当である】

(3) 在来路盤の入換え時の掘削は、所定の寸法を確保するようにし、掘削底面は入念にすき取る。在来路盤の入換え工事は路線閉鎖工事として施工する。

【○ 適当である】

(4) レール交換は、施工に先立ち、新レールは建築限界を支障しないようレール受け台に配列し、仮止めをしておく。これらは、指示された時期までに行い、終了後検査を受けるものとする。

【○ 適当である】

問題 41 の解答…(1)

【問題 42 の解説】鉄道盛土の補強土壁

(1) 盛土補強土壁の施工順序は、基礎面整地後、① 基礎工 ➡ ② ジオテキスタイル敷設 ➡ ③ 仮抑え工 ➡ ④ 盛土工 ➡ ⑤ 壁面工の順で行う。

【○ 適当である】

(2) 補強土壁の仮抑え工は、**排水層として機能するほか、壁面工と盛土部を円滑に連結する**役割がある。

【✗ 適当でない】

(3) 壁面工の根入れ深さは、将来地盤面が現状より下がる場合は、盛土側の地盤には将来地盤面まで補強材の配置を行い、それ以深に 0.4 m 以上の根入れを確保すればよい。また、将来地盤面は現状より下がらない場合でも 0.4 m 以上確保するものとする。

【○ 適当である】

(4) 排水工は、壁背面に栗石やクラッシャランなどで盛土部に排水層を設け、直径 60 mm 程度の排水パイプを 2〜4 m^2 に 1 か所程度設ける。

【○ 適当である】

問題 42 の解答…(2)

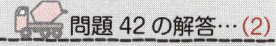

9 鉄道 [34問出題のうち10問を選択する]

設問の分類：営業線近接工事
設問の重要度：★★★

【問題43】 鉄道（在来線）の営業線及びこれに近接して工事を施工する場合の保安対策に関する次の記述のうち、**適当でないもの**はどれか。

(1) 事故発生又は発生のおそれのある場合の列車防護の方法としては、支障箇所の外方600m以上隔てた地点まで、信号炎管を現示しながら走行し、その地点に信号炎管を現示する方法がある。

(2) 営業線近接作業において重機械を使用する場合には、ブームに過旋回などの防止措置を施し、き電線から2m以内に接近しないようにしなければならない。

(3) 触車事故を防止するためには、列車見張員を配置しなければならず、列車見通し距離が確保できない場合には、確保できるよう複数名を配置しなければならない。

(4) 列車の振動、風圧などによって、不安定、危険な状態になるおそれのある工事又は乗務員に不安を与えるおそれのある工事は、列車の接近から通過するまでの間は慎重に施工しなければならない。

小テストで実力アップ
〈基本レベル編の復習〉営業線近接工事の保安対策
―この記述は〇か×？

線閉責任者などによる跡確認は、作業終了時に直線部と曲線部を同一寸法の建築限界で建築限界内の支障物の確認をする。

小テストで実力アップ
〈レベルアップ編の復習〉営業線近接工事の保安対策
―この記述は〇か×？

TC型無線式列車接近警報装置の設置区間で作業などを行う場合は、線路内及び営業線に近接する範囲に立ち入る列車見張員に受信機を携帯させ、その内容を従事員全員に口頭で周知させる。

【問題43の解説】鉄道（在来線）の営業線の近接工事

(1) 事故発生又は発生のおそれのある場合の列車防護の方法としては、①支障箇所の外方600m以上隔てた地点まで、信号炎管を現示しながら走行する。②その地点に信号炎管を現示する方法がある。

【〇 適当である】

(2) 営業線近接作業において重機械を使用する場合には、ブームに過旋回防止措置を施し、き電線から2m以内（交流の場合）に接近しないようにしなければならない。

【〇 適当である】

(3) 触車事故を防止するためには、作業場ごとに専任の列車見張員を配置しなければならず、列車見通し距離が確保できない場合には、確保できるよう複数名を配置しなければならない。

【〇 適当である】

(4) 列車の振動、風圧などによって、不安定、危険な状態になるおそれのある工事又は乗務員に不安を与えるおそれのある工事は、列車の接近から通過するまでの間、**一時施工を中止しなければならない。**

【✕ 適当でない】

問題43の解答…(4)

小テストの解答…✕ （線閉責任者などによる跡確認は、作業終了時に直線部と曲線部それぞれに定められた建築限界により、建築限界内の支障物の確認をする。）
小テストの解答…✕ （TC型無線式列車接近警報装置の設置区間で作業などを行う場合は、列車見張員だけでなく、線路内及び営業線に近接する範囲に立ち入る従事員全員に受信機を携帯させる。）

2章 専門土木

10 地下構造物、鋼橋塗装

34問出題のうち10問を選択する

設問の分類：シールド工法
設問の重要度：★★★

【問題44】シールド掘進に伴う地盤変位の原因と対策に関する次の記述のうち、**適当でないもの**はどれか。

(1) シールド掘進中の蛇行修正は、地山を緩める原因となるので、周辺地山をできる限り乱さないように、ローリングやピッチングなどを少なくして行う。

(2) 土圧式シールドや泥水式シールドでは、切羽土圧や水圧に対しチャンバ圧が小さい場合には地盤隆起、大きい場合には地盤沈下を生じるので、切羽土圧や水圧に見合うチャンバ圧管理を入念に行う。

(3) 地下水位の低下は、地盤沈下の原因となるので、セグメントの組立て、防水工の施工を入念に行い、セグメントの継手、裏込め注入孔などからの漏水を防止する。

(4) テールボイドの発生及び裏込め注入が不足の場合には、地盤沈下の原因となるので、充填性と早期強度の発現性に優れた裏込め注入材を選定し、できるだけシールド掘進と同時に裏込め注入を行う。

設問の分類：塗装工事
設問の重要度：★

【問題45】鋼橋塗装の塗膜欠陥の状態（現象）と原因に関する次の記述のうち、**適当でないもの**はどれか。

(1) ながれは、塗料がたれ下がった状態になる現象であり、塗料の希釈し過ぎか、厚く塗り過ぎか、塗料粘度が不適切であることが原因である。

(2) はじきは、塗膜が持ち上げられて膨れた状態になる現象であり、塗膜下に水分が入り、膨張することが原因である。

(3) 白化（ブラッシング）は、表面が荒れて、白くボケてツヤがない現象であり、塗膜の溶剤が急激に揮発したか、乾燥しないうちに結露したことが原因である。

(4) ちぢみは、塗膜にしわができた状態になる現象であり、下塗りが未乾燥か、厚塗りで表面がうわがわきしていることが原因である。

【問題44の解説】シールド掘進に伴う地盤変位の原因と対策

(1) シールド掘進中の蛇行修正、曲線推進にともなう余掘は、地山を緩める原因となるので、周辺地山をできる限り乱さないように、ローリングやピッチングなどを少なくして行う。　　　　　　　　　　　　【○ 適当である】

(2) 土圧式シールドや泥水式シールドでは、切羽土圧や水圧に対しチャンバ圧が**小さい場合には地盤の沈下、大きい場合には地盤の隆起が生じやすい**ので、切羽土圧や水圧に見合うチャンバ圧管理を入念に行う。　　　【✕ 適当でない】

(3) 地下水位の低下は、圧密沈下による地盤沈下の原因となるので、セグメントの組立て、防水工の施工を入念に行い、セグメントの継手、裏込め注入孔などからの漏水を防止する。　　　　　　　　　　　　　　　　【○ 適当である】

(4) シールド機外周径とセグメント外周径との間に生じる空隙をテールボイドといい、この発生及び裏込め注入が不足の場合には、地盤沈下の原因となるので、充填性と早期強度の発現性に優れた裏込め注入材を選定し、できるだけシールド掘進と同時に裏込め注入を行う。　　　　　　　　　　　【○ 適当である】

問題44の解答……(2)

【問題45の解説】鋼橋塗装の塗膜欠陥の状態（現象）と原因

(1) ながれは、塗料がたれ下がった状態になる現象であり、塗料の希釈し過ぎか、厚く塗り過ぎか、塗料粘度が不適切であることが原因である。防止策は希釈率を下げる、厚塗りをしないで2回に分けるなどがある。　　　　　【○ 適当である】

(2) はじきは、**塗料がなじまないで付着しない部分が生じたり、局部的に塗膜が薄くなる現象である。塗面に水、油、ごみなどが付着している場合が原因である。**　　　　　　　　　　　　　　　　　　　　　　　　　【✕ 適当でない】

(3) 白化（ブラッシング）は、表面が荒れて、白くボケてツヤがない現象であり、塗膜の溶剤が急激に揮発したか、乾燥しないうちに結露したことが原因である。防止策は、リターダーシンナを用いるなどがある。　　　　　【○ 適当である】

(4) ちぢみは、塗膜にしわができた状態になる現象であり、下塗りが未乾燥か、厚塗りで表面がうわがわきしていることが原因である。防止策は、下塗りがよく乾いてから塗るなどがある。　　　　　　　　　　　　　　　【○ 適当である】

問題45の解答……(2)

2章 専門土木

11 上下水道

34問出題のうち10問を選択する

設問の分類: 上水道管
設問の重要度: ★★★

【問題46】上水道の配水管の付属設備に関する次の記述のうち、**適当なもの**はどれか。

(1) 管径が350mm以下の配水管に設置する空気弁は、一般に、双口空気弁を使用する。

(2) 配水本管の減圧弁は、他系統との連絡箇所には設置してはならない。

(3) 消火栓は、消火の都合上、沿線の建築物の状況に配慮し、100～200m間隔に設置することとし、消防利水上から求められる場所以外には設置してはならない。

(4) 配水管の排水設備は、配水本管路の低部で河川、用水路、下水管渠の付近を選んで設ける。

設問の分類: 下水道管
設問の重要度: ★★

【問題47】下水道管路施設の耐震性確保に関する次の記述のうち、**適当でないもの**はどれか。

(1) 管渠の継手部のように引張りが生じる部位は、伸びやずれの生じない構造とする。

(2) マンホールの側塊などのせん断力を受ける部位は、ずれが生じない構造か土砂がマンホール内に流入しない程度のずれを許容する構造とする。

(3) マンホールと管渠の接続部や管渠と管渠の継手部のような曲げの生じる部位については、可とう性を有する継手部の材質や構造で対応する。

(4) 液状化時の過剰間隙水圧による浮上がり、沈下、側方流動などに対しては、管路周辺に砕石などによる埋戻しやマンホール周辺を固化改良土などで埋め戻す対策が有効である。

【問題46の解説】 上水道の配水管の付属設備

(1) 空気弁には、単口空気弁、大容量双口空気弁、急速空気弁があり、管径が350 mm以下（空気量が少ない場合）の配水管に設置する空気弁は、一般に、**単口空気弁を使用する**。　　　　　　　　　　　　　　【✕ 適当でない】

(2) 配水本管の減圧弁は、非常時にほかの排水区域へ送水する場合、地勢によっては**他系統との連絡箇所に設置する必要がある**。　　　【✕ 適当でない】

(3) 消火栓は、消火の都合上、沿線の建築物の状況に配慮し、100〜200 m間隔に設置することとし、**消防利水上から求められる場所以外にも設置することが望ましい**。その場所としては、管内の排水、充水時の吸排気、管路の凸部、凹部にも適切に配置する。　　　　　　　　　　　　　　　　【✕ 適当でない】

(4) 配水管の排水設備は、配水本管路の低部で、排水先を確保しやすい河川、用水路、下水管渠の付近を選んで設ける。　　　　　　　　　　【○ 適当である】

問題46の解答…(4)

【問題47の解説】 下水道管路施設の耐震性確保

(1) 管渠の継手部のように引張りが生じる部位は、許容範囲で**伸びやずれが生じてもよい構造とする**。　　　　　　　　　　　　　　　　【✕ 適当でない】

(2) マンホールの側塊などのせん断力を受ける部位は、接合部にずれが生じない構造か、目地部から土砂がマンホール内に流入しない程度のずれを許容する可とう性のある構造とする。　　　　　　　　　　　　　　　　【○ 適当である】

(3) マンホールと管渠の接続部や管渠と管渠の継手部のような曲げの生じる部位については、可とう性を有する継手部の材質や構造で対応し、地震動による抜出し、突出し、屈曲などに対する耐震性能を確保する

【○ 適当である】

(4) 液状化時の過剰間隙水圧による浮上り、沈下、側方流動などに対しては、管路周辺に砕石などによる埋戻しや、マンホール周辺を固化改良土などで埋め戻す発生防止対策が有効である。また、マンホールの被害軽減対策には、杭、アンカー、遮断壁、重量化などがある。　　　　　　　　　　　【○ 適当である】

問題47の解答…(1)

11 上下水道 [34問出題のうち10問を選択する]

【問題48】 小口径管推進工法の施工に関する次の記述のうち、**適当でないもの**はどれか。

(1) 小口径管推進工法は、小口径推進管又は誘導管の先端に小口径管先導体を接続し、立坑などから遠隔操作などにより掘削、排土あるいは圧入しながら1スパンの推進管を布設する工法である。
(2) 推進管理測量に用いるレーザトランシット方式による測量可能距離は、一般に150～200m程度であるが、長距離の測量になると先導体内装置などの熱により、レーザ光が屈折し測量できなくなる場合がある。
(3) 推進管が施工中に破損し、その破損の程度が小さく推進管の引抜きが可能な場合は、地盤改良などを併用し、先導体を引き抜き再掘進する。
(4) 硬質塩化ビニル管を使った高耐荷力管渠は、重量が軽いため浮力の影響を受けやすく、滞水地盤においては、推進完了後、浮力により布設管が浮き上がることがある。

【問題49】 薬液注入工事の施工計画の作成にあたり、受注者が発注者と打合せする項目とその一般的な対応に関する次の記述のうち、**適当でないもの**はどれか。

(1) 注入圧は、計画時にその絶対値については明示できないので、目標値としての値を示し、試験注入の結果から最終的に決める。
(2) 注入速度は、標準速度又は基準速度（l/min）とし、ただし書きで実施工においてはある幅で変更されることがあり得ることを明示する。
(3) 注入材の配合は、一般に硬化材は数値を固定して記述し、水ガラスについてはある幅を持たせて記述するほか、水温や水質などにより変化させることを注釈で示す。
(4) 注入順序は、原則として施工する順序（内→外）（西→東）などを明示し、ブロック分けがあればその旨を記述する。

【問題 48 の解説】小口径管推進工法の施工

(1) 小口径管推進工法は、呼び径 700 mm 以下の小口径推進管又は誘導管の先端に小口径管先導体を接続し、立坑などから遠隔操作などにより掘削、排土あるいは圧入しながら 1 スパンの推進管を布設する工法である。【○ 適当である】

(2) 推進管理測量に用いるレーザトランシット方式は、直線測量方式で測量可能距離は、一般に 150～200 m 程度であるが、長距離の測量になると先導体内装置などの熱により、レーザ光が屈折し測量できなくなる場合がある。【○ 適当である】

(3) 推進管が施工中に破損し、その破損の程度が小さく推進管の引抜きが可能な場合は、地盤改良などを併用し、先導体を引き抜き再掘進する。推進管の破損が大きい場合は、破損した場所に立坑を設置し、新しい推進管と入れ換えて推進を再開するか、到達立坑より刃口推進工法やボーリング方式などで迎え掘りなどを行なう。【○ 適当である】

(4) 硬質塩化ビニル管を使った**低耐荷力管渠**は、重量が軽いため浮力の影響を受けやすく、滞水地盤においては、推進完了後、浮力により布設管が浮き上がることがある。【× 適当でない】

問題 48 の解答…(4)

【問題 49 の解説】薬液注入工事の施工計画の作成

(1) 注入圧は、地盤の性状、注入速度、注入方式及び注入材料などによって相違するため、注入圧力を一義的に定めても意味を持たないので、計画時にその絶対値については明示できない。よって、目標値としての値を示し、試験注入の結果から最終的に決める。【○ 適当である】

(2) 注入速度は、注入地盤の性状、注入方式、注入材料などに応じた適切な値を定め、標準速度又は基準速度〔l/min〕とし、実施工においてはただし書きである幅で変更されることがあり得ることを明示する。【○ 適当である】

(3) 注入材の配合は、一般に**硬化材はある幅を持たせて記述し、水ガラスについては数値を固定して記述する**ほか、ゲルタイムの変更、水温や水質などにより変化させることを注釈で示す。【× 適当でない】

(4) 注入順序は、原則として施工する順序（内→外）（西→東）などを明示し、ブロック分けがあればその旨を記述する。大規模工事の場合は、そのつど必要に応じ詳細な計画を提出する。【○ 適当である】

問題 49 の解答…(3)

3章 法規

労働基準法

12問出題のうち8問を選択する

【問題50】 労働基準法上、労働者に支払われる賃金に関する次の記述のうち、正しいものはどれか。

(1) 賃金は、2か月に1回以上、一定の期日を定めて支払わなければならない。

(2) 使用者は、前貸金その他労働することを条件とする前貸の債権と賃金を相殺することができる。

(3) 使用者は、労働者が出産、疾病などの非常の場合の費用に充てるために請求する場合においては、支払期日前であっても、既往の労働に対する賃金を支払わなければならない。

(4) 賃金は、使用者の都合により一部を控除して支払うことができる。

【問題51】 労働基準法上、賃金に関する次の記述のうち、誤っているものはどれか。

(1) 使用者は、原則として午後10時から午前5時までの間において労働させた場合においては、その時間の労働については、通常の労働時間の賃金の計算額の2割5分以上の率で計算した割増賃金を支払わなければならない。

(2) 使用者は、労働時間を延長して労働させた場合においては、その時間が1か月について60時間を超えた場合、原則として、その超えた時間の労働については、通常の労働時間の賃金の計算額の5割以上の率で計算した割増賃金を支払わなければならない。

(3) 使用者は、出来高払制その他の請負制で使用する労働者については、労働時間にかかわらず一定額の賃金の保障をしなければならない。

(4) 使用者は、各事業場ごとに賃金台帳を調製し、賃金計算の基礎となる事項及び賃金の額その他厚生労働省令で定める事項を賃金支払の都度遅滞なく記入しなければならない。

【問題 50 の解説】労働基準法に定められている労働賃金

(1)「労働基準法第 24 条第 2 項」より、賃金は、毎月 1 回以上、一定の期日を定めて支払わなければならない。ただし、臨時に支払われる賃金、賞与その他これに準ずるものについては、この限りでない。　　　　　　　　　【✕ 誤っている】
(2)「労働基準法第 17 条」より、使用者は、前借金その他労働することを条件とする前貸の債権と賃金を相殺してはならない。　　　　　　　　【✕ 誤っている】
(3)「労働基準法第 25 条」より、使用者は、労働者が出産、疾病、災害その他非常の場合の費用に充てるために請求する場合においては、支払期日前であっても、既往の労働に対する賃金を支払わなければならない。　　　　【〇 正しい】
(4)「労働基準法第 24 条第 1 項」より、賃金は、通貨で、直接労働者に、その全額を支払わなければならない。ただし、労働組合、労働者の過半数を代表する者との書面による協定がある場合においては、賃金の一部を控除して支払うことができる。以上より使用者の都合ではない。　　　　　　　　【✕ 誤っている】

問題 50 の解答…(3)

【問題 51 の解説】労働基準法に定められている労働賃金

(1)「労働基準法第 37 条第 4 項」より、使用者が午後 10 時から午前 5 時までの間において労働させた場合、その時間の労働について、通常の労働時間の賃金の計算額の 2 割 5 分以上の率で計算した割増賃金を支払わなければならない。
【〇 正しい】
(2)「労働基準法第 37 条第 1 項」より、労働時間を延長して労働させた時間が、1 か月について 60 時間を超えた場合においては、その超えた時間について、通常の労働時間の賃金の計算額の 5 割以上の率で計算した割増賃金を支払わなければならない。　　　　　　　　　　　　　　　　　　　　　　　　【〇 正しい】
(3)「労働基準法第 27 条」より、出来高払制その他の請負制で使用する労働者については、使用者は、労働時間に応じ一定額の賃金の保障をしなければならない。　　　　　　　　　　　　　　　　　　　　　　　　　　　　【✕ 誤っている】
(4)「労働基準法第 108 条」より、使用者は、各事業場ごとに賃金台帳を調製し、賃金計算の基礎となる事項及び賃金の額その他厚生労働省令で定める事項を賃金支払の都度遅滞なく記入しなければならない。　　　　　　　　【〇 正しい】

問題 51 の解答…(3)

3章 法規

13 労働安全衛生法

12問出題のうち8問を選択する

【問題52】労働安全衛生法に基づいて事業者が必ず行わなければならない行為に関する次の記述のうち、誤っているものはどれか。

(1) 爆発性の物、発火性の物、引火性の物等による危険を防止するための必要な措置。

(2) 病原体等による健康障害を防止するための必要な措置。

(3) 最大支間50m以上の橋梁を建設するための計画を労働基準監督署長への届出。

(4) 組立てから解体までの期間が60日未満で、高さが10m以上の構造の足場を設置するための計画を労働基準監督署長への届出。

【問題53】労働安全衛生法において、厚生労働大臣へ工事計画の届出を必要としないものは次のうちどれか。

(1) 最大支間500mの斜張橋の建設

(2) 堤高が100mのダムの建設

(3) 長さ3,500mのずい道の建設

(4) 0.5Mpaの圧気工法による基礎工の建設

【問題52の解説】事業者が必ず行わなければならない行為

(1) 「**労働安全衛生法第20条**」より、事業者は、爆発性の物、発火性の物、引火性の物等による危険を防止するため必要な措置を講じなければならない。
【〇 正しい】

(2) 「**労働安全衛生法第22条**」より、事業者は、原材料、ガス、蒸気、粉じん、酸素欠乏空気、病原体等による健康障害を防止するため必要な措置を講じなければならない。
【〇 正しい】

(3) 「**労働安全衛生法第88条第4項**」より、その計画を当該仕事の開始の日の14日前までに、労働基準監督署長に届け出なければならない。「**同規則90条**」より、最大支間50m以上の橋梁の建設等の仕事とある。
【〇 正しい】

(4) 「**労働安全衛生法第88条第1項**」より、その計画を当該工事の開始の日の30日前までに、労働基準監督署長に届け出なければならない。「**同規則84条の2**」より、**計画の届出を要しない仮設の建設物**は、高さ10m以上の構造の足場にあっては、組立てから解体までの期間が60日未満のものとある。
【✕ 誤っている】

問題52の解答…(4)

【問題53の解説】労働安全衛生法における、計画の届出

厚生労働大臣に工事の開始の日の30日前までに計画を届け出なければならない重大な労働災害を生じるおそれのある大規模な工事は、**労働安全衛生法第89条第2項、同規則第89条の2**で規定されている。

(1) 最大支間500m（つり橋にあっては、1,000m）以上の橋梁の建設の仕事と規定されており、届出は必要である。
【〇 該当する】

(2) 堤高（基礎地盤から堤頂までの高さをいう。）が**150m以上のダムの建設**の仕事と規定されており、届出は必要ない。
【✕ 該当しない】

(3) 長さが3,000m以上のずい道等の建設の仕事と規定されており、届出は必要である。
【〇 該当する】

(4) ゲージ圧力が0.3MPa以上の圧気工法による作業を行う仕事と規定されており、届出は必要である。
【〇 該当する】

問題53の解答…(2)

3章 法規

建設業法

【問題 54】建設業法上、技術者制度に関する次の記述のうち、誤っているものはどれか。

(1) 建設業の許可を受けた建設業者が建設工事を請け負った場合は、その工事現場に主任技術者又は監理技術者を置かなければならない。

(2) 発注者から直接土木一式工事を請け負った特定建設業者は、下請契約の請負代金の額の総額が3,000万円以上の場合、工事現場に監理技術者を置かなければならない。

(3) 主任技術者及び監理技術者は、当該建設工事の施工計画の作成、工程管理、品質管理等技術上の管理及び請負代金の額の締結に関する職務を誠実に行わなければならない。

(4) 建設業者は、国が発注した土木一式工事で請負代金の額が2,500万円以上の場合は、工事現場に専任の主任技術者又は監理技術者を置かなければならない。

【問題 54 の解説】建設業法における技術者制度

(1) 「**建設業法第 26 条第 1 項**」より、建設業者は、その請け負った建設工事を施工するときは、工事現場における建設工事の施工の技術上の管理をつかさどる「主任技術者、監理技術者」を置かなければならない。

【〇 正しい】

(2) 「**建設業法第 26 条第 2 項**」より、発注者から直接建設工事を請け負った特定建設業者は、下請契約の請負代金の額の総額が 3,000 万円以上になる場合においては、工事現場における建設工事の施工の技術上の管理をつかさどる「監理技術者」を置かなければならない。

【〇 正しい】

(3) 「**建設業法第 26 条の 3**」より、「主任技術者及び監理技術者は、当該建設工事の施工計画の作成、工程管理、品質管理、技術上の管理及び施工に従事する者の技術上の指導監督の職務を誠実に行わなければならない」と規定されており請負代金の額の締結に関する職務は規定されていない。

【✕ 誤っている】

(4) 「**建設業法第 26 条第 3 項**」より、公共性のある施設若しくは工作物又は多数の者が利用する施設、重要な建設工事について置かなければならない主任技術者又は監理技術者は、工事現場ごとに、専任の者でなければならない。

【〇 正しい】

● 建設業法第 26 条（主任技術者及び監理技術者の設置等）

項目	内容	現場ごとに専任
主任技術者	・一定の実務経験があり、工事現場における建設工事の施工の技術管理をする者 ・元請・下請の別なく工事現場に置く	公共性のある施設または、多数の者が利用する施設に関する建設工事で請負代金が 2,500 万円以上となる場合、専任の技術者を配置する
監理技術者	・国土交通大臣が定める試験に合格した者又は免許を受けた者 ・元請となる特定建設業者が、その工事の下請契約の総額が 3,000 万円以上となる場合、工事現場に置く	
主任技術者監理技術者の職務	・施工計画の作成 ・工程管理 ・品質管理 ・施工従事者の技術上の指導監督	

問題 54 の解答…(3)

3章 法規
道路・河川関係法

【問題55】道路法上、道路占用工事に関する次の記述のうち、誤っているものはどれか。

(1) 道路を掘削した土砂の埋戻しの方法は、各層ごとにランマその他の締固め機械又は器具で確実に締め固めて行う。

(2) 電線や水道管が道路の地下に設けられていると認められる場所又はその付近を掘削する場合には、試掘等により当該電線等を確認した後に工事を実施する。

(3) 現場で発生したわき水やたまり水の排出にあたっては、道路の排水に支障を及ぼさない措置を行った場合であっても、道路の排水施設に流すことはできない。

(4) 道路の掘削面積は、原則として当日中に復旧可能な範囲とし、道路交通に著しい支障を及ぼすことのないように施工する。

【問題56】河川法に定められている河川の管理に関する次の記述のうち、誤っているものはどれか。

(1) 河川管理者は、洪水により危険が切迫した緊急時には、事前に所有者の承諾を得なくとも水防活動の現場において必要な土地や資機材を使用することができる。

(2) 河川保全区域は、河川区域に隣接して指定される区域であり、当該区域内における行為にも河川管理者の許可が必要な場合もある。

(3) 1級河川及び2級河川の指定は河川の重要度に基づいて行われるものであり、一般に、同一の水系では市街地を流れる中・下流区間は1級河川、山間地を流れる上流区間は2級河川に指定されている。

(4) 河川整備基本方針は、計画高水流量その他当該河川の河川工事及び河川の維持についての基本となるべき方針に関する事項を定めたものである。

【問題 55 の解説】道路法における道路占用工事

(1) 「道路法施行規則第 4 条の 4 の 5」より、掘削した土砂の埋戻しの方法は、各層（層の厚さは、原則として 0.3 m、路床部にあっては 0.2 m 以下とする）ごとにランマその他の締固め機械又は器具で確実に締め固めて行うこと。【○正しい】

(2) 「道路法施行令第 13 条」より、電線、道管が地下に設けられていると認められる場所又はその付近を掘削する工事にあっては、保安上の支障のない場合を除き、試掘その他の方法により電線等を確認した後に実施すること。【○正しい】

(3) 「道路法施行規則第 4 条の 4 の 4、4」より、わき水又はたまり水の排出にあたっては、道路の排水に支障を及ぼすことのないように措置して道路の排水施設に排出する場合を除き、路面その他の道路の部分に排出しないように措置すること。【✕誤っている】

(4) 「道路法施行規則第 4 条の 4 の 4、5」より、掘削面積は、当日中に復旧可能な範囲とする。施行上やむを得ない場合において、覆工を施す等道路の交通に著しい支障を及ぼすことのないように措置して行う場合を除く。【○正しい】

問題 55 の解答…(3)

【問題 56 の解説】河川法における河川の管理

(1) 「河川法第 22 条第 1 項」より、洪水等による危険が切迫した場合、緊急の必要があるときは、河川管理者は、その現場において、必要な土地、土石、竹木その他の資材を使用し、又は工作物、障害物を処分することができる。【○正しい】

(2) 「河川法第 55 条第 1 項」より、河川保全区域内において、土地の掘さく、盛土又は切土その他土地の形状を変更する行為、工作物の新築又は改築を行う場合、河川管理者の許可を受けなければならない。【○正しい】

(3) 「河川法第 4 条第 1 項」より、「1 級河川」とは、国土保全上又は国民経済上特に重要な水系で政令で指定したものに係る河川で国土交通大臣が指定したもの。「河川法第 5 条第 1 項」より、「2 級河川」とは、一級河川水系以外の水系で公共の利害に重要な関係があるものに係る河川で都道府県知事が指定したものをいう。【✕誤っている】

(4) 「河川法第 16 条」より、河川管理者は、計画高水流量その他当該河川の河川工事及び河川の維持についての基本となるべき方針に関する事項「河川整備基本方針」を定めておかなければならない。【○正しい】

問題 56 の解答…(3)

3章 法規

建築基準法

【問題 57】建築基準法上、防火地域又は準防火地域内の工事現場に設ける延べ面積が 60 m² の仮設建築物に関する次の記述のうち、正しいものはどれか。

(1) 防火地域又は準防火地域内の仮設建築物の屋根の構造は、政令で定める技術的基準に適合するもので、国土交通大臣の認定を受けたものとしなければならない。

(2) 仮設建築物の床下が砕石敷均し構造で最下階の居室の床が木造である場合は、床の高さを 45 cm 以上確保しなければならない。

(3) 仮設建築物を建築又は除却しようとする場合は、建築主事を経由して、その旨を都道府県知事に届け出なければならない。

(4) 都市計画区域内においては、建築物の敷地が、原則として道路に 2 m 以上接しなければ、仮設建築物を建築することはできない。

【問題57の解説】建設基準法における工事用の仮設建築物を設ける場合の規定

(1)「**建築基準法第63条**」より、50 m² 以上の仮設建築物で、防火地域又は準防火地域内の建築物の屋根の構造は、政令で定める技術的基準に適合し、国土交通大臣の認定を受けたものとしなければならない。

【〇 正しい】

(2)「**建築基準法施行令第22条**」より、床の高さは、直下の地面からその床の上面まで 45 cm 以上とすることとあるが、「**同施行規則第147条**」より**仮設構造物については適用しない**。

【✗ 誤っている】

(3)「**建築基準法第15条**」より、建築物を建築又は除却しようとする場合は、建築主事を経由して、その旨を都道府県知事に届け出なければならないが、「**同法第85条第2項**」より**仮設建築物については適用しない**。

【✗ 誤っている】

(4)「**建築基準法第43条**」より、建築物の敷地は、道路に 2 m 以上接しなければならないが、「**同法第85条第2項**」より**仮設建築物については適用しない**。

【✗ 誤っている】

問題 57 の解答…(1)

3章 法規

17 火薬類取締法

12問出題のうち8問を選択する

設問の分類：火薬の取扱い
設問の重要度：★★★

【問題58】ダイナマイトを用いた発破作業に関する次の記述のうち、**適当でないもの**はどれか。

(1) せん孔作業は、前回発破のせん孔がある場合、孔尻を利用する。

(2) 発破場所においては、責任者を定め、火薬類の受渡し数量、消費残数量及び発破孔に対する装てん方法をそのつど記録する。

(3) 水孔発破の場合には、使用火薬類に防水の処理をする。

(4) 発破場所に携行する火薬の数量は、当該作業に使用する消費見込量を超えてはならない。

関連知識アドバイス

発破・不発の内容は下表である

● 発破・不発

項目	内容
発破 (火薬類取締法施行規則第53条、56条)	・発破場所に携行する火薬類の数量は、当該作業に使用する消費見込みを超えない ・発破場所においては、責任者を定め、火薬類の受渡し数量、消費残数量及び発破孔又は薬室に対する装てん方法をそのつど記録させる ・装てんが終了し、火薬類が残った場合には、直ちにはじめの火薬類取扱所又は火工所に返送する ・前回の発破孔を利用して、削岩し、又は装てんしない ・水孔発破の場合には、使用火薬類に防水の措置を講ずる ・発破を終了したときは、当該作業者は、発破による有害ガスによる危険が除去された後、発破場所の危険の有無を検査し、安全と認めた後でなければ、何人も発破場所及びその附近に立ち入らせてはならない
不発 (火薬類取締法施行規則第55条)	・電気雷管による場合、発破母線を点火器から取り外し、その端を短絡させ、かつ、再点火ができないように措置を講ずる ・不発火薬類は、雷管に達しないように少しずつ静かに込物の大部分を掘り出した後、新たに薬包に雷管を取り付けたものを装てんし、再点火する方法がある

【問題 58 の解説】ダイナマイトを用いた発破作業

(1)「火薬類取締法施行規則第 53 条第 1 項第六号」より、前回の発破孔を利用して、削岩し、又は装てんしないこと。

【✗ 適当でない】

(2)「火薬類取締法施行規則第 53 条第 1 項第二号」より、発破場所においては、責任者を定め、火薬類の受渡し数量、消費残数量及び発破孔又は薬室に対する装てん方法をそのつど記録させること。

【○ 適当である】

(3)「火薬類取締法施行規則第 53 条第 1 項第七号」より、水孔発破の場合には、使用火薬類に防水の措置を講ずること。

【○ 適当である】

(4)「火薬類取締法施行規則第 53 条第 1 項第一号」より、発破場所に携行する火薬類の数量は、当該作業に使用する消費見込量を超えないこと。

【○ 適当である】

問題 58 の解答…(1)

18 騒音・振動規制法

3章 法規

12問出題のうち8問を選択する

【問題59】 騒音規制法上、次の建設作業のうち特定建設作業に**該当しないもの**はどれか。ただし、当該作業がその作業を開始した日に終わるもの、及び使用する機械は一定の限度を超える大きさの騒音を発生しないものとして環境大臣が指定するものを除く。

(1) アースオーガと併用しないディーゼルハンマを使用して行うくい打ち作業

(2) 原動機の定格出力が70kW以上のトラクタショベルを使用する作業

(3) 電動機を動力とする空気圧縮機を使用する作業

(4) 原動機の定格出力が40kW以上のブルドーザを使用する作業

関連知識アドバイス

騒音規制法における特定建設作業とは

	作業内容
1	くい打機（もんけんを除く）、くい抜機又はくい打くい抜機（圧入式くい打くい抜機を除く）を使用する作業（くい打機をアースオーガと併用する作業を除く）
2	びょう打機を使用する作業
3	さく岩機を使用する作業（作業地点が連続的に移動する作業にあっては、1日における当該作業に係る2地点の最大距離が50mを超えない作業に限る）
4	空気圧縮機（電動機以外の原動機を用いるものであって、その原動機の定格出力が15kW以上のものに限る）を使用する作業（さく岩機の動力として使用する作業を除く）
5	コンクリートプラント（混練機の混練容量が0.45 m³以上のものに限る）又はアスファルトプラント（混練機の混練重量が200 kg以上のものに限る）を設けて行う作業（モルタルを製造するためにコンクリートプラントを設けて行う作業を除く）
6	バックホウ（一定の限度を超える大きさの騒音を発生しないものとして環境大臣が指定するものを除き、原動機の定格出力が80 kW以上のものに限る）を使用する作業
7	トラクタショベル（一定の限度を超える大きさの騒音を発生しないものとして環境大臣が指定するものを除き、原動機の定格出力が70 kW以上のものに限る）を使用する作業
8	ブルドーザ（一定の限度を超える大きさの騒音を発生しないものとして環境大臣が指定するものを除き、原動機の定格出力が40 KW以上のものに限る）を使用する作業

【問題59の解説】騒音規制法における、特定建設作業

(1)「**騒音規制法第2条第3項**」で定める特定建設作業は、「**同法施行令別表第2第一号**」より、くい打機（もんけんを除く）、くい抜機又はくい打くい抜機（圧入式くい打くい抜機を除く）を使用する作業（くい打機をアースオーガと併用する作業を除く）である。

【○ 該当する】

(2)「**騒音規制法第2条第3項**」で定める特定建設作業は、「**同法施行令別表第2第七号**」より、トラクタショベル（原動機の定格出力が70 kW以上のものに限る）を使用する作業である。

【○ 該当する】

(3)「**騒音規制法第2条第3項**」で定める特定建設作業は、「**同法施行令別表第2第四号**」より、空気圧縮機（**電動機以外の原動機を用いるもの**であって、その原動機の定格出力が15 kW以上のものに限る）を使用する作業である。

【✕ 該当しない】

(4)「**騒音規制法第2条第3項**」で定める特定建設作業は、「**同法施行令別表第2第八号**」より、ブルドーザ（原動機の定格出力が40 kW以上のものに限る）を使用する作業である。

【○ 該当する】

問題59の解答…(3)

18 騒音・振動規制法 [12問出題のうち8問を選択する]

設問の分類：振動規制法
設問の重要度：★★★

【問題60】振動規制法上、指定地域内の特定建設作業に関する次の記述のうち、**誤っているもの**はどれか。

(1) 特定建設作業の振動の時間規制は、災害その他非常事態の発生により特定建設作業を緊急に行う必要がある場合には適用されない。

(2) 圧入式くい打くい抜機を使用する作業は、特定建設作業から除外される。

(3) 振動の規制に関する基準は、特定建設作業での振動が作業場所の敷地境界線において80 dB（デシベル）を超える大きさのものではないこと。

(4) 舗装版破砕機を使用する作業は、作業地点が連続的に移動する作業で一日に移動する距離が50 mを超える作業の場合には特定建設作業に該当しない。

関連知識アドバイス

振動規制法施行令別表第1、特定施設をチェックしておこう!!

1	金属加工機械	
	イ 液圧プレス	矯正プレスを除く
	ロ 機械プレス	
	ハ せん断機	原動機の定格出力が1 kW以上のものに限る
	ニ 鍛造機	
	ホ ワイヤーフォーミングマシン	原動機の定格出力が37.5 kW以上のものに限る
2	圧縮機	原動機の定格出力が7.5 kW以上のものに限る
3	土石用又は鉱物用の破砕機、摩砕機、ふるい及び分級機	原動機の定格出力が7.5 kW以上のものに限る
4	織機	原動機を用いるものに限る
5	コンクリートブロックマシン	原動機の定格出力の合計が2.95 kW以上のものに限る
	コンクリート管製造機械及びコンクリート柱製造機械	原動機の定格出力の合計が10 kW以上のものに限る
6	木材加工機械	
	イ ドラムバーカー	
	ロ チッパー	原動機の定格出力が2.2 kW以上のものに限る
7	印刷機械	原動機の定格出力が2.2 kW以上のものに限る
8	ゴム練用又は合成樹脂練用のロール機	カレンダーロール機以外のもので原動機の定格出力が30 kW以上のものに限る
9	合成樹脂用射出成形機	
10	鋳型造型機	ジョルト式のものに限る

【問題60の解説】振動規制法における指定地域内の特定建設作業

(1)「**振動規制法施行規則別表第1第二号イ**」より、特定建設作業の振動の時間規制は、災害その他非常事態の発生により特定建設作業を緊急に行う必要がある場合には適用されない。

【○ 正しい】

(2)「**振動規制法第2条第3項**」で定める特定建設作業は、「**同法施工令別表第2第一号**」より、くい打機（もんけん及び圧入式くい打機を除く）、くい抜機（油圧式くい抜機を除く）又はくい打くい抜機（圧入式くい打くい抜機を除く）を使用する作業である。

【○ 正しい】

(3)「**振動規制法第15条、同法施行規則第11条別表第1第一号**」より、特定建設作業の振動が、特定建設作業の場所の敷地の境界線において、**75dBを超える大きさのものでないこと**。

【✗ 誤っている】

(4)「**振動規制法第2条第3項**」で定める特定建設作業は、「**同法施行令別表第2第三号**」より、舗装版破砕機を使用する作業（作業地点が連続的に移動する作業にあっては、1日における最大距離が50mを超えない作業に限る）である。

【○ 正しい】

（特定建設作業）
一 くい打機（もんけん及び圧入式くい打機を除く）、くい抜機（油圧式くい抜機を除く）又はくい打くい抜機（圧入式くい打くい抜機を除く）を使用する作業
二 鋼球を使用して建築物その他の工作物を破壊する作業
三 舗装版破砕機を使用する作業（作業地点が連続的に移動する作業にあっては、1日における当該作業に係る2地点間の最大距離が50mを超えない作業に限る）
四 ブレーカー（手持式のものを除く）を使用する作業（作業地点が連続的に移動する作業にあっては、1日における当該作業に係る2地点間の最大距離が50mを超えない作業に限る）

問題60の解答…(3)

3章 法規

港則法

【問題61】海洋汚染等及び海上災害の防止に関する法律上、海洋汚染の防止に関する次の記述のうち、誤っているものはどれか。

(1) すべての船舶には、船長を補佐して船舶からの油の不適正な排出の防止に関する業務の管理を行う油濁防止管理者が乗り組まなければならない。

(2) 船舶内の船員その他の者の日常生活に伴い生じるごみは、一定の基準に従えば海域に排出することができる。

(3) 船舶から基準を超える濃度と量の重油の排出があり、それが 10,000 m² を超えてひろがるおそれがある場合には、船長は直ちに最寄りの海上保安機関に通報しなければならない。

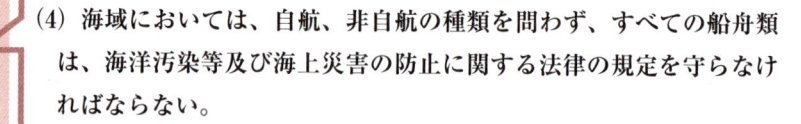

(4) 海域においては、自航、非自航の種類を問わず、すべての船舟類は、海洋汚染等及び海上災害の防止に関する法律の規定を守らなければならない。

【問題 61 の解説】海洋汚染等及び海上災害の防止

(1)「**海洋汚染等及び海上災害の防止に関する法律第 6 条第 1 項**」より、船舶所有者は、国土交通省令で定める船舶ごとに、当該船舶に乗り組む船舶職員のうちから、船長を補佐して船舶からの油の不適正な排出の防止に関する業務の管理を行わせるため、油濁防止管理者を選任しなければならない。
「**海洋汚染等及び海上災害の防止に関する法律施行規則第 9 条**」より、国土交通省令で定める船舶は、総トン数 200 トン以上のタンカー（引かれ船等であるタンカー及び係船中のタンカーを除く）と規定されており**すべての船舶が対象ではない**。

【✕ 誤っている】

(2)「**海洋汚染等及び海上災害の防止に関する法律第 10 条第 1 項**」より、何人も、海域において、船舶から廃棄物を排出してはならないと規定されているが、「**同第 10 条第 2 項**」により下記に該当する廃棄物の廃棄は認められている。

> 一 船舶内にある船員その他の者の日常生活に伴い生ずるふん尿若しくは汚水又はこれらに類する廃棄物の排出
> 二 船舶内にある船員その他の者の日常生活に伴い生ずるごみ又はこれに類する廃棄物の排出
> 三 輸送活動、漁ろう活動その他の船舶の通常の活動に伴い生ずる廃棄物のうち政令で定めるものの排出

【〇 正しい】

(3)「**海洋汚染等及び海上災害の防止に関する法律第 38 条第 1 項第二号、同規則 28 条**」より、船舶から基準を超える濃度と量の重油の排出があり、それが 10,000 m² を超えてひろがるおそれがある場合には、船長は排出があった日時及び場所、排出状況、講じた処置等を直ちに最寄りの海上保安機関に通報しなければならない。

【〇 正しい】

(4)「**海洋汚染等及び海上災害の防止に関する法律第 3 条第 1 項**」より、法が適用される船舶は、海域において航行の用に供する船舟類をいう。

【〇 正しい】

問題 61 の解答…(1)

Memo

解答結果・自己分析ノート

問題 B

4章 共通工学：解答結果自己分析ノート

4問はすべて必須問題です全問解答してください。苦手な問題は何度も取り組み、その経過を下表に記入し成果を確認しよう。

出題No.	工事種別	設問の内容	重要度	学習マークシート 1回	2回	3回	チェック ✓
1	共通工学	測量	★★★	○	○	○	
2		契約	★★★	○	○	○	
3		設計	★★	○	○	○	
4		施工機械	★★★	○	○	○	
			正解数				/4

合格ライン
合格するには60％以上の正解が必要です。
➪ 必須全問対象として「3問以上の正解」が目標

出題傾向と対策
共通工学は必須問題で、出題数が少ない。また、設問の内容が偏って（測量2問、契約2問の計4問など）出題される。このことから、苦手分野をつくってしまうと全く答えられなくなるので注意が必要である。

5章 施工管理：解答結果自己分析ノート

35問はすべて必須問題です。全問解答してください。苦手な問題は何度も取り組み、その経過を下表に記入し成果を確認しよう。

出題No.	工事種別	設問の内容	重要度	学習マークシート 1回	2回	3回	チェック ✓
5	施工計画	施工計画作成	★★★	○	○	○	
6		施工体制台帳、体系図	★★★	○	○	○	
7		仮設計画	★★	○	○	○	
8		原価管理	★	○	○	○	
9		建設機械計画	★★★	○	○	○	
10	工程管理	工程管理	★★★	○	○	○	
11		工程表の特徴	★★★	○	○	○	
12		ネットワーク工程表	★★★	○	○	○	
13		その他工程表	★	○	○	○	
14	安全管理	安全衛生管理	★★★	○	○	○	
15		労働災害等	★★	○	○	○	
16		その他安全衛生管理	★★	○	○	○	
17		公衆災害防止対策	★★	○	○	○	
18		足場の安全対策	★★★	○	○	○	
19		土留工の安全対策	★★★	○	○	○	
20		移動式クレーンの安全対策	★★★	○	○	○	
21		建設機械の安全対策	★★★	○	○	○	
22		掘削工事の安全対策	★★	○	○	○	
23		斜面等工事の安全対策	★★	○	○	○	
24		その他工事の安全対策	★	○	○	○	
25	品質管理	品質管理の基本事項	★★★	○	○	○	
26		国際規格 ISO	★★★	○	○	○	
27		構造物の品質管理	★★★	○	○	○	
28		コンクリートの品質管理	★★★	○	○	○	
29		コンクリートの非破壊検査	★★★	○	○	○	

(つづき)

出題No.	工事種別	設問の内容	重要度	学習マークシート 1回	2回	3回	チェック ✓
30	品質管理	鉄筋工事の品質管理	★	○	○	○	
31		道路・土工の品質管理	★	○	○	○	
32	環境保全・建設リサイクル	騒音・振動対策	★★★	○	○	○	
33		その他環境保全対策	★	○	○	○	
34		資材の再資源化	★★★	○	○	○	
35		廃棄物の処理	★★★	○	○	○	
			正解数				/31

合格ライン

合格するには 60% 以上の正解が必要です。
⇨ 必須全問対象として「19問以上の正解」が目標

出題傾向と対策

施工計画は必須問題で、出題数が多い。ただし、類似問題がくり返して出題されるので、しっかりとパターンをマスターしておきたい。

4章 共通工学

20 共通工学

設問の分類：測量
設問の重要度：★★★

【問題1】レベルと2本の標尺を用いて水準測量を行うとき、誤差を小さくする観測方法として、**適当でないもの**はどれか。

(1) 球差は地球が湾曲しているために生ずる誤差であり、気差は空気中の光の屈折により生じる誤差であり、ともにレベルと前視、後視の視準距離を等しくする。

(2) 標尺の零目盛誤差は、標尺の底面と零目盛とが一致していない誤差であり、これを消去するためには出発点に立てた標尺を到達点1つ前に立つようにすることにより測定数を奇数回とする。

(3) レベルが一定方向に鉛直軸にガタがあるために生ずる誤差は、レベルを設置するとき、2本の標尺を結ぶ線上にレベルを置き進行方向に対し三脚の向きを、常に特定の標尺に対向させる（1回ごとに脚の向きを逆におく）。

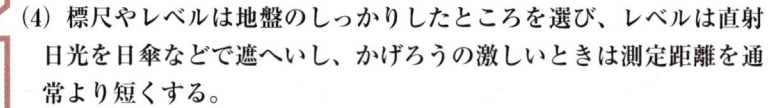

(4) 標尺やレベルは地盤のしっかりしたところを選び、レベルは直射日光を日傘などで遮へいし、かげろうの激しいときは測定距離を通常より短くする。

関連知識アドバイス

トランジット測量の場合の誤差についてまとめておく

誤差	原因	消去法
視準軸誤差	視準軸と視準線が一致していない	正反の平均値をとる
水平軸誤差	水平軸と鉛直軸が直行していない	正反の平均値をとる
鉛直軸誤差	鉛直軸と鉛直線の方向が一致していない	（機器の調整）
偏心誤差	目盛盤の中心と鉛直軸がずれている	正反の平均値をとる
外心誤差	視準線が回転軸の中心からずれている	正反の平均値をとる
目盛誤差	目盛盤の間隔が均等でない	（機器の調整）

小テストで実力アップ

〈レベルアップ編の復習〉公共測量の水平位置と高さ
― この記述は〇か✕？

平面直角座標系において、水平位置を表示するX座標のX軸は、座標原点を通る東西方向を基準としている。

【問題1の解説】水準測量の誤差を少なくする観測方法

(1) 球差は地球が湾曲しているために生ずる誤差であり、気差は気温の変化などによる大気密度の変化に伴う光の屈折により生じる誤差である。ともにレベルと前視、後視の視準距離を等しくする。　　　【○ 適当である】

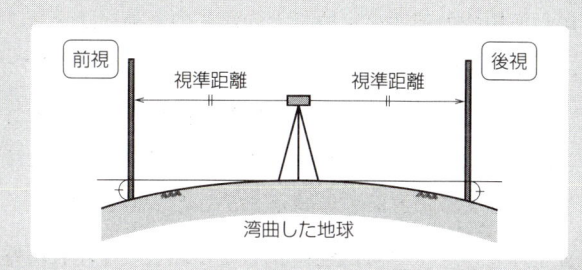

(2) 標尺の零目盛誤差は、標尺の底面と零目盛とが一致していない誤差であり、これを消去するためには、出発点に立てた標尺を最終点に立つようにすることにより測定数を偶数回とする。　　　【× 適当でない】

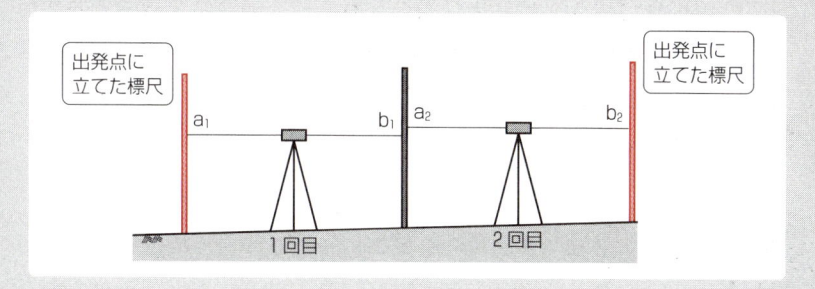

(3) 鉛直軸誤差は、レベルが一定方向に鉛直軸にガタがあるために生ずる誤差で、レベルを設置するとき、2本の標尺を結ぶ線上にレベルを置き進行方向に対し三脚の向きを、常に特定の標尺に対向させる。　　　【○ 適当である】

(4) 標尺やレベルは、軟弱な地盤の上では観測期間中に地盤の沈下や隆起が生じるおそれがあり観測値が変化してしまう。よって、地盤のしっかりしたところを選び、レベルは直射日光を日傘などで遮へいする。かげろうの激しいときは、測定距離を通常より短くする。　　　【○ 適当である】

問題1の解答…(2)

小テストの解答…×　（南北方向を基準としている）

共通工学 [4問すべて解答する]

【問題2】 公共工事標準請負契約約款に関する次の記述のうち、**誤っているもの**はどれか。

(1) 発注者は、工事目的物にかしがある場合は、原則として受注者に対して相当の期間を定めてそのかしの修補を請求し、又は修補に代え若しくは修補とともに損害の賠償を請求することができる。

(2) 発注者は、工事目的物の引渡しの際にかしがあることを知ったときは、原則としてその旨を直ちに受注者に通知しなければ、当該かしの修補又は損害賠償の請求をすることができない。

(3) 発注者が、工事目的物のかしについて、受注者に修補及び損害賠償を請求できる期間は、工事目的物の種別、そのかしの重大さや修補の費用にかかわらず一定であり、その期間内でなければ請求できない。

(4) 発注者から受注者に対して行うかしの修補又は損害賠償の請求は、原則として工事目的物のかしが支給材料の性質又は発注者若しくは監督員の指図により生じたものであるときは請求することができない。

「かし」とは

請負契約におけるかし（瑕疵）とは目的物が**通常有すると期待される性質または契約の当事者が特にその存在することを保証した性質**を欠くために目的物の価値が減少すること。

したがって、品質保証がなされていれば、その内容が保たれていないことが、かしとなる。

かしがあった場合、債務の不完全履行として債務者（請負者）が賠償責任を負うことになる。

【問題2の解説】公共工事標準請負契約約款で定める事項

(1)「公共工事標準請負契約約款第44条（A）第1項」より、発注者は、工事目的物にかしがあるときは、受注者に対して相当の期間を定めてそのかしの修補を請求し、又は修補に代え若しくは修補とともに損害の賠償を請求することができる。ただし、かしが重要ではなく、かつ、その修補に過分の費用を要するときは、発注者は、修補を請求することができない

【〇 正しい】

(2)「公共工事標準請負契約約款第44条（A）第3項」より、発注者は、工事目的物の引渡しの際にかしがあることを知ったときは、その旨を直ちに受注者に通知しなければ、当該かしの修補又は損害賠償の請求をすることはできない。ただし、受注者がそのかしがあることを知っていたときは、この限りでない。

【〇 正しい】

(3)「公共工事標準請負契約約款第44条（A）第2項」より、かしの修補又は損害賠償の請求は、引渡しを受けた日から、コンクリート造等の建物等又は土木工作物等の建設工事の場合には **2年以内** に行わなければならない。ただし、そのかしが受注者の故意又は重大な過失により生じた場合には請求を行うことのできる期間は **10年** とする。よって、**請求できる期間は工事目的物の種類とかしの重大さで異なる。**

【✕ 誤っている】

(4)「公共工事標準請負契約約款第44条（A）第5項」より、工事目的物のかしが支給材料の性質又は発注者若しくは監督員の指図により生じたものであるときは適用しない。ただし、受注者がその材料又は指図の不適当であることを知りながらこれを通知しなかったときは、この限りでない。

【〇 正しい】

問題2の解答…(3)

20 共通工学 [4問すべて解答する]

設問の分類: 設計
設問の重要度: ★★

【問題3】下図は、ボックスカルバートの一般図とその配筋の順序図及び主鉄筋組立図を示したものである。配筋に関する次の記述のうち、**適当でないもの**はどれか。

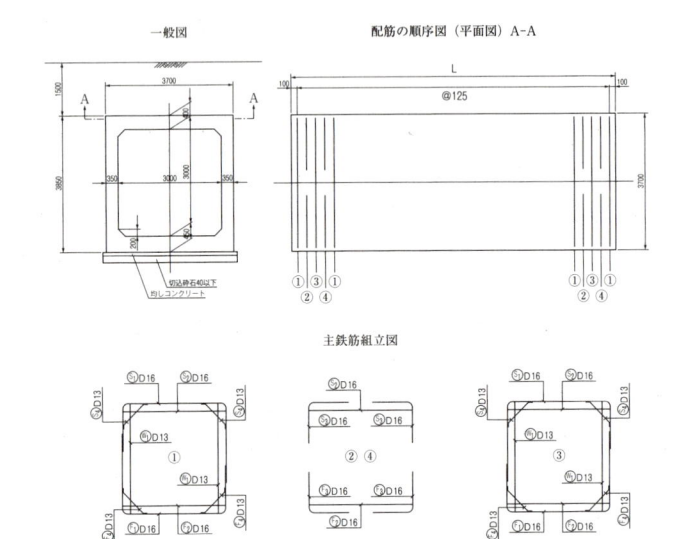

(1) 頂版の内側主鉄筋は、ボックスカルバート延長方向に125 mm間隔で配置される。

(2) 側壁の内側主鉄筋は、ボックスカルバート延長方向に250 mm間隔で配置される。

(3) 主鉄筋組立図の①と③は、使用する鉄筋の長さ、太さ、形状、数量は同じである。

(4) ハンチ筋は、ボックスカルバート延長方向に125 mm間隔で配置される。

関連知識アドバイス

配筋図の見方のコツ！

・鉄筋ピッチは、A-A断面の@125（125ピッチ）で示される
・鉄筋番号はS₁、F₁で、鉄筋径（異形筋金）はDで示される

【問題3の解説】配筋図の見方

(1) 頂版の内側主鉄筋は、下図「S_2」でボックスカルバート延長方向に 125 mm 間隔で配置される。　　　　　　　　　　　　　　　　　【○ 適当である】

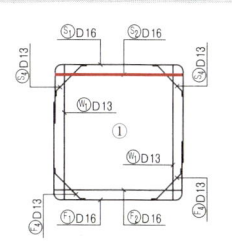

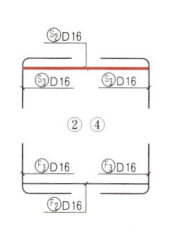

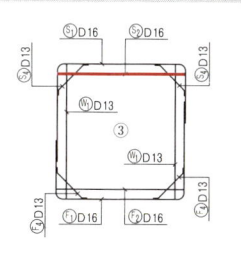

(2) 側壁の内側主鉄筋は、下図「W_1」でボックスカルバート延長方向に 250 mm 間隔で配置される。　　　　　　　　　　　　　　　　　【○ 適当である】

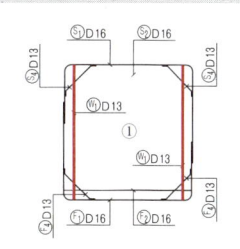

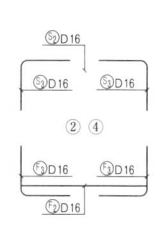

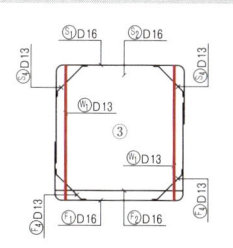

(3) 主鉄筋組立図の①と③は、鉄筋番号と鉄筋径が同じであるから、使用する鉄筋の長さ、太さ、形状、数量は同じである。　　　　　　　　【○ 適当である】

(4) ハンチ筋は、下図「S_4, F_4」でボックスカルバート延長方向に **250 mm 間隔で配置**される。　　　　　　　　　　　　　　　　　【✗ 適当でない】

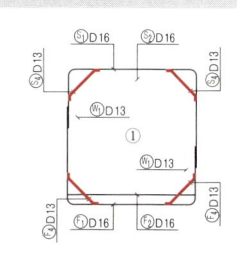

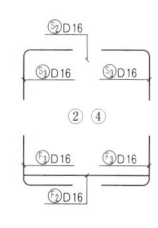

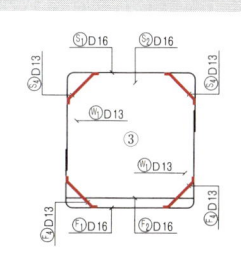

問題3の解答…(4)

共通工学 [4問すべて解答する]

設問の分類：施工機械
設問の重要度：★★★

【問題4】 建設機械用エンジンに関する次の記述のうち、**適当でないもの**はどれか。

(1) 建設機械では、一般に負荷に対する即応性、燃料消費率、耐久性及び保全性などが良好であるため、ディーゼルエンジンの使用がほとんどである。

(2) ディーゼルエンジンは、排出ガス中に多量の酸素を含み、かつ、すすや硫黄酸化物も含むことから、後処理装置（触媒）によって排出ガス中の各成分を取り除くことは難しいためエンジン自体の改良を主体とした対策を行っている。

(3) 建設機械用ディーゼルエンジンは、自動車用ディーゼルエンジンより大きな負荷が作用するので耐久性、寿命の問題などからエンジン回転速度を上げている。

(4) ガソリンエンジンは、エンジン制御システムの改良に加え排出ガスを触媒（三元触媒）に通すことにより、NO_x、HC、CO をほぼ100％近く取り除くことができる。

関連知識アドバイス

「ディーゼルエンジン」と「ガソリンエンジン」について

- 基本構造は同じだが、燃料がガソリンと軽油との違いがある
- ディーゼルエンジンは、軽油が自然発火しやすいように圧縮比を高くしている
- ディーゼルエンジンは、トルクを発揮しやすい
- ガソリンエンジンは、出力を発揮しやすい

小テストで実力アップ　建設機械の最近の動向―この記述は〇か×？

排出ガス対策型建設機械の型式指定については、排出ガス対策型建設機械の指定制度、特定特殊自動車排出ガスの規制等に関する法律（オフロード法）などにより実施されている。

【問題4の解説】建設機械用エンジン

(1) 建設機械では、一般に負荷に対する即応性、燃料消費率、耐久性及び保全性などが良好であるため、ディーゼルエンジンの使用がほとんどである。
【○ 適当である】

排出ガス対策型建設機械の使用を原則とする建設機械

機種	備考
バックホウ	トンネル工事用建設機械：ディーゼルエンジン出力 30～260 kW
	一般建設機械：ディーゼルエンジン出力 7.5～260 kW
トラクタショベル	トンネル工事用建設機械：ディーゼルエンジン出力 30～260 kW
	一般建設機械：ディーゼルエンジン出力 7.5～260 kW、車輪式
大型ブレーカ	トンネル工事用建設機械：ディーゼルエンジン出力 30～260 kW
コンクリート吹付機 ドリルジャンボ ダンプトラック トラックミキサ	同上
ブルドーザ	一般建設機械：ディーゼルエンジン出力 7.5～260 kW
発動発電機	一般建設機械：ディーゼルエンジン出力 7.5～260 kW、可搬式（溶接兼用機を含む）
空気圧縮機	一般建設機械：ディーゼルエンジン出力 7.5～260 kW、可搬式
油圧ユニット	一般建設機械：ディーゼルエンジン出力 7.5～260 kW、基礎工事用機械で独立したもの
ローラ	一般建設機械：ディーゼルエンジン出力 7.5～260 kW、ロードローラ、タイヤローラ、振動ローラ
ホイールクレーン	一般建設機械：ディーゼルエンジン出力 7.5～260 kW、ラフテレーンクレーン

(2) ディーゼルエンジンの燃料は軽油で、排出ガス中に多量の酸素を含み、かつ、すすや硫黄酸化物も含むことから、後処理装置（酸化触媒、DPF＝ディーゼル微粒子フィルタ）によって排出ガス中の各成分を取り除くことは難しいため、エンジン自体の改良を主体とした対策を行っている。【○ 適当である】

(3) 建設機械用ディーゼルエンジンは、自動車用ディーゼルエンジンより大きな負荷が作用するので耐久性、寿命の問題などから**エンジン回転速度が低く設定されている**。【✕ 適当でない】

(4) ガソリンエンジンは、エンジン制御システムの改良に加え排出ガスを触媒（三元触媒）に通すことにより、NO_x（窒素酸化物）、HC（炭化水素）、CO（一酸化炭素）をほぼ100％近く取り除くことができる。【○ 適当である】

問題4の解答…(3)

小テストの解答…○

5章 施工管理

21 施工計画

【問題 5】 施工計画立案時の留意事項に関する次の記述のうち、適当でないものはどれか。

(1) 組合せ機械の選択においては、主要機械の能力を最大限に発揮させるため、作業体系を並列化し、従作業の施工能力を主作業の施工能力と同等、あるいはいくぶん高めにする。

(2) 建設機械を選定するときは、機種・性能により適用範囲が異なり、同じ機能を持つ機械でも現場条件により施工能力は違ってくるので、その機械の能率を最大に発揮できる施工法とする。

(3) 概略工程立案と概算工費の検討においては、主要工種作業の施工方法、主要工事数量などを算出して工事内容を理解し、現場状況を知っている現場担当者だけの経験と技術力で決定する。

(4) 建設機械の使用計画を立てる場合には、作業量をできるだけ平滑化し、施工期間中の使用機械の必要量が大きく変動しないようにする。

【問題 6】 公共工事における施工体制台帳等に関する次の記述のうち、適当でないものはどれか。

(1) 施工体制台帳に記載された一定の事項については、工事完了後、元請業者の担当営業所において記録を5年間保存しなければならない。

(2) 特定建設業者は、建設工事の施工に伴う災害の防止、労働者の保護及び安全の確保等について、法令の規定に違反しないよう下請負人に対して指導する義務がある。

(3) 建設業者は、すべての請負工事において下請負人を記載した施工体制台帳を作成し、工事現場ごとに備えておかなければならない。

(4) 施工体制台帳の記載事項又は添付書類に変更があった場合には、遅滞なく、当該変更があった年月日を記して施工体制台帳を変更しなければならない。

【問題 5 の解説】施工計画立案時の留意事項

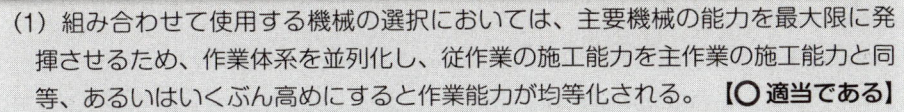

(1) 組み合わせて使用する機械の選択においては、主要機械の能力を最大限に発揮させるため、作業体系を並列化し、従作業の施工能力を主作業の施工能力と同等、あるいはいくぶん高めにすると作業能力が均等化される。【○ 適当である】
(2) 建設機械を選定するときは、機種・性能により適用範囲が異なり、同じ機能を持つ機械でも現場条件により施工能力は違ってくるので、作業条件や機種・機械による適用範囲、施工能力を考慮し、その機械の能率を最大に発揮できる施工法とする。【○ 適当である】
(3) 概略工程立案と概算工費の検討においては、主要工種作業の施工方法、主要工事数量などを算出して工事内容を理解し、現場状況を知っている**現場担当者だけの経験だけではなく、会社組織の活用を図り、高度な技術水準で決定する。**【✕ 適当でない】
(4) 建設機械の使用計画を立てる場合には、無駄をなくすために工種、工程に合わせた施工機械を選定し、作業量をできるだけ平滑化する。【○ 適当である】

問題 5 の解答…(3)

【問題 6 の解説】公共工事における施工体制台帳等

(1) 「**建設業法施行規則第 28 条**」より、施工体制台帳に記載された一定の事項については、工事完了後、元請業者の担当営業所において記録を 5 年間保存しなければならない。【○ 適当である】
(2) 「**建設業法施行第 24 条の 6**」より、特定建設業者は、工事の施工に関し、建設業法、労働基準法、労働安全衛生規則等の規定で政令で定めるものに違反しないよう、当該下請負人の指導に努めるものとする。【○ 適当である】
(3) 「**建設業法施行第 24 条の 7**」より、**下請契約の請負代金の額が 3,000 万円以上**になるときは、下請負人の商号又は名称、下請負人に係る建設工事の内容及び工期その他を記載した施工体制台帳を作成し、工事現場ごとに備え置かなければならない。【✕ 適当でない】
(4) 「**建設業法施行規則第 14 条の 5 第 4 項**」より、施工体制台帳の記載事項又は添付書類に変更があったときは、変更があった年月日を付記して、変更後の事項を記載し、又は変更後の書類を添付しなければならない。【○ 適当である】

問題 6 の解答…(3)

施工計画 [31問すべて解答する]

【問題7】 仮設工事計画立案の留意事項に関する次の記述のうち、**適当でないもの**はどれか。

(1) 仮設工事計画は、本工事の工法・仕様などの変更にできるだけ追随可能な柔軟性のある計画とする。

(2) 仮設構造物は、使用期間が短いなどの要因から一般に安全率は多少割引いて設計することがあるが、使用期間が長期にわたるものや重要度の大きいものは、相応の安全率をとる。

(3) 仮設工事の材料は、一般の市販品を使用して可能な限り規格を統一し、その主要な部材については他工事からの転用はさける。

(4) 仮設工事計画は、仮設構造物に適用される法律や規則を確認し、施工時に計画の手直しが生じないようにする。

【問題8】 原価管理の目的及び手法に関する次の記述のうち、**適当でないもの**はどれか。

(1) 原価管理の目的は、実際原価と実行予算を比較してその差異を見出し、これを分析・検討して適時適切な処置をとり、実際原価を実行予算まで、ないしは実行予算より低くすることである。

(2) 原価管理を有効に実施するためには、前もってどのような手順・方法でどの程度の細かさで原価計算を行うか決めておくことが必要である。

(3) 原価管理を実施する体制は、担当する工事の内容ならびに責任と権限を明確化し、各職場、各部門を有機的・効果的に結合させる必要がある。

(4) 原価管理とは最も経済的な施工計画を立て、設計変更があっても工事終了まで当初の実行予算に沿って実施することである。

【問題7の解説】仮設工事に関する事項

(1) 仮設構造物は一時的なものであり工事完了後撤去されるもので、仮設工事計画は、本工事の工法・仕様などの変更にできるだけ追随可能な柔軟性のある計画とする。　　　　　　　　　　　　　　　　　　　　　　【○ 適当である】

(2) 仮設構造物は、一時的なものであり、使用期間が短いなどの要因から一般に安全率は多少割引いて設計することがあるが、使用期間が長期にわたるものや重要度の大きいものは、相応の安全率をとる。　　　　　　　　【○ 適当である】

(3) 仮設工事の材料は、一般の市販品を使用して可能な限り規格を統一し、その主要な部材については**他工事にも転用できるような計画とする。**【✕ 適当でない】

(4) 仮設工事計画は、労働安全衛生規則や建設工事公衆災害防止対策要綱が適用されるため、仮設構造物に適用される法律や規則を確認し、施工時に計画の手直しが生じないようにする。　　　　　　　　　　　　　　　　【○ 適当である】

問題7の解答…(3)

【問題8の解説】工事の原価管理

(1) 原価管理の目的は、実際原価と実行予算を比較してその差異を見出し、これを分析・検討して適時適切な処置をとり、実際原価を実行予算まで、ないしは実行予算より低くすることであり、予定価格を超える場合には、工種、数量などについて実際価格との差異の原因を細かく分析する。　　　　【○ 適当である】

(2) 原価管理を有効に実施するためには、前もってどのような手順・方法でどの程度の細かさで原価計算を行うか決めておくことが必要である。

【○ 適当である】

(3) 原価管理を実施する体制は、工事現場と本社各部門が一体となって協力するように構築する。担当する工事の内容ならびに責任と権限を明確化し、各職場、各部門を有機的・効果的に結合させる必要がある。　　　　【○ 適当である】

(4) 原価管理とは、工事原価の低減を目的として、実行予算作成時に算定した予定原価と、すでに発生した実際原価を対比し、工事が予定原価を超えることなく進むように管理することである。**設計変更がある場合は予定原価を超える可能性があり、施工計画の再検討が必要である。**　　　　　　　【✕ 適当でない】

問題8の解答…(4)

21 施工計画 [31問すべて解答する]

設問の分類：建設機械計画
設問の重要度：★★★

【問題9】ショベル系掘削機の選定を行ううえで次の記述のうち、適当でないものはどれか。

(1) バックホウは、掘削したあとの仕上り面がきれいで垂直掘りなど正確に掘れるので、溝掘りや法面の整形などに使用する。

(2) ドラグラインは、機械の設置地盤より低い所を掘る機械で、掘削半径が大きく、ブームのリーチより遠い所まで掘れ、水中掘削も可能で、硬い土丹などの掘削に使用する。

(3) 機械式クラムシェルは、バケットの重みで土砂に食い込み掘削するもので、一般土砂の孔掘り、ウェルなどの基礎掘削、河床・海底の浚渫などに使用する。

(4) 油圧式ショベルは、機械が設置された地盤より高い所を削り取るのに適した機械で、山の切りくずしなどに使用する。

関連知識アドバイス

ショベル系建設機械の外観

クラムシェル　　ドラグライン　　油圧式ショベル（バックホウ）

小テストで実力アップ

建設機械の稼働率—この記述は○か×？

土工作業では、稼働率に影響を及ぼす最重要因は天候であり、降水量、降水日の分布、土質による工事再開までの乾燥程度が施工可能日数を決定する。

【問題9の解説】ショベル系掘削機の選定

(1) バックホウは、掘削したあとの仕上り面がきれいで垂直掘りなど正確に掘れるので、溝掘りや法面の整形などに使用する。硬い土、軟岩から軟らかい土の掘削に適用される。
【〇 適当である】

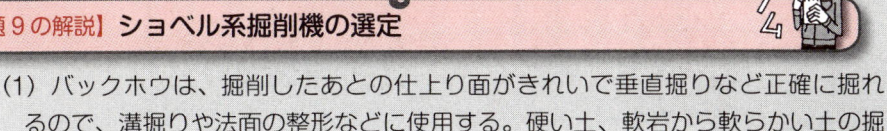

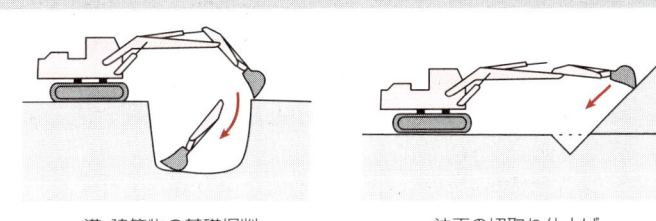

溝、建築物の基礎掘削　　　法面の切取り仕上げ

(2) ドラグラインは、機械の設置地盤より低い所を掘る機械で、掘削半径が大きく、ブームのリーチより遠い所まで掘れ、水中掘削も可能。硬い土や軟岩、土丹などの掘削には向かない。基礎掘削や表土はぎ取りおよび砂利の採取などに用いられる。
【✕ 適当でない】

(3) 機械式クラムシェルは、バケットの重みで土砂に食い込み掘削するもので、一般土砂の孔掘り、ウェルなどの基礎掘削、河床・海底の浚渫などに使用する。ドラグラインと同様に硬い土や軟岩の掘削には向かない。
【〇 適当である】

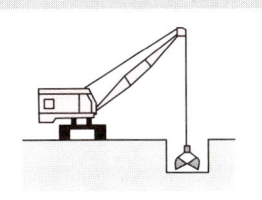

基礎工事の根切り

(4) 油圧式ショベルは、機械が設置された地盤より高い所を削り取るのに適した機械で、山の切りくずしなどに使用する。硬い土、軟岩から軟らかい土の掘削に適用される。
【〇 適当である】

問題9の解答…(2)

小テストの解答…〇　（ほかに、走行する土の状態（軟弱土、含水比など）も影響する）

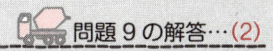

5章 施工管理

工程管理

【問題10】工程計画立案に関する次の記述のうち、適当でないものはどれか。

(1) 施工手順の検討は、全体工期や全体工事費に及ぼす影響の大きい工種を優先させ、環境、立地、部分工期などの制約条件を考慮して労働力、材料、機械など工事資源の円滑な回転に留意する。
(2) 建設機械の合理的組合せを計画するためには、組合せ作業のうち主作業を明確にし、主作業を中心に各分割工程の施工速度を検討するよう留意する。
(3) 組合せ機械の選択計画は、可能な限り繰返し作業を増やすことによって習熟を図り効率を高めるとともに、従作業の機械の施工能力は主作業の施工能力を下回るよう留意する。
(4) 組合せ機械による流れ作業の各分割工程の所要時間を一定化することが必要であり、その場合の施工効率は単独作業の場合よりも低下し、その最大施工速度は各分割工程のうち最小の施工速度によって決まるので留意する。

【問題11】工程管理に使われる工程表の種類と特徴に関する次の記述のうち、適当でないものはどれか。

(1) ネットワーク式工程表は、ダム工事など大型で複雑な工事で精度の高い工程計画、管理を行うために用いられることが多く、工程遅延の処置をする場合に、どの作業をどの程度早めたらよいかを的確に判断することができる。
(2) 横線式工程表（バーチャート式工程表）は、最も一般的に用いられており、各作業の進捗度合いはよくわかるが、各作業に必要な日数はわからず、工事に影響を与える作業がどれであるかも不明である。
(3) 座標式工程表は、トンネル工事など路線に沿った工事では工事内容を確実に示すことができるが、平面的に広がりのある工事において、各工種との相互関係を明確に示すことができにくいことがある。
(4) 斜線式工程表は、トンネル工事や地下鉄工事などによく用いられるが、予定と実績との差を間接的に把握できる方法であり、作業内容、作業位置、作業時期、など進捗状況がわかりにくい。

【問題 10 の解説】工程計画の立案

(1) 施工手順の検討は、全体工期や全体工事費に及ぼす影響の大きい工種を優先させ、工事施工上の制約条件「環境、立地、部分工期」などを考慮して工事資源「労働力、材料、機械」などの円滑な回転に留意する。　【〇 適当である】

(2) 建設機械の合理的組合せを計画するためには、組合せ作業のうち工事工程に最も影響を与える主作業を明確にし、その主作業を中心に各分割工程の施工速度を検討するよう留意する。　【〇 適当である】

(3) 組合せ機械の選択計画は、可能な限り繰返し作業を増やすことによって習熟を図り効率を高めるとともに、**従作業の機械の施工能力は主作業の施工能力と同様か若干上回るよう留意する。**　【✕ 適当でない】

(4) 組合せ機械による施工効率は、単独作業の場合よりも低下するので、各分割工程の所要時間を一定化し、最大施工速度は各分割工程のうち最小の施工速度によって決まる。　【〇 適当である】

問題 10 の解答…(3)

【問題 11 の解説】各種工程表とその特徴

(1) ネットワーク式工程表は、記入情報量が最も多く順序関係、着手完了日時の検討に優れた工程表で、ダム工事など複雑な工事で精度の高い工程管理を行うために用いられることが多く、工程遅延の処置をする場合に的確な判断をすることができる。　【〇 適当である】

(2) 横線式工程表（バーチャート式工程表）は、横軸に日数、縦軸に工種を表し、最も一般的に用いられている。**各作業に必要な日数はよくわかる**が、工事に影響を与える作業がどれであるは不明である。　【✕ 適当でない】

(3) 座標式工程表は、横軸に区間、縦軸に日数を表し、トンネル工事など路線に沿った工事では工事内容を確実に示すことができる。しかし、平面的に広がりのある工事において、各工種との相互関係は明確にならない。　【〇 適当である】

(4) 斜線式工程表は、座標式工程表と同様に、横軸に区間、縦軸に日数を表し、トンネル工事や地下鉄工事などによく用いられる。**作業内容、作業位置、作業時期、など進捗状況がわかりやすい。**　【✕ 適当でない】

問題 11 の解答…(2) (4)

※この問題は 2 問正解があった

工程管理 [31問すべて解答する]

問題B ネットワーク工程表

設問の重要度 ★★★

【問題12】下記のネットワークで示される工事において、10日目の作業が終わった段階でフォローアップを行ったところ、作業A、Bはすべて完了しているが、今後Cは6日、Dは3日、Eは4日それぞれ必要であることがわかった。次の記述のうち、適当なものはどれか。

ただし、図中のイベント間のA〜Gは作業内容、また、数字は作業日数を表す。

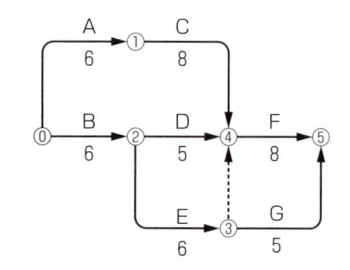

```
        A      C
     ┌→①─────┐
   6 │    8  ↓
    ⓪──→②──→④──→⑤
       B  D  F  8
       6  5  ↑
              ⋮
           E  G
           ↓  ↑
           ③
           6  5
```

(1) 工事は、予定より早く進んでおり、当初の工期より1日早く完了する。

(2) 工事は、すべて順調に進んでおり、当初の工期内に完成することができる。

(3) 工事は、当初の工期より1日遅れている。

(4) 工事は、当初の工期より2日遅れている。

関連知識アドバイス

フォローアップ時の工程表は以下のとおり。

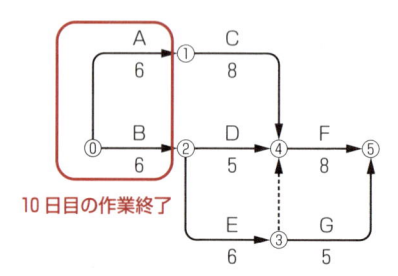

```
   ┌─────────────┐
   │    A      C │
   │ ┌→①─────┐ │
   │ 6│    8  ↓ │
   │ ⓪──→②──→④──→⑤
   │    B  D  F  8
   │    6  5  ↑
   └─────────┘ ⋮
   10日目の作業終了
              E  G
              ③
              6  5
```

【問題 12 の解説】ネットワーク工程表

ネットワーク工程表の解説

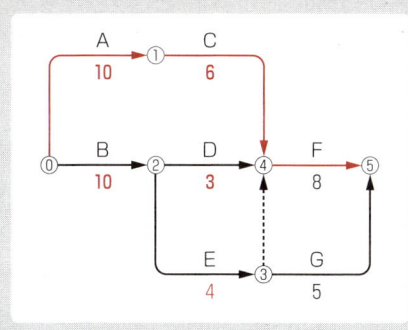

当初の所要日数（設問の図を参照）
  ⓪→①→④→⑤＝6＋8＋8＝22 日（クリティカルパス）
  ⓪→②→④→⑤＝6＋5＋8＝19 日
  ⓪→②→③→⑤＝6＋6＋5＝17 日
  ⓪→②→③→④→⑤＝6＋6＋8＝20 日
この工程表の必要日数は 22 日である。

フォローアップ後の所要日数（上図を参照）
  ⓪→①→④→⑤＝10＋6＋8＝24 日（クリティカルパス）
  ⓪→②→④→⑤＝10＋3＋8＝21 日
  ⓪→②→③→⑤＝10＋4＋5＝19 日
  ⓪→②→③→④→⑤＝10＋4＋8＝22 日
この工程表の必要日数は 24 日である。

フォローアップ後、この工事は当初工期より 2 日遅れている。
よって、(4) が該当する。

問題 12 の解答…(4)

工程管理 [31問すべて解答する]

設問の分類: その他工程表
設問の重要度: ★

【問題13】次の文章は、工事工程の進度管理の1つとして用いられる出来高累計曲線についての説明である。この文章の □ に当てはまる適切な語句の組合せとして、次のうち**適当なもの**はどれか。

出来高累計曲線は、横軸に (イ) 、縦軸に出来高比率〔％〕をとり、各作業の工事全体金額に占める工事費の構成比率を計算しておき、各暦日の作業別予定出来高比率に工事費構成比率を (ロ) 値、すなわち各暦日の全体工事に対する予定出来高比率を求め、これを累計して (ハ) の曲線を描いたものである。工事の進捗に従って定期的に実績を調査のうえ、上記手順により (ニ) を記入し、予定と実績との両曲線を比較して遅延の有無を査定する。

	(イ)	(ロ)	(ハ)	(ニ)
(1)	工事費	減じた	作業種別ごと	進捗状況曲線
(2)	工事費	加えた	クリティカル工種	バナナ曲線
(3)	工期	除した	実績工事	工程管理曲線
(4)	工期	乗じた	全体工事	実績曲線

関連知識アドバイス　累計出来高曲線工程表（S字カーブ）

縦軸に工事全体の累計出来高〔％〕、横軸に工期〔％〕をとり、出来高を曲線に表す。
毎日の出来高と、日数の関係は左右対称の山形カーブ、予定工程曲線はS字形カーブとなるのが理想である。

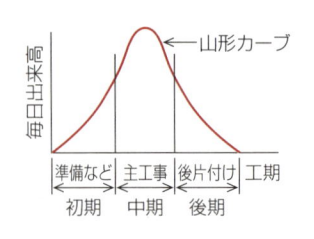

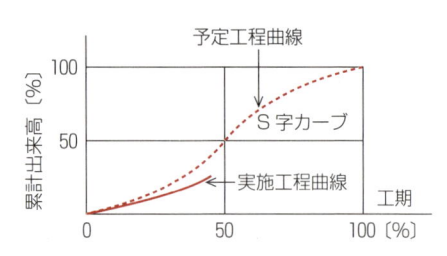

【問題13の解説】出来高累計曲線について

　出来高累計曲線は、横軸に**工期**、縦軸に出来高比率〔%〕をとり、各作業の工事全体金額に占める工事費の構成比率を計算しておき、各暦日の作業別予定出来高比率に工事費構成比率を**乗じた**値、すなわち各暦日の全体工事に対する予定出来高比率を求め、これを累計して**全体工事**の曲線を描いたものである。工事の進捗に従って定期的に実績を調査のうえ、上記手順により**実績曲線**を記入し、予定と実績との両曲線を比較して遅延の有無を査定する。

	（イ）	（ロ）	（ハ）	（ニ）
(1)	工事費	減じた	作業種別ごと	進捗状況曲線

【✕ 適当でない】

(2)	工事費	加えた	クリティカル工種	バナナ曲線

【✕ 適当でない】

(3)	工期	除した	実績工事	工程管理曲線

【✕ 適当でない】

(4)	工期	乗じた	全体工事	実績曲線

【〇 適当である】

問題13の解答…(4)

5章 施工管理

23 安全管理

設問の分類：安全衛生管理
設問の重要度：★★★

【問題14】一次下請A社が設置した架設通路を、一次下請会社のA、B社と二次下請C社、三次下請D社が使用している現場において、この通路に必要な手すりに欠損を発見した。この通路の使用について次の記述のうち、労働安全衛生法上、**誤っているもの**はどれか。

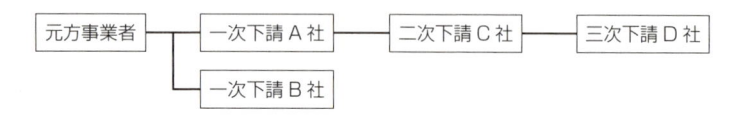

```
元方事業者 ─┬─ 一次下請A社 ── 二次下請C社 ── 三次下請D社
            └─ 一次下請B社
```

(1) 一次下請A社は、注文者としてB社、C社、D社に対して労働災害を防止するための必要な措置を行う義務がある。

(2) 元方事業者は、A社に対して手すりの復旧及び安全帯の使用など必要な指示を行う義務がある。

(3) 二次下請C社と三次下請D社は、自らの社員に対して元方事業者や注文者に依存することなく、労働災害を防止するための必要な措置を行う義務がある。

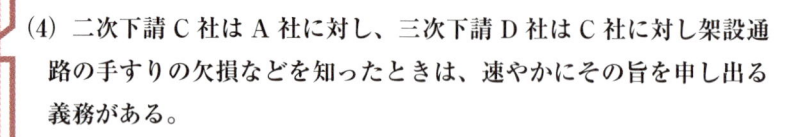

(4) 二次下請C社はA社に対し、三次下請D社はC社に対し架設通路の手すりの欠損などを知ったときは、速やかにその旨を申し出る義務がある。

関連知識アドバイス

特定元方事業者の措置義務についてまとめておく

項目	内容
協議組織の設置及び運営	特定元方事業者及びすべての関係請負人が参加する協議組織の設置、定期的な会議の開催
作業間の連絡及び調整	特定元方事業者と関係請負人との間、関係請負人相互間における連絡及び調整
作業場所の巡視	毎作業日に少なくとも1回
教育に対する指導及び援助	関係請負人が行う労働者の安全又は衛生のための教育に対する場所の提供、教育に使用する資料の提供など

【問題 14 の解説】安全衛生管理

(1) **元方事業者**が、A 社、B 社、C 社、D 社に対して労働災害を防止するための必要な措置を行う義務がある。

【✗ 誤っている】

(2) 「**労働安全衛生法第 29 条**」より、元方事業者は、関係請負人である A 社に対して、手すりの復旧及び安全帯の使用など必要な指示を行う義務がある。

【〇 正しい】

(3) 「**労働安全衛生法第 24 条**」より、事業者は、労働者の作業行動から生ずる労働災害を防止するため必要な措置を講じなければならないとあり、二次下請 C 社と三次下請 D 社は、自らの社員に対して元方事業者や注文者に依存することなく、労働災害を防止するための必要な措置を行う義務がある。

【〇 正しい】

(4) 「**労働安全衛生法第 32 条第 4 項**」より、請負人の講ずべき措置として、二次下請 C 社は A 社に対し、三次下請 D 社は C 社に対し架設通路の手すりの欠損などを知ったときは、速やかにその旨を申し出る義務がある。

【〇 正しい】

問題 14 の解答…(1)

項　目	内　容
計画の作成	工程表などの工程に関する計画、作業場所における主要な機械、設備及び作業用の仮設の建設物の配置に関する計画を作成
関係請負人の構ずべき措置についての指導	機械、設備などを使用する作業に関し、関係請負人がこの法律又はこれに基づく命令の規定に基づき、講ずべき措置についての指導
労働災害を防止するため必要な事項	クレーンなどの運転についての合図の統一、事故現場の標識の統一、有機溶剤の容器の集積箇所の統一、警報の統一、避難の訓練の実施方法の統一、周知のための資料の提供など

安全管理 [31問すべて解答する]

【問題15】 建設現場において労働災害の発生の要因とその対策に関する次の記述のうち、**適当でないもの**はどれか。

(1) 労働災害の発生には、物的な要因、人的な要因、管理上の要因が考えられ、災害はこれらの要因が単独又は何らかの形で重なって発生するものである。

(2) 物的な要因には、機器や設備の不良、構造の欠陥などがあり、これらの対策として、事業者は機械設備の点検や検査などを法令の定めに従い確実に行うことが必要である。

(3) 人的な要因には、未熟、知識の不足などがあり、この対策としては、特定元方事業者は労働者の新規雇入れ時、作業内容の変更時の教育などを法令に定められた安全衛生教育を確実に行うことが必要である。

(4) 管理上の要因には、作業打合せの不足、指示及び指導方法のまずさなどがあり、特に複数の事業者が重なる現場においては特定元方事業者は法令に定められた安全管理者を選任し、各事業者間の連絡及び調整を統括管理させることが必要である。

【問題16】 労働安全衛生法上、次の記述のうち事業者が行う危険性又は有害性等の調査の時期に**該当しないもの**はどれか。

(1) 建設物を設置し、移転し、変更し、又は解体するとき。

(2) 設備や原材料を新規に採用し、又は変更するとき。

(3) 作業方法又は作業手順を新規に採用し、又は変更するとき。

(4) 現場における工事がすべて完了したとき。

【問題 15 の解説】建設現場における労働災害の発生の要因

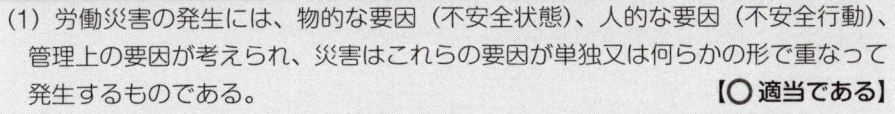

(1) 労働災害の発生には、物的な要因（不安全状態）、人的な要因（不安全行動）、管理上の要因が考えられ、災害はこれらの要因が単独又は何らかの形で重なって発生するものである。　　　　　　　　　　　　　　【○ 適当である】

(2) 物的な要因（不安全状態）には、機器や設備の不良、構造の欠陥などがあり、これらの対策として、事業者は機械設備の点検や検査などを法令の定めに従い確実に行うことが必要である。　　　　　　　　　　　　　【○ 適当である】

(3) 「**労働安全衛生規則第 35 条**」に雇入れ時の教育が定められており、人的な要因（不安全行動）には、未熟、知識の不足などがあり、この対策としては、特定元方事業者は労働者の新規雇入れ時、作業内容の変更時の教育などを法令に定められた安全衛生教育を確実に行うことが必要である。　　　【○ 適当である】

(4) 「**労働安全衛生法第 15 条**」に統括安全衛生責任者が定められており、管理上の要因には、作業打合せの不足、指示及び指導方法のまずさなどがあり、特に複数の事業者が重なる現場においては特定元方事業者は法令に定められた**統括安全衛生管理者**を選任し、各事業者間の連絡及び調整を統括管理させることが必要である。　　　　　　　　　　　　　　　　　　　　　　【× 適当でない】

問題 15 の解答…(4)

【問題 16 の解説】事業者が行う危険性又は有害性等の調査の時期

(1) 「**労働安全衛生規則第 24 条の 11 第 1 項第一号**」より、調査の時期は、「建設物を設置し、移転し、変更し、又は解体するとき」と定められている。
　　　　　　　　　　　　　　　　　　　　　　　　　　　【○ 該当する】

(2) 「**労働安全衛生規則第 24 条の 11 第 1 項第二号**」より、調査の時期は、「設備や原材料を新規に採用し、又は変更するとき」と定められている。【○ 該当する】

(3) 「**労働安全衛生規則第 24 条の 11 第 1 項第三号**」より調査の時期は、「作業方法又は作業手順を新規に採用し、又は変更するとき」と定められている。
　　　　　　　　　　　　　　　　　　　　　　　　　　　【○ 該当する】

(4) 「現場における工事がすべて完了したとき」は**定められていない**。
　　　　　　　　　　　　　　　　　　　　　　　　　　【× 該当しない】

問題 16 の解答…(4)

23 安全管理 [31問すべて解答する]

設問の分類 公衆災害防止対策
設問の重要度 ★★

【問題17】建設工事公衆災害防止対策要綱に定められた、工事施工時の埋設物に関する施工者が実施すべき事項の記述について次のうち、**誤っているもの**はどれか。

(1) 道路上での工事中に埋設物が露出した場合は、事前協議で定められた方法によって埋設物を防護し、工事中の損傷及び公衆災害の防止に努めるとともに、常に点検などを行わなければならない。

(2) 道路上で杭、矢板等を打設する場合は、埋設物のないことが明確である場合を除き、埋設物の予想される位置を深さ2m程度まで試掘し、埋設物が確認されたら、布掘り又はつぼ掘りを行い露出させなければならない。

(3) 道路上の工事で試掘によって埋設物を確認した場合は、その位置（平面・深さ）などを、道路管理者及び埋設物の管理者に報告し、埋設物の深さは、原則として路面からの土かぶり厚さの寸法で表示しなければならない。

(4) 埋設物に近接して掘削を行う場合は、周辺の地盤のゆるみ、沈下などに十分注意し、必要に応じて埋設物の補強、移設等について、起業者及び埋設物管理者と協議し必要な措置を講じなければならない。

関連知識アドバイス　建設工事公衆災害防止対策要綱

項目	内容
埋設物の確認	① 埋設物が予想される場合は施工に先立ち、埋設物管理者などが保管する台帳に基づいて試掘などを行い、その埋設物の種類、位置（平面・深さ）、規格、構造などを原則として目視により確認する ② 試掘によって埋設物を確認した場合は、その位置などを道路管理者及び埋設物の管理者に報告する（深さは標高で標示）
布掘り及びつぼ掘り	埋設物のないことが明確でない道路の掘削では、深さ2mまでの試掘により埋設物の確認を行い、布掘り又はつぼ掘りで露出させる

【問題17の解説】工事施工時の埋設物に関する施工者が実施すべき事項

(1) 「建設工事公衆災害防止対策要綱第38」より、工事中埋設物が露出した場合においては、これらの埋設物を維持し、工事中の損傷及びこれによる公衆災害を防止するために万全を期するとともに、協議によって定められた保安上の措置の実施区分に従って、常に点検などを行わなければならない。

【○ 正しい】

(2) 「建設工事公衆災害防止対策要綱第37」より、埋設物のないことがあらかじめ明確である場合を除き、埋設物の予想される位置を深さ2m程度まで試掘を行い、埋設物の存在が確認されたときは、布掘り又はつぼ掘りを行ってこれを露出させなければならない。

【○ 正しい】

(3) 「建設工事公衆災害防止対策要綱第36」より、埋設物管理者等の台帳に基づいて試掘などを行い、埋設物の種類、位置（平面・深さは原則として標高）、規格、構造などを原則として目視により確認し、管理者に報告する。

【× 誤っている】

(4) 「建設工事公衆災害防止対策要綱第39」より、埋設物に近接して掘削を行う場合には、周囲の地盤のゆるみ、沈下などに十分注意するとともに、必要に応じて埋設物の補強、移設などについて、起業者及びその埋設物の管理者とあらかじめ協議し、埋設物の保安に必要な措置を講じなければならない。

【○ 正しい】

問題17の解答…(3)

項目	内容
露出した埋設物の保安維持	① 工事中に埋設物が露出した場合は、事前協議で定められた方法によって埋設物を防護し、工事中の損傷及び公衆災害の防止に努めるとともに、常に点検などを行う ② 露出した埋設物には、物件の名称、保安上の必要事項、管理者の連絡先などを記載した表示板を取り付け、工事関係者に対し注意を喚起する ③ 露出した埋設物がすでに破損していた場合は、直ちに起業者及びその埋設物の管理者に連絡し、修理などの措置を求める

23 安全管理 [31問すべて解答する]

設問の分類：足場の安全対策
設問の重要度：★★★

【問題 18】鋼管足場のうち単管足場の安全に関する次の記述のうち、労働安全衛生法上、**誤っているもの**はどれか。

(1) 単管足場の地上第 1 の布は、2 m 以下の位置に設置しなければならない。

(2) 単管足場の壁つなぎの間隔は、垂直方向 5 m 以下、水平方向 5.5 m 以下としなければならない。

(3) 単管足場の建地の間隔は、けた方向 1.5 m 以下、はり間方向 2 m 以下としなければならない。

(4) 単管足場の建地間の積載荷重は、400 kg を限度としなければならない。

設問の分類：土留工の安全対策
設問の重要度：★★★

【問題 19】工事関係者以外の第三者に対する生命、財産等の危害や迷惑を防止することが必要な区域で施工する土留工について次の記述のうち、**適当でないもの**はどれか。

(1) 掘削深さが 4 m を超える重要な仮設土留工の設置箇所において、鋼矢板の根入れ長は慣用法で求めた値が 1.5 m であったが 2 m とした。

(2) 切取り面にその箇所の土質に見合った勾配を保って掘削できる場合を除き、掘削の深さが 1.5 m を超えたので土留工を設置した。

(3) 掘削深さが 4 m を超える重要な仮設土留工の設置箇所において、親杭横矢板の土留杭の最小断面の規格は設計計算で求めた値より大きい H-300 mm とした。

(4) 掘削深さが 4 m を超える重要な仮設土留工の設置箇所において、親杭横矢板の土留板の木材の板厚は設計計算で求めた値が 2 cm であったが 3 cm を最小とした。

【問題 18 の解説】鋼管足場のうち単管足場の安全

(1)「**労働安全衛生規則第 571 条第 2 号**」より、単管足場にあっては地上第 1 の布は、2 m 以下の位置に設置しなければならない。

【〇 正しい】

(2)「**労働安全衛生規則第 570 条第 1 項第五号**」より、単管足場の壁つなぎの間隔は、垂直方向 5 m 以下、水平方向 5.5 m 以下としなければならない。

【〇 正しい】

(3)「**労働安全衛生規則第 571 条第 1 項第一号**」より、単管足場の建地の間隔は、けた方向 1.85 m 以下、はり間方向 1.5 m 以下としなければならない。

【✕ 誤っている】

(4)「**労働安全衛生規則第 571 条第 1 項第四号**」より、単管足場の建地間の積載荷重は、400 kg を限度としなければならない。

【〇 正しい】

問題 18 の解答…(3)

【問題 19 の解説】土留め支保工の安全作業

(1)「**建設工事公衆災害防止対策要綱第 46**」より、鋼矢板などの根入れ長は、安定計算、支持力の計算、ボイリングの計算及びヒービングの計算により決定し、重要な仮設工事にあっては、3.0 m を下回ってはならない。

【✕ 適当でない】

(2)「**建設工事公衆災害防止対策要綱第 41**」より、切取り面にその箇所の土質に見合った勾配を保って掘削できる場合を除き、掘削の深さが 1.5 m を超える場合には、原則として、土留工を施すものとする。

【〇 適当である】

(3)「**建設工事公衆災害防止対策要綱第 48**」より、重要な仮設工事に用いる親杭横矢板の土留杭は、H-300 を最小部材とする。

【〇 適当である】

(4)「**建設工事公衆災害防止対策要綱第 48**」より、重要な仮設工事に用いる親杭横矢板の土留板は、所要の強度を有する木材で最小厚を 3 cm とし、その両端が 4 cm 以上とする。

【〇 適当である】

問題 19 の解答…(1)

安全管理 [31問すべて解答する]

【問題20】 移動式クレーンの転倒、倒壊に関する次の記述のうち、**適当でないもの**はどれか。

(1) 移動式クレーンの転倒、倒壊の主な要因は、ブーム、ジブ、マストあるいはアウトリガー、基礎などのモーメントオーバー、過荷重である。

(2) 移動式クレーンでつり上げた荷は、支持地盤の沈下などにより機体側に移動するため、フックの位置は作業半径の少し外側とすることが必要である。

(3) 移動式クレーンの転倒に対する安全度は、急旋回時のつり荷重による遠心力や巻下げ時の急ブレーキによる衝撃荷重、ブームにかかる風荷重などにより低下する。

(4) 移動式クレーンのつり上げ荷重は、作業半径の違いに大きく影響を受けるため、移動式クレーンを選定する場合はつり上げ荷重に対し余裕を持った機種を選定することが必要である。

【問題21】 コンクリートポンプ車の安全作業に関する次の記述のうち、**適当なもの**はどれか。

(1) コンクリートポンプ車のブーム長よりも遠方にコンクリート打設する場合には、ブーム先端の絞り管から、さらに輸送管を複数接続して行う。

(2) コンクリート圧送中は、筒先側からの指示（合図）により運転・停止・吐出量の調整などの操作を行う。

(3) コンクリートポンプ車のアウトリガーは、完全に張り出せば、ロックピンを装着しなくてもよい。

(4) コンクリートポンプ車のブームに使用する直管や曲り管は、一般の配管より堅固であるので、ブームの下での作業を行ってもよい。

【問題 20 の解説】移動式クレーンの安全確保

(1) 移動式クレーンの転倒、倒壊の主な要因は、ブーム、ジブ、マストあるいはアウトリガーのめり込み、基礎（不整地、軟弱地盤）などのモーメントオーバー、過荷重である。　　　　　　　　　　　　　　　　　　【〇 適当である】
(2) 移動式クレーンでつり上げた際、ブームなどのたわみにより、つり荷が外周方向に移動するため、フックの位置は作業半径の少し内側とすることが必要である。　　　　　　　　　　　　　　　　　　　　　　　　　　　【✕ 適当でない】
(3) 移動式クレーンの転倒に対する安全度は、急旋回時のつり荷重による遠心力や巻下げ時の急ブレーキによる衝撃荷重、ブームにかかる風荷重などにより低下し、その低下分を十分に考慮した作業を行う必要がある。　　【〇 適当である】
(4) 移動式クレーンのつり上げ荷重は、ジブの長さを最短にし、傾斜角を最大にして、フック、グラブバケットなどのつり具の重量を含んでつれる最大の荷重をいい、作業半径の違いに大きく影響を受けるため、移動式クレーンを選定する場合はつり上げ荷重に対し余裕を持った機種を選定することが必要である。
　　　　　　　　　　　　　　　　　　　　　　　　　　　　【〇 適当である】

問題 20 の解答…(2)

【問題 21 の解説】コンクリートポンプ車の安全作業

(1) コンクリートポンプ車は用途、規模によりブーム長、ポンプ能力が決まっており、ブーム長よりも遠方にコンクリート打設する場合、ブーム先端の絞り管から、輸送管を複数接続して延長することはできない。　　　　　　【✕ 適当でない】
(2) コンクリート圧送は、作業装置の操作を行う者とホースの先端部を保持する者との間の連絡を確実にするため、電話、電鈴などの装置を設け、又は一定の合図を定め、筒先側からの指示（合図）により運転・停止・吐出量の調整などの操作を行う。　　　　　　　　　　　　　　　　　　　　　　　　【〇 適当である】
(3) コンクリートポンプ車のアウトリガーは、完全に張り出し、確実にロックピンを装着しなくてはならない。　　　　　　　　　　　　　　　【✕ 適当でない】
(4) コンクリートポンプ車のブームに使用する直管や曲り管は、脱落などによる危険が予想されるので、ブームの下での作業を行ってはならない。
　　　　　　　　　　　　　　　　　　　　　　　　　　　　【✕ 適当でない】

問題 21 の解答…(2)

安全管理 [31問すべて解答する]

設問の分類
掘削工事の安全対策

設問の重要度 ★★

【問題22】労働安全衛生規則上、掘削作業の安全対策に関する次の記述のうち、**誤っているもの**はどれか。

(1) 明り掘削の作業により、露出したガス導管の損壊により労働者に危険を及ぼすおそれのある場合には、ガス導管のつり防護や受け防護等の措置を行う。

(2) 手掘りにより砂からなる地山の掘削にあっては、掘削面の勾配を35度以下とし、又は掘削面の高さを5m未満とする。

(3) 事業者が選任した地山の掘削作業主任者は、その職務として、その日の作業の開始前と大雨の後及び中震以上の地震の後に、浮石・き裂の有無や湧水の状態の変化を点検する。

(4) 事業者は地山の掘削を行う場合において、地山の崩壊、埋設物の損壊等により労働者に危険を及ぼすおそれのあるときは、あらかじめ地質、地層の状態及びき裂、湧水、埋設物等の有無や状態の調査とともに、高温のガス、蒸気の有無や状態の調査も行う。

設問の分類
斜面等工事の安全対策

設問の重要度 ★★

【問題23】急傾斜地崩壊防止施設として、斜面の最下部(法尻)に擁壁を築造する場合の基礎掘削作業における安全対策に関する次の記述のうち、**適当でないもの**はどれか。

(1) 掘削は、水平方向に長く連続して施工することは避け、抜掘りのように、ブロックに分けて分断施工を行うことが望ましい。

(2) 1つのブロックを掘削した場合には、放置することは避け、すみやかに擁壁コンクリートを打設して、仕上げることが望ましい。

(3) 掘削は、斜面の安定に及ぼす影響が少ないため、基礎地盤の支持力が不足する場合は、十分な支持力のある地盤まで深く掘削することが望ましい。

(4) 掘削法面から転石、落石のおそれがある場合には、直ちにネット、モルタル吹付けなどを行い防護することが望ましい。

【問題22の解説】掘削作業を行うときの安全作業

(1) 「**労働安全衛生規則第362条**」より、明り掘削の作業により露出したガス導管の損壊により労働者に危険を及ぼすおそれのある場合は、つり防護、受け防護等による防護、又はガス導管を移設する等の措置でなければならない。【〇 正しい】

(2) 「**労働安全衛生規則第357条**」より、手掘りにより砂からなる地山にあっては、掘削面の勾配を35度以下とし、又は掘削面の高さを5m未満とすること。【〇 正しい】

(3) 「**労働安全衛生規則第360条**」より、事業者は、地山の掘削作業主任者に「作業の方法を決定し、作業を直接指揮すること」、「器具及び工具を点検し、不良品を取り除くこと」、「安全帯等及び保護帽の使用状況を監視すること」を行わせなければならないとあり、作業開始前の状態の点検等は含まれていない。【✕ 誤っている】

(4) 「**労働安全衛生規則第355条**」より、地山の掘削を行う場合において、地山の崩壊、埋設物の損壊等により労働者に危険を及ぼすおそれのあるときは、あらかじめ地質、地層の状態、き裂、湧水、埋設物等の有無や状態、高温のガス、蒸気の有無や状態の調査も行う。【〇 正しい】

問題22の解答…(3)

【問題23の解説】基礎掘削作業の安全対策

(1) 斜面の最下部の掘削は、水平方向に長く連続して施工すると、災害、事故の危険性が高まるので、短区施工（一般に10～20mごと）、抜掘りのように、ブロックに分けて分断施工を行うことが望ましい。【〇 適当である】

(2) 1つのブロックを掘削した場合には、放置することは避け、すみやかに擁壁コンクリートを打設して、仕上げることが望ましい。これは、放置した法面の危険性が増大するからである。【〇 適当である】

(3) 擁壁を築造する場合などの基礎掘削は、斜面の安定に及ぼす影響が大きいので、最小限にとどめなければならない。【✕ 適当でない】

(4) 掘削法面から転石、落石のおそれがある場合には、自然景観の保持に配慮されたネット（落石防護網）、長期的な安全を確保できるモルタル吹付けなどを行い防護することが望ましい。【〇 適当である】

問題23の解答…(3)

安全管理 [31問すべて解答する]

【問題24】 酸素欠乏症等防止規則に関する次の記述のうち、**適当な**ものはどれか。

(1) 酸素欠乏症等は、空気中の酸素濃度が18％未満で起こる酸素欠乏症のことで、空気中の硫化水素濃度が10 ppmを超える状態で起こる硫化水素中毒症状は含まれていない。

(2) 酸素欠乏危険作業主任者の職務は酸素欠乏危険場所で、作業員が酸素欠乏や酸素欠乏等の空気を吸入しないように、作業の方法を決定し、指揮することで、空気中の酸素濃度等の測定は含まれていない。

(3) 事業者は、法令で定められている酸素欠乏危険のおそれのある場所で工事を実施する場合は、作業を開始する前に調査をしておかなければならない。

(4) 事業者は、酸素濃度等の異常が発生し、作業を中断した後、作業開始する場合、酸素欠乏症の発生するおそれのあるところは空気中の酸素濃度を測定し、また硫化水素中毒症の発生するおそれのある箇所は硫化水素濃度を測定し、許容値以下であることを確認しなければならない。

【問題 24 の解説】酸素欠乏症等防止規則

(1) 「酸素欠乏症等防止規則第 2 条第一号、第二号」より、酸素欠乏症等は、空気中の酸素濃度が 18％ 未満で起こる酸素欠乏症のことで、空気中の硫化水素濃度が 10 ppm を超える状態で起こる硫化水素中毒症状も含まれている。

【✕ 適当でない】

(2) 「酸素欠乏症等防止規則第 11 条第 2 項」より、事業者は、第一種酸素欠乏危険作業に係る酸素欠乏危険作業主任者に、次の事項を行わせなければならない。「酸素欠乏の空気を吸入しないように、作業の方法を決定し、労働者を指揮、指導」「作業を行う場所の空気中の酸素の濃度を測定」「測定器具、換気装置、空気呼吸器等を点検」「空気呼吸器等の使用状況を監視」

【✕ 適当でない】

(3) 「酸素欠乏症等防止規則第 18 条」より、ずい道その他坑を掘削する場合で、メタン又は炭酸ガスの突出により酸素欠乏症にかかるおそれのあるときは、あらかじめ、メタン又は炭酸ガスの有無及び状態をボーリングその他適当な方法により調査する。

【〇 適当である】

(4) 「酸素欠乏症等防止規則第 5 条」より、空気中の酸素の濃度を 18％ 以上、硫化水素の濃度を 10 ppm 以下に保つように換気しなければならない。

【✕ 適当でない】

問題 24 の解答…(3)

5章 施工管理

24 品質管理

31問すべて解答する

設問の分類：品質管理の基本事項
設問の重要度：★★★

【問題25】品質管理に関する次の記述のうち、**適当でないもの**はどれか。

(1) 品質管理を進めるうえで大切なことは、目標を定めて、その目標に最も早く近づくための合理的な計画を立て、それを実行に移すことである。

(2) 品質特性を決める場合には、工程に対して処置をとりやすい特性で、完成後に結果のわかるものであることが望ましい。

(3) 品質は必ずある値付近にばらつくものであり、設計値を十分満足するような品質を実現するためには、ばらつきの度合いを考慮して余裕を持った品質を目標とする必要がある。

(4) 構造物に要求される品質は、一般に設計図書（図面）と仕様書に規定されており、この品質を満たすには、何を品質管理の対象項目とするかを決める必要がある。

設問の分類：国際規格 ISO
設問の重要度：★★★

【問題26】ISO 9001 に関する次の記述のうち、**適当でないもの**はどれか。

(1) ISO 9001 規格は、あらゆる業種、形態、規模の組織が効果的な品質マネジメントシステムを実施し、運用することを支援する規格である。

(2) ISO 9001 は、品質マネジメントシステムに関する要求事項のほか、製品に関する要求事項について規定している。

(3) JIS Q 9001 規格は、ISO 9000 ファミリー規格を翻訳して作成した日本工業規格としての品質マネジメントシステムの要求事項である。

(4) 公共工事における ISO 9001 活用工事においては、監督業務の一部を、請負者が作成した検査記録を監督職員が確認することに置き換えることで、事業実施の効率化を図っている。

【問題25の解説】品質管理に関する事項

(1) 品質管理を進めるうえで大切なことは、目標を定めて、その目標に最も早く近づくための合理的な計画を立て、それを実行に移すことである。実際の品質管理では、工事規模、重要性、施工体制、省力化など考慮して簡明な方法を採用する。　　　　　　　　　　　　　　　　　　　　　　　【○ 適当である】

(2) 品質特性を決める場合には、工程に対して処置をとりやすい特性で、工程の各段階においても結果のわかるものであることが望ましい。　【✕ 適当でない】

(3) 品質標準は実現可能な内容であるべきで、品質の平均とばらつきの幅で示す性質のものである。品質は必ずある値付近にばらつくものであり、設計値を十分満足するような品質を実現するためには、ばらつきの度合いを考慮して余裕を持った品質を目標とする必要がある。　　　　　　　　　　　　【○ 適当である】

(4) 構造物に要求される品質は、一般に設計図書（図面）と仕様書に規定されており、この品質を満たすには、何を品質管理の対象項目とするかを決める必要があり、品質特性が示されている場合は対応する品質管理試験による。
　　　　　　　　　　　　　　　　　　　　　　　　　　　　　　　【○ 適当である】

問題25の解答…(2)

【問題26の解説】ISO 9000ファミリーの品質マネジメントシステムなど

(1) ISO 9001規格は、あらゆる業種、形態、規模の組織が効果的な品質マネジメントシステムを実施し、運用することを支援する規格であり、顧客満足の向上や、品質が適切であることを外部に説明するために使用できる。【○ 適当である】

(2) ISO 9001は、品質マネジメントシステムに関する要求事項について規定しているが、製品に関する要求事項について規定していない。　　【✕ 適当でない】

(3) JIS Q 9001規格は、品質マネジメントシステムの国際規格であるISO 9000ファミリー規格を翻訳して作成した日本工業規格である。　【○ 適当である】

(4) 公共工事におけるISO 9001活用工事においては、監督業務の一部を、請負者が作成した検査記録を監督職員が確認することに置き換えることで、工事の品質確保と事業実施の効率化を図っている。　　　　　　　　　　【○ 適当である】

問題26の解答…(2)

品質管理 [31問すべて解答する]

【問題27】 型枠に作用するコンクリートの側圧に関する次の記述のうち、**適当でないもの**はどれか。

(1) 高流動コンクリートでは、普通コンクリートよりも側圧は小さい。

(2) 気温が高いほど側圧は小さい。

(3) 打込み速度が速い場合と遅い場合では、遅いほうが側圧は小さい。

(4) コンクリートの単位容積質量が小さいほど、側圧は小さい。

【問題28】 JIS A 5308 に従うレディーミクストコンクリートに関する次の記述のうち、**適当なもの**はどれか。

(1) 呼び強度が40以上のコンクリートは、コンクリートの種類として高強度コンクリートに区分される。

(2) 呼び強度55及び60のコンクリートは、スランプフローではなくスランプが規定されている。

(3) コンクリート中のアルカリ総量の算定において、骨材に含まれる塩化ナトリウム量はアルカリ総量に含まれない。

(4) 購入者は、単位セメント量の下限値又は上限値を指定できる。

【問題27の解説】型枠に作用するコンクリートの側圧

(1) 高流動コンクリートは、流動化させる混和剤（流動化剤）を混合することによって、単位水量、単位セメント量を変えずに、打ち込むときの振動締固め作業を不要にしたコンクリートで、**普通コンクリートよりも側圧は大きい。**【✗ 適当でない】

(2) 気温、コンクリートの温度が高いほど側圧は小さくなる。　　　【◯ 適当である】

(3) 打込み速度が速いほど、打ち上げる高さが高いほど、側圧は大きくなる。また、一定時間に打ち上げる高さの速度に比例して側圧は大きくなる。【◯ 適当である】

(4) コンクリートの単位容質量、スランプが大きいほど、側圧は大きくなる。また、高性能AE減水剤、流動化剤などを使用した流動性の高いコンクリートの側圧も液圧に近いので注意が必要である。　　　　　　　　　【◯ 適当である】

問題27の解答…(1)

【問題28の解説】JIS A 5308に従うレディーミクストコンクリート

レディーミクストコンクリートの種類は、普通、軽量、舗装、高強度に区分され、粗骨材寸法、スランプ又はスランプフロー、強度の組合せが規定されている。

コンクリートの種類	粗骨材の最大寸法〔mm〕	スランプ又はスランプフロー〔cm〕	呼び強度 18	21	24	27	30	33	36	40	42	45	50	55	60	4.5
普通コンクリート	20、25	8、10、12、15、18、21	―	◯	◯	◯	◯	◯	◯	◯	◯	◯	―	―	―	―
	40	5、8、10、12、15	◯	◯	◯	◯	◯	―	―	―	―	―	―	―	―	―
軽量コンクリート	15	8、10、12、15、18、21	◯	◯	◯	◯	◯	◯	◯	―	―	―	―	―	―	―
舗装コンクリート	20、25、40	2.5、6.5	―	―	―	―	―	―	―	―	―	―	―	―	―	◯
高強度コンクリート	20、25	10、15、18	―	―	―	―	―	―	―	―	―	◯	―	―	―	―
		50、60	―	―	―	―	―	―	―	―	―	―	◯	◯	◯	―

注）スランプ又はスランプフローの欄の50cm及び60cmはスランプフローを示す。
　　舗装コンクリートの呼び強度の欄の4.5は曲げ強度の基準値を示す。

(1) 上表より**普通コンクリート**である。　　　　　　　　　　　【✗ 適当でない】

(2) 上表、注）より**スランプフロー**が規定されている。　　　　　【✗ 適当でない】

(3) コンクリート中のアルカリ総量の算定において、**骨材に含まれる塩化ナトリウム量はアルカリ総量に含まれる。**　　　　　　　　　　　【✗ 適当でない】

(4) 購入者は、上表の粗骨材も最大寸法、スランプ、呼び強度の組合せのほか、単位セメント量の下限値又は上限値を指定できる。　　　　　【◯ 適当である】

問題28の解答…(4)

品質管理 [31問すべて解答する]

設問の分類
コンクリートの非破壊検査

【問題29】 JIS A 1155 コンクリートの反発度の測定に関する次の記述のうち、適当なものはどれか。

(1) 測定箇所の厚さが 100 mm 未満の小寸法の場合は、補正係数を乗じて反発度を求める。

(2) 測定箇所は、部材の縁部から最小でも 10 mm 離れたところから選定する。

(3) リバウンドハンマが測定面に常に直角になるよう保持しながら、ゆっくりと押して打撃を起こさせる。

(4) 測定面に仕上げ層や上塗り層があっても、これを取り除いて測定してはならない。

設問の分類
鉄筋の品質管理

【問題30】 鉄筋コンクリート構造物の鉄筋の加工及び組立ての検査時の標準的な判定基準に関する次の記述のうち、適当でないものはどれか。

(1) 組み立てた鉄筋のかぶりの許容誤差は、設計値に対して ±25 mm の範囲内とする。

(2) 鉄筋加工後の全長に対する寸法の許容誤差は、±20 mm とする。

(3) 組み立てた鉄筋の有効高さの許容誤差は、設計寸法の ±3%、又は ±30 mm のうち小さいほうの値とし、最小かぶりは確保する。

(4) 組み立てた鉄筋の中心間隔の許容誤差は、±20 mm とする。

【問題29の解説】コンクリートの反発度の測定

(1) 測定箇所は、厚さが100 mm以上をもつ床版又は壁部材、一辺の長さが150 mm以上の断面をもつ柱、はり部材のコンクリート表面とすると規定されている。**測定箇所の厚さの規定はない。**　　【✕ 適当でない】

(2) 測定箇所は、部材の縁部から最小でも**50 mm離れた内部**から選定すると規定されている。　　【✕ 適当でない】

(3) リバウンドハンマが測定面に常に直角になるよう保持しながら、ゆっくりと押して打撃を起こさせる。ほかに、測定は環境気温が0～40℃の範囲内で行い、ハンマの作動を円滑にさせるため、測定に先立ち数回の試し打撃を行う。
【〇 適当である】

(4) 測定面に**仕上げ層や上塗り層がある場合、これを取り除き**、凹凸及び付着物は、研磨処理装置などで平滑に磨いて取り除き、コンクリート表面の粉末その他の付着物を拭き取ってから測定する。
【✕ 適当でない】

問題29の解答…(3)

【問題30の解説】鉄筋の加工及び組立て

(1) 組み立てた鉄筋のかぶりの許容誤差は、**耐久性照査で設定したかぶり以上で一般的に設計値に対して±10 mm**の範囲内とする。
【✕ 適当でない】

(2) 鉄筋加工後の全長Lに対する寸法の許容誤差は、±20 mmとする。その他加工寸法の許容誤差は、「スターラップ、帯・らせん鉄筋は±5 mm」、「異形D25以下、丸鋼φ28以下は±15 mm」、「異形D29～D32、丸鋼φ32以下は±20 mm」である。　　【〇 適当である】

(3) 組み立てた鉄筋の有効高さの許容誤差は、設計寸法の±3%、又は±30 mmのうち小さいほうの値とし、継手部も含めて最小かぶりは確保する。
【〇 適当である】

(4) 組み立てた鉄筋の中心間隔の許容誤差は、±20 mmとする。ほかに、継手および定着の位置・長さは、設計図書どおりであること。　　【〇 適当である】

問題30の解答…(1)

品質管理 [31問すべて解答する]

【問題31】 道路の構築路床において品質を確保するための試験方法に関する次の記述のうち、**適当でないもの**はどれか。

(1) 平板載荷試験は、コンクリート舗装の路盤厚の設計に必要な路床の設計支持力係数を決定するなどのために現場で実施する。

(2) 砂置換法は、密度が既知の砂を用いて採取した試料と置き換えることにより対象とする路床の密度を測定する。

(3) ベンケルマンビームによる測定は、舗装の構造評価、路床の平坦性を測定する目的として実施する。

(4) FWD（フォーリングウェイトデフレクトメータ）によるたわみ量測定は、道路や空港などの現位置における舗装構成層の各層の支持力特性の推定、舗装構造評価などを目的として実施する。

【問題32】 既設構造物に近接して基礎工事を実施する場合の周辺地盤への影響対策に関する次の記述のうち、**適当でないもの**はどれか。

(1) 既製杭の施工本数が多い場合は、杭打ちの順序を工夫し、できるだけ既設構造物から遠い地点から杭を打設し、地盤の側方移動の影響を軽減する。

(2) リバース杭の施工において地下水位以下を掘削する際には、地下水位より一定の高さで水頭を確保し、孔壁などの崩壊を防ぐ。

(3) オープンケーソンの施工においてエアージェットや水ジェットによる摩擦低減対策は、周辺地盤を緩める可能性が高いので極力避ける。

(4) 掘削を伴った杭の施工において掘削途中での中断や掘削後に長時間そのまま放置することは、孔壁崩壊や周辺地盤を緩ませることもあるので、掘削から杭施工まで連続して行う。

【問題31の解説】道路工事の品質管理

(1) 平板載荷試験は、コンクリート舗装の路盤厚の設計に必要な路床の設計支持力係数を決定するなどのために現場で実施する。スファルト舗装の路床、路盤の支持力評価にも用いられる。　　　　　　　　　　　【○ 適当である】

(2) 砂置換法は、密度が既知の砂を用いて採取した試料と置き換えることにより対象とする路床の密度を測定する。路床、路盤の現場密度を測定することにより路盤・路床の締固め度合いを知る。　　　　　　　　【○ 適当である】

(3) ベンケルマンビームによる測定は、路面のたわみ量を測定するもので、舗装の構造評価、路床の平坦性を測定するのは平坦性試験である。　【× 適当でない】

(4) FWDによるたわみ量測定は、道路や空港などの現位置における舗装構成層の各層の支持力特性の推定、舗装構造評価、たわみ量から盛土や切土、路床および路盤など地盤の剛性を目的として実施する。　　　　　　　【○ 適当である】

問題31の解答…(3)

【問題32の解説】既設構造物に近接して実施する工事の影響

(1) 既製杭の施工本数が多い場合は、杭打ちの順序を工夫し、できるだけ既設構造物から近い地点から杭を打設し、地盤の締固めの影響を軽減させる。
　　　　　　　　　　　　　　　　　　　　　　　　　　【× 適当でない】

(2) リバース杭の施工において地下水位以下を掘削する際には、地下水位より一定の高さ（地下水より+2m以上）で水頭を確保し、孔壁などの崩壊を防ぐ。
　　　　　　　　　　　　　　　　　　　　　　　　　　【○ 適当である】

(3) オープンケーソンの施工においては、周辺地盤を緩める可能性が高いエアージェットや水ジェットによる摩擦低減対策は極力避ける。【○ 適当である】

(4) 掘削を伴った杭の施工（中掘り杭工法、プレボーリング工法）において掘削途中での中断や掘削後に長時間そのまま放置することは、孔壁崩壊や周辺地盤を緩ませることもあるので、掘削から杭施工まで連続して行う。【○ 適当である】

問題32の解答…(1)

5章 施工管理

環境保全・建設リサイクル

【問題33】 建設工事の現場から発生する濁水の処理に関する次の記述のうち、適当でないものはどれか。

(1) 自然沈殿法は、一般に沈殿池の規模が大きくなるので規制の厳しい場合や処理水の多いときに用いる。

(2) 濁水処理施設に必要な機器類やそれぞれの規模及び能力は、濁水の処理量、濁水の水質、処理後の水質と放流先を総合的に勘案して決定する。

(3) 濁水処理により発生する汚泥は、産業廃棄物として取り扱われ、施工業者の責任で適正に処分しなければならない。

(4) 凝集沈殿法の凝集剤は、通常、一次凝集剤として無機凝集剤を使用し、二次凝集剤として有機凝集剤を併用する。

【問題34】 建設工事に係る資材の再資源化等に関する法律（建設リサイクル法）に関する次の記述のうち、正しいものはどれか。

(1) 「再資源化」には、分別解体等に伴って生じたすべての建設資材廃棄物について、熱を得ることに利用することができる状態にする行為は含まれない。

(2) 建築物以外の解体工事又は新築工事については、その請負代金にかかわらず分別解体の対象建設工事となる。

(3) 特定建設資材とは、コンクリート、コンクリート及び鉄からなる建設資材、木材、プラスチックの4品目が定められている。

(4) 対象建設工事の元請業者は、当該工事に係る特定建設資材廃棄物の再資源化等が完了したときはその旨を当該工事の発注者に書面で報告する。

【問題 33 の解説】建設工事の現場から発生する濁水の処理

(1) 濁水処理方法には、自然沈殿法式、凝集沈殿法式、機械処理方式、機械処理脱水方式などがあり、自然沈殿法は、薬品を使用しないが一般に沈殿池の規模が大きくなるので処理水の少ないときに用いる。　　　　　　　　【✕ 適当でない】

(2) 濁水処理施設は各方式の処理方法で放流先の基準値以下まで下げる必要がある。よって、処理施設に必要な機器類やそれぞれの規模及び能力は、濁水の処理量、濁水の水質、処理後の水質と放流先を総合的に勘案して決定する。
　　　　　　　　　　　　　　　　　　　　　　　　　　　　　　【○ 適当である】

(3) 濁水処理により発生する汚泥は、「廃棄物の処理及び清掃に関する法律第 2 条」より事業活動によって生じた廃棄物、産業廃棄物として取り扱われ、施工業者の責任で適正に処分しなければならない。　　　　　　　　　　　【○ 適当である】

(4) 凝集沈殿法の凝集剤は、その構造により無機凝集剤と有機高分子凝集剤（一般に高分子凝集剤という）に区分される。通常、一次凝集剤として無機凝集剤を使用し、二次凝集剤として有機凝集剤を併用する。　　　　　　　　【○ 適当である】

問題 33 の解答…(1)

【問題 34 の解説】建設工事に係る資材の再資源化等に関する法律

(1) 「再資源化」には、分別解体等に伴って生じたすべての建設資材廃棄物について、資材または原材料として利用すること、熱を得ることに利用することができる状態にする行為が含まれる。　　　　　　　　　　　　　　　　【✕ 誤っている】

(2) 建築物以外の解体工事又は新築工事については、土木工事等のその他工作物について、工事費 500 万円以上が対象建設工事となる。　　　　【✕ 誤っている】

(3) 特定建設資材とは、コンクリート、コンクリート及び鉄からなる建設資材、木材、アスファルト・コンクリートの 4 品目が定められている。プラスチックは含まれない。　　　　　　　　　　　　　　　　　　　　　　【✕ 誤っている】

(4) 対象建設工事の元請業者は、当該工事に係る特定建設資材廃棄物の再資源化等が完了したときはその旨を当該工事の発注者に書面で報告し、再資源化等の実施状況に関する記録を作成し保存する。　　　　　　　　　　　　　【○ 正しい】

問題 34 の解答…(4)

環境保全・建設リサイクル [31問すべて解答する]

【問題35】 廃棄物の最終処分場に関する次の記述のうち、**適当でないもの**はどれか。

(1) 遮断型最終処分場では、環境省令で定める基準に適合しない有害物質を含む燃えがら、ばいじん、汚泥を処理できる。

(2) 管理型最終処分場では、安定型産業廃棄物以外の廃棄物が混入し、又は付着するおそれのないように必要な措置を講じた、紙くず、繊維くず、廃油を処理できる。

(3) 管理型最終処分場では、公共の水域及び地下水を汚染するおそれのある廃棄物で環境省令で定める措置を講じた燃えがら、ばいじん、汚泥を処理できる。

(4) 安定型最終処分場では、安定型産業廃棄物の廃プラスチック類、ゴムくず、金属くず、ガラスくず、木くずを処理できる。

処分場の型式と内容、処分できる廃棄物

処分場の形式	廃棄物の内容	処分できる廃棄物
安定型処分場	地下水を汚染するおそれのないもの	廃プラスチック類、金属くず、ガラスくず、陶磁器くず、がれき類
管理型処分場	地下水を汚染するおそれのあるもの	廃油（タールピッチ類に限る）、紙くず、木くず、繊維くず、汚泥
遮断型処分場	有害な廃棄物	埋立処分基準に適合しない燃え殻、ばいじん、汚泥、鉱さい

【問題 35 の解説】廃棄物の最終処分場

(1) 遮断型最終処分場では、環境省令で定める基準に適合しない有害物質を含む燃えがら、ばいじん、汚泥、鉱さいを処理できる。　【〇 適当である】
(2) 管理型最終処分場では、安定型産業廃棄物以外の廃棄物が混入し、又は付着するおそれのないように必要な措置を講じた、紙くず、木くず、繊維くず、廃石膏ボード、廃油を処理できる。　【〇 適当である】
(3) 管理型最終処分場では、公共の水域及び地下水を汚染するおそれのある廃棄物で環境省令で定める措置を講じた燃えがら、ばいじん、汚泥、鉱さいを処理できる。　【〇 適当である】
(4) 安定型最終処分場では、安定型産業廃棄物の廃プラスチック類、ゴムくず、金属くず、ガラスくず、**陶器くずを処理できる**。木くずは入っていない。
　【✕ 適当でない】

問題 35 の解答…(4)

Memo

Memo

Memo

〈著者略歴〉

吉田勇人（よしだ はやと）
現　在：株式会社栄設計勤務
資格等：1級土木施工管理技士
　　　　測量士
　　　　RCCM（農業土木）

- 本書の内容に関する質問は，オーム社書籍編集局「（書名を明記）」係宛に，書状または FAX（03-3293-2824），E-mail（shoseki@ohmsha.co.jp）にてお願いします．お受けできる質問は本書で紹介した内容に限らせていただきます．なお，電話での質問にはお答えできませんので，あらかじめご了承ください．
- 万一，落丁・乱丁の場合は，送料当社負担でお取替えいたします．当社販売課宛にお送りください．
- 本書の一部の複写複製を希望される場合は，本書扉裏を参照してください．
   JCOPY ＜（社）出版者著作権管理機構 委託出版物＞

ぜ〜んぶまとめて集中学習！
1級土木施工管理　学科試験
レベルアップ合格問題集

平成 27 年 2 月 25 日　　第 1 版第 1 刷発行

著　　者　吉田勇人
発 行 者　村上和夫
発 行 所　株式会社 オーム 社
　　　　　郵便番号　101-8460
　　　　　東京都千代田区神田錦町 3-1
　　　　　電 話　03(3233)0641（代表）
　　　　　URL http://www.ohmsha.co.jp/

© 吉田勇人 2015

印刷　中央印刷　製本　三水舎
ISBN978-4-274-21711-1　Printed in Japan

関連書籍のご案内

これだけマスター 1級土木施工管理技士 学科試験

オーム社 [編]
A5判・348頁
定価(本体2600円【税別】)

出題傾向のポイントを押さえた
テキスト＆実戦問題解説で
合格最短コース！

本書は、1級土木施工管理技士の学科試験受験対策書です。最近の出題傾向をふまえた演習問題を豊富に盛り込んだうえ、テキスト解説は試験に出題されやすい重要事項を主として、わかりやすく、かつ、コンパクトにまとめました。多忙な読者のみなさんが望む「より短時間で効率的な学習」を可能にする（テキスト＋問題集）型の実戦的な1冊です！ 姉妹書で好評既刊書の「これだけマスター 1級土木施工管理技士 実地試験」とあわせて学習すれば効果は絶大です！

主要目次

選択問題編（問題A）
　Ⅰ部　土木一般問題
　Ⅱ部　専門土木問題
　Ⅲ部　建設法規・法令

必須問題編（問題B）
　Ⅳ部　工事共通
　Ⅴ部　施工管理
　Ⅵ部　環境保全対策

もっと詳しい情報をお届けできます。
○書店に商品がない場合または直接ご注文の場合も右記宛にご連絡ください。

ホームページ　http://www.ohmsha.co.jp/
TEL/FAX　TEL.03-3233-0643　FAX.03-3233-3440

（定価は変更される場合があります）　　　　　　　　　　　　　　　　　D-1205-85